21世纪高等教育计算机规划教材

TCP/IP 协议及其应用

TCP/IP Analysing and Applying

林成浴 主编

陈晨 钟小平 周洪霞 副主编

U0265294

人民邮电出版社

北 京

图书在版编目（CIP）数据

TCP/IP协议及其应用 / 林成浴主编. -- 北京：人民邮电出版社，2013.7
21世纪高等教育计算机规划教材
ISBN 978-7-115-32522-8

Ⅰ. ①T… Ⅱ. ①林… Ⅲ. ①计算机网络－通信协议－高等学校－教材 Ⅳ. ①TN915.04

中国版本图书馆CIP数据核字(2013)第179407号

内 容 提 要

本书基于网络工程和应用需求，按照从低层到高层的逻辑顺序，有针对性地讲解 TCP/IP 的层次结构、工作原理和协议数据单元。全书共 13 章，内容包括 TCP/IP 基础、网络接口层、IP 寻址与地址解析、IP 协议、ICMP 协议、IP 路由、TCP 与 UDP 协议、DNS 与 DHCP 协议、应用层协议、SNMP 协议、网络安全协议，以及 IPv6 协议。

本书内容丰富，注重系统性和实践性，对于重点协议提供协议分析操作示范，引导读者直观地探索 TCP/IP。编写过程中参考了最新的 RFC 文档，反映 TCP/IP 最新的一些发展动态。

本书可作为计算机网络相关专业的教材，也可作为网络管理和维护人员的参考书以及各种培训班的教材。

◆ 主　编　林成浴
　　副主编　陈　晨　钟小平　周洪霞
　　责任编辑　刘　博
　　责任印制　彭志环　焦志炜

◆ 人民邮电出版社出版发行　　北京市丰台区成寿寺路 11 号
　　邮编　100164　　电子邮件　315@ptpress.com.cn
　　网址　http://www.ptpress.com.cn
　　北京九州迅驰传媒文化有限公司印刷

◆ 开本：787×1092　　1/16
　　印张：23　　　　　　　　　　2013 年 7 月第 1 版
　　字数：603 千字　　　　　　　2025 年 1 月北京第 23 次印刷

定价：49.00 元

读者服务热线：(010)81055256　印装质量热线：(010)81055316
反盗版热线：(010)81055315
广告经营许可证：京东市监广登字20170147号

前　言

计算机网络已深入到社会的各个领域，不仅电信部门、研究部门、高科技企业，而且其他行业都对网络工程技术人才提出了迫切的需求，尤其是熟练掌握网络规划、设计、组建和运维管理的高级应用型人才。

TCP/IP 是目前最完整的、被普遍接受的通信协议标准，也是 Internet 的基础。无论是局域网，还是广域网，TCP/IP 都是使用最为广泛的网络协议。TCP/IP 是一个层次清晰、功能强大的协议簇。作为一个真正的开放协议，TCP/IP 还在不断地发展，以适应各种新型应用。理解和掌握 TCP/IP 对于网络管理人员和工程技术人员是非常必要的。我国很多高等院校的网络相关专业都将"TCP/IP 协议"作为一门重要的专业课程。为了帮助高等院校教师比较全面、系统地讲授这门课程，使学生能够理解 TCP/IP 的基本概念和工作原理，掌握协议分析方法，我们几位长期从事网络专业教学的教师共同编写了本书。

本书内容系统全面，结构清晰，图文并茂，并注意按照网络层次组织编排内容，大量参考了最新的 RFC 文档，反映 Internet 的最新进展。本书内容编写注意难点分散、深入浅出、循序渐进；文字叙述注意言简意赅、逻辑连贯、重点突出。

全书共 13 章，内容按照从低层协议到高层协议的逻辑进行组织。第 1 章是基础部分，重点讲解 TCP/IP 体系，并介绍了如何使用协议分析工具捕获和分析 TCP/IP 流量。第 2 章介绍的是底层技术，了解底层尤其是数据链路层有助于理解 TCP/IP。从第 3 章开始详细讲解各类 TCP/IP，第 3 章至第 6 章具体介绍网络层协议，第 7 章分析传输层协议 TCP 与 UDP，第 8 章至第 11 章的内容则是应用层协议。考虑到安全的重要性，网络安全协议放在第 12 章专门讨论。最后一章讲解新版本的 IP——IPv6。每一种协议按照基本概念、工作原理、数据单元格式、协议验证分析的内容组织模式进行编写。作为应用本科教材，尽可能使用示意图辅助解释原理，通过表格描述协议数据格式；提供动手实践内容，示范使用 Wireshark 软件验证分析多种协议的数据单元格式和通信过程，让学生以直观的方式探索 TCP/IP 的精髓。各章节还穿插了与协议相关的网络应用、管理和安全方面的知识。

本书的参考学时为 48 学时，其中实践环节为 8~12 学时。

由于时间仓促，加之我们水平有限，书中难免存在不足之处，敬请广大读者批评指正。

编　者

2013 年 5 月

目　录

第1章　TCP/IP 协议基础 ·········· 1

1.1　网络通信协议与 TCP/IP ······ 1
 1.1.1　网络通信协议 ··············· 1
 1.1.2　TCP/IP 协议 ················· 2
 1.1.3　管理 TCP/IP 的组织机构 ··· 2
 1.1.4　RFC ·························· 3
1.2　OSI 参考模型 ·················· 5
 1.2.1　OSI 参考模型的层次结构 ··· 5
 1.2.2　OSI 参考模型的通信机制 ··· 6
 1.2.3　协议数据单元（PDU） ····· 7
 1.2.4　OSI 各层功能和对应的
    网络管理工作 ············· 7
1.3　TCP/IP 协议簇 ················· 9
 1.3.1　TCP/IP 与 OSI 的层次对应关系 ····· 9
 1.3.2　TCP/IP 各层 ················ 9
 1.3.3　TCP/IP 封装与分用 ········ 10
 1.3.4　TCP/IP 协议重要概念 ····· 12
 1.3.5　分层分析和排查网络故障 ··· 13
1.4　协议分析 ····················· 15
 1.4.1　协议分析概述 ············· 15
 1.4.2　协议分析工具的部署 ······ 16
 1.4.3　Wireshark 简介 ··········· 18
 1.4.4　捕获数据包 ··············· 19
 1.4.5　查看和分析数据包 ········ 20
1.5　习题 ·························· 24

第2章　网络接口层 ·········· 26

2.1　局域网协议标准 ·············· 26
 2.1.1　IEEE 802 局域网协议标准 ··· 26
 2.1.2　IEEE 802 局域网参考模型 ··· 27
 2.1.3　介质访问控制方法 ········ 28
 2.1.4　以太网 ··················· 29
2.2　MAC 寻址 ···················· 29
 2.2.1　MAC 地址 ················· 29
 2.2.2　MAC 寻址 ················· 30

2.3　以太网帧分析 ················ 31
 2.3.1　以太网帧概述 ············· 31
 2.3.2　Ethernet II 帧格式 ········ 32
 2.3.3　Ethernet 802.3 raw 帧格式 ··· 33
 2.3.4　IEEE 802.3/802.2 帧格式 ··· 34
 2.3.5　以太网帧格式识别 ········ 35
 2.3.6　高速以太网帧 ············· 35
2.4　广域网技术 ··················· 37
 2.4.1　广域网通信技术 ·········· 37
 2.4.2　广域网连接技术 ·········· 37
 2.4.3　数据链路层协议 ·········· 38
2.5　PPP 协议 ····················· 38
 2.5.1　PPP 协议组件 ············· 39
 2.5.2　PPP 层次模型 ············· 39
 2.5.3　PPP 封装与帧格式 ········ 40
 2.5.4　PPP 链路操作 ············· 41
 2.5.5　LCP 协议 ················· 43
 2.5.6　NCP 协议 ················· 45
 2.5.7　认证协议 ················· 47
 2.5.8　PPP 工作过程 ············· 49
 2.5.9　PPPoE 协议 ··············· 50
 2.5.10　验证分析 PPP 与 PPPoE 协议 ··· 52
2.6　习题 ·························· 55

第3章　IP 寻址与地址解析 ·········· 57

3.1　IP 分类地址 ·················· 57
 3.1.1　IP 地址概述 ·············· 57
 3.1.2　IP 地址类别 ·············· 58
 3.1.3　特殊的 IP 地址 ··········· 60
 3.1.4　专用地址 ················· 60
 3.1.5　单播地址、多播地址和
    广播地址 ················· 61
3.2　IP 子网与超网 ··············· 62
 3.2.1　划分 IP 子网 ············· 63
 3.2.2　可变长子网掩码（VLSM） ··· 65

3.2.3　组成 IP 超网 ………………… 65
3.3　无类地址与 CIDR ……………… 66
　3.3.1　无类地址 …………………… 67
　3.3.2　通过 CIDR 实现 IP 地址汇总 … 67
3.4　IP 地址的配置管理 …………… 68
　3.4.1　配置 IP 地址 ……………… 68
　3.4.2　解决 IP 地址盗用问题 …… 69
3.5　地址解析 ………………………… 70
　3.5.1　ARP 与 RARP 概述 ……… 70
　3.5.2　ARP 地址解析原理 ……… 71
　3.5.3　ARP 报文格式 …………… 72
　3.5.4　验证分析 ARP 报文格式 … 74
　3.5.5　ARP 缓存 ………………… 75
　3.5.6　ARP 欺骗 ………………… 76
　3.5.7　代理 ARP ………………… 77
　3.5.8　RARP 协议 ……………… 78
3.6　习题 ……………………………… 79

第 4 章　IP 协议 ……………………… 80
4.1　IP 协议概述 …………………… 80
　4.1.1　什么是 IP 协议 …………… 80
　4.1.2　IP 协议的基本功能 ……… 81
　4.1.3　IP 协议的特性 …………… 81
4.2　IP 数据报 ……………………… 82
　4.2.1　IP 首部格式 ……………… 82
　4.2.2　差分服务与显式拥塞通告 … 85
　4.2.3　首部校验和 ……………… 86
　4.2.4　验证 IP 首部信息 ………… 87
4.3　数据报分片与重组 …………… 87
　4.3.1　最大传输单元（MTU）…… 88
　4.3.2　数据报分片 ……………… 88
　4.3.3　分片的重组 ……………… 89
　4.3.4　查看和验证数据报分片与重组 … 90
4.4　IP 选项 ………………………… 91
　4.4.1　选项格式 ………………… 91
　4.4.2　主要 IP 选项介绍 ………… 92
4.5　IP 软件实现与模块分析 ……… 95
4.6　习题 ……………………………… 95

第 5 章　ICMP 协议 ………………… 96
5.1　ICMP 协议概述 ……………… 96

5.1.1　ICMP 特性 ………………… 96
5.1.2　ICMP 功能 ………………… 97
5.1.3　ICMP 报文封装 …………… 97
5.1.4　ICMP 报文格式 …………… 98
5.1.5　ICMP 报文类型 …………… 99
5.2　ICMP 差错报告 ………………… 99
　5.2.1　目的地不可达 …………… 100
　5.2.2　超时 ………………………… 101
　5.2.3　参数问题 ………………… 101
　5.2.4　源抑制 …………………… 102
　5.2.5　重定向报文 ……………… 103
5.3　ICMP 查询 ……………………… 104
　5.3.1　回送与回送应答报文 …… 104
　5.3.2　时间戳与时间戳应答报文 … 105
　5.3.3　地址掩码请求与应答报文 … 106
　5.3.4　路由器请求与路由器通告报文 … 107
5.4　ICMP 应用 ……………………… 108
　5.4.1　使用 Ping 测试网络连通性 … 108
　5.4.2　使用 Traceroute 跟踪路由 … 110
　5.4.3　ICMP 安全问题 ………… 110
5.5　习题 ……………………………… 111

第 6 章　IP 路由 …………………… 112
6.1　IP 数据报交付 ………………… 112
6.2　IP 路由 ………………………… 113
　6.2.1　IP 路由器 ………………… 113
　6.2.2　IP 路由表 ………………… 113
　6.2.3　特定主机路由与默认路由 … 114
　6.2.4　路由解析 ………………… 115
　6.2.5　路由选择过程 …………… 115
6.3　路由协议 ……………………… 116
　6.3.1　静态路由与动态路由 …… 116
　6.3.2　内部网关协议和外部网关协议 … 117
　6.3.3　距离向量路由协议和
　　　　链路状态路由协议 ……… 118
6.4　RIP 协议 ……………………… 118
　6.4.1　RIP 概述 ………………… 118
　6.4.2　RIP 工作原理 …………… 119
　6.4.3　RIP 报文格式 …………… 120
6.5　OSPF 协议 ……………………… 122

6.5.1 OSPF 区域划分与路由聚合·········122

6.5.2 OSPF 路由计算·······124

6.5.3 OSPF 网络类型与指定路由器·········124

6.5.4 OSPF 数据包·······125

6.5.5 链路状态通告（LSA）·········129

6.6 BGP 协议·······131

6.6.1 BGP 工作原理·······132

6.6.2 路径属性·······133

6.6.3 BGP 报文格式·······134

6.7 习题·······137

第 7 章 传输层协议——
TCP 与 UDP·········138

7.1 传输层协议概述·········138

7.1.1 TCP 协议·······139

7.1.2 UDP 协议·······139

7.1.3 进程之间的通信·······140

7.2 TCP 段格式·········142

7.2.1 TCP 首部格式·······142

7.2.2 选项·······144

7.2.3 验证分析 TCP 段格式·······145

7.3 TCP 连接·········146

7.3.1 TCP 连接建立·······146

7.3.2 TCP 数据传输·······149

7.3.3 TCP 连接保持·······151

7.3.4 TCP 连接关闭·······151

7.3.5 TCP 连接复位·······154

7.3.6 传输控制块（TCB）·······155

7.3.7 TCP 状态转换图·······155

7.3.8 TCP 连接同时打开与
同时关闭·········157

7.3.9 序列号与确认号机制·······158

7.3.10 SYN 洪泛攻击及其防范·······161

7.4 TCP 可靠性·········161

7.4.1 TCP 差错控制·······161

7.4.2 TCP 流量控制·······163

7.4.3 TCP 拥塞控制·······165

7.5 UDP 协议·········166

7.5.1 数据报格式·······167

7.5.2 UDP 伪首部与校验和计算·······167

7.5.3 验证分析 UDP 数据报格式·········169

7.6 习题·········169

第 8 章 DNS·········170

8.1 DNS 体系·········170

8.1.1 层次名称空间·······170

8.1.2 hosts 文件·······171

8.1.3 域名空间·······171

8.1.4 区域（Zone）·······172

8.1.5 域名系统·······172

8.1.6 DNS 服务器·······173

8.1.7 DNS 资源记录·······174

8.1.8 DNS 动态更新（DDNS）·······174

8.2 DNS 解析原理·········175

8.2.1 正向解析与反向解析·······175

8.2.2 区域管辖与权威服务器·······175

8.2.3 区域委派·······176

8.2.4 高速缓存·······176

8.2.5 权威性应答与非权威性应答·········176

8.2.6 递归查询与迭代查询·······177

8.2.7 域名解析过程·······177

8.3 DNS 报文·········178

8.3.1 DNS 报文结构·······178

8.3.2 DNS 报文首部格式·······179

8.3.3 问题部分格式·······180

8.3.4 资源记录格式·······182

8.3.5 报文压缩·······183

8.3.6 报文传输·······183

8.3.7 验证分析 DNS 报文·······184

8.4 DNS 部署·········187

8.4.1 DNS 规划·······187

8.4.2 DNS 服务器配置·······188

8.4.3 主/从 DNS 服务器部署·······189

8.5 习题·········189

第 9 章 DHCP 协议·········190

9.1 DHCP 概述·········190

9.1.1 BOOTP 协议·······190

9.1.2 DHCP 的主要功能·······191

9.1.3 DHCP 系统组成·······191

9.2 DHCP 报文分析·········192

9.2.1 DHCP 报文格式 ················193
9.2.2 验证分析 DHCP 报文格式 ···194
9.2.3 DHCP 选项分析 ···············194
9.3 DHCP 运行机制 ······················199
9.3.1 客户端与服务器交互
以分配 IP 地址 ···············199
9.3.2 客户端与服务器交互
以重用原来分配的地址 ···205
9.3.3 DHCP 租约更新 ·············207
9.3.4 使用其他方式配置的
IP 地址获得配置参数 ······210
9.3.5 DHCP 租约释放 ·············210
9.3.6 DHCP 客户端状态及其转换 ···210
9.3.7 构造和发送 DHCP 报文 ···212
9.3.8 DHCP 中继代理 ·············213
9.4 习题 ···································214

第 10 章 应用层协议 ··················215
10.1 应用层协议概述 ··················215
10.1.1 应用层协议的工作机制 ···215
10.1.2 应用层协议的种类 ·········216
10.2 Telnet 协议 ························216
10.2.1 Telnet 概述 ·················216
10.2.2 Telnet 工作机制 ···········217
10.2.3 网络虚拟终端 ···············217
10.2.4 选项协商 ·····················218
10.2.5 Telnet 操作方式 ···········220
10.2.6 Telnet 用户接口命令 ······221
10.2.7 验证分析 Telnet 通信过程 ···221
10.3 FTP 协议 ··························224
10.3.1 FTP 工作过程 ··············224
10.3.2 FTP 模型 ····················226
10.3.3 数据传输 ·····················228
10.3.4 FTP 命令 ····················230
10.3.5 FTP 响应 ····················232
10.3.6 验证分析 FTP 通信过程 ···234
10.4 电子邮件协议 ·····················238
10.4.1 电子邮件系统 ···············238
10.4.2 MIME 规范 ·················241
10.4.3 SMTP 协议 ·················243

10.4.4 POP 协议 ···················247
10.4.5 IMAP 协议 ·················249
10.5 HTTP 协议 ························255
10.5.1 HTTP 运行机制 ···········255
10.5.2 HTTP 通信方式 ···········256
10.5.3 HTTP 协议的主要特点 ···257
10.5.4 统一资源标识符 ···········258
10.5.5 HTTP 报文 ·················259
10.5.6 HTTP 请求 ·················260
10.5.7 HTTP 响应 ·················262
10.5.8 实体（Entity）···········265
10.5.9 持续连接 ···················266
10.6 习题 ·······························267

第 11 章 SNMP 协议 ··················268
11.1 SNMP 协议概述 ··················268
11.1.1 SNMP 网络管理机制 ·····268
11.1.2 SNMP 版本 ·················270
11.2 SMI ·································271
11.2.1 对象命名 ···················271
11.2.2 数据类型 ···················272
11.2.3 编码方法 ···················273
11.3 MIB ································273
11.3.1 MIB 版本 ···················274
11.3.2 MIB 分组 ···················274
11.3.3 MIB 对象定义 ··············275
11.3.4 MIB 变量访问 ··············276
11.4 SNMP 实现机制与报文分析 ···276
11.4.1 SNMP 协议操作 ···········277
11.4.2 SNMP 的报文格式 ········279
11.4.3 SNMP 实现机制 ···········280
11.4.4 验证分析 SNMP 报文格式 ···281
11.4.5 SNMPv3 报文结构与
实现机制 ·················286
11.5 习题 ·······························287

第 12 章 网络安全协议 ···············289
12.1 网络安全基础 ·····················289
12.1.1 网络信息安全需求 ·········289
12.1.2 密码学 ·······················289
12.1.3 保密 ·························291

12.1.4 数字签名 ……………………291
12.1.5 身份认证 ……………………293
12.1.6 对称密钥分配与管理 ………293
12.1.7 公钥认证与 PKI ……………294
12.1.8 网络安全协议标准 …………295
12.2 IPSec 协议 …………………………296
12.2.1 IPSec 概述 …………………296
12.2.2 IPSec 特性 …………………297
12.2.3 传输模式与隧道模式 ………297
12.2.4 AH 协议 ……………………298
12.2.5 ESP 协议 ……………………300
12.2.6 安全关联与 IKE 协议 ………302
12.2.7 IPSec 工作机制 ……………305
12.2.8 验证分析 IPSec 通信 ………306
12.3 SSL/TLS 协议 ……………………310
12.3.1 SSL/TLS 概述 ………………311
12.3.2 TLS 握手协议 ………………313
12.3.3 TLS 握手流程 ………………314
12.3.4 TLS 记录协议 ………………316
12.3.5 验证分析 TLS 协议 …………318
12.3.6 TLS 与 SSL 的差异 …………322
12.4 习题 ………………………………323

第 13 章 IPv6 协议 ……………………324
13.1 IPv6 概述 …………………………324
13.1.1 IPv4 协议的问题 ……………324
13.1.2 IPv6 协议的新特性 …………325
13.1.3 IPv6 协议体系 ………………326
13.2 IPv6 寻址架构 ……………………326
13.2.1 IPv6 寻址概述 ………………326
13.2.2 IPv6 地址表示方法 …………327
13.2.3 IPv6 地址前缀与地址
类型标识 …………………328

13.2.4 IPv6 单播地址 ………………328
13.2.5 IPv6 任播地址 ………………330
13.2.6 IPv6 多播地址 ………………331
13.2.7 特殊的 IPv6 地址 ……………332
13.2.8 IPv6 主机和路由器寻址 ……332
13.2.9 IPv6 地址分配 ………………333
13.3 IPv6 数据包格式 …………………334
13.3.1 IPv6 首部格式 ………………334
13.3.2 IPv6 扩展首部 ………………336
13.3.3 验证分析 IPv6 数据包
格式 ………………………340
13.4 ICMPv6 协议 ……………………341
13.4.1 ICMPv6 概述 ………………341
13.4.2 ICMPv6 差错报文 …………343
13.4.3 ICMPv6 信息报文 …………344
13.5 IPv6 邻居发现协议 ………………344
13.5.1 邻居发现 ……………………344
13.5.2 路由器发现 …………………346
13.5.3 重定向 ………………………349
13.5.4 IPv6 无状态地址自动配置 …349
13.6 多播侦听者发现（MLD）协议 …350
13.6.1 MLD 概述 …………………350
13.6.2 多播侦听者发现机制 ………351
13.6.3 MLD 报文格式 ……………353
13.7 IPv6 路径 MTU 发现协议 ………354
13.8 IPv6 路由 …………………………354
13.9 IPv6 名称解析 ……………………355
13.10 IPv4 到 IPv6 的过渡 ……………355
13.10.1 双协议栈 …………………356
13.10.2 隧道技术 …………………356
13.10.3 协议转换技术 ……………358
13.11 习题 ………………………………358

第1章
TCP/IP 协议基础

目前绝大多数网络都采用 TCP/IP 协议，TCP/IP 是目前最完整的、被普遍接受的通信协议标准。它可以使不同硬件结构、不同操作系统的计算机之间相互通信。本章是全书的基础部分，重点介绍了 TCP/IP 基础知识，涉及 TCP/IP 标准、OSI 参考模型、TCP/IP 协议簇，最后讲解如何使用协议分析工具辅助 TCP/IP 协议的学习和研究。

1.1 网络通信协议与 TCP/IP

为保证通信正常进行，必须事先做出一些规定，要求通信双方正确执行这些规定。这种通信双方必须遵守的规则和约定称为协议（或规程）。网络通信协议能够协调网络的运转，使之达到互通、互控和互换的目的。

1.1.1 网络通信协议

网络通信协议简称网络协议，是计算机在网络中实现通信时必须遵守的规则和约定，主要是对信息传输的速率、传输代码、代码结构、传输控制步骤、差错控制等做出规定并制订出标准。只有采用相同网络协议的计算机才能进行信息的沟通与交流。协议由以下 3 部分组成。

- 语义（Semantics）：规定双方完成通信需要的控制信息及应执行的动作。
- 语法（Syntax）：规定通信双方交换的数据或控制信息的格式和结构。
- 时序（Timing）：规定通信双方彼此的应答关系，包括速度的匹配和顺序。

由于协议十分复杂，涉及面很广，因此在制定协议时通常采用分层法，每一层分别负责不同的通信功能。层次和协议的集合就可称为网络的体系结构。OSI 就是一个通用的网络体系结构。除了单个协议外，还有协议组件（又称协议簇），它是一组不同层次上的多个协议的组合。

网络通信协议的国际标准化工作是以 ISO（国际标准化组织）和 ITU-TS（国际电信联盟电信标准化部）为中心开展的，由于历史原因，还存在许多既成事实的工业标准。

作为国际标准规格的网络通信协议，其数量很多，而且不断有新的标准、规定或已有标准的修订版本推出。通常按网络层次来划分协议类型，从低层的物理层协议（如 RS-232）一直到高层的应用层协议（如 HTTP）。

协议栈（Protocol Stack）是指网络中各层协议的总和，它形象地反映了一个网络中数据传输的过程：由上层协议到底层协议，再由底层协议到上层协议。使用最广泛的是 TCP/IP 协议栈，又称 Internet 协议栈，从上到下包括应用层、传输层、网络层和网络接口层 4 个层次的各种协议。

1.1.2　TCP/IP 协议

TCP/IP 协议是目前最完整的、被普遍接受的通信协议标准。它可以使不同硬件结构、不同操作系统的计算机之间相互通信。

TCP/IP 起源于 20 世纪 60 年代末美国政府资助的一个分组（包）交换网络研究项目 ARPAnet。最初 ARPAnet 使用的是租用的、以点对点通信为主的线路，当卫星通信系统与通信网发展起来之后，它最初开发的网络协议在通信可靠性较差的通信子网中使用出现了不少问题，这就直接导致了网络协议 TCP/IP 的产生。TCP/IP 是一个真正的开放协议，很多不同厂家生产各种型号的计算机，它们运行完全不同的操作系统，但 TCP/IP 协议组件允许它们互相进行通信。现在 TCP/IP 已经成为一个由成千上万的计算机和用户构成的全球化网络，ARPAnet 也发展成为 Internet。TCP/IP 是 Internet 的基础。

TCP/IP 协议是以套件的形式推出的，它包括一组互相补充、互相配合的协议。TCP/IP 协议族包括 TCP（传输控制协议）、IP（互联网协议）和其他的协议，所有这些协议相互配合，实现网络上的信息传输。TCP 和 IP 的组合不仅仅表示这两个协议，还指整个协议套件，TCP 和 IP 只是其中两个最重要的协议，读者应把握此术语的真正含义。

严格地说，TCP/IP 协议只是习惯叫法，更专业的叫法是 Internet 协议。TCP/IP 协议不是 ITU-T 或 OSI 的国际标准，但它作为一种事实的标准，完全独立于任何硬件或软件厂商，可以运行在不同体系的计算机上。它采用通用寻址方案，一个系统可以寻址到任何其他系统，即使在 Internet 这样庞大的全球性网络内，寻址的运作也是游刃有余的。无论是局域网，还是广域网，TCP/IP 都是使用最为广泛的协议。

1.1.3　管理 TCP/IP 的组织机构

Internet 最大特点是管理上的开放性，它不为任何政府部门或组织所拥有或控制，没有集中的管理机构，其管理和标准化过程一直由相关的非营利性组织机构承担。这些机构承担 Internet 的管理职责，建立和完善 TCP/IP 和相关协议的标准。与 TCP/IP 协议相关的组织机构简介如下。

1.　ISOC

ISOC 全称 Internet Society（Internet 协会），提供对 Internet 标准化支持的国际性、非营利的组织，也是所有各种 Internet 委员会和任务组的上级机构。

2.　IAB

IAB 全称 Internet Architecture Board（Internet 体系结构委员会），是 ISOC 的技术顾问，包括两个下属机构 IETF 和 IRTF，负责处理当前和未来的 Internet 技术、协议及研究。IAB 最主要任务就是监督所有协议和过程的架构，并通过称为 RFC（Request For Comments，请求注解）的文档提供评论性的监督。

3.　IETF 与 IESG

IETF 全称 Internet Engineering Task Force（Internet 工程任务组），负责制订草案、测试、提出建议以及维护 Internet 标准的组织，这些文档采用 RFC 的形式，并通过多个专门委员会各负其责地完成。IESG 全称 Internet Engineering Steering Group（Internet 工程指导小组），作为 IETF 的上层机构，主要负责 IETF 的各项活动及 Internet 标准制定过程中的技术管理工作。

4.　IRTF 与 IRSG

IRTF 全称 Internet Research Task Force（Internet 研究任务组），负责长期的、与 Internet 发展

相关的技术问题，协调有关 TCP/IP 协议和一般体系结构的研究活动。IRTF 也有一个指导小组——IRSG（Internet Research Steering Group，Internet 研究指导小组）。IRTF 接受 IRSG 的管理。IRTF 由多个 Internet 志愿工作小组构成，IRSG 的每个成员主持一个 Internet 志愿工作组。

5. IANA

IANA 全称 Internet Assigned Numbers Authority（Internet 数字分配机构），负责分配和维护 Internet 技术标准（协议）中的唯一编码和数值系统。主要任务包括：管理 DNS 域名根和 IDN（国际化域名）资源；协调全球 IP 和 AS（自治系统）号并将它们提供给各区域 Internet 注册机构；与各标准化组织一同管理协议编号系统。

6. ICANN

ICANN 全称 Internet Corporation for Assigned Names and Numbers（Internet 名称与数字地址分配机构），具体行使 IANA 的职能，负责 IP 地址空间的分配、协议标识符的指派、通用顶级域名以及国家和地区顶级域名系统的管理和根服务器系统的管理。ICANN 采用分级方式分配 IP 地址，先将部分 IP 地址分配给地区级的 Internet 注册机构（RIR），然后由 RIR 负责该地区的 IP 地址分配。目前的 5 个 RIR 分别是负责北美地区地址分配的 ARIN、负责欧洲地区地址分配的 RIPE、负责拉丁美洲地区地址分配的 LACNIC、负责非洲地区地址分配的 AfriNIC 和负责亚太地区地址分配的 APNIC。实践中，ICANN 检查地址和域名的注册与管理，但将客户交互、费用收取、数据库维护以及其他工作委托给商业机构。

7. TCP/IP 管理层次体系

由于 IETF 具体负责创建和维护 RFC，可以说它是上述机构中对于 TCP/IP 来说最重要的机构。相关的组织机构遵循自下至上的结构原则，为确保 Internet 持续发展而展开工作。TCP/IP 主要管理层次体系如图 1-1 所示，ISOC 位于顶层，通过维持和支持其他一些管理机构如 IAB、IETF、IRTF 以及 IANA 一些学术活动来实现 Internet 标准化。

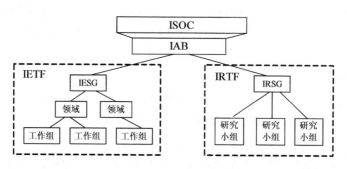

图 1-1　TCP/IP 管理层次体系

1.1.4　RFC

RFC 全称 Request For Comments，通常译为请求注解，是有关 Internet 的一系列注解和文件，涉及计算机网络的概念、协议、过程、程序、会议纪要、观点看法甚至幽默等诸多方面的内容。RFC 技术文档的发布开始于 1969 年，绝大部分 Internet 标准的制订都是以 RFC 的形式开始，经过大量的论证和修改而完成的。RFC 2026 "The Internet Standards Process——Revision 3" 给出 Internet 标准的建立过程。由 IETF 及其指导小组 IESG 共同制订的 Internet 协议簇的规范文档就是作为 RFC 进行发布的，许多 TCP/IP 协议都得到了 RPC 的充分论证和文档支持。由于 RFC 包含了关于 Internet 的几乎所有的重要文字资料，对于学习和掌握 Internet 知识来说，RFC 无疑是最重要的资料。

1. Internet 标准规范

符合 Internet 标准过程的规范归结为两类：TS（Technical Specification，技术规范）和 AS（Applicability Statement，适用性陈述）。TS 是关于协议、服务、过程、约定和格式的描述。AS 定义一个到多个技术规范的使用环境和使用方法，包括 TS 的关系、组合方式、参数值或范围、协议的子功能等。尽管两者在概念上是分开的，但实际的 RFC 文档总是将一个 TS 同与它相关的一个或多个 AS 关联起来。AS 为每个 TS 指定下列 5 个需求等级（requirement levels）之一。

- 必需的（Required）：为满足最小一致性，必须在所有使用 TCP/IP 协议簇的系统中实现。例如，定义 IP 的 RFC 791、规范 ICMP 的 RFC 792。
- 推荐的（Recommended）：从最小一致性上看并不是必需的，但是根据经验和技术要求推荐在系统中实现。例如，定义 TCP 的 RFC 793、规范 FTP 的 RFC 959。
- 可选的（Elective）：不是必需的，也不是推荐的，在系统中的实现是可选的。此类可选的 TS 往往与厂商和用户有关。
- 限制使用的（Limited Use）：只在受限的和特定的环境中使用。大多数实验的 RFC 属于这种等级。
- 不推荐的（Not Recommended）：不适合一般使用的 TS 等级。这些 TS 通常功能有限、过于专用或者是已成为历史状态的标准，不推荐在系统中实现。

最后两个需求等级的 RFC 已经不在标准化轨迹中和已从标准轨迹中退役。

2. Internet 标准处理过程

一个规范文档要进入 Internet 标准化轨迹之前，首先应作为 Internet 草案接受非正式的评论。如果超过 6 个月 Internet 草案还未被 IESG 推荐发布为 RFC 文档，或者在 6 个月内以 RFC 文档发布了，则将从 Internet 草案目录中移除该草案。若 Internet 草案被同一规范的新版本替代了，则开始新一轮的 6 个月非正式评论过程。Internet 草案没有正式的状态，随时可能被修改或从 Internet 草案目录中移除。

（1）标准轨迹

试图成为 Internet 标准的规范必须经过一系列的成熟等级，这组成熟等级即为 Internet 标准轨迹。标准轨迹由 3 个成熟等级构成，由低到高分别介绍如下。

- 提案标准（Proposed Standard）：此规范已经通过了一个深入的审查过程，受到了足够多组织的关注，并认为是有价值的。但它仍需要几个协议组的实现和测试。在成为 Internet 标准前，它可能还会有很大的变化。
- 草案标准（Draft Standard）：此规范已经被很好地理解，并且被认为是稳定的。它可以被用作开发最后实现的基础。在这个阶段，它需要的是具体的 RFC 测试和注释。在成为标准的协议之前，它仍有可能被改变。
- 因特网标准（Internet Standard）：当规范经过有效的实现和成功的运行，并且达到了很高的技术成熟度时，IESG 将 RFC 文档设立为官方的标准协议并分配给它一个 STD 号码。有时通过查看 STD 文件，可以比查看 RFC 更容易找到一个协议的 Internet 标准。

（2）非标准轨迹

不是每个规范都进入标准轨迹。有的规范可能没有打算成为 Internet 标准，或者还未准备进入标准轨迹，有的已被更新的标准所取代，有的已被弃用或者被拒绝。未进入标准轨迹的规范有如下 3 个成熟等级。

- 实验性的（Experimental）：作为 Internet 技术社区的一般信息发布，是研究和开发工作的归档记录。这些规范可能是 IRTF 研究小组、IETF 工作组有组织的 Internet 研究结果，也可能是个人作出的贡献。这种 RFC 属于正在实验的情况，不能够在任何实用的 Internet 服务中实现。

- 信息性的（Informational）：作为 Internet 社区的一般信息发布，但并不表示得到 Internet 社区的的推荐和认可。一些由 Internet 社区以外的协议组织和提供者提出的未纳入 Internet 标准的规范也可以发布信息性的 RFC。

- 历史性的（Historic）：这些规范要么已经被更新的规范取代了，要么已经过时了。

1.2　OSI 参考模型

为降低设计的复杂性，增强通用性和兼容性，计算机网络都设计成层次结构。分层法最核心的思路是上一层的功能建立在下一层的功能基础上，并且在每一层内均要遵守一定的规则。早期的计算机网络及其设计方案是专有的，各种不同通信体系结构的发展增强了系统成员之间的通信能力，但是同时也产生了不同厂家之间的通信障碍，为此制订了网络分层的国际标准——OSI/RM（开放式系统互联参考模型）。这种分层体系使不同的多种硬件系统和软件系统能够方便地连接到网络，按照这个标准设计和建成的计算机网络系统都可以互相连接。

确切地说，OSI 不是规范，而是一个抽象的参考模型，或者说是概念框架，它没有提供任何具体的实现标准。对多数人来说，OSI 似乎没有什么用处，不知道 OSI，仍然可以组建和维护一个简单的网络。然而，专业的网络管理员和网络工程师一定要了解 OSI，因为现有网络大多可通过 OSI 模型来进行分析，了解 OSI 模型有助于分析和管理网络。

1.2.1　OSI 参考模型的层次结构

OSI 是一个分层结构，共有 7 层，从下往上分别是：物理层、数据链路层（通常简称链路层）、网络层、传输层、会话层、表示层和应用层，如图 1-2 所示。其中各个功能层执行特定的、相对简单的任务。每一层都由上一层支配，并从上一层接收数据，为上一层提供服务。

图 1-2　OSI 参考模型的分层结构

第 1 层至第 3 层主要是完成数据交换和数据传输，称为网络低层，即通信子网；第 5 层至第 7 层主要是完成信息处理服务的功能，称为网络高层；低层与高层之间由第 4 层衔接。通常也将会话层、表示层和应用层统称为应用层，将传输层及以下各层统称为数据传输层。

OSI 具有以下主要特点。

- 它定义的是一种抽象结构，并未明确如何实现其中每一层的功能。
- 每一层所完成的功能都是独立的，与其他层完成的功能无关。
- 每一层的功能自成体系，使开放互联成为可能。
- 低层为高层服务，高层可以忽略低层的分层细节，便于网络开发和设计。
- 相邻的两层之间提供有接口，便于两层之间的通信。
- 它仅仅是一种参考，实际的网络体系并未将其每一层的功能实现，而是省略某些层。

1.2.2　OSI 参考模型的通信机制

OSI 参考模型采用逐层传递、对等通信的机制。整个通信过程都必须经过一个自上而下（发送方），或自下而上（接收方）的数据传输过程，但通信必须在双方对等层次进行。

网络中的节点之间要相互通信，必须经过一层一层的信息转换来实现。源主机向目标主机发送数据，数据必须逐层封装（也称数据打包），目标主机接收数据后，必须对封装的数据进行逐层分解（称为解封）。

如图 1-3 所示，当计算机要传送某个数据时，数据从应用层开始，自上而下地通过表示层、会话层、传输层、网络层、链路层，直至物理层。每经过一层，都会对数据附加上该层相应的协议信息。在给定的某一层，信息单元的数据部分包含来自于所有上层的首部、尾部和数据。对于从上一层传送下来的数据，附加在前面的控制信息称为首部（包头），附加在后面的控制信息称为尾部（包尾）。当数据到达物理层时，便将其直接转换为由 0 和 1 组成的比特流，然后传输到物理连接介质上。

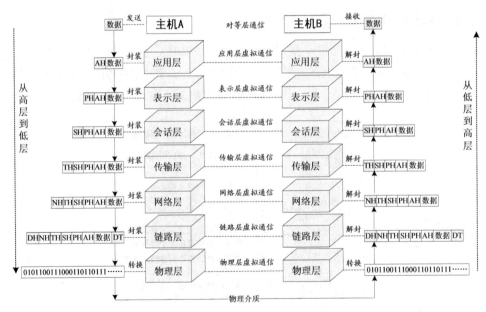

图 1-3　OSI 参考模型的通信机制

当计算机接收来自网络连接介质的比特流（位流）数据，数据通过物理层时，将比特流"逆转换"后交给链路层，然后自下而上地通过链路层、网络层、传输层、会话层、表示层，直至应用层。每经过一层，都会对附加有该层相应的协议信息的数据进行解封。当数据到达应用层时，便将还原的数据交给应用程序，完成一个通信过程。

对于用户来说，这种数据通信看起来就好像是两台计算机相关联的同等层次直接进行的，而对同一主机内的相邻层次之间的通信是透明的，两台主机的通信看起来就像在通信的双方对应层之间就建立了一种逻辑的、虚拟的通信。

实际上，真正的通信只发生在同一台计算机内彼此相邻的两层之间，比特流、数据帧，或者数据分组先是在发送主机内的相邻层之间自上而下传递，当到达物理层后再通过传输介质传递到接收主机的物理层，随后再自下而上传递，从而实现对等层通信。对等层由于通信并不是直接进行，因而又称为虚拟通信。

OSI 定义的标准框架只是一种抽象的分层结构，具体的实现则有赖于各种网络体系的具体标准，它们通常是一组可操作的协议集合，对应于网络分层，不同层次有不同的通信协议。IPX/SPX、AppleTalk、TCP/IP 等都是著名的网络通信协议。

1.2.3　协议数据单元（PDU）

OSI 参考模型的各层传输的数据和控制信息具有多种格式。在网络各层的实体之间传送的比特组称为数据单元（Data Unit）。常用的数据单元有服务数据单元（SDU）和协议数据单元（PDU）。SDU 是在同一主机上的两层之间传送的信息。PDU 是发送主机上每层的信息发送到接收主机上的相应层（对等层间交流所用的）的信息。对等层之间传送数据单元是按照该层协议进行的，因此这时的数据单元称为协议数据单元（PDU）。由于格式不同，PDU 在不同层往往有不同的叫法，各层 PDU 说明如下。

- 物理层称为位流或比特流，格式如下。

0011000011010101011011000111。

- 链路层称为帧（Frame），格式如下。

| 帧首部 | 包首部 | 段首部 | 数据 | 帧尾部 |

- 网络层中称为分组或包（Packet），格式如下。

| 包首部 | 段首部 | 数据 |

- 传输层中称为段（Segment）、数据段或报文段，格式如下。

| 段首部 | 数据 |

- 应用层中称为报文或消息（Message）。当数据从一层传输到相邻层的时候，支持各功能层协议的软件负责相应的格式转换。

1.2.4　OSI 各层功能和对应的网络管理工作

各层功能说明和对应的网络管理工作见表 1-1。

表 1-1　　　　　　　　　　　OSI 各层功能与管理

层　次	特性和功能	对应的网络应用示例	对应的网管业务示例
物理层	① 位于最底层，定义物理链路所要求的机械、电气和功能特性，包括线路的物理特征和通信连接的工作方式（全双工或半双工） ② 负责建立、维持和断开两个网络节点之间的物理连接，以传递通信数据	网络连接线缆（如光纤、双绞线、同轴电缆）、网卡、集线器（Hub）等设备的物理特性定义	网络布线设计、线路测试与排故、网卡选型
链路层	① 确保网络节点之间的数据帧可靠地传输，将所有数据转换成一种称为帧（Frame）的数据单元，链路层负责创建并检测数据帧，为网络层的物理连接提供一条无差错的链路 ② 对网络层隐藏了物理实现，数据帧依赖于底层的网络技术，使网络层的连接与具体的网络技术无关，不管是以太网还是令牌环网，对于网络层都是一样的	网络适配器（如网卡）代表的就是数据链路层，交换机和网桥也属于链路层设备	网桥配置、二层交换机使用、数据帧分析、VPN 虚拟电路
网络层	① 确保网络节点之间的数据包的传输，将数据转换成一种称为数据包（Packet）的数据单元，每一个数据包中都含有目的地址和源地址，以满足路由和寻径的需要 ② 由于采用分组交换技术，节点之间不必建立直接的物理连接，由网络层协议来决定数据到达目的地的路径，负责处理网络通信、堵塞和介质传输速率	IPX 协议和 TCP/IP 协议中的 IP 都是典型的网络层协议；路由器是典型的网络层设备；智能交换机支持网络层路由	路由器配置、三层交换机配置、IPSec 安全传输、数据包分析与过滤、防火墙配置、IP 地址管理
传输层	① 提供网络节点之间的可靠数据传输，将应用层与其他数据传输的各层隔离出来。负责将数据转换成网络传输所需的格式，检测传输结果，并纠正不成功的传输 ② 将从会话层接收的数据拆分成网络层所要求的数据包，进行传输；在接收端将经网络层传来的数据包进行重新装配，提供给会话层	TCP 是一个典型的跨平台的、支持异构网络的传输层协议；SPX 在 NetWare 网络上提供可靠的数据传输	TCP 和 UDP 协议配置、端口过滤、端口映射、代理服务器配置
会话层	负责在各网络节点应用程序或者进程之间的协商和连接，不仅建立合适的连接，而且验证会话双方，要求双方提供身份验证	NetBIOS 是会话层协议	NetBIOS 名称解析
表示层	确保一个应用程序的命令和数据能被网络上其他计算机理解，也就是将一种格式转换成另一种格式的数据转换，使用户之间的通信尽可能简化，与设备无关	表示层格式转换，包括打印机的网络接口、视频显示和文件格式等	打印机驱动
应用层	① 位于最高层，直接面向用户，提供计算机网络与最终用户的界面 ② 提供完成特定网络服务功能所需的各种应用程序协议，其他 6 个层次解决了网络通信和表示的问题应用程序相互请求数据和服务的信息，提供分散的服务，包括文件传输、数据库管理、网络管理等	网络操作系统就是应用层协议，电子邮件、WWW 服务都是应用层的软件	Web 网站配置与管理、电子邮件系统配置

1.3　TCP/IP 协议簇

TCP/IP 协议又称为 TCP/IP 协议栈或 TCP/IP 协议簇。

1.3.1　TCP/IP 与 OSI 的层次对应关系

TCP/IP 协议簇先于 OSI 参考模型之前开发，因而其层次无法与 OSI 完全对应起来。与其他分层的通信协议一样，TCP/IP 将不同的通信功能集成到不同的网络层次，形成了一个具有 4 个层次的体系结构，能够解决不同网络的互联。如图 1-4 所示，左边是 OSI 参考模型的 7 层结构，右边是 TCP/IP 协议体系的 4 层结构，中间则是 TCP/IP 主要的协议组件。其间的对应关系一目了然。

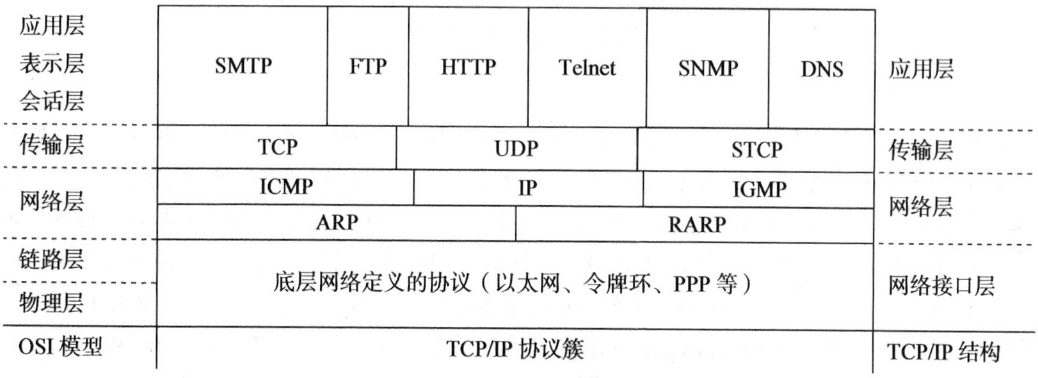

应用层 表示层 会话层	SMTP	FTP	HTTP	Telnet	SNMP	DNS	应用层
传输层	TCP		UDP		STCP		传输层
网络层	ICMP		IP		IGMP		网络层
	ARP			RARP			
链路层 物理层	底层网络定义的协议（以太网、令牌环、PPP 等）						网络接口层
OSI 模型	TCP/IP 协议簇						TCP/IP 结构

图 1-4　TCP/IP 与 OSI 的层次对应关系

这些分层与 OSI 参考模型中的分层相当类似，但并不一致。这是因为与 OSI 参考模型中会话层和表示层相对应的一些功能出现在了 TCP/IP 的应用层中，而 OSI 参考模型中会话层的某些功能出现在 TCP/IP 的传输层中。大体上讲，两个模型的传输层对应得相当好，OSI 参考模型中的网络层与 TCP/IP 模型中的网络层也对应得很好。TCP/IP 的应用层或多或少地映射到了 OSI 参考模型中应用层、表示层、会话层这三个分层中，TCP/IP 的网络接口层也映射到了 OSI 参考模型中数据链路层和物理层这两个分层。

在具体实现中，网络层次也没有绝对的划分。TCP/IP 的设计隐藏了较低层次的功能，主要协议都是高层协议，没有设计专门的物理层协议，因此对于 TCP/IP 协议系统，有人将物理层、链路层以及网络层的一部分并称为网络接口层，还有人将其划分为 5 层，从网络接口层中剥离出链路层。TCP/IP 协议一个个堆叠起来，就像一个栈，有时又称其为协议栈。

1.3.2　TCP/IP 各层

这里采用广泛使用的 4 层模型来介绍 TCP 协议层次，其层次结构如图 1-5 所示。具体各层简介如下。

1. 网络接口层

网络接口层（Network Interface Layer）又称网络访问层（Network Access Layer），包括 OSI 的物理层和链路层，负责向网络物理介质发送数据包，从网络物理介质接收数据包。TCP/IP 并没有对物理层和链路层进行定义，它只是支持现有的各种底层网络技术和标准。网络接口层涉及操作系统中的设备驱动程序和网络接口设备。

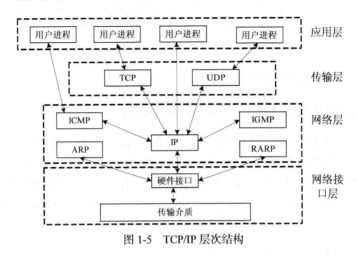

图 1-5　TCP/IP 层次结构

2. 网络层

网络层又称为互联网层或 IP 层，负责处理 IP 数据包的传输、路由选择、流量控制和拥塞控制。TCP/IP 网络层的底部是负责 Internet 地址（IP 地址）与底层物理网络地址之间进行转换的地址解析协议（Address Resolution Protocol，ARP）和反向地址解析协议（Reverse Address Resolution Protocol，RARP）。ARP 用于根据 IP 地址获取物理地址。RARP 用于根据物理地址查找其 IP 地址。由于 ARP 和 RARP 用于完成网络层地址和链路层地址之间的转换，也有人将 ARP 和 RARP 作为链路层协议。IP 协议（Internet Protocol）既是网络层的核心协议，也是 TCP/IP 协议簇中的核心协议。网络互联的基本功能主要是由 IP 协议来完成的。Internet 控制报文协议（Internet Control Message Protocol，ICMP）是主机和网关进行差错报告、控制和进行请求/应答的协议。Internet 组管理协议（Internet Group Management Protocol，IGMP）用于实现组播中的组成员管理。

3. 传输层

传输层为两台主机上的应用程序提供端到端的通信。TCP/IP 的传输层包含传输控制协议 TCP（Transmission Control Protocol）和用户数据报协议 UDP（User Datagram Protocol）。这两种协议对应两类不同性质的服务，TCP 为主机提供可靠的面向连接的传输服务；UDP 为应用层提供简单高效的无连接传输服务。上层的应用进程可以根据可靠性要求或效率要求决定是使用 TCP 还是 UDP 来提供服务。

4. 应用层

这个层次包括 OSI 的会话层、表示层和应用层，直接为特定的应用提供服务。应用层为用户提供一些常用的应用程序。TCP/IP 给出了应用层的一些常用协议规范，如文件传输协议 FTP、简单邮件传输协议 SMTP、超文本传输协议 HTTP 等。

1.3.3　TCP/IP 封装与分用

与 OSI 参考模型的逐层传递、对等通信机制一样，TCP/IP 网络中的节点之间的通信也要经过一层一层的信息转换来实现。源主机向目标主机发送数据，出站数据经过 TCP/IP 协议栈的每一层都被打包和标识，以便交付给下一层，这个过程就是封装。目标主机接收数据后，入站数据在被交付给上层协议之前，低层协议拆除封装信息，这个过程称作解封，又称分用（Demultiplexing）。

操作系统中协议栈的目的就是协调各层协议，为各层的用户进程提供必要 API 函数，这些函数就是提供这些基本的包括数据封装与分用在内的一系列的功能。

1. 封装

TCP/IP 封装过程如图 1-6 所示。当应用程序使用 TCP 传送数据时，数据被送入协议栈中，然后逐层通过，直到被当做一串比特流（位流）传递给网络传输介质。其中每一层对收到的数据都要增加一些首部信息，主要是所用协议、发送方和预定的接收方以及其他信息。有时还要增加尾部信息，主要是用于数据完整性检查。从上一层获取数据后，在传递给下一层或通过网络传输介质发往目的地之前，都需要使用首部（可能还有尾部）对数据封装。被封装的数据部分又称为有效载荷（Payload，或译为负载）。

传输层 TCP 传给 IP 的数据单元称作 TCP 报文段或简称为 TCP 段（TCP Segment），网络层 IP 传给网络接口层的数据单元称作 IP 数据报（IP Datagram），链路层通过以太网传输的比特流称作帧（Frame）。以太网数据帧的物理特性是其长度必须在 46 ~ 1500 字节之间。严格地说，IP 和网络接口层之间传送的数据单元应该是分组（Packet，又译为包）。分组既可以是一个 IP 数据报，也可以是 IP 数据报的一个分片（Fragment）。

应用程序使用 UDP 传送数据也采用与 TCP 类似的封装过程，UDP 数据与 TCP 数据基本一致，唯一不同的是 UDP 传给 IP 的数据单元称作 UDP 数据报(Datagram)，而且 UDP 的首部长为 8 字节。

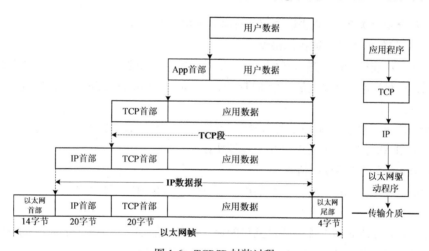

图 1-6　TCP/IP 封装过程

应用程序都可以使用 TCP 或 UDP 来传送数据，传输层协议在生成首部时要加入一个称为端口号的应用程序标识来表示不同的应用程序。

TCP、UDP、ICMP、IGMP 都要向 IP 传送数据，为区分要传送的数据来源于哪一种协议，在生成的 IP 首部中加入一个称为协议号的标识，其中协议号 1 标识为 ICMP 协议，6 标识为 TCP 协议，17 标识为 UDP 协议。

网络层接口分别要发送和接收 IP、ARP 和 RARP 数据，因此也必须在以太网的帧首部中加入一个称为帧类型的标识，以指明生成数据的网络层协议。

数据封装成帧后发送到传输介质上，到达目的主机后每层协议再剥掉相应的首部，最后将应用层数据交给应用程序处理。

2. 分用

TCP/IP 分用过程如图 1-7 所示。当目的主机收到一个以太网数据帧时，数据就开始从协议栈中由底层向顶层逐层传递，同时去掉各层协议加上的首部（可能还有尾部）。每层协议都要去检查报文首部中的协议标识，以确定接收数据的上层协议。这是封装的逆过程。

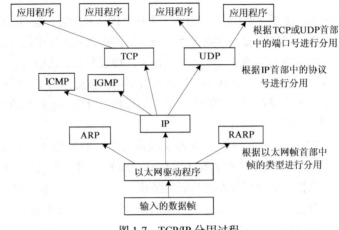

图 1-7　TCP/IP 分用过程

1.3.4　TCP/IP 协议重要概念

在进一步介绍有关 TCP/IP 协议之前，有必要解释几个重要概念。

1. 面向连接的协议与无连接的协议

如果采用面向连接的协议进行通信，想通信的一方就首先要和另一方的应用程字建立连接，就像打电话，只有当连接建立之后，才能进行通信。位于传输层的 TCP 就是面向连接协议的一个例子。

无连接的协议在通信之前不用建立连接，就像寄信，只要有对方地址，就会正确地到达目的地。网络层的 IP 和传输层的 UDP 都是无连接协议。

2. 可靠的协议与不可靠的协议

可靠的协议保证数据能够传送到目的地，而且保证数据内容不会发生变化。TCP 就是一个可靠的协议。

不可靠的协议不保证数据能够传送到目的地，但是它们都会尽力传送数据，而且它们可以检验出到达目的地的数据是否完整。IP 和 UDP 就是不可靠的协议。

3. 字节流协议与数据报协议

字节流协议表示发送方和接收方将传输的数据看成是一串连续的字节串流。先发出的数据将会被先接收到，TCP 就是这样的一个协议。

数据报协议与字节流不同，它会将数据一个一个地传送。发送方先后向接收方发出两个数据报，接收方并不知道哪一个数据报会先被收到。IP 和 UDP 就是这样的两个协议。如果要发送的信息不必讲求顺序，则可以选择 UDP 传输。而如果使用 UDP 发送有顺序的数据，并不是不可以，但是要对数据内容重新组合，这将加大程序复杂度。

4. IP 地址

在 TCP/IP 网络上，每个主机都有唯一的地址，它是通过 IP 协议来实现的。IP 协议要求在每次与 IP 网络建立连接时，每台主机都必须为这个连接分配一个唯一的地址。IP 地址不但可以用来识别每一台主机，而且隐含着网际间的路径信息。

5. TCP/IP 协议号、端口号及插座

TCP/IP 网络支持"多路复用"（Multiplexing），将来自许多应用程序的数据进行组合，传递给传输层（TCP 或 UDP），再由传输层传递给网络层（IP），其中，IP 利用协议号来指定传输协议，传输层的 TCP 和 UDP 采用端口号来识别应用程序。

协议号位于 IP 数据首部中，用数值表示，用来指示数据传给网络层以上的某个协议。当数据报到达某个主机时，如果其目的地址与主机的 IP 地址相同，就查看数据报中的协议号，来决定将数据传给该协议号定义的上层协议。协议号形成了标准，如协议号为 6，IP 将数据传递给 TCP；如协议号为 17，将把数据传给 UDP。ICMP 的协议号为 1。

数据从发送方主机上的一个端口传输到接收主机的一个端口，端口是地址，但并不是标识一台特定的计算机，而是指向与数据相关的应用程序。端口信息置于 TCP 或 UDP 首部中，源端口号用来标识与发送数据相关的应用程序，目的端口号则用来标识与接收数据相关的应用程序。所有端口字段的长度都是 16 位，范围为 0 ~ 65535。现在端口已形成标准，由 Internet 地址分配机构（IANA）来管理。Internet 服务器一般都是通过指定的端口号来标识的。例如，Web 服务器运行在 80 端口，FTP 服务器运行在 20 端口和 21 端口。多个用户同时请求两种服务，服务器会自动分配端口来提供服务。

客户端通常对它所使用的端口号并不关心，只需保证该端口号在本机上是唯一的就可以了。客户端口号又称作临时端口号（即存在时间很短暂），这是因为它通常只是在用户运行该客户程序时才存在，而服务器则只要主机运行，其服务就运行。一般 TCP/IP 网络给临时端口分配 1024 ~ 5000 之间的端口号，大于 5000 的端口号是为其他服务器预留的。

 使用基于 TCP/IP 协议的应用程序，要求发送方和接收方都要用到 3 种地址：端口地址、IP 地址和物理地址。端口地址出现在传输层，位于 TCP 或 UDP 首部中，用于识别特定的应用程序或进程。IP 地址出现在网络层中，位于 IP 首部中，用来对应用程序或进程所在的网络和主机进行标识。在物理网络中传递 IP 所携带的信息，还要将 IP 地址映射为物理地址，从而将发送方的信息最终传输到接收方。端口地址和 IP 地址广泛应用于路由器和防火墙技术，在建立 Internet 和 Intranet 服务时，可充分利用这种技术。

将一个 IP 地址和一个端口号码合并起来，就成为插座（Socket）。插座代表 TCP/IP 网络中唯一的网络进程。通过源主机的一个插座与目标主机的一个插座，可以在两个主机之间建立一个基于 TCP 的可靠连接。

1.3.5　分层分析和排查网络故障

TCP/IP 协议的层次结构为分析和排查故障提供了非常好的组织方式。由于各层相对独立，按层排查能够有效地发现和隔离故障，因而一般使用逐层分析和排查的方法。

1. 分层排查方式的选择

通常有以下两种分层排查方式。

- 从低层开始排查：适用于物理网络不够成熟稳定的情况，如组建新的网络、重新调整网络线缆、增加新的网络设备。
- 从高层开始排查：适用于物理网络相对成熟稳定的情况，如硬件设备没有变动。

无论哪种方式，最终都能达到目标，只是解决问题的效率有所差别。具体采用哪种方式，可根据情况来选择。例如，遇到某客户端不能访问 Web 服务的情况，如果管理员首先去检查网络的连接线缆，就显得太悲观了，除非明确知道网络线路有所变动。比较好的选择是直接从应用层着手，可以按照以下步骤来排查。

（1）检查 Web 浏览器是否正确配置，可尝试使用浏览器去访问另一个 Web 服务器。

（2）如果 Web 浏览器没有问题，可在 Web 服务器上测试 Web 服务器是否正常运行。

（3）如果 Web 服务器没有问题，再测试网络的连通性。

即使是 Web 服务器问题，从底层开始逐层排查也能最终解决问题，只是花费的时间太多了。如果是线路问题，从高层开始逐层排查也要浪费时间。因此，在实际应用中往往采用折中的方式，凡是涉及网络通信的应用出了问题，直接从位于中间的网络层开始排查，具体步骤如下。

（1）检查网络层，测试网络的连通性和路由配置等信息。

（2）如果网络层测试有问题，则检测网络的低层（物理层和链路层），测试网络的物理连通性和网络交换设备的配置等信息。

（3）如果网络层的测试正常，则检测网络的高层（应用层和传输层），测试应用程序的配置和网络传输过程是否存在故障等信息。

（4）根据情况排查其他信息，如网络中的流量占用、传输的数据包等。

2．分层排查方法

不同的网络层次，都有相应的检测排查工具和措施，这里为各层列出一些基本的排查措施，如图 1-8 所示。在最底层的物理层，专业人员往往采用专门的线缆测试仪，没有测试仪的可通过网络设备（网卡、交换机等）信号灯进行目测。数据链路层的问题不多，对于 TCP/IP 网络，可以使用简单的 arp 命令来检查 MAC 地址（物理地址）和 IP 地址之间的映射问题。网络层出现问题的可能性大一些，路由配置容易出现错误，可通过 route 命令来测试路由路径是否正确，也可使用 ping 命令来测试连通性。协议分析器具有很强的检测和排查能力，能够分析链路层及其以上层次的数据通信，当然包括传输层。至于应用层，可使用应用程序本身进行测试。接下来，将具体介绍网络各层分析排查的基本方法。

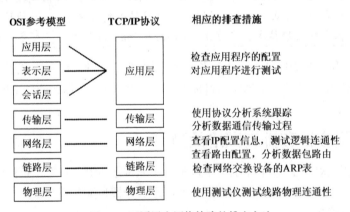

图 1-8　不同层次网络故障的排查方法

3．分层排查实例

在 TCP/IP 网络中，排查网络问题的第一步常常是使用 ping 命令。如果成功地 ping 到远程主机，就排除了网络连接出现故障的可能性。即使是使用 ping 命令，也有一个逐步检测判断的步骤。例如，假设有一个如图 1-9 所示的网络，主机 A 无法访问主机 B 上的某项服务，可按照以下步骤进行测试和诊断。

图 1-9　网络示意图

（1）ping 远程计算机（目标）。如果成功说明系统和网络正常，可以判断网络问题一般发生在更高层次，转向服务或应用程序测试，如测试 DNS 域名解析是否正确；如果失败说明主机离线或网络故障，继续下面的步骤。

（2）ping 同一子网（网段）的网关（例中为路由器 1）来确认主机 A 是否能够连接到本地网关（路由器）。如果成功说明本地网关与目标计算机之间的路由有问题，可使用 tracert 命令跟踪测试路由；如果失败，继续下面的步骤。

（3）ping 环回地址 127.0.0.1。如果成功说明本地网关与本地计算机之间的通信有问题，可检查线路连接是否有问题，IP 地址分配是否有问题；如果失败，继续下面的步骤，需确认 TCP/IP 协议软件是否有问题，如果有问题，需要重新安装 TCP/IP 协议软件。

也可以采用另一种步骤，从 ping 环回地址 127.0.0.1 开始逐步排查，只要成功地 ping 到远程主机，可以判断网络问题一般发生在更高的网络层次。

1.4　协议分析

协议分析（Protocol Analysis）又称网络分析（Network Analysis），是接入网络通信系统捕获网络中传输的数据，收集网络统计信息，将数据包解码为可读形式的过程。本质上，协议分析器窃听网络通信。由于这些工具能够揭示许多不同类型的、有潜在价值的信息，甚至破坏信息，很多机构制定规则禁止对生产网络无监督地使用协议分析器。许多协议分析器也能够发送数据包，可用于测试网络或设备，它们能够使用加载到桌面或便携计算机上的软件或硬件/软件产品来进行协议分析。

1.4.1　协议分析概述

协议分析实际上是一种包嗅探技术，可查询网络中的每个数据包，能够确定某一应用或 IP 地址产生的流量，便于监测网络数据传输，排除网络故障。它最大的优势是可以区分和分析网络层以上的信息。

1. 协议分析原理

在以太网中，所有通信都是以广播方式工作的，同一个网段的所有网络接口都可访问传输介质上传输的所有数据，也就是说，所有的物理信号都要经过网络中的任何一个节点。而每一个网络接口都有一个唯一的硬件地址（MAC 地址）。在正常的情况下，一个网络接口只能响应两种数据帧：与自己硬件地址相匹配的数据帧和发向所有节点的广播数据帧。

在网络中，数据的收发是由网卡来完成的，网卡有以下 4 种接收模式。

- 广播：能够接收发送给自己的数据帧和网络中的广播信息。
- 多播：只能够接收多播数据。
- 直接：只能够接收发送给自己的数据帧。
- 混杂（Promiscuous Mode）：能够接收一切通过它的数据帧，而不管该数据是否是传给它的。

默认情况下，网卡处于广播模式，但是，将其设置为混杂模式时，就可以接收所有通过网络设备的数据了，此时采用协议分析技术就可捕获所有经过网卡的数据包。协议分析工具所使用的网卡和驱动程序只有支持混杂模式时，才能捕获到以太网冲突分片（Ethernet Collision Fragment）、超长数据包、超短数据包以及在非法边界上结束的数据包。

协议分析工具提供包过滤器（Filter）用于确定想要捕获的数据包的类型，对于捕获的数据进行解码，以可读方式给出数据包的字段和值。

2. 协议分析应用场合

协议分析工具能够检查经过网卡的所有网络数据包，并进行解码和分析。主要应用场合如下。

- 诊断网络通信故障。将它安装在网络上并配置为捕获存在问题的通信序列，通过读取分析所传输的数据包来识别出通信过程中存在的缺陷和错误。
- 测试网络。可以通过侦听不同寻常的通信或向网络中发送数据包来对网络进行测试。
- 评估网络性能和分析流量趋势。
- 用于教学和实验。考察和验证 TCP/IP 网络中不同数据包的结构和通信序列。

1.4.2　协议分析工具的部署

协议分析工具只能访问和检查实际流经监测计算机所在网卡的数据包，理解这一点非常重要。在传统共享网（以集线器连接）中，可直接获取网络中的所有数据。但是，在交换网络中，只有特定的流量（如广播数据）能够发送到每个计算机的网卡，可直接看到本机收发的流量，通常不能直接看到网络中其他计算机的全部流量。这就需要使用支持监测端口或端口镜像配置的交换机。也可采用其他变通手段，如串接网络分路器（Tap）或集线器（Hub）。实际应用中根据不同网络环境和监测要求来选择部署方式。

- 传统共享式网络

使用集线器（Hub）作为网络中心交换设备的网络，如图 1-10 所示，可将协议分析工具安装在局域网中任意一台计算机上，可以获取整个网络中所有的通信数据。

- 具备镜像功能的交换式网络

交换式网络会将整个网络分隔成很多小的网域，多数 3 层或 3 层以上交换机，以及部分二层交换机具备镜像功能（Cisco 将这种功能称为"SPAN"），对于采用这种交换机的网络，如图 1-11 所示，可在交换机上配置好端口镜像，再将协议分析工具安装在连接镜像端口的主机上，可以捕获整个网络中所有的通信数据。

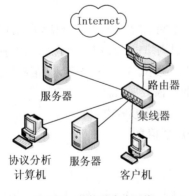

图 1-10　传统共享式网络

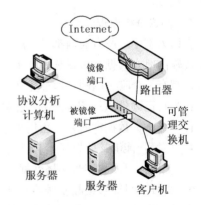

图 1-11　具备镜像功能的交换式网络

- 不具备镜像功能的交换式网络

普通交换机可能并不具备镜像功能,这样就不能通过端口镜像实现网络的监测分析。这就需要采取变通手段,可在交换机与路由器(或防火墙)之间串接一个分路器或集线器,分别如图 1-12 和图 1-13 所示,可以获取整个网络中所有的通信数据。

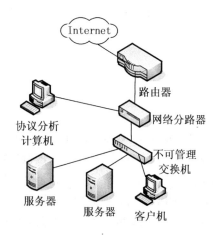

图 1-12　串接网络分路器的交换式网络

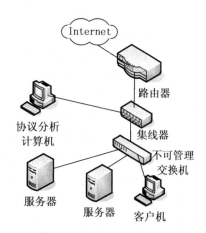

图 1-13　串接集线器的交换式网络

分路器是专用设备,可将连接的链路的全部数据信息复制到监测工具,具有较高的性能,可用于大流量网络,获取 100% 的数据包,而且方便监测工具接入和移动。

集线器成本很低,仅适用于流量不大的网络,而且现在相关的产品也非常少。

- 部署代理服务器的网络

对于通过代理服务器共享上网的情况,直接将包嗅探工具安装在代理服务器上即可,如图 1-14 所示,这样可同时对代理服务器的内部网卡和外部网卡进行数据捕获。

- 监测某个特定网段

对于规模较大的网络,常常并不需要监测整个网络,只需要对某些可能出现异常的部门或网段进行监测分析,这时可将网络分路器(也可用集线器替代)串接到要监测的网段,以实现特定网段的数据采集,如图 1-15 所示。

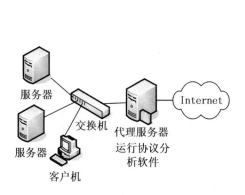

图 1-14　串接网络分路器的交换式网络

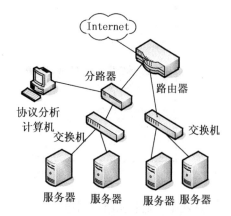

图 1-15　串接集线器的交换式网络

本书的实验中只需抓取客户端与服务器之间(点对点通信)的通信数据包,无需获取整个网段的数据通信，因而不用考虑混杂模式和交换网络的特殊布置。前提是要将监测计算机的监测网卡以混杂模式连接到网络。

1.4.3 Wireshark 简介

Wireshark 是一款主流的的网络协议分析软件，具有非常广泛的用途，应用于故障修复、分析、软件和协议开发以及教育领域，主要有以下应用。

- 网络管理员用来检测网络问题。
- 网络安全工程师用来检查信息安全相关问题。
- 开发人员用来为新的通信协议排错。
- 普通用户或学生用来学习网络协议的相关知识。

Wireshark 是完全免费的（开放源码软件），支持 UNIX、Linux 和 Windows 平台。其前身是 Ethereal。2006 年 6 月，因为商标问题 Ethereal 更名为 Wireshark。Wireshark 不是入侵检测软件（Intrusion Detection Software, IDS），对于网络上的异常流量行为，它不会产生警示或是任何提示。然而，仔细分析 Wireshark 抓取的数据包能够帮助使用者对于网络行为有更清楚的了解。它不会对网络数据包进行任何修改，只是反映出目前传输的数据包信息。Wireshark 本身也不会向网络送出任何数据包。

Wireshark 的安装比较简单，从 http://www.wireshark.org/网站上可以下载到最新的版本。这里以 Windows 版本为例，最好安装其所有组件，在安装过程中根据提示必需安装 WinPcap，它是在 Windows 平台上实现对底层包的截取过滤的接口程序。

Wireshark 主界面如图 1-16 所示，非常简洁，操作方便，提供以下基本功能。

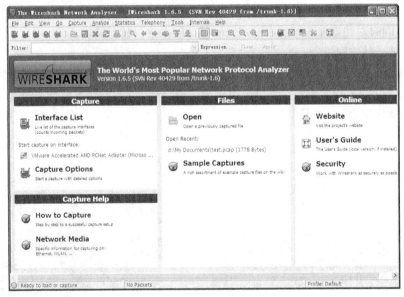

图 1-16　Wireshark 主界面

- 从网络上捕获实时数据包。
- 准确显示数据包协议信息。
- 打开和保存捕获数据包文件。
- 导入和导出数据包，可用于与其他软件共享。

- 提供数据包过滤器（捕获过滤器与显示过滤器）。
- 数据包搜索。
- 基于过滤器的数据包彩色显示。
- 创建多种统计报表。

1.4.4　捕获数据包

捕获网络实时通信数据是 Wireshark 的主要功能。这种功能非常强大，可在不同类型网络环境捕获数据包，支持多种停止捕获触发器，在捕获数据包的同时显示解码信息，捕获大量数据包时可生成多个文件存储。Wireshark 可通过以下几种方法开始捕获数据包。

- 单击 按钮，或者从主菜单选择 "Capture" > "Interfaces..." 命令，弹出如图 1-17 所示的窗口，列出本地网络接口，在相应的网络接口后面单击 "Start" 按钮，开始捕获该网络接口的数据包。这非常适合有多个网络接口的情况。

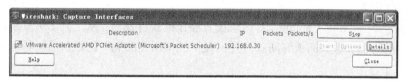

图 1-17　捕获接口

- 单击 按钮，或者从主菜单选择 "Capture" > "Options..." 命令，弹出捕获选项窗口，单击 "Start" 按钮开始。
- 如果已设置好捕获选项，可单击 按钮，或者从主菜单选择 "Capture" > "Start" 命令开始。
- 使用命令行模式。

最好是设置捕获选项后，再开始捕获，下面通过实验进行示范。

（1）单击 按钮或者从主菜单选择 "Capture" > "Options" 命令打开图 1-18 所示的捕获选项窗口。

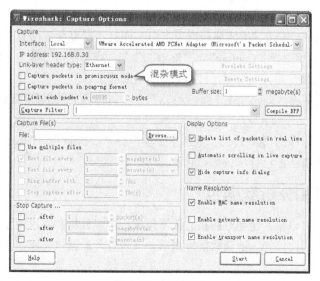

图 1-18　捕获选项

（2）从"Interface"下拉列表选择用于捕获数据包的网络接口，"IP address"处将显示该接口的 IP 地址。

（3）在"Buffer size"框中设置捕获缓存区大小，单位是 M。捕获的数据包临时保存在内存缓存中，直到被写入磁盘。

（4）选中"Capture packets in promiscuous mode"复选框，使用混杂模式抓包。默认没有选中此复选框，Wiresharkl 只能捕获本机的进出数据包。

（5）在"Limit each packet"框中设置包大小限制。一般使用默认设置，包大小为 65535 字节，这对大多数协议都适用。

（6）在"Capture Filter"处设置捕获过滤器，捕获所需类型的数据包。默认为空，捕获所有数据包。单击该按钮，弹出捕获过滤器设置对话框进行设置。

（7）在"Capture File(s)"区域设置捕获数据包保存文件，这样捕获的数据包将自动保存到该文件。可选中"Use Multiple"复选框，以多文件方式存储，并可设置多文件间存储切换触发器（文件大小、时间间隔等）。

（8）根据需要在"Stop Capture…"区域设置停止捕获触发器，从上到下可分别设置捕获数据包数、捕获数据的字节数、捕获时间。另外，在"Capture File(s)"区域最后一行还可设置捕获文件数量。

（9）根据需要在"Display Options"区域设置显示选项。其中"Update list of packets in real time"复选框表示捕获数据包的同时实时更新数据包列表窗格；"Automatic scrolling in Live capture"复选框表示捕获数据包时数据包列表自动滚动；"Hide capture info dialog"复选框表示捕获信息窗口不显示。

（10）在"Name Resolution"区域设置名称解析。3 个复选框分别表示将 MAC 地址翻译成名称、将网络地址翻译成名称、将传输端口翻译成对应的协议名称。建议选中这 3 个复选框，便于用户识别和分析捕获数据。

（11）设置捕获选项完毕后，单击"Start"按钮保存配置信息，并开始进入捕获状态。默认选中"Hide capture info dialog"复选框，则捕获过程中不会显示捕获信息窗口。如果未选中该复选框，则将显示捕获信息窗口，在捕获过程中显示各种统计信息，包括各种协议百分比、运行时间等信息。

如果单击"Cancel"按钮将关闭捕获选项窗口，而且不保存配置信息。

（12）可以从主菜单选择"Capture"＞"Stop"命令，或者单击 按钮来停止捕获。当然，如果设置了捕获停止触发器，则满足条件将自动停止捕获。

还可以使用主菜单中"Save"或"Save As…"命令将捕获的数据包存储到指定格式的数据包文件中。

在捕获的过程可以单击 按钮，或从主菜单选择"Capture"＞"Restart"命令，重新开始捕获，这样会丢失所有当前已抓取的数据包。

1.4.5 查看和分析数据包

使用 Wireshark 可以很方便地对捕获的数据包进行协议分析和协议还原，包括该数据包的源地址、目的地址、所属协议等。捕获数据包之后，或者打开数据包文件，就可以打开数据包查看窗口，如图 1-19 所示。

整个窗口分成 3 个窗格：上部窗格为数据包列表，用来显示捕获的每个数据包的总结性信息，可以方便地选择某个数据包（图中当前选中的数据包的源地址是 192.168.0.30，目的地址为 192.168.0.10，该数据包所属的协议是 HTTP，含有一个 HTTP 的 GET 命令）；中间窗格为协议树，用来显示所选数据包所属的协议信息；下部窗格是数据包字节，以十六进制形式显示所选数据包内容（在物理层上传输时的最终形式），也有对应的 ASCII 代码。

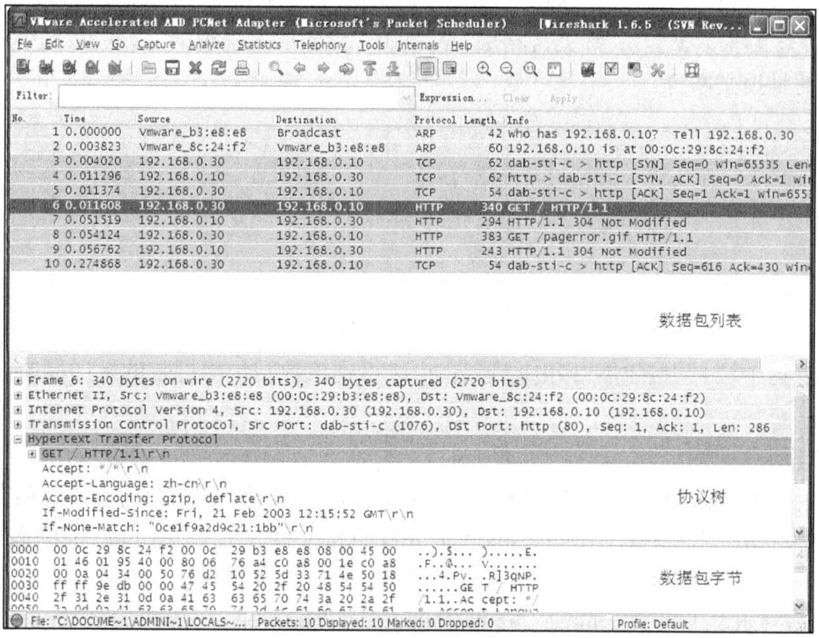

图 1-19　数据包查看窗口

1. 数据包列表

Wireshark 将捕获到的二进制数据以摘要方式列在 "数据包列表" 窗格中，如图 1-20 所示，一行表示一帧，显示的内容包括 No.（帧编号或数据包编号）、Time（时间）、Source（源地址）、Destination（目的地址）、Length（长度）、Protocol（高层协议）和 Info（包内信息概要），可以从中选择要显示的项目。其中时间是指捕获相应数据包的时间点，默认显示自开始捕获以来所过去的时间，单位为秒，也可以显示为其他时间形式，如日期时间。长度是指所捕获的帧的长度，单位是字节。

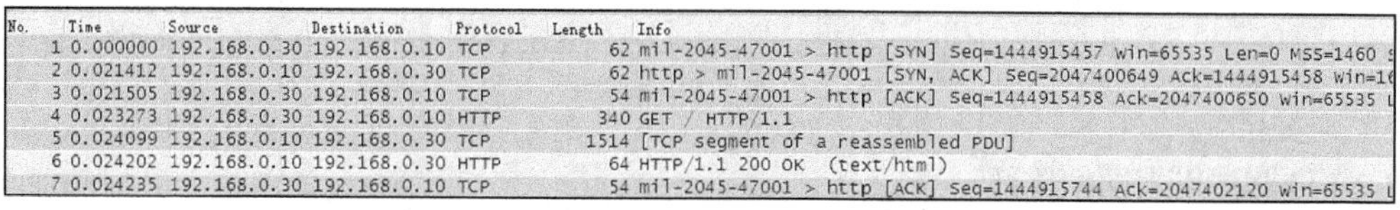

图 1-20　数据包列表

捕获的数据量通常较大，可根据需要筛选要查看的内容。可在 Wireshark 窗口中过滤工具栏中的 "Filter:" 框中输入关于协议的表达式来基于协议类型选择要显示的数据包。当然，也可使用显示过滤器（按协议、字段、字段值等）将感兴趣的数据包显示在数据包列表窗格中，还可以很方便地搜索数据包。

2. 数据包解码分析

Wireshark 可以将捕获到的二进制数据按照不同的协议数据单元结构规范解析为可读的信息，

并显示在主界面的中部窗格（协议树）中。为使协议和协议间层次关系明显，以对数据流里的各个层次协议能够逐层处理，Wireshark 采用了协议树的方式进行层次化协议解码分析，也就是以树形结构分层显示捕获数据包的详细内容。如图 1-21 所示，从低到高分别是物理层、数据链路层、网络层、传输层和应用层，例中分别以 Frame（帧）、Ethernet II（以太网）、Internet Protocol Version 4（IP）、Transmission Control Protocol（TCP）和 Hypertext Transfer Protocol（HTTP）打头。物理层呈现的是整个帧（数据包），数据链路层、网络层、传输层所呈现的是该层数据单元的首部，而应用层呈现的是报文本身。

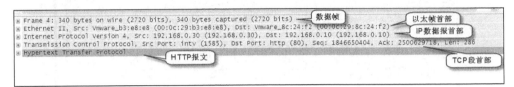

图 1-21　协议树

单击协议树中"+"按钮展开相应节点，可以得到该数据包中携带的更详尽的信息。下面分析各层内容。

（1）物理层数据帧

展开的物理层数据帧如图 1-22 所示，首行依次显示帧编号、线路上的字节数和实际捕获的字节数，其他各行信息主要有：Arrival Time（捕获日期和时间）、Epoch Time（时间戳）、Time delta from previous captured frame（此帧与所捕获的前一帧的时间间隔）、Time delta from previous displayed frame（此帧与所显示的前一帧的时间间隔）、Time since reference or first frame（此帧与第 1 帧的时间间隔）、Frame Number（帧序号）、Frame Length（帧长度）、Capture Length（捕获长度）、Frame is marked（此帧是否做标记）、Protocols in frame（帧内封装的协议层次结构）、Coloring Rule Name（染色标记的规则名称）、Coloring Rule String（染色显示规则的字符串）。

```
⊟ Frame 4: 340 bytes on wire (2720 bits), 340 bytes captured (2720 bits)
    Arrival Time: Jul  1, 2012 22:28:10.214513000 □□□□□□□□□□
    Epoch Time: 1341152890.214513000 seconds
    [Time delta from previous captured frame: 0.000403000 seconds]
    [Time delta from previous displayed frame: 0.000403000 seconds]
    [Time since reference or first frame: 0.000741000 seconds]
    Frame Number: 4
    Frame Length: 340 bytes (2720 bits)
    Capture Length: 340 bytes (2720 bits)
    [Frame is marked: False]
    [Frame is ignored: False]
    [Protocols in frame: eth:ip:tcp:http]
    [Coloring Rule Name: HTTP]
    [Coloring Rule String: http || tcp.port == 80]
```

图 1-22　帧

（2）链路层以太网帧首部

展开的链路层以太网帧首部如图 1-23 所示，首行依次显示 Ethernet II（帧类型）、Src（源物理地址）和 Dst（目的物理地址），其他各行信息主要有：Destination（目的物理地址详细信息）、Source（源物理地址详细信息）、Type（帧内封装的上层协议类型）。

（3）网络层 IP 数据报首部

展开的网络层 IP 数据报首部如图 1-24 所示，首行依次显示 Internet Protocol Version 4（协议类型）、Src（源 IP 地址）和 Dst（目的 IP 地址），其他各行信息主要有：Version（协议版本）、Header length（首部长度）、Differentiated Services Field（差分服务字段）、Total Length（数据报总

长度）、Identification（标识符）、Flags（标志）、Fragment offset（分片偏移量）、Time to live（生存时间）、Protocol（此数据报内封装的上层协议）、Header checksum（首部校验和）、Source（源IP 地址）和 Destination（目的 IP 地址）。

```
⊟ Ethernet II, Src: Vmware_b3:e8:e8 (00:0c:29:b3:e8:e8), Dst: Vmware_8c:24:f2 (00:0c:29:8c:24:f2)
  ⊟ Destination: Vmware_8c:24:f2 (00:0c:29:8c:24:f2)
      Address: Vmware_8c:24:f2 (00:0c:29:8c:24:f2)
      .... ...0 .... .... .... .... = IG bit: Individual address (unicast)
      .... ..0. .... .... .... .... = LG bit: Globally unique address (factory default)
  ⊟ Source: Vmware_b3:e8:e8 (00:0c:29:b3:e8:e8)
      Address: Vmware_b3:e8:e8 (00:0c:29:b3:e8:e8)
      .... ...0 .... .... .... .... = IG bit: Individual address (unicast)
      .... ..0. .... .... .... .... = LG bit: Globally unique address (factory default)
    Type: IP (0x0800)
```

图 1-23　以太网帧首部

```
⊟ Internet Protocol Version 4, Src: 192.168.0.30 (192.168.0.30), Dst: 192.168.0.10 (192.168.0.10)
    Version: 4
    Header length: 20 bytes
  ⊟ Differentiated Services Field: 0x00 (DSCP 0x00: Default; ECN: 0x00: Not-ECT (Not ECN-Capable Transport))
      0000 00.. = Differentiated Services Codepoint: Default (0x00)
      .... ..00 = Explicit Congestion Notification: Not-ECT (Not ECN-Capable Transport) (0x00)
    Total Length: 326
    Identification: 0x1cc2 (7362)
  ⊟ Flags: 0x02 (Don't Fragment)
      0... .... = Reserved bit: Not set
      .1.. .... = Don't fragment: Set
      ..0. .... = More fragments: Not set
    Fragment offset: 0
    Time to live: 128
    Protocol: TCP (6)
  ⊟ Header checksum: 0x5b77 [correct]
      [Good: True]
      [Bad: False]
    Source: 192.168.0.30 (192.168.0.30)
    Destination: 192.168.0.10 (192.168.0.10)
```

图 1-24　网络层 IP 数据报首部

（4）传输层 TCP 段首部

展开的传输层 TCP 段首部如图 1-25 所示，首行依次显示 Transmission Control Protocol（协议类型）、Src Port（端口号）和 Dst Port（端口号），其他各行信息主要有：Source port（源端口名称及端口号）、Destination port（目的端口名称及端口号）、Sequence number（序列号）、Header length（首部长度）、Flags（TCP 标志）、Window size（窗口大小）、Checksum（校验和）。如果有选项，将显示 Options。

```
⊟ Transmission Control Protocol, Src Port: intv (1585), Dst Port: http (80), Seq: 1846650404, Ack: 2500629718, Len: 286
    Source port: intv (1585)
    Destination port: http (80)
    [Stream index: 0]
    Sequence number: 1846650404
    [Next sequence number: 1846650690]
    Acknowledgement number: 2500629718
    Header length: 20 bytes
  ⊟ Flags: 0x18 (PSH, ACK)
    window size value: 65535
    [Calculated window size: 65535]
    [Window size scaling factor: -2 (no window scaling used)]
  ⊟ Checksum: 0xb46b [validation disabled]
      [Good Checksum: False]
      [Bad Checksum: False]
  ⊟ [SEQ/ACK analysis]
      [Bytes in flight: 286]
```

图 1-25　传输层 TCP 段首部

（5）应用层 HTTP 报文

展开的应用层 HTTP 报文如图 1-26 所示，显示整个报文的内容。

对于网络分层协议模型，协议数据是从上到下封装后发送的，因此对于协议分析需要从下至上进行，从数据链路层开始，对该层的协议识别后进行还原，然后脱去该层协议首部，将数据交给网络层分析，按照从低层到高层的顺序逐层进行，这样一直进行下去直到应用层。

3. 查看字节

对于从数据包列表中选择的整个数据包，或者从协议树中选择的数据包部分（如帧首部、IP

首部、HTTP 报文），可在下部窗格中进一步查看和分析其具体的字节信息，左边是字节序号，中间显示的十六进制代码，右边显示对应的 ASCII 代码，如图 1-27 所示。

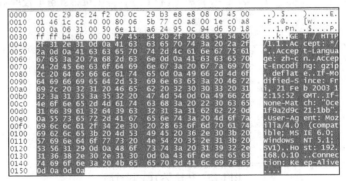

图 1-26　应用层 HTTP 报文

```
0000    00 0c 29 8c 24 f2 00 0c    29 b3 e8 e8 08 00 45 00    ..).$... ).....E.
0010    01 46 1c c2 40 00 80 06    5b 77 c0 a8 00 1e c0 a8    .F..@... [w......
0020    00 0a 06 31 00 50 6e 11    a6 24 95 0c 94 d6 50 18    ...1.Pn. .$....P.
0030    ff ff b4 6b 00 00 47 45    54 20 2f 20 48 54 54 50    ...k..GE T / HTTP
0040    2f 31 2e 31 0d 0a 41 63    63 65 70 74 3a 20 2a 2f    /1.1..Ac cept: */
0050    2a 0d 0a 41 63 63 65 70    74 2d 4c 61 6e 67 75 61    *..Accep t-Langua
0060    67 65 3a 20 7a·68 2d 63    6e 0d 0a 41 63 63 65 70    ge: zh-c n..Accep
0070    74 2d 45 6e 63 6f 64 69    6e 67 3a 20 67 7a 69 70    t-Encodi ng: gzip
0080    2c 20 64 65 66 6c 61 74    65 0d 0a 49 66 2d 4d 6f    , deflat e..If-Mo
0090    64 69 66 69 65 64 2d 53    69 6e 63 65 3a 20 46 72    dified-S ince: Fr
00a0    69 2c 20 32 31 20 46 65    62 20 32 30 30 33 20 31    i, 21 Fe b 2003 1
00b0    32 3a 31 35 3a 35 32 20    47 4d 54 0d 0a 49 66 2d    2:15:52  GMT..If-
00c0    4e 6f 6e 65 2d 4d 61 74    63 68 3a 20 22 30 63 65    None-Mat ch: "0ce
00d0    31 66 39 61 32 64 39 63    32 31 3a 31 62 62 22 0d    1f9a2d9c 21:1bb".
00e0    0a 55 73 65 72 2d 41 67    65 6e 74 3a 20 4d 6f 7a    .User-Ag ent: Moz
00f0    69 6c 6c 61 2f 34 2e 30    20 28 63 6f 6d 70 61 74    illa/4.0  (compat
0100    69 62 6c 65 3b 20 4d 53    49 45 20 36 2e 30 3b 20    ible; MS IE 6.0;
0110    57 69 6e 64 6f 77 73 20    4e 54 20 35 2e 31 3b 20    windows  NT 5.1;
0120    53 56 31 29 0d 0a 48 6f    73 74 3a 20 31 39 32 2e    SV1)..Ho st: 192.
0130    31 36 38 2e 30 2e 31 30    0d 0a 43 6f 6e 6e 65 63    168.0.10 ..Connec
0140    74 69 6f 6e 3a 20 4b 65    65 70 2d 41 6c 69 76 65    tion: Ke ep-Alive
0150    0d 0a 0d 0a                                           ....
```

图 1-27　查看字节（帧）

图 1-28 显示的是数据包中的 HTTP 报文部分（高亮显示部分）。

```
0000    00 0c 29 8c 24 f2 00 0c    29 b3 e8 e8 08 00 45 00    ..).$... ).....E.
0010    01 46 1c c2 40 00 80 06    5b 77 c0 a8 00 1e c0 a8    .F..@... [w......
0020    00 0a 06 31 00 50 6e 11    a6 24 95 0c 94 d6 50 18    ...1.Pn. .$....P.
0030    ff ff b4 6b 00 00 47 45    54 20 2f 20 48 54 54 50    ...k..GE T / HTTP
0040    2f 31 2e 31 0d 0a 41 63    63 65 70 74 3a 20 2a 2f    /1.1..Ac cept: */
0050    2a 0d 0a 41 63 63 65 70    74 2d 4c 61 6e 67 75 61    *..Accep t-Langua
0060    67 65 3a 20 7a 68 2d 63    6e 0d 0a 41 63 63 65 70    ge: zh-c n..Accep
0070    74 2d 45 6e 63 6f 64 69    6e 67 3a 20 67 7a 69 70    t-Encodi ng: gzip
0080    2c 20 64 65 66 6c 61 74    65 0d 0a 49 66 2d 4d 6f    , deflat e..If-Mo
0090    64 69 66 69 65 64 2d 53    69 6e 63 65 3a 20 46 72    dified-S ince: Fr
00a0    69 2c 20 32 31 20 46 65    62 20 32 30 30 33 20 31    i, 21 Fe b 2003 1
00b0    32 3a 31 35 3a 35 32 20    47 4d 54 0d 0a 49 66 2d    2:15:52  GMT..If-
00c0    4e 6f 6e 65 2d 4d 61 74    63 68 3a 20 22 30 63 65    None-Mat ch: "0ce
00d0    31 66 39 61 32 64 39 63    32 31 3a 31 62 62 22 0d    1f9a2d9c 21:1bb".
00e0    0a 55 73 65 72 2d 41 67    65 6e 74 3a 20 4d 6f 7a    .User-Ag ent: Moz
00f0    69 6c 6c 61 2f 34 2e 30    20 28 63 6f 6d 70 61 74    illa/4.0  (compat
0100    69 62 6c 65 3b 20 4d 53    49 45 20 36 2e 30 3b 20    ible; MS IE 6.0;
0110    57 69 6e 64 6f 77 73 20    4e 54 20 35 2e 31 3b 20    windows  NT 5.1;
0120    53 56 31 29 0d 0a 48 6f    73 74 3a 20 31 39 32 2e    SV1)..Ho st: 192.
0130    31 36 38 2e 30 2e 31 30    0d 0a 43 6f 6e 6e 65 63    168.0.10 ..Connec
0140    74 69 6f 6e 3a 20 4b 65    65 70 2d 41 6c 69 76 65    tion: Ke ep-Alive
0150    0d 0a 0d 0a                                           ....
```

图 1-28　查看字节（HTTP 报文）

1.5　习　　题

1．网络通信协议由哪几个部分组成？

2．简述 TCP/IP 管理层次体系。

3．什么是 RFC？

4．简述 OSI 层次结构。

5．简述 OSI 通信机制。

6．简述 TCP/IP 层次。

7．简述 TCP/IP 封装过程。

8．解释 TCP/IP 协议号、端口号和插座的概念。

9．简述协议分析的原理。

10．安装 Wireshark，抓取 HTTP 通信序列并进行简单分析。

第2章
网络接口层

　　TCP/IP 的网络接口层包括物理层和数据链路层。物理层定义物理介质的各种特性，包括机械特性、电子特性、功能特性和规程特性。数据链路层负责接收来自上层的 IP 数据报，并通过物理层传输介质发送或者从物理层传输介质接收物理帧，析出 IP 数据报再交给网络层（IP）处理。虽然 TCP/IP 只关心网络层、传输层和应用层，但是了解底层的技术尤其是链路层技术，有助于更好地管理和维护 TCP/IP 网络，更能胜任网络技术开发工作。TCP/IP 网络接口层既是局域网（LAN）技术起作用的分层，又是广域网（WAN）技术和连接管理协议发挥作用的层次。本章将讲解有关网络接口层的协议和标准，在介绍局域网标准和广域网通信技术的基础上，重点分析数据链路层的以太网帧和 PPP 等。

2.1　局域网协议标准

　　IEEE 802 是为了规范随着局域网技术进步而产生的种类繁多的局域网产品而制定的标准，有时也称为局域网参考模型。它包括 CSMA/CD、令牌总线和令牌环网等底层（物理层和数据链路层）网络协议。以太网技术作为局域网链路层标准战胜了令牌总线、令牌环等技术，成为局域网事实标准。

2.1.1　IEEE 802 局域网协议标准

　　IEEE 802 系列标准主要规定了局域网的几个重要方面。
- 局域网所采用的传输介质、拓扑结构以及电气特性，例如，使用光纤还是同轴电缆，采用总线型还是环型，采用何种编码等。
- 局域网所采用的介质访问控制协议，例如，CSMA/CD，或者是令牌环、令牌总线等。
- 局域网采用的链路连接服务类型，例如，面向连接的还是无连接的。

　　对于不同传输介质的不同局域网，IEEE 局域网标准委员会定制了不同的标准，适用于不同的网络环境，IEEE 802 为局域网制定了一系列标准，见表 2-1。

表 2-1　　　　　　　　　　　　　　　　　IEEE 标准系列

标准名称	说　　明
IEEE 802.1	局域网体系结构、局域网互联和管理
IEEE 802.2	描述数据链路层的上部，定义了逻辑链路控制（LLC）协议

标准名称	说　　明
IEEE 802.3	CSMA/CD 总线媒体访问控制子层与物理层规范
IEEE 802.4	令牌总线（Token Bus）局域网及其物理层规范
IEEE 802.5	令牌环（Token Ring）方法的局域网及其物理层标准
IEEE 802.6	城域网（MAN）媒体访问控制子层与物理层规范
IEEE 802.7	宽带网络技术
IEEE 802.8	光纤局域网技术（FDDI）
IEEE 802.9	综合语音/数据服务的访问控制方法和物理层规范
IEEE 802.10	局域网安全性规范
IEEE 802.11	无线局域网访问控制方法和物理层规范
IEEE 802.12	100VG-AnyLAN 星型快速局域网访问控制方法和物理层规范
IEEE 802.14	协调混合光纤同轴（HFC）网络的前端和用户站点间数据通信的协议
IEEE 802.15	无线个人网技术标准，其代表技术是蓝牙（Bluetooth）
IEEE 802.16	宽带固定无线接入技术规范
IEEE 802.17	弹性分组环（RPR，基于高可扩展性和弹性技术的光纤环形网）标准
IEEE 802.18	宽带无线局域网标准规范

2.1.2　IEEE 802 局域网参考模型

IEEE 802 标准参考 OSI 参考模型，提出了局域网的参考模型（LAN/RM），结合局域网自身的特点，局域网体系结构仅包含 OSI 参考模型的最低两层：物理层和数据链路层，如图 2-1 所示。

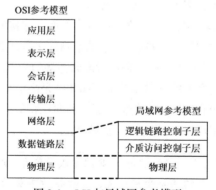

图 2-1　OSI 与局域网参考模型

在 OSI 参考模型中，数据链路层的功能简单，只负责将数据从一个节点可靠地传输到相邻的节点。在局域网中，多个站点共享传输介质，在节点间传输数据之前必须首先解决由哪个设备使用传输介质，因此数据链路层要有介质访问控制功能，IEEE 802 标准将数据链路层划分为两个子层：逻辑链路控制（Logical Link Control，LLC）子层和介质访问控制（Media Access Control，MAC）子层。

1．物理层

这一层主要规定了局域网的机械、电气、功能和规程等方面的特性，例如，局域网采用的物理介质、传输距离、传输速率、传输信号数据编码与解码、物理接口特性、拓扑结构，以及节点之间采用何种连接方式等硬件方面的问题。

2. 介质访问控制（MAC）子层

MAC 子层构成数据链路层的下半部，它直接与物理层相邻，负责介质访问控制机制的实现，处理与特定类型的局域网相关的问题，例如，处理信道管理算法，如令牌传递、带有冲突检测的载波监听多路访问（CSMA/CD）、优先权（802.5 和 802.4）、差错检测和成帧。MAC 子层有以下两个主要功能。

- 支持 LLC 子层完成介质访问控制功能，MAC 子层为不同的物理介质定义了介质访问控制标准。
- 在发送数据时，将从上一层接收的数据组装成带 MAC 地址和差错检测字段的数据帧；在接收数据时拆帧，并完成地址识别和差错检测。

3. 逻辑链路控制（LLC）子层

如图 2-2 所示，LLC 子层构成数据链路层的上半部，与网络层和 MAC 子层相邻，负责屏蔽掉 MAC 子层的不同实现，隐藏各种局域网技术之间的差别，向网络层提供服务。LLC 子层的功能主要是建立、维持和释放数据链路，提供一个或多个服务访问点，为网络层提供面向连接的或无连接的服务。另外，LLC 子层还提供差错控制、流量控制和发送顺序控制等功能。

LLC 子层在 IEEE 802.6 标准中定义，为 IEEE 802 标准系列所共用，有以下两种类型。

- LLC 类型 1：这是简单的数据报协议，是无连接 LLC，即数据包被数据链路层以最大努力传递。信息帧在 LLC 实体间交换，无需在同等层实体间事先建立逻辑链路；对这种 LLC 帧既不确认，也无任何流量控制或差错恢复，支持点对点、多点和广播式通信。

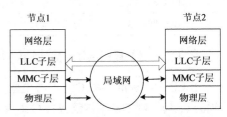

图 2-2　LLC 屏蔽介质访问子层和物理层

- LLC 类型 2：这是基本数据报服务之上的可靠的面同连接的协议。除了 LLC 类型 1 需要的字段外，还有对包进行编号的字段，也提供一个捎带确认字段，还用来区分数据包和控制包（如确认和重新同步消息）。LLC 类型 2 本质上是运行面向连接的数据链路协议 HDLC 的，HDLC 用于局域网的面向数据报的协议之上的点对点链路。HDLC 是高级数据链路控制（High-Level Data Link Control）的简称，是一个在同步网上传输数据、面向比特的数据链路层协议，传输控制功能与处理功能分离，具有较大灵活性和较完善的控制功能。

局域网的 LLC 子层和 MAC 子层共同完成类似于 OSI 参考模型中的数据链路层功能。只是考虑到局域网的共享介质环境，在数据链路层的实现上增加了介质访问控制机制。与接入到传输介质有关的内容都放在 MAC 子层，而 LLC 子层则与传输介质无关，不管采用何种协议的局域网，对 LLC 子层来说都是透明的。由于 TCP/IP 体系经常使用的局域网是 DIX Ethernet V2，而不是 802.3 标准中的几种局域网，因此现在 802 委员会制定的 LLC（即 802.2 标准）的作用已经不大了。很多厂商生产的网卡上就仅装有 MAC 协议而没有 LLC 协议。

2.1.3　介质访问控制方法

介质访问控制方法，也就是信道访问控制方法，可以简单地把它理解为控制网络节点何时能够发送数据、如何传输及在哪种介质上接收数据。IEEE 802 规定了局域网中最常用的介质访问控制方法。

- IEEE 802 载波监听多路访问/冲突检测（CSMA/CD）。
- IEEE 802.5 令牌环（Token Ring）。
- IEEE 802.4 令牌总线（Token Bus）。

不同的介质访问控制方法，代表了不同的局域网类型。

2.1.4 以太网

以太网（Ethernet）是主要采用总线型拓扑的基带传输系统，使用相当广泛。1983 年 IEEE 标准委员会通过了第一个 802.3 标准，该标准与 DIX 以太网标准相比，除了在一些不太重要的方面有所差别外，基本上使用的是相同的技术。随着技术的发展，网桥、交换机等产品的出现，以太网得到了进一步的发展，快速以太网、吉比特以太网甚至万兆以太网相继出现。在以太网技术中，快速以太网是一个里程碑，确立了以太网技术在桌面的统治地位。DIX Ethernet V2 是世界上第一个局域网产品（以太网）的规约，与 IEEE 802.3 标准只有很小的差别，因此可将 802.3 局域网简称为"以太网"。严格来说，"以太网"应当是指符合 DIX Ethernet V2 标准的局域网。

2.2 MAC 寻址

TCP/IP 没有物理层定义，IP 数据包最终变成电信号传输之前需要以太网来处理，当 IP 数据包交付给以太网之后，以太网就用自己的寻址机制来处理以太网帧。在以太网中，采用介质访问控制（Media Access Control，MAC）地址进行寻址。MAC 寻址是数据链路层中的 MAC 子层的主要功能。在局域网这种多点连接的情况下，MAC 寻址非常必要，因为必须保证每一帧都能准确地送到正确的地址，接收方也应当知道发送方到底是哪一个网络节点。IP 地址是 TCP/IP 网络层的寻址机制，而 MAC 是 802.3/Ethernet 链路层的寻址机制，它们位于不同的层次。

2.2.1 MAC 地址

在生产网卡时 MAC 地址已经被固化在网卡（NIC）的只读存储器（ROM）中，因此 MAC 地址也常常称为硬件地址（Hardware Address）或物理地址（Physical Address）。

IEEE 802 标准规定 MAC 地址可采用 6 字节（48 位）或 2 字节（16 位）表示。6 字节地址对于一个局域网来说有点长而且会增加额外开销，但是可使全球范围的所有局域网上的站点都具有唯一的地址，因此目前实际上使用的都是 6 字节 MAC 地址。

MAC 地址实际上是网卡地址或网卡标识符 EUI-48。这里 EUI 表示扩展的唯一标识符（Extended Unique Identifier）。EUI-48 的使用范围更广，不限于硬件地址，例如，可用于标识软件接口或硬件供应商。48 位 MAC 地址格式如图 2-3 所示。每个字节可以使用十六进制数或二进制位表示。

现在 IEEE 注册管理委员会（RAC）是局域网全球地址的法定管理机构，它负责分配地址字段的 6 字节中的前 3 字节（即高 24 位）。生产局域网网卡的厂商都必须向 IEEE 购买由这 3 字节构成的一个号码（即地址块），这个号码的正式名称是组织唯一标识符（Organizationally Unique Identifier，OUI），通常也称为公司标识符（Company_Id）。例如，3COM 公司生产的网卡的 MAC

地址的 OUI 是 02-60-8C。注意 24 位的 OUI 不能够单独用来标志一个公司，因为一个公司可能拥有多个 OUI，也可能多个公司共用一个 OUI。

格式	字段名称	组织唯一标识符			扩展标识符		
	字节序列	Addr+0	Addr+1	Addr+2	Addr+3	Addr+4	Addr+5
示例	十六进制	AC	DE	48	23	45	67
	二进制位	10101100	11011110	01001000	00100011	10000101	01100111

图 2-3 MAC 地址格式

MAC 地址中的后 3 字节（即低 24 位）则由厂商自行指派，称为扩展标识符（Extended Identifier），只要保证生产出的网卡没有重复地址即可。可见用一个地址块可以生成 2^{24} 个不同的地址。用这种方式产生的 48 位地址称为 MAC-48，通用名称是 EUI-48。

IEEE 规定地址字段的第 1 字节的最低位为 I/G(Individual/Group)，其值为 0 时表示单站地址，为 1 时表示组地址，用来进行多播（组播）。这样 IEEE 只分配地址字段前 3 字节中的 23 位。当 I/G 位分别为 0 和 1 时，一个地址块可分别生成 2^{24} 个单站地址和 2^{24} 个组地址。

网卡上的 MAC 地址就用来标志该网卡对应的网络接口。如果网络设备有多个网卡，就有多个 MAC 地址。

2.2.2 MAC 寻址

MAC 寻址是数据链路层的寻址，在以太网内用 MAC 地址就可以直接实现寻址功能。

数据链路层传输的数据单元是 MAC 帧。在一个局域网段内可以发送的 MAC 帧有以下 3 种。

- 单播（Unicast）帧：目的 MAC 地址是单站地址，用于一对一通信，该帧发送某一指定的站点。
- 广播（Broadcast）帧：目的 MAC 地址为广播地址（全 1），用于一对全体通信，该帧将发送给网段内所有站点。
- 多播（Multicast）帧：目的 MAC 地址为多播地址，用于一对多通信，该帧发送给指定的一部分站点。

所有的网卡都至少应当能够识别单播帧和广播帧，即能够识别单播地址和广播地址。要识别多播帧，需要特殊处理。当然只有目的地址才能使用广播地址和多播地址。

每个网卡接口都配置一个固定的 MAC 地址（单播 MAC 地址）。由于以太网有广播的属性，网段中的 MAC 帧会被发送到以太网中所有的接口。网卡从网络上每收到一个 MAC 帧，首先用硬件检查 MAC 帧中的目的 MAC 地址，并同自己的 MAC 地址进行比较。如果是发往本站的帧则接收下来，再进行其他处理。否则，就将该帧丢弃，不再进行其他处理。这种寻址方式对于多点连接的局域网是必需的。

MAC 地址可供二层交换机转发数据，交换机会在自己的内部形成一个 MAC 地址表，然后根据这个表转发 MAC 帧。如果网络节点数量多，交换机就要有足够的 MAC 地址表来建立转发数据表的 MAC 表，而该表是通过广播帧来收集，这很容易形成广播风暴，影响网络性能，为解决这个问题就要用到路由器。路由器将大的网络划分成若干网段，有效隔离广播帧，将广播限制在较小的范围内。

实际上 MAC 地址的有效性只限于局域网内。虽然不同设备 MAC 要求是唯一的，但由于每经过一个路由网段，数据包的源和目的 MAC 地址都要更改（当然源和目的 IP 地址不变），所以不同网段中存在相同的 MAC 地址也是可以的，只要同一网段内 MAC 地址不重复就行。

2.3　以太网帧分析

在数据链路层传输的协议数据单元称为帧（Frame）。帧表示的数据与网络层 IP 数据报中用数字形式表示的数据相同，来自 IP 数据报的信息可以被封装在各种各样的帧类型中。由于目前 CSMA/CD 的介质接入方式占主流，这里主要考察最常用的以太网帧，了解不同种类以太网帧的结构与格式。至于捕获数据包验证分析以太网帧格式，请参见本书第 1 章 1.4.5 小节的有关内容。以太网帧位于 MAC 子层，是一种 MAC 帧。

2.3.1　以太网帧概述

虽然 IEEE 802.3 标准号称要取代 Ethernet II，但由于二者的相似以及 Ethernet II 作为 IEEE 802.3 的基础这一事实，通常将这两者均视为以太网。

1. 以太网帧类型

目前共有 4 种类型的太网帧格式。

- Ethernet II：即 DIX 2.0，是 Xerox 与 DEC、Intel 在 1982 年制定的以太网标准帧格式，已成为事实上的以太网帧标准。

- RAW 802.3：Novell 在 1983 年公布的专用以太网标准帧格式。该格式以当时尚未正式发布的 802.3 标准为基础，与后来 IEEE 正式发布的 802.3 标准并不兼容。它只支持 IPX/SPX 一种协议，只能用在 IPX 网络。

- IEEE 802.3/802.2 LLC：这是 1985 年由 IEEE 正式发布的 802.3 标准，由 Ethernet V2 发展而来。

- IEEE 802.3/802.2 SNAP：这是 1985 年 IEEE 为保证在 802.2 LLC 上支持更多的上层协议，同时更好地支持 IP 协议而发布的标准。

不同厂商对这几种帧格式通常有不同的叫法，例如，Cisco 公司将上述 4 种格式分别称为 ARPA、Novell_Ether、SAP 和 SNAP。

2. TCP/IP 网络的以太网帧

就 TCP/IP 网络来说，以太网帧要封装的主要是来自上层的 IP 数据报。RFC 894 "A Standard for the Transmission of IP Datagrams over Ethernet Networks"规定 IP 数据报以标准的以太网帧格式方式传输，以太网帧数据中的类型字段值必须是十六进制数 0x0800，以表示它承载的是 IP 数据报，封装格式是 Ethernet II。RFC 1042 "A Standard for the Transmission of IP Datagrams over IEEE 802 Networks"规定 IP 数据报在 802.2 网络中的封装方法和 ARP 协议在 802.2 SANP 中的实现，封装格式是 IEEE 802.3/802.2 SNAP。

由于首次大规模使用的 TCP/IP 系统的时间介于 RFC 894 和 RFC 1042 发布的时间之间，为避免不能互操作的风险，各厂商都采用了 RFC 894 的实现，导致目前大多数 TCP/IP 设备都使用 Ethernet II 格式的帧。而 IEEE 802.3/802.2 SNAP 标准并没有普及开来，主要用于交换机之间传输生成树及 VLAN 信息。Ethernet II 是用于在以太网上传输 IP 数据报的事实标准帧类型，大多数应用程序的以太网数据包都是 Ethernet II 帧。Ethernet II 是 Windows 系统在以太网上用于 TCP/IP 的默认帧类型，也是 Cisco 设备的以太网接口的默认封装格式（ARPA）。

3. 以太网帧长度与 MTU

最小的以太网帧长度为 64 字节。最大的以太网帧长度为 1518 字节。驱动程序要确保帧满足最小帧长度规范的要求，如果某个帧不能满足最小帧长度 64 字节的要求，那么驱动程序必须填充相应的数据字段。

Ethernet II 和 IEEE 802.3/802.2 SNAP 对要传输的数据包的长度都有一个限制，其最大值分别是 1500 和 1492 字节。链路层的这个特性称作最大传输单元（Maximum Transmission Unit，MTU）。不同类型的网络大多数都有一个上限。如果 IP 层有一个数据报要传，而且数据的长度比链路层的 MTU 还大，那么 IP 层就需要进行分片（Fragmentation），将数据报分成若干片，让每一片都小于 MTU。

4. 前导帧

在 IP 数据报被发送到传输介质之前，数据链路驱动程序将前导帧加在以太网帧上。传输介质刚开始接收来自链路层的 MAC 帧时，由于尚未与到达的比特（位）流达成同步，以太网帧前面的若干个比特就无法接收，结果会使整个帧成为无用的帧。如图 2-4 所示，为达到与比特流同步，从 MAC 子层向下传到物理层时还要在 MAC 帧的前面插入 8 字节的前导帧，它是由硬件自动生成的。前导帧由两个字段构成，第 1 字段称为前导码（Preamble），每个字节内容是十六进制数 0xAA（由交替的 1 和 0 组成），使接收端在接收以太网帧时能够实现同步，又称前同步码；第 2 字段称为起始帧定界符（Start Frame Delimiter，SFD），值为十六进制数 0xAB（10101011），标识以太网帧的开始。注意前导帧不计入以太网帧的长度。

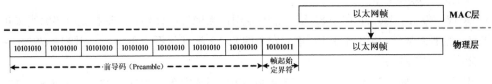

图 2-4　前导帧

5. 帧校验

以太网帧的内容需要执行一个循环冗余校验（Cyclical Redundancy Check，CRC）过程，校验计算的结果放在帧的末尾 Frame Check Sequence（帧校验序列）字段中。注意校验范围并不包括前导帧。最后，网卡发送该 MAC 帧，前面加上前导码，它是一个接收端用于正确地将比特（位）解释为 1 或 0 的前导位模式。

2.3.2　Ethernet II 帧格式

如图 2-5 所示，这种帧格式较为简单，由以下 5 个字段组成。

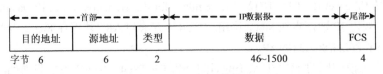

图 2-5　Ethernet II 帧格式

- 目的地址：长度为 6 字节，指定目的主机的数据链路地址（也称为硬件地址或 MAC 地址）。
- 源地址：长度为 6 字节，指定发送方的硬件地址。该字段仅仅包含单播地址，不能包含广播或多播地址。

● 类型（Type）：长度为 2 字节，标识正在使用该帧类型的协议。这是由 IANA 管理的已分配协议以太类型（Ether Type）编号，例如，0x0800 表示 IPv4 协议（上层使用的是 IP 数据报），0x0806 表示 ARP 协议，0x8137 表示 IPX。常见的以太类型编号见表 2-2。可以在网站 http://www.iana.org/assignments/ieee-802-numbers/ieee-802-numbers.xml 找到最新的编号。

表 2-2　　　　　　　　　　　常见以太类型编号（标识协议类型）

类型编号	上层协议
0x0000 ~ 0x05DC	IEEE 802.3 长度
0x0101~ 0x01FF	实验
0x0600	Internet Protocol（IPv4 协议）
0x0805	X.25 Level 3
0x0806	ARP（地址解析协议）
0x0835	RARP（反向地址解析协议）
0x8037	Novell Netware IPX
0x809B	Appletalk
0x8137	IPX
0x814C	SNMP（简单网络管理协议）
0x86DD	Internet Protocol version 6（IPv6 协议）
0x876B	TCP/IP 压缩
0x880B	PPP（点对点协议）
0x8847	MPLS（单播）
0x8848	MPLS（多播）
0x814C	Internet Protocol version 6（IPv6 协议）
0x8863	以太网上的 PPP（PPPoE）发现阶段
0x8864	以太网上的 PPP（PPPoE）会话阶段
0x9000	Loopback

● 数据（Data）：存储被封装的上层数据，长度在 46 字节到 1500 字节之间。
● 帧校验序列（Frame Check Sequence）：简称 FCS，长度为 4 字节，包含了 CRC 计算的结果。
前 3 个字段构成帧首部（Frame Header），最后一个字段是帧尾部。数据字段存储的就是要封装的上层数据，当类型字段的值为 0x0800 时，上层使用的是 IP 数据报。帧最小长度 64 字节减去 18 字节的首部和尾部就得出数据字段的最小长度 46 字节。当数据字段的长度小于 46 字节时，就会在数据字段的后面加入一个整数字节的填充字段，以保证以太网帧长度不小于 64 字节。

帧首部并没有指出数据字段的长度是多少。在有填充字段的情况下，接收端的 MAC 子层在剥去首部和尾部后就将数据字段和填充字段一起交给上层协议。上层协议必须具有识别有效数据长度的机制。例如，当上层使用 IP 时，其 IP 首部就提供总长度字段，它等于以太网帧数据字段的长度。这样，IP 可以很容易地将多余的填充字段丢弃。

2.3.3　Ethernet 802.3 raw 帧格式

Ethernet 802.3 raw 又称 Novell Ethernet，它将 Ethernet II 帧首部中的类型字段变成了长度字段，

紧接着用两个内容为十六进制数 0xFFFF 的字节标识 Novell 以太网类型，数据字段缩小为 44~1498 个字节，如图 2-6 所示。

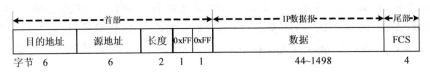

图 2-6　Ethernet 802.3 raw（Novell Ethernet）帧格式

2.3.4　IEEE 802.3/802.2 帧格式

这是 IEEE 正式的 802.3 标准，为了区别 802.3 帧中所封装的数据类型，IEEE 引入了 802.2 SAP 和 SNAP 的标准。它们工作在数据链路层的 LLC（逻辑链路控制）子层。

1. IEEE 802.3/802.2 LLC（SAP）帧格式

通过在 802.3 帧的数据字段中划分出被称为服务访问点（SAP）的新字段来解决识别上层协议的问题，这就是 802.2 SAP。LLC 标准包括两个服务访问点，源服务访问点（SSAP）和目标服务访问点（DSAP）。IEEE 802.3/802.2 LLC（SAP）帧格式如图 2-7 所示，这是标准的 802.3 帧格式。

这种帧格式将第 3 字段改为长度字段用于指定帧的数据部分的字节数，又引入 802.2 协议（LLC）在帧的数据部分前面添加了一个 LLC 首部，并提供以下 3 个字段。

- 目的服务访问点（Destination Service Access Point）：简称 DSAP，用于标识目的协议。如十六进制数 0x06 代表 IP 协议数据，十六进制数 0xE0 代表 Novell 类型协议数据，十六进制数 0xF0 代表 IBM NetBIOS 类型协议数据等。
- 源服务访问点（Source Service Access Point）：简称 SSAP，用于指定源协议（通常与目的协议相同）。
- 控制（Control）：指明该帧是无编号格式（无连接）还是信息/监督格式（用于面向连接和管理目的）。一般设为 0x03，指明采用无连接服务的 802.2 无编号数据格式。

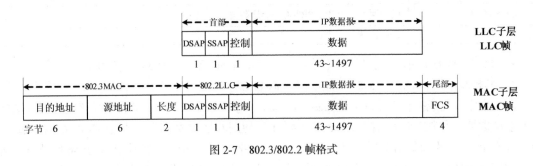

图 2-7　802.3/802.2 帧格式

2. IEEE 802.3/802.2 SNAP

由于每个 SAP 只有 1 字节长，而其中仅保留了 6 比特（位）用于标识上层协议，所能标识的协议数有限，而且与 Ethernet II 不兼容。因此，又开发出另外一种解决方案，在 802.2 SAP 的基础上添加一个 2 字节长的类型字段，使其可以标识更多的上层协议类型，这就是 802.2 SNAP。与 802.3/802.2 LLC 一样，802.3/802.2 SNAP 也带有 LLC 首部，但是扩展了 LLC 属性。由于它是解决 Ethernet II 与 802.3 帧格式的兼容问题的一种折衷方案，又称 Ethernet SNAP 格式。

如图 2-8 所示，这种帧格式与上述 802.3 帧最大的区别是增加了一个 5 字节的 SNAP 标识，其中包括两个字段。

- 机构代码（Organization Code）：长度为 3 字节，标识已分配 Ethernet 类型编号的组织机构，该编号用在随后的以太类型字段中。其值通常等于 MAC 地址的前 3 字节，即网络适配器厂商代码。
- 以太类型（Ether Type）：长度为 2 字节，与 Ethernet II 帧的类型字段相同。指明正在使用这个 Ethernet SNAP 帧格式的网络协议。对于所有 IP 通信，该字段的值为 0x0800，对于 ARP 通信，该字段的值为 0x08060。

另外，两个字节的 DSAP 和 SSAP 字段内容被固定下来，其值为十六进制数 0xAA。控制字段内容被固定下来，其值为十六进制数 0x03。

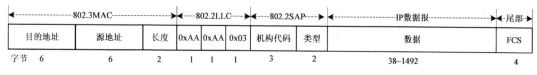

图 2-8　802.3/802.2 SNAP（Ethernet SNAP）帧格式

2.3.5　以太网帧格式识别

以太类型（Ether Type）是以太网帧中的一个重要字段，用来指明应用于帧数据字段的协议，即要封装的上层协议类型。根据 IEEE 802.3 规定，长度（Length）和以太类型（Ether Type）字段是两个八位字节的字段，含义两者取一，具体取决于其数值。而当字段值大于等于十进制值 1536（十六进制 0x0600）时，以太类型（Ether Type）字段表示为上层协议的种类。

对于目前存在的 4 种以太网帧格式，网络设备就是根据上述规定进行识别的。首先识别出 Ethernet II 帧，如果帧首部源地址后面的两字节（长度字段或类型字段）的值大于 1500，则此帧格式为 Ethernet II 格式。否则为其他格式，接着区分其他 3 种格式。比较上述两字节（长度字段或类型字段）后面的两个字节，如果值为 0xFFFF，则为 Novell Ether（Ethernet 802.3 raw）帧；如果值为 0xAAAA，则为 802.3/802.2 SNAP（Ethernet SNAP）格式的帧；剩下的就是 802.3/802.2（SAP）格式的帧。

2.3.6　高速以太网帧

吉比特技术仍然是以太网技术，它采用了与 10M 以太网相同的帧格式、帧结构、网络协议、全/半双工工作方式、流控模式以及布线系统。

1. 吉比特以太网的帧结构

吉比特以太网又称千兆以太网，有两个物理层标准：IEEE 802.3z（1000BASE-X，光纤通道）和 IEEE 802.3ab　（1000BASE-T，双绞线 UTP）。

吉比特以太网工作在半双工方式时必须进行冲突检测，由于速率比 100M 的快速以太网提高 10 倍，只能减小最大电缆长度 10 倍或增大最短帧长度 10 倍来解决。考虑到实用性，在保持网段最长 100m 的同时采用载波延伸（Carrier Extension）和分组突发（Packet Bursting）的方法。

如图 2-9 所示，采用载波延伸时，最小帧长仍保持 64 字节不变，但规定争用期为 512 字节（即 4096 位）以保证发生的冲突可传播到网上每个节点。以太网信号的基本帧结构基础上后面增加一个扩充区域。当发送一帧时，如果帧长小于 512 字节，那么物理层将发送一个特殊的"延伸载波"符号序列进行填充，直至帧长达到 512 字节。接收端在接到以太网 MAC 帧后，将填充的延伸载波都删除后才向上一层提交。"延伸载波"符号的作用仅是扩大了占用载体最短要求时间。

图 2-9 在短 MAC 帧后面加上载波延伸

如果采用分组突发，当有很多短帧要发送时，第一个短帧用载波延伸的方法进行填充，但随后的一些短帧则可一个接一个地发送，它们之间只需留有必要的帧间最小间隔即可，形成一串分组突发，直至总长达到 1500 字节或稍多一些。

吉比特以太网工作在全双工方式时，通信双方可同时进行发送和接收数据，此时无冲突发生，不使用冲突检测，因此不使用载波延伸和分组突发。

2. 万兆以太网的帧结构

IEEE 802.3ae 工作组于 1999 年底成立，进行万兆以太网技术（10Gbit/s）的研究，并于 2002 年正式发布 IEEE 802.3ae 10GE 标准。从速度和连接距离上来说，万兆以太网是以太网技术自然发展中的一个阶段。但是，它是一种只适用于全双工模式，并且只能使用光纤的技术。在万兆位以太网的 MAC 子层，已不再采用 CSMA/CD 机制，只支持全双工方式。

物理编码子层（Physical Coding Sublayer，PCS）主要负责对来自 MAC 子层的数据进行编码和解码。以太网一般利用物理层中特殊的 10 字节代码实现帧定界。当 MAC 层有数据需要发送时，PCS 子层对这些数据进行 8/10 字节编码，当发现帧首部和帧尾时，自动添加特殊的码组帧起始定界符（SFD）和帧结束定界符（EFD）；当 PCS 了层收到来自底层的 10 字节编码数据时，很容易地根据帧起始定界符和帧结束定界符找到帧的起始处和结束处，从而完成帧定界。但是同步数字体系（SDH）中承载的吉比特以太网帧定界不同于标准的吉比特以太网帧定界，因为复用的数据已经恢复成 8 字节编码的码组，去掉了帧起始定界符和帧结束定界符。如果只利用千兆以太网的前导码（Preamble）和帧起始定界符进行帧定界，由于信息数据中出现与前导码和帧起始定界符相同码组的概率较大，采用这样的帧定界策略可能会造成接收端始终无法进行正确的以太网帧定界。

为避免上述情况，万兆以太网采用了帧首部错误校验（Header Error Check，HEC）策略。IEEE 802.3 HSSG（高速研究组）修改的太网帧结构如图 2-10 所示。为减少帧的错误定位，将原以太网帧结构中的帧前导码和帧起始定界符 8 字节扩大到 10 字节，增加长度和帧首部错误校验（HEC）两个字段。长度字段在一帧的最前边占用 2 字节（因为最大帧长是 1518 字节，只需占用 11 位），帧起始符长度不变，仍占用 1 字节，将帧前导码最后 1 字节改为 HEC 字段。该字段用于将帧首部（包括长度字段、前导码和帧起始定界符）8 字节实行循环冗余校验编码运算的结果。

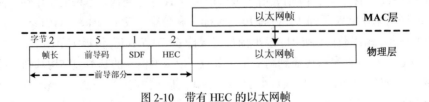

图 2-10 带有 HEC 的以太网帧

2.4　广域网技术

局域网使用的协议大多数是位于数据链路层或者物理层，而广域网的协议除了物理层和数据链路层外，更多集中在网络层。广域网链路分成两种：一种是专线连接，另一种是交换连接。专线是永久的点对点的服务，常用于为某些重要的企业用户提供核心或骨干连接。交换连接包括电路交换、分组交换。

2.4.1　广域网通信技术

广域网可以使用电路交换和分组交换，而很少使用报文交换。

1. 分组交换技术

分组交换是将数据分隔为一个个分组（数据包）进行传送，便于用户共享公共的信息传输媒介资源。分组交换有两种处理方式，分别是虚电路（Virtual Circuit）和数据报（Datagram）。

- 虚电路方式。

采用虚电路方式，源节点要与目的节点进行通信之前，首先必须建立一条从源节点到目的节点的虚电路（逻辑连接），然后通过该虚电路进行数据传送，最后当数据传输结束时，释放该虚电路。

当某台主机与另一台主机建立一条虚电路时，源主机首先选择一个适当的交换节点（如网关、路由器、交换机等），并给它建立一条虚电路。交换节点记录下这条虚电路，然后建立到下一个交换节点的虚电路，如此重复下去，直到到达目的主机为止。当两台建立了虚电路的主机相互通信时，可以根据数据报文中的虚电路号，通过查找交换节点的虚电路表而得到它的输出线路，进而将数据传送到目的端。当数据传输结束时，必须释放所占用的虚电路表空间，由任一方发送一个撤除虚电路的报文，清除沿途交换节点虚电路表中的相关项。

虚电路方式为每一对节点之间的通信预先建立一条虚电路，后续的数据通信沿着建立好的虚电路进行，交换节点不必为每个报文进行路由选择。

- 数据报方式。

采用数据报方式，交换机在传输数据过程中不必记录每条打开的虚电路，只需要用一张表来指明到达所有可能的目的端交换机的输出线路。数据报方式中，每一个交换节点为每一个进入的报文进行一次路由选择，每个报文的路由选择独立于其他报文。

2. 电路交换技术

电路交换是在源和目的之间建立一条实在的物理专用链路，可以由一条实在的物理线路构成，也可以通过多路复用技术产生。电路交换技术支持按需连接，通信结束时就会被切断。

2.4.2　广域网连接技术

除了传统的公用电话交换网 PSTN 之外，主要的广域网连接技术有以下种类。

- ATM：全称 Asynchronous Transfer Mode（异步传输模式），是采用基于信元交换的专用连接技术。ATM 使用高速传输介质，如 E3、SONET 和 T3。ATM 网络的带宽可达到 10Gbps。
- X.25：X.25 协议支持不同公共网络上的计算机在网络层上利用中间计算机进行通信。
- 帧中继（FR）：一种与 X.25 类似的高速分组交换数据通信服务。帧中继广泛地用于局域网对局域网的连接服务。

- 数字数据网（DDN）：一种利用数字信道提供数据通信的传输网，主要提供点对点及点对多点的数字专线或专网。DDN 提供的数据传输率一般为 2Mbit/s，可达 45Mbit/s 或更高。
- 综合业务数字网（ISDN）：一种数字电话网络国际标准，典型的电路交换网络系统。它通过普通的铜缆以更高的速率和质量传输语音和数据。ISDN 是全部数字化的电路，能够提供稳定的数据服务和连接速度。
- 同步光学网络（SONET）/数字分级网络（SDH）：一种利用光纤网络进行高速通信的国际标准。SONET 能够建立起光学媒体等级的网络通信，带宽介于 51.8Mbit/s 和 10Gbit/s 之间或更高。SDH 是欧洲与 SONET 相对等的产物。
- 交换式多兆位数据服务（SMDS）：是宽带技术的一种，以 IEEE 802.6 的分布排列双总线（DQDB）技术为基础。SMDS 能够使用光纤或铜质的介质。它支持的带宽包括 DS-1 的 1.544Mpbit/s 或 DS-3 的 44.736 Mbit/s。

2.4.3　数据链路层协议

在每条广域网连接上，数据在通过广域网链路传输前必须被封装成帧，这需要采用链路层协议。广域网所使用的链路层协议列举如下。
- HDLC：HDLC 是一种面向比特的数据链路控制协议，现在是同步 PPP 的基础。
- PPP：通过同步电路和异步电路提供路由器到路由器和主机到网络的连接。PPP 可与包括 IP 在内多种网络层协议协同工作，还内置安全机制，如 PAP 和 CHAP 认证。
- SLIP：串行线路 Internet 协议，是使用 TCP/IP 的点对点串行连接的标准协议，已被 PPP 取代。
- LAPB：全称 Link Access Procedure Balanced for X.25，是负责管理在 X.25 中 DTE 设备与 DCE 设备之间的通信和数据帧的组织过程的链路层协议。
- 帧中继（FR）：这是一种行业标准的处理多条虚电路的交换数据链路层协议。帧中继是 X.25 之后的下一代协议，消除了 X.25 中的一些开销。
- ATM：信元中继的国际标准，设备使用固定长度（53 字节）的信元发送多种类型的服务（如语音、视频或数据）。由于使用固定长度的信元，因此可通过硬件进行处理，这缩短了传输延迟。

协议的选择取决于广域网技术和通信设备。专线（租用线）和电路交换使用 HDLC 或 PPP，分组交换选用 X.25、帧中继或 ATM。

2.5　PPP 协议

点对点连接是最常见的广域网连接之一，用于将局域网连接到服务提供商的广域网，以及将企业网络内部的局域网网段连接起来。早期在链路上封装 TCP/IP 流量的点对点协议是串行线路网际协议（Serial Line Internet Protocol，SLIP）。SLIP 是一个简单的包组帧（Packet-Framing）协议，仅能封装单一的 IP，而且没有引入 CRC 校验机制，已被 PPP（Point-to-Point Protocol）所取代。PPP 主要由 RFC 1661 "The Point-to-Point Protocol（PPP）"定义。

虽然 PPP 最初是针对 IP 数据报设计的，但通过使用模块化实现，PPP 可传输多种网络层协议的数据，支持 TCP/IP、IPX 等多协议的 LAN 到 WAN 连接，是目前被广泛使用的数据链路层协议。它可用于双绞线、光纤线路和卫星传输链路，也支持串行电缆、电话线、中继线、无线链路。

为适应宽带接入的需要，PPP 与其他协议共同衍生出新的协议，最典型的就是 PPPoE 协议。PPPoE 是一种设计用于串行通信，专门为以太网进行改造的 PPP。

2.5.1 PPP 协议组件

PPP 通常部署在专线网和按需电路上，具有丰富的可选特性，如支持多协议、可选的身份认证服务、多种方式压缩数据、动态地址协商、多链路捆绑等。PPP 主要涉及以下 3 个组件。

1. 用于封装的 HDLC 协议

PPP 用于在点对点链路上封装数据报的是 HDLC 协议。许多数据链路层协议的封装方式都是基于 HDLC 的封装格式的，PPP 也不例外，它也采用了 HDLC 的定界帧格式。

HDLC 本身是由国际标准化组织（ISO）制定的面向比特（位）的同步数据链路层协议，提供了面向连接的服务和无连接服务。HDLC 使用同步串行传输在两点之间提供无差错通信。HDLC 定义的第 2 层帧结构支持使用确认机制进行流量和错误控制。每个帧的格式都相同，而不管它是数据帧还是控制帧。通过同步或异步链路传输帧时，链路并没有用于标记帧首部和帧尾部的机制。HDLC 使用帧定界标识符（标志）来标记帧首部和帧尾部。

2. 链路控制协议

PPP 提供了链路控制协议（Link Control Protocol，LCP）。LCP 用于建立、配置和测试数据链路连接。它能用来协商 PPP 协议的一些配置参数选项，处理不同大小的数据帧，检测链路环路，终止一条链路。LCP 提供链路中对等体的身份认证，决定连接成功或者失败。

3. 网络控制协议

PPP 包括一系列用于建立和配置各种网络层协议的网络控制协议（Network Control Protocol，NCP）。PPP 的网络层交由各自的网络层协议管理。PPP 支持同时使用多种网络层协议。NCP 包括 Internet 协议控制协议（IPCP）、Appletalk 控制协议、Novell IPX 控制协议（IPXCP）、Cisco Systems 控制协议、SNA 控制协议和压缩控制协议等。这些协议在不同的 RFC 文档中定义。在 TCP/IP 网络中使用的是 IPCP，当点对点的两端进行 NCP 参数配置协商时，主要用来确定通信双方的网络层地址。

> 另外，PPP 还包括扩展协议，如 Multilink Protocol（MP）。MP 可依据终端指示符和验证方式对不同的物理链路进行捆绑，目前网络带宽已不再是瓶颈，所以 MP 的应用越来越少。PPP 协议也提供了可选的认证配置参数选项，默认情况下点对点通信的两端是不进行认证的。而实际应用中大多涉及认证，PPP 就要用到认证协议，主要是 PAP（密码认证协议）和 CHAP（挑战性握手认证协议）。

2.5.2 PPP 层次模型

PPP 执行的大部分工作是由 LCP 和 NCP 在数据链路层和网络层完成的。LCP 负责建立 PPP 连接、设置其参数，以及终止 PPP 连接，而 NCP 负责配置上层协议。在 OSI 模型中，PPP 协议主要位于数据链路层（第 2 层），部分与网络层（第 3 层）交叉，它本身也是一个分层架构，如图 2-11 所示。

PPP 的物理层与 OSI 相同，与最常用的支持硬件兼容。各种物理链路对 PPP 链路层的帧来说是透明的。除 DTE/DCE 接口要求使用专用或交换型双工电路限制外，PPP 对传输速率没有任何限制。

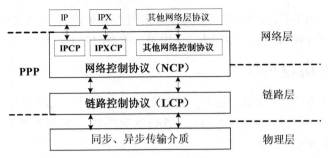

图 2-11　PPP 层次模型

　　LCP 位于物理层上面的链路层，主要负责建立、配置和测试设备之间的数据链路连接。它还负责协商并设置 WAN 数据链路的控制选项，这些选项由上层的 NCP 处理。

　　NCP 位于网络层，负责满足网络层协议的需求。PPP 支持在同一条链路上运行很多个网络层协议，对于每种网络层协议，PPP 分别使用一个独立的 NCP。各种 NCP 组件封装和协商多种网络层协议的选项。

2.5.3　PPP 封装与帧格式

　　PPP 封装能够与最常用的支持硬件兼容。PPP 传输的数据单元称为帧。

　　PPP 封装来自网络层的数据报，交付给物理层链路进行传输。PPP 的封装由 RFC 1661 规定，它要求组帧指示数据包的开始和结束，而具体的组帧方法则由 RFC 1662 "PPP in HDLC-like Framing"定义。PPP 帧基于 HDLC 的封装格式，采用了 HDLC 的定界帧格式。具体的 PPP 帧格式如图 2-12 所示。

标志 01111110	地址 11111111	控制 00000011	协议（Protocol） 8/16位	信息（Information） 变长	标志 01111110

图 2-12　PPP 帧格式

　　PPP 帧的各组成字段说明如下。

1. 标志（Flag）字段

　　每一个 PPP 帧均以一个字节的标志序列起始和结束，这是一个二进制序列 01111110 （十六进制 0x7E）。PPP 不断检查这个标志，以实现帧同步。在后续 PPP 帧中，只使用一个标志。

2. 地址（Address）字段

　　地址字段是一个单一字节，其中包含二进制序列 11111111（十六进制 0xFF）。这是一个广播地址，PPP 不分配单站地址。由于 PPP 协议用于点对点的链路上的特殊性，它不像广播或多点访问的网络一样，因为点对点的链路就可以唯一标示对方，因此使用 PPP 协议互连的通信设备的两端无需知道对方的数据链路层地址，所以该字节已无任何意义，按照协议的规定将该字节填充为全 1 的广播地址。

3. 控制（Control）字段

　　控制字段是由二进制序列 00000011 （十六进制 0x03）构成的一个字节。对于 PPP 帧来说，控制字段没有实际意义。按照协议的规定，通信双方将该字节的内容填充为 0x03。

4. 协议（Protocol）字段

　　协议字段长度为 1 个或 2 个八位位组（字节），用于识别所封装的数据报中的信息字段，即区分 PPP 数据帧中信息字段所承载的数据报的内容。该字段的内容必须遵守 ISO 3309 的地址扩展机制所给出的规定。所有的协议值必须是奇数，最后一个字节的最后一位必须是 1。

不同范围的协议值含义不同。0x0000~0x3FFF 表示信息字段承载的是网络层协议，0x8000~0xBFFF 表示网络控制协议（NCP），0x4000~0x7FFF 表示与 NCP 无关的低流量，0xC000~0xFFFF 表示链路控制协议（LCP）。

常用的协议字段值见表 2-3。最新 PPP 数据链路层协议值的请参见网站 http://www.iana.org/assignments/ppp-numbers/ppp-numbers.xml 中的 PPP DLL Protocol Numbers 部分。

表 2-3　　　　　　　　　　常用的 PPP 数据链路层协议值

协 议 值	协议名称	RFC 文档
0001	Padding Protocol	RFC 1661
0003	ROHC small-CID	RFC 3095
0005	ROHC large-CID	RFC 3095
0021	Internet Protocol version 4	RFC 1332
0023	OSI Network Layer	RFC1377
0029	Appletalk	RFC 1378
002B	Novell IPX	RFC 1552
003d	Multi-Link	RFC 1990
003f	NETBIOS Framing	RFC 2097
0xC021	Link Control Protocol	RFC 1661
0xC023	Password Authentication Protocol	RFC 1661
0xC025	Link Quality Report	RFC 1661
0xC223	Challenge Handshake Authentication Protocol	RFC 1661

5. 信息（Information）字段

这是一个可变长字段，可以是 0 字节或者多个字节。该字段包含了协议字段所定义的协议的数据报。其最大长度包括填充（Padding）部分，但不包括协议字段，这就是最大接收单元（Maximum Receive Unit，MRU）。MRU 默认是 1500 字节，这对于以太网设备很理想。通过协商，PPP 可以使用其他的 MRU 值。

在传输数据时，信息字段可以使用若干八位位组（字节）的数据填充（Padding）以达到 MRU 值所定义的最大长度。每个协议都能区分填充字节与实际信息。

 配置通信设备时遇到最多的是最大传输单元（Maximum Transmit Unit，MTU）。对于一个设备而言，其网络层均使用 MTU 和 MRU 两个值，一般情况下，设备的 MRU 会比 MTU 稍大几个字节，但这需根据各厂商的设备而定。

6. 帧校验序列（Frame Check Sequence，FCS）字段

该字段默认为 16 位（2 字节），是一个 16 位的校验和，用于检查 PPP 帧的比特级错误。如果接收方计算得到的 FCS 值与 PPP 帧中的 FCS 值不同，PPP 帧将被丢弃。如果通过协商达成一致，PPP 实现可使用 32 位（4 字节）的 FCS 来改进错误检测功能。

2.5.4　PPP 链路操作

为基于点对点链路建立通信,PPP 链路的每一端必须首先发送 LCP 包以配置和测试数据链路。链路建立之后通信实体才可以被认证。然后，PPP 必须发送 NCP 包以选择和配置一个或多个网络

层协议。一旦配置好所选择的网络层协议，来自网络层协议的数据报就通过链路发送了。链路将维持通信配置，直到 LCP 或 NCP 显式关闭链路，或者是发生某些外部事件，如空闲定时器超时或管理员干预。

在点对点链路的配置、维护和终止过程中，PPP 链接要经过好几个不同的状态，状态转换如图 2-13 所示。

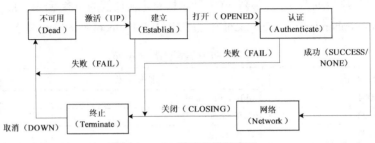

图 2-13　PPP 链路状态转换图

PPP 链路操作需经历以下几个阶段。

1. 链路不可用（Link Dead）

该阶段又称物理层不可用（Physical-layer Not Ready）阶段，PPP 链路都需从这个阶段开始和结束。当一个外部事件（如载波侦听或管理员设置）指出物理层已经准备就绪时，PPP 将进入下一个阶段——链路建立阶段。

当处于链路不可用阶段时，LCP 状态机处于 Initial（初始化）或 Starting（准备启动）状态。过渡到链路建立阶段将给 LCP 状态机发送一个 UP 事件。当然链路被断开后也同样会返回到这个阶段，在实际过程中这个阶段所停留的时间往往是很短的，仅仅是检测到对方设备的存在。

2. 链路建立阶段（Link Establishment Phase）

这是 PPP 最关键和最复杂的阶段，主要是交换配置包（Configure Packets）以建立连接。一旦一个 Configure-Ack（配置确认）包被发送且被接收，就完成了交换，进入了 LCP 的 Opened（开启）状态。所有配置选项使用默认值，除非配置交换改变它。

当检测到链路可用时，物理层会向链路层发送一个 UP 事件，链路层收到该事件后，会将 LCP 的状态机从当前状态改变为 Request-Sent（请求发送）状态，根据此时的状态机 LCP 会开始发送 Config-Request（配置请求）包以配置数据链路，无论哪一端接收到了 Config-Ack 包时，LCP 的状态机从当前状态改变为 Opened 状态，进入 Opened 状态后收到 Config-Ack 包的一方则完成了当前阶段，应该向下一个阶段转换。

此阶段配置选项不包括网络层协议所需的选项。只有不依赖于个别网络层协议的配置选项才能由 LCP 配置。在网络层协议阶段，个别的网络层协议的配置由个别的网络控制协议（NCP）来处理。在此阶段收到的任何非 LCP 包必须被丢弃。

链路建立阶段的下一个阶段可能是是认证阶段，也可能是网络层协议阶段，这是依据链路两端的配置来决定的。不要求认证就会进入网络层协议阶段。

收到 LCP 的 Configure-Request（配置请求）包将链路从网络层协议阶段或者认证阶段返回到链路建立阶段。

3. 认证阶段（Authentication Phase）

多数情况下的链路两端设备是需要经过认证后才进入到网络层协议阶段，注意默认情况下链路两端的设备是不进行认证的。

在该阶段支持 PAP 和 CHAP 两种认证方式，认证方式的选择是依据在链路建立阶段双方进行协商的结果。然而，链路质量的检测也会在这个阶段同时发生，但协议规定不会让链路质量检测无限制地延迟认证过程。在这个阶段仅支持链路控制协议、认证协议和链路质量检测包，其他数据包都会被丢弃。如果在此阶段再次收到了 Config-Request 包，则又会返回到链路建立阶段。

4. 网络层协议阶段（Network-Layer Protocol Phase）

一旦 PPP 完成了前面几个阶段，每种网络层协议（IP、IPX 或 AppleTalk）会通过各自相应的网络控制协议进行配置，每个 NCP 协议可以随时打开和关闭。当一个 NCP 处于 Opened 状态时，PPP 将携带相应的网络层协议数据报。如果相应的 NCP 不处于 Opened 状态时，则任何接收到的网络层协议数据报都将被丢弃。

如果在这个阶段收到了 Config-Request 包，则又会返回到链路建立阶段。

在此阶段链路通信流量包括 LCP、NCP 与网络层协议数据报的任意组合。

5. 链路终止阶段（Link Termination Phase）

PPP 能在任何时候终止链路。载波丢失、认证失败、链路质量检测失败和管理员人为关闭链路等情况均会导致链路终止。LCP 用交换 Terminate（终止）包的方法终止链路。当链路关闭时，链路层会通知网络层做相应的操作，而且也会通过物理层强制断开链路。Terminate-Request（终止请求）包的发送方在收到 Terminate-Ack（终止确认）后，或者在重启计数器期满后，应该断开连接。收到 Terminate-Request 包的一方，应该等待对方去切断，在发出 Terminate-Request 包之后，至少也要经过一个重启时间，才允许断开。链路断开之后，PPP 应该转换到链路不可用阶段。

在该阶段收到的任何非 LCP 包必须被丢弃。对于 NCP 协议，它是没有也没有必要去关闭 PPP 链路的。

2.5.5　LCP 协议

LCP 是 PPP 的核心，建立 PPP 会话的操作都是由 LCP 执行的。

1. LCP 操作

LCP 操作包括链路建立、链路维护和链路终止，LCP 使用不同的 LCP 包来完成每个 LCP 阶段的工作。

- 建立链路

LCP 操作的第 1 阶段是建立链路，要交换网络层数据报，必须先完成该阶段。在链路建立过程中，LCP 打开连接并协商配置参数。此阶段的 LCP 包有 Configure-Request、Configure-Ack、Configure-Nak 和 Configure-Reject。

发起方首先向响应方发送 Configure-Request 包，提供需要给链路设置的各种配置选项，其中包括协议和认证参数。响应方收到该包进行处理，如果选项可接受，则用 Configure-Ack 包进行响应。发起方收到 Configure-Ack 包后，便转入认证阶段。

响应方如果不接受选项或无法识别选项，将发送 Configure-Nak 或 Configure-Reject 包。将不会建立链路。如果协商失败，发起方需要使用新选项重新启动该过程。

- 链路维护

在链路维护期间，LCP 可使用 5 种 LCP 包来提供反馈和测试链路。如果无法识别的 LCP 编码或错误的协议标识符导致 LCP 包无效，可使用 Code-Reject 和 Protocol-Reject 来提供反馈。Echo-Request、Echo-Reply 和 Discard-Request 则用于测试链路。

• 终止链路

在网络层完成数据传输后，LCP 将终止链路。NCP 只终止网络层和 NCP 链路。链路始终处于打开状态，直到 LCP 终止它。如果 LCP 在 NCP 之前终止链路，NCP 会话也将被终止。关闭操作的发起方发送 Terminate-Request 包，而对方使用 Terminate-Ack 包进行响应。

2. LCP 包格式

LCP 包作为 PPP 的净载荷被封装在 PPP 帧的信息字段中，此时 PPP 帧的协议字段固定填充 0xC021，但在链路建立阶段的整个过程中信息字段的内容是在变化的，它包括很多种类型的包，所以这些包也要通过相应的字段来区分。LCP 包的一般封装格式如图 2-14 所示。

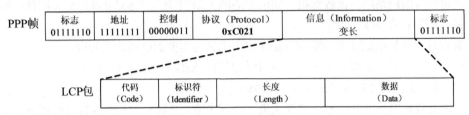

图 2-14　LCP 包格式

各字段说明如下。

• 代码（Code）：长度为 1 字节，主要是用来标识 LCP 包类型。在链路建立阶段时，接收方收到 LCP 包的代码字段无法识别时，就会向对端发送一个 LCP 的 Code-Reject（代码）包。根据 RFC 1661 的规定，LCP 包类型及其代码见表 2-4。

表 2-4　　　　　　　　　　　　　　　　LCP 包类型及其代码

代　码	包类型	说　明
1	Configure-Request（配置请求）	在打开或重置 PPP 连接时发送该数据包，它包含一系列用于修改默认选项值的 LCP 配置选项
2	Configure-Ack（配置确认）	收到的 Configure-Request 提供的所有 LCP 选项值都可识别和接受时发送该数据包
3	Configure-Nak（配置未确认）	当所有 LCP 选项都可识别，但有些选项的值不可接受时发送该数据包，其中包含值不可接受的选项及其可接受的值
4	Configure-Reject（配置拒绝）	当 LCP 选项无法识别或不能接受时发送该数据包，其中包括无法识别或无法接受的选项
5	Terminate-Request（终止请求）	在关闭 PPP 连接时可选地发送该数据包
6	Terminate-Ack（终止确认）	响应 Terminate-Request 时发送该数据包
7	Code-Reject（代码拒绝）	收到含有未知代码的 LCP 包时发送该数据包，其中包含被拒绝的 LCP 包
8	Protocol-Reject（协议拒绝）	收到含有未知协议时发送该数据包，其中包含有问题的 LCP 包
9	Echo-Request（回送请求）	发送该数据包以测试 PPP 连接（可选）
10	Echo-Reply（会送应答）	用于响应 Echo-Request
11	Discard-Request（丢弃请求）	用于测试出站方向的链路（可选）

• 标识（Identifier）：长度为一个字节，其目的是用来匹配请求和响应数据包。通常一个 Configure-Request 包的 ID 是从 0x01 开始逐步加 1 的，当对方接收到该数据包后，无论使用何种

数据包（可能是 Config-Ack、Config-Nak 和 Config-Reject 中的一种）来响应对方，响应包中的 ID 要与接收包中的 ID 一致，当通信设备收到响应后就可以将该响应与发送时的数据包进行比较来决定下一步的操作。

- 长度（Length）：2 字节，总字节数据（代码+标识符+长度+数据）。长度字段所指示字节数之外的字节将被当作填充字节而忽略掉，而且该字段的内容不能超过 MRU 的值。
- 数据（Data）：可变长，内容依据不同 LCP 包的内容也是不一样的。

3. LCP 配置选项

在 PPP 交换任何网络层数据报（如 IP 数据报）之前，LCP 必须打开连接并协商配置选项。LCP 配置选项用于点对点链路的默认特征更改的协商。这些选项信息包含在 LCP 链路建立数据包的数据字段中，格式如图 2-15 所示。对于 LCP 包中没有包含的配置选项，将使用其默认设置，也就是没有必要为 Configure-Request 包中的选项发送默认值。

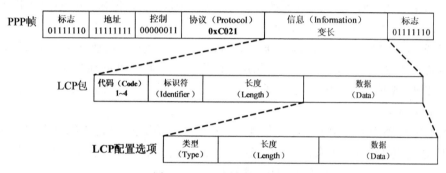

图 2-15　LCP 配置选项格式

LCP 配置选项各部分说明如下。

- 类型（Type）：占 1 字节，用于指出配置选项的类型。其值为 0 表示保留待用；1 表示最大接收单元（Maximum-Receive-Unit）；3 表示认证协议（Authentication-Protocol）；4 表示质量协议（Quality-Protocol）；5 表示魔术字（Magic-Number）；7 表示协议字段压缩（Protocol-Field-Compression）；8 表示地址和控制字段压缩（Address-and-Control-Field-Compression）。这些就是可以配置的 LCP 选项，其中比较常用的是认证协议和压缩方法。
- 长度：占 1 字节，指出该配置选项（包括类型、长度和数据字段）的长度。
- 数据：可变长字段，包含配置选项的特殊详细信息。数据字段的类型和长度由类型和长度字段所决定。

2.5.6　NCP 协议

建立链路之后，LCP 将控制权交给合适的 NCP 协议，由 NCP 协商网络协议细节。NCP 配置网络层协议之后，该网络协议将在建立的 LCP 链路上处于打开状态，让 PPP 能够传输该网络层协议的数据。

通过使用模块化实现，PPP 可传输多种网络层协议的数据报，还可同时传输多种网络层协议的数据包。每种网络层协议都有相应的 NCP，而每个 NCP 都有相应的 RFC 文档。有针对 IP、IPX、AppleTalk 和其他协议的 NCP。NCP 使用的包格式与 LCP 相同。这里以最常用的 IPCP 为例讲解 NCP。IPCP 主要是负责完成 IP 网络层协议通信所需配置参数的选项协商的。

1. IPCP 协议概述

RFC 1332 "The PPP Internet Protocol Control Protocol（IPCP）"规定了 IPCP 负责配置、启用和停用在点对点链路两端的 IP 协议模块。它使用与 LCP 相同的包交换机制。只有在 PPP 协议到达网络层协议阶段才能交换 IPCP 包，网络协议层阶段之前收到的任何 IPCP 包都要被抛弃。

除下列情形外，IPCP 与 LCP 是完全相同的。

• 数据链路层协议（Data Link Layer Protocol）字段：IPCP 包封装在 PPP 数据链路层帧的信息字段中，其协议字段值为十六进制 0x8021，表示类型为 IP 控制协议。

• 代码（Code）字段：IPCP 包类型只是 LCP 包类型的的一个子集，它只使用代码为 1~7 的包类型（Configure-Request、Configure-Ack、Configure-Nak、Configure-Reject、Terminate-Request、Terminate-Ack 和 Code-Reject），使用其他代码不被承认并且导致 Code-Rejects。

• 超时（Timeouts）：在 PPP 协议到达网络层的协议阶段之前不会交换 IPCP 包。在等待 Configure-Ack 包或其他响应的定时器超时之前，应当做好等待认证和线路质量监测完成的准备。建议只有在用户干预或可配置的时间量之后才放弃。

• 配置选项类型（Configuration Option Types）：IPCP 拥有自己独有的配置选项集。

在传输 IP 包之前，PPP 必须到达网络层协议阶段，而且 IPCP 必须变成 Opened 状态。IP 包也封装在 PPP 数据链路层帧的信息字段中，其协议字段值为十六进制 0x0021，表示类型为 IP（Internet Protocol）。

通过 PPP 链路传送的 IP 包的最大长度与 PPP 数据链路层帧的信息字段中的最大长度相同。过大的 IP 数据报必须分片传输。如果系统要避免分片和重组，它应该使用 TCP 的最大分片尺寸（Maximum Segment Size）选项和 MTU 发现机制。

2. IPCP 配置选项

IPCP 配置选项用于 IP 参数的协商。它使用与 LCP 一样的选项定义格式。下面介绍两个配置选项。

• IP 地址（IP-Address）选项

该选项提供协商在链路本地端使用的 IP 地址的方法。它允许 Confugure-Request 包的发送方声明要求哪个 IP 地址，或者请求对方提供信息。对方能通过 NAKing 选项提供此信息，返回一个有效的 IP 地址。

如果必须进行关于远端 IP 地址的协商，而对方不在 Configure-Request 包中提供此选项，此选项应该被附加到 Configure-Nak 包中。给出的 IP 地址值必须接受为远端的 IP 地址，或者指示一个对方提供此信息的请求。

在默认情况下，不分配 IP 地址。

IP 地址配置选项格式如图 2-16 所示。类型和长度字段各占 1 字节，值分别为 3 和 6。IP 地址占 4 字节，是 Configure-Request 发送方要求的本地地址。如果 4 字节都是 0，则表示请求对方提供 IP 地址信息。默认 IP 地址不分配。

类型（Type）值=3	长度（Length）值=6	IP地址（IP-Address）长4字节

图 2-16　IP 地址选项格式

• IP 压缩协议（IP-Compression-Protocol）

该配置选项提供协商使用的特定压缩协议的方法。在默认情况下，压缩不使用。该配置选项格式如图 2-17 所示。类型和长度字段各占 1 字节，类型值为 3，长度不小于 4 字节。

类型（Type） 值=3	长度（Length） 值>=4	IP压缩协议（Compression-Protocol） 2个字节	数据（Data） 可变长

图 2-17　IP 压缩协议选项格式

　　IP 压缩协议字段占 2 字节，用于指示请求的压缩协议。该字段的值总是与 PPP 数据链路层协议字段值（同样压缩协议）相同。目前分配的值为十六进制 0x002d，表示 Van Jacobson Compressed TCP/IP，这是用于网络的一组通信协议。

　　至于数据字段，属于可变长字段，可以是 0，也可以是由特定压缩协议决定的更多的字节的附加数据。

3. Van Jacobson TCP/IP 首部压缩

　　Van Jacobson TCP/IP 首部压缩技术可将 TCP/IP 首部缩小到 3 字节，可以显著改进低速串行线的通信。上述 IP 压缩协议配置选项被用来指定收到压缩包的能力。如果要求双向压缩，链路的每一端都必须独立地请求该选项。

　　传送 IP 包时 PPP 协议字段可以设置为下列值（用十六进制表示）。

- 0x0021：典型 IP。IP 协议承载的不是 TCP，或是分片的包，或没有压缩。
- 0x002d：压缩 TCP。TCP/IP 首部由压缩首部替换。
- 0x002f：未压缩 TCP。IP 协议域被时间片标识符替换。

　　用于协商 Van Jacobson TCP/IP 首部压缩的 IP 压缩协议配置选项格式如图 2-18 所示。其中 Max-Slot-ID（最大时间片 ID）和 Comp-Slot-Id（压缩时间片 ID）各占 1 字节。

类型（Type） 值=2	长度（Length） 值=6	IP压缩协议（Compression-Protocol） 值=0x002d	Max-Slot-Id 1字节	Comp-Slot-Id 1字节

图 2-18　Van Jacobson TCP/IP 首部压缩选项格式

2.5.7　认证协议

　　PPP 定义了一个可扩展的 LCP 版本，支持协商认证协议，允许网络层协议在通过链路传输数据之前验证对方的身份。RFC 1334 "PPP Authentication Protocols" 规定 PPP 支持两种认证协议：密码验证协议（Password Authentication Protocol，PAP）和挑战握手验证协议（Challenge-Handshake Authentication Protocol，CHAP）。

　　PPP 会话的认证阶段是可选的。如果使用认证，可在 LCP 建立链路并选择认证协议之后验证对等体的身份。认证是在网络层协议配置阶段开始前完成的。

1. PPP 认证过程

　　默认情况下点对点通信的两端是不进行认证的。认证配置选项对于 PPP 是可选的。

　　要进行认证，发送方在 LCP 的 Config-Request 包中携带一种认证配置选项（从 PAP 或 CHAP 中选择希望的一种），对方收到该请求后，如果支持配置选项中的认证方式，则回应一个 Config-Ack 包；否则回应一个 Config-Nak 包，并附上它希望双方采用的认证方式。

　　发送方接收到 Config-Ack 后就可以开始进行认证了，如果收到的是 Config-Nak，则根据自身是否支持 Config-Nak 中的认证方式来回应对方，如果支持则回应一个新的 Config-Request（并携带 Config-Nak 中所希望使用的认证协议），否则将回应一个 Config-Reject 包，这样双方就无法通过认证，从而不可能建立起 PPP 链路。

2. PAP 协议

PAP 是一种非常基本的双向过程，没有进行任何加密，用户名和密码以明文方式发送。如果通过验证，将允许连接。PAP 不是强身份验证协议。使用 PAP 时，将通过链路以明文方式发送密码，因此无法防范重播攻击和试错攻击。

对于使用 PPP 通信的两端来说，既可作为认证方，也可作为被认证方。但通常情况下，PAP 只使用一个方向上的认证。

PAP 使用两次握手提供了一种证明身份的简单方法，如图 2-19 所示。PPP 完成链路建立阶段后，被认证方以 PPP 帧的形式发送 PAP 认证请求包（提供用户名和密码），而不是由对方提示登录并等候响应。认证方检查用户名和密码以决定接受还是拒绝连接，然后向被验证方发送相应的 PAP 应答包。

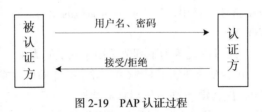

图 2-19 PAP 认证过程

PAP 包封装在 PPP 数据链路层帧中的信息字段中（协议字段为 0xC023，代表 PAP），格式如图 2-20 所示。其中代码字段表示 PAP 包的类型，1 表示 Authenticate-Request（认证请求），2 表示 Authenticate-Ack（认证确认），3 表示 Authenticate-Nak（认证未确认）。

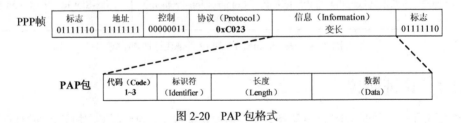

图 2-20 PAP 包格式

3. CHAP 协议

CHAP 是一种比 PAP 更强大的身份认证方法，它不直接传送用户密码，因此安全性比 PAP 高。如图 2-21 所示，CHAP 通过三次握手验证对等体的身份，具体步骤如下。

（1）认证方首先向被认证方发送一条 Challenge 包。包中提供一个随机数用作查询值。每次发送 Challenge 包必须改变查询值。查询值的长度取决于产生字节所使用的方法，独立于所用的散列算法。

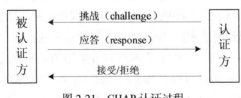

图 2-21 CHAP 认证过程

（2）被认证方收到 Challenge 包之后，解析出查询值，使用单向散列函数（通常是 MD5）对自己的密码和查询执行计算，将计算结果（散列值）与用户名置入 Response 包中进行应答。

（3）认证方收到 Response 包之后，根据其中的用户名查找对应的密码，然后用同样的散列函数对密码和查询值进行计算，然后将计算结果（散列值）同 Response 包的散列值进行比较。如果这两个值相同，则确认身份，否则立即终止连接。

CHAP 使用独特且不可预测的可变挑战值以防范重播攻击。由于挑战值独特且是随机的，因此计算得到的散列值也是独特而随机的。

CHAP 包封装在 PPP 数据链路层帧中的信息字段中（协议字段为 0xC223，代表 PAP），格式如图 2-22 所示。

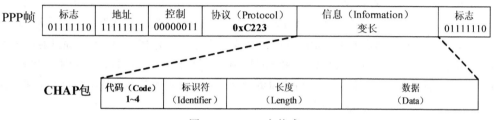

图 2-22　CHAP 包格式

其中代码字段表示 CPAP 包的类型，1 表示 Challenge（挑战），发出查询值；2 表示 Response（应答），提供散列计算结果和用户名；3 表示 Success（成功），认证通过，允许访问；4 表示 Failure（失败），认证失败，拒绝访问。

2.5.8　PPP 工作过程

至此，可以总结一下 PPP 完整的工作过程，如图 2-23 所示。具体过程不再赘述。

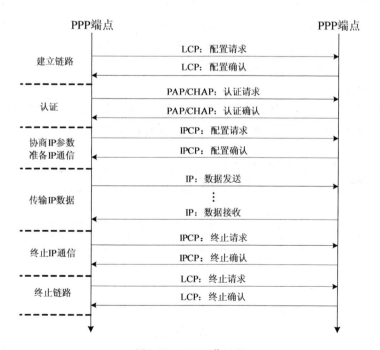

图 2-23　PPP 工作过程

2.5.9　PPPoE 协议

　　早期的拨号上网就是通过 PPP 协议在用户端和运营商的接入服务器之间建立通信链路，目前已基本被宽带接入所取代。PPP 与其他协议共同衍生出符合宽带接入要求的新协议，最典型的就是 PPPoE（PPP over Ethernet）和 PPPoA（PPP over ATM），它们分别由 RFC 2516 和 RFC 2364 定义。PPPoE 是以太网（Ethernet）的 PPP 协议，是很多 ISP 用于认证和管理宽带用户的协议。PPPoA 是 ATM（异步传输模式）网络上运行的 PPP 协议，与 PPPoE 的原理相同，用途也相同。这里以 PPPoE 协议为例进行讲解。

1. PPPoE 协议原理

　　PPPoE 协议提供了在广播式网络（如以太网）中多台主机连接到远端访问集中器（Access Concentrator）上的一种标准。实际应用中访问集中器通常就是宽带接入服务器（简称 BAS）。在这种网络模型中，所有用户的主机都需要能独立地初始化自己的 PPP 协议栈，而且通过 PPP 协议本身所具有的一些特点，支持流量监控和访问控制，能够在广播式网络上实现用户计费和管理。要在广播式网络上建立、维持各主机与访问集中器之间点对点的关系，就需要每个主机与访问集中器之间能建立唯一的点对点的会话。

　　PPPoE 协议包括两个阶段，即 PPPoE 发现阶段（PPPoE Discovery Stage）和 PPPoE 会话阶段（PPPoE Session Stage）。PPPoE 会话阶段与 PPP 会话过程基本相同，唯一不同的是 PPPoE 在 PPP 帧前面封装了 PPPoE 首部。当然，无论是哪一个阶段，数据报最终会被封装成以太网帧进行传送。

　　当一个主机需要开启一个 PPPoE 会话时，需要经历以下步骤。

　　（1）在广播式网络上寻找一个访问集中器。如果网络上存在多个访问集中器，主机会根据各访问集中器所能提供的服务或用户预配置来进行相应的选择。

　　（2）当主机选择访问集中器后，就开始与访问集中器建立一个 PPPoE 会话进程。在这个过程中访问集中器会为每一个 PPPoE 会话分配一个唯一的进程 ID。

　　（3）会话建立起来后就开始 PPPoE 会话阶段，在此阶段中已建立好点对点连接的双方就采用 PPP 来交换数据报。这种点对点结构与 PPP 不一样，它只是一种逻辑上的点对点关系。最后在点对点逻辑通道上进行网络层数据报的传送。

2. PPPoE 封装格式

　　PPPoE 数据包封装在以太网帧的数据字段中，格式如图 2-24 所示。PPPoE 发现阶段和会话阶段数据包的以太网帧类型字段值分别为 0x8863 和 0x8864。

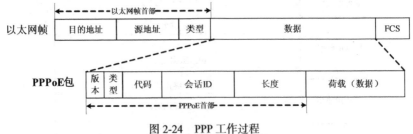

图 2-24　PPP 工作过程

　　PPPoE 包各组成字段说明如下。

- 版本（VER）：长度为 4 位，协议中明确规定版本字段值为 0x01。
- 类型（TYPE）：长度为 4 位，协议中明确规定类型字段值为 0x01。

- 代码（CODE）：占用 1 字节，定义发现阶段和会话阶段数据包。
- 会话 ID（SESSION_ID）：占用 2 字节，当访问集中器还未分配唯一的会话 ID 给用户主机的话，则该字段值必须填充为 0x0000，一旦主机获取了会话 ID 后，在后续的所有数据包中该字段必须设定为唯一的会话 ID 值。
- 长度：占用 2 字节，用来指示 PPPoE 载荷（数据）的长度。计算长度时不包括以太网帧首部或 PPPoE 首部。
- 载荷（数据）：可变长，内容会随着会话过程的进行而不断改变。在 PPPoE 发现阶段时，该字段内会填充一些标记（Tag）；而 PPPoE 会话阶段，则携带的是 PPP 数据帧。

3. PPPoE 发现阶段

PPPoE 发现阶段可分为 4 个步骤，这也是 4 种 PPPoE 数据包交换的一个过程。当完成这些步骤后，用户主机与访问集中器双方就能获知对方的 MAC 地址和唯一的会话 ID 号，从而进入到 PPPoE 的会话阶段。

发现阶段的 PPPoE 数据包的载荷（数据区）可能包含 0 个或多个 Tag（标记），这些标记类似于 PPP 配置参数选项，同样也是要经过协商的。封装在 PPPoE 数据包载荷字段中的标记封装格式如图 2-25 所示。

类型 （TAG_TYPE）	长度 （TAG_LENGTH）	标记值 （TAG_VALUE）

图 2-25　标记封装格式

标记的封装格式是类型+长度+数据的结构。标记的数据字段用来放置不同类型标记所对应的相关数据。注意发现阶段所有的以太网帧的类型都设置为 0x8863。

如图 2-26 所示，PPPoE 发现阶段每一个步骤发送一个包，具体过程说明如下。

（1）主机广播一个 PADI 包以请求建立链路。

主机发送目的地址为广播地址的 PADI（PPPoE Active Discovery Initiation）数据包，代码字段设置为 0x09，会话 ID 字段必须设置为 0x0000。

（2）一个或多个访问集中器发送 PADO 包以提供服务。

收到 PADI 数据包的访问集中器将通过发送一个 PADO（PPPoE Active Discovery Offer）数据包来做出应答。目的地址为发送 PADI 的主机的单播地址，代码字段为 0x07，会话 ID 字段必须设置为 0x0000。PADO 包必须包含一个标记类型为 AC-Name 的标记已提供访问集中器的名称。

（3）主机发送 PADR 包以请求服务。

由于 PADI 包以广播方式发送，主机可能会收到不止一个 PADO 包，它将审查接收到的所有 PADO 包并从中选择一个，然后向选中的访问集中器发送一个 PADR（PPPoE Active Discovery Request）数据包。其中目的地址设置为发送 PADO 包的访问集中器的单播地址，代码字段设置为 0x19，会话 ID 必须设置为 0x0000。PADR 包必须且只能包含一个标记类型为 Service-Name 的标记，表明主机请求的服务。

（4）访问集中器发送 PADS 包决定会话。

当访问集中器收到一个 PADR 数据包，准备开始一个 PPP 会话。它为 PPPoE 会话创建一个唯一的会话 ID 并用一个 PADS（PPPoE Active Discovery Session-confirmation）数据包来给主机作出响应。目的地址字段为发送 PADR 包的主机的单播以太网地址，代码字段设置为 0x65，会话 ID 必须设置为所创建好的 PPPoE 会话标识符。

至此 PPPoE 发现阶段完成，转入 PPP 会话阶段。

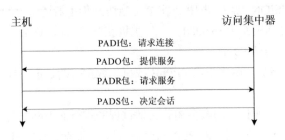

图 2-26 PPPoE 发现阶段

当然，如果访问集中器不满足主机所请求的服务，则会发送一个 PADS 包，而其中携带一个服务名错误的标记。

在会话建立之后主机或访问集中器都可发送 PADT（PPPoE Active Discovery Terminate）包以终止 PPPoE 会话。任一方收到 PADT 包以后，就不允许再使用该会话传输 PPP 流量了。

4．PPPoE 会话过程

一旦 PPPoE 进入到会话阶段，则 PPP 帧就会被填充在 PPPoE 包中的载荷（数据字段）中传送，这时两者所发送的所有以太网帧均是单播地址。PPPoE 会话阶段以太网帧的以太类型字段填充为 0x8864，代码字段填充 0x00，整个会话的过程就是 PPP 的会话过程，但在 PPPoE 数据字段中的 PPP 帧是从协议字段开始的。

2.5.10 验证分析 PPP 与 PPPoE 协议

PPP 主要用于广域网的点对点连接，捕获 PPP 流量往往要涉及拨号连接或路由器配置。为便于实验，这里通过捕获 PPPoE 流量来辅助验证 PPP，而且还能够考察 PPPoE 的连接建立过程。因为 PPPoE 会话阶段与 PPP 会话过程唯一不同的是 PPPoE 在 PPP 帧之前封装了 PPPoE 首部。如果直接通过计算机基于以太网进行宽带接入，可在该计算机捕获 PPPoE 流量。这里搭建一个简单的 PPPoE 拨入服务器，然后使用另一台计算机接入，整个过程可在虚拟机上完成。

1．搭建实验环境并捕获 PPPoE 流量

首先配置充当 RAS 拨入服务器的 Windows 计算机。安装 PPPoE 协议，从网站 http://www.raspppoe.com 下载合适的版本，并将其解压缩。通过控制面板打开网络连接的属性设置对话框，单击"安装"按钮打开"选择网络组件"对话框，选中"协议"项，单击"添加"按钮，再单击"从磁盘安装"按钮，从解开的 RASPPPOE 文件夹中选择"WINPPPOE"文件进行安装。安装成功后，网络连接属性设置对话框中将增加"PPP over Ethernet Protocol"协议项。

接着在"网络连接"文件夹中启动新建连接向导，依次选择"设置高级连接"、"接受传入的连接"选项，再选择要用的连接设备（本地连接），接着选择"不允许虚拟专用连接"选项，打开如图 2-27 所示的对话框，选择已有的用户账户（可选多个），或新建一个用户用作拨入账户。

然后配置充当 RAS 拨号客户机的 Windows 计算机。在"网络连接"文件夹中启动新建连接向导，选择"连接到 Internet"、"手动设置我的连接"、"用要求用户名和密码的宽带连接来连接"选项，根据设置 ISP 名称（可以用任意名称），输入服务器配置时选择的拨入用户名和密码，出现如图 2-28 所示的对话框。

使用 Wireshark 抓取 PPPOE 数据包，抓取过程中不要使用混杂模式。启动捕获器，在客户端

开始拨号（参见图 2-28，单击"连接"按钮），拨号成功后，即可抓取 PPPoE 数据包。

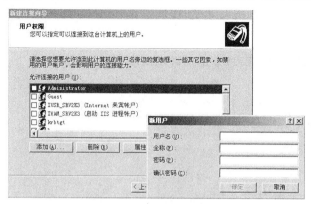

图 2-27　设置拨入用户账号

图 2-28　拨号连接

2. 验证分析 PPPoE 协议

抓取的数据包列表开始部分如图 2-29 所示，这是一个 PPPoE 连接建立过程。序号为 1~4 的数据包显示的是 PPPoE 发现阶段，后续数据包则是 PPPoE 会话阶段。序号为 1~4 的数据包代表了 PPPoE 发现阶段的 4 个步骤，每个步骤交换一个数据包。4 个数据包依次为 PADI、PADO、PADR 和 PADS。PPPoE 会话阶段与 PPP 会话过程基本相同，后面再讲解。

No.	Time	Source	Destination	Protocol Length Info
1	0.000000	Vmware_b3:e8	Broadcast	PPPoED 36 Active Discovery Initiation (PADI)
2	0.013453	Vmware_8c:24	Vmware_b3:e8	PPPoED 69 Active Discovery Offer (PADO) AC-Name='SERVERA'
3	0.016254	Vmware_b3:e8	Vmware_8c:24	PPPoED 58 Active Discovery Request (PADR)
4	0.024979	Vmware_8c:24	Vmware_b3:e8	PPPoED 60 Active Discovery Session-confirmation (PADS)
5	0.848440	Vmware_b3:e8	Vmware_8c:24	PPP LCP 39 Configuration Request
6	0.862265	Vmware_8c:24	Vmware_b3:e8	PPP LCP 75 Configuration Request
7	0.862990	Vmware_b3:e8	Vmware_8c:24	PPP LCP 60 Configuration Ack
8	0.898939	Vmware_8c:24	Vmware_b3:e8	PPP LCP 57 Configuration Reject
9	0.900012	Vmware_b3:e8	Vmware_8c:24	PPP LCP 60 Configuration Request
10	0.907604	Vmware_8c:24	Vmware_b3:e8	PPP LCP 44 Configuration Ack
11	0.911058	Vmware_8c:24	Vmware_b3:e8	PPP CHA 60 Challenge (NAME='SERVERA', VALUE=0x6955c187424303acd1595179b2adda24)
12	0.958285	Vmware_b3:e8	Vmware_8c:24	PPP LCP 40 Identification
13	0.958463	Vmware_b3:e8	Vmware_8c:24	PPP LCP 45 Identification
14	0.976936	Vmware_b3:e8	Vmware_8c:24	PPP CHA 80 Response (NAME='laoz', VALUE=0xd731abb3ffe4c8a99fd35f22ed444bc900000000
15	1.065415	Vmware_8c:24	Vmware_b3:e8	PPP CHA 68 Success (MESSAGE='S=C863F327E7A938FAFE874ECDD66D372ADC72BCC2')
16	1.065429	Vmware_8c:24	Vmware_b3:e8	PPP CBC 60 Callback Request
17	1.081871	Vmware_b3:e8	Vmware_8c:24	PPP CBC 28 Callback Response
18	1.082577	Vmware_8c:24	Vmware_b3:e8	PPP CBC 60 Callback Ack
19	1.111001	Vmware_b3:e8	Vmware_8c:24	PPP CCP 32 Configuration Request
20	1.111208	Vmware_b3:e8	Vmware_8c:24	PPP IPC 56 Configuration Request
21	2.157354	Vmware_8c:24	Vmware_b3:e8	PPP CCP 60 Configuration Request
22	2.157658	Vmware_8c:24	Vmware_b3:e8	PPP IPC 60 Configuration Request

图 2-29　PPPoE 数据包列表

接着验证分析 PPPoE 数据包。先来看发现阶段的 PPPoE 数据包，展开序号为 1 的数据包，如图 2-30 所示。可以发现，PPPoE 数据包封装在以太网帧中，这是一个发现阶段的 PADI 包，以太网帧类型为 0x8863，目的地址为广播地址，PPPoE 包中代码字段为 0x09，含有会话 ID，其载荷（数据）部分是一个标记。

```
⊞ Frame 1: 36 bytes on wire (288 bits), 36 bytes captured (288 bits)
⊟ Ethernet II, Src: Vmware_b3:e8:e8 (00:0c:29:b3:e8:e8), Dst: Broadcast (ff:ff:ff:ff:ff:ff)
  ⊟ Destination: Broadcast (ff:ff:ff:ff:ff:ff)          目的地址                          以太网帧
      Address: Broadcast (ff:ff:ff:ff:ff:ff)
      .... ...1 .... .... .... .... = IG bit: Group address (multicast/broadcast)
      .... ..1. .... .... .... .... = LG bit: Locally administered address (this is NOT the factory default)
  ⊟ Source: Vmware_b3:e8:e8 (00:0c:29:b3:e8:e8)
      Address: Vmware_b3:e8:e8 (00:0c:29:b3:e8:e8)
      .... ...0 .... .... .... .... = IG bit: Individual address (unicast)
      .... ..0. .... .... .... .... = LG bit: Globally unique address (factory default)
    Type: PPPoE Discovery (0x8863)          以太网帧类型
⊟ PPP-over-Ethernet Discovery
    0001 .... = Version: 1                                                                 PPPoE包
    .... 0001 = Type: 1
    Code: Active Discovery Initiation (PADI) (0x09)     代码字段
    Session ID: 0x0000          会话ID
    Payload Length: 16
  ⊟ PPPoE Tags
      Host-Uniq: 0200000003000000          PPPoE标记
```

图 2-30　PPPoE 发现阶段数据包

再来看会话阶段的 PPPoE 数据包，展开序号为 5 的数据包，如图 2-31 所示。可以发现，会话阶段的 PPPoE 数据包封装在以太网帧中，以太网帧类型为 0x8864，PPP 帧封装在 PPPoE 数据包的载荷（数据部分）中。

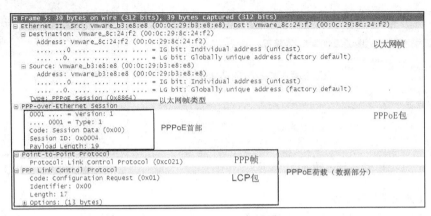

图 2-31 PPPoE 会话阶段数据包

3. 验证分析 PPP 协议

对抓取的数据包列表进行筛选时，可只显示 PPP 数据，数据包列表开始部分如图 2-32 所示，这是一个 PPP 连接建立过程。可见借用 PPPoE 来验证 PPP 很方便。

```
No.   Time      Source       Destination   Protocol Length Info
   5 0.848440 Vmware_b3:e8 Vmware_8c:24  PPP LCP    39 Configuration Request
   6 0.862265 Vmware_8c:24 Vmware_b3:e8  PPP LCP    75 Configuration Request
   7 0.862990 Vmware_8c:24 Vmware_b3:e8  PPP LCP    60 Configuration Ack
   8 0.898939 Vmware_8c:24 Vmware_b3:e8  PPP LCP    57 Configuration Reject
   9 0.900012 Vmware_8c:24 Vmware_b3:e8  PPP LCP    60 Configuration Request
  10 0.907604 Vmware_8c:24 Vmware_b3:e8  PPP LCP    44 Configuration Ack
  11 0.911058 Vmware_8c:24 Vmware_b3:e8  PPP CHA    60 Challenge (NAME="SERVERA", VALUE=0x6955c18/424303acd15951/9b2adda24)
  12 0.958285 Vmware_b3:e8 Vmware_8c:24  PPP LCP    40 Identification
  13 0.958463 Vmware_b3:e8 Vmware_8c:24  PPP LCP    45 Identification
  14 0.976936 Vmware_b3:e8 Vmware_8c:24  PPP CHA    80 Response (NAME="laoz", VALUE=0xd731abb3ffe4c8a99fd35f22ed444bc900000000
  15 1.065415 Vmware_8c:24 Vmware_b3:e8  PPP CHA    68 Success (MESSAGE='S=C863F327E7A938FAFE874ECDD66D372ADC728CC2')
  16 1.065429 Vmware_8c:24 Vmware_b3:e8  PPP CBC    60 Callback Request
  17 1.081871 Vmware_b3:e8 Vmware_8c:24  PPP CBC    28 Callback Response
  18 1.082577 Vmware_8c:24 Vmware_b3:e8  PPP CBC    60 Callback Ack
  19 1.111001 Vmware_b3:e8 Vmware_8c:24  PPP CCP    32 Configuration Request
  20 1.111208 Vmware_b3:e8 Vmware_8c:24  PPP IPC    56 Configuration Request
  21 2.157354 Vmware_8c:24 Vmware_b3:e8  PPP CCP    60 Configuration Request
  22 2.157658 Vmware_8c:24 Vmware_b3:e8  PPP IPC    60 Configuration Request
  23 2.157858 Vmware_8c:24 Vmware_b3:e8  PPP CCP    60 Configuration Nak
  24 2.158037 Vmware_8c:24 Vmware_b3:e8  PPP IPC    60 Configuration Reject
  25 2.173519 Vmware_b3:e8 Vmware_8c:24  PPP CCP    32 Configuration Nak
  26 2.174125 Vmware_b3:e8 Vmware_8c:24  PPP IPC    60 Configuration Request
  27 2.174287 Vmware_b3:e8 Vmware_8c:24  PPP IPC    32 Configuration Reject
  28 2.174922 Vmware_8c:24 Vmware_b3:e8  PPP IPC    60 Configuration Request
  29 2.175062 Vmware_8c:24 Vmware_b3:e8  PPP CCP    32 Configuration Ack
  30 2.175681 Vmware_8c:24 Vmware_b3:e8  PPP IPC    60 Configuration Ack
  31 2.175875 Vmware_8c:24 Vmware_b3:e8  PPP IPC    60 Configuration Nak
  32 2.176374 Vmware_8c:24 Vmware_b3:e8  PPP CCP    32 Configuration Ack
  33 2.190663 Vmware_b3:e8 Vmware_8c:24  PPP IPC    32 Configuration Ack
  34 2.190902 Vmware_b3:e8 Vmware_8c:24  PPP IPC    60 Configuration Request
  35 2.196250 Vmware_8c:24 Vmware_b3:e8  PPP IPC    60 Configuration Ack
  36 2.196952 Vmware_b3:e8 Vmware_8c:24  PPP IPC    60 Configuration Ack
  38 2.472143 Vmware_b3:e8 Vmware_8c:24  PPP Com    65 Compressed data
  40 2.512404 Vmware_b3:e8 Vmware_8c:24  PPP Com    75 Compressed data
  41 2.513839 Vmware_b3:e8 Vmware_8c:24  PPP Com    40 Compressed data
```

图 2-32　PPP 数据包列表

（1）链路建立阶段。

序号为 5~10 的数据包显示的是 PPP 链路建立阶段。此阶段 LCP 协商完成有关选项参数。展开序号为 6 的数据包，如图 2-33 所示，这是一个 Config-Request 包，请求协商的选项有好几个，如最大接收单元、认证方式（CHAP）、魔术字等。

（2）认证阶段。

序号为 11~15 的数据包显示的是 PPP 认证建立阶段。这里会话双方通过 LCP 协商好的 CHAP

协议进行认证，序号为 11、14、15 的数据包分别表示挑战、应答、认证成功，这是一个 3 次握手过程。展开其中一个数据包（序号为 11），如图 2-34 所示，CHAP 包封装在 PPP 帧中，这是一个挑战信息。

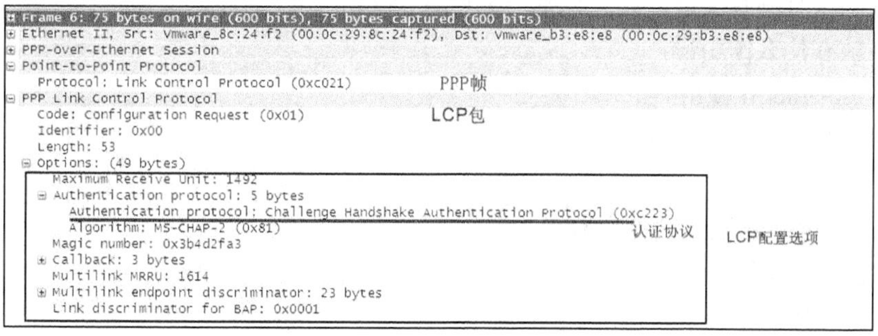

```
⊞ Frame 6: 75 bytes on wire (600 bits), 75 bytes captured (600 bits)
⊞ Ethernet II, Src: Vmware_8c:24:f2 (00:0c:29:8c:24:f2), Dst: Vmware_b3:e8:e8 (00:0c:29:b3:e8:e8)
⊞ PPP-over-Ethernet Session
⊟ Point-to-Point Protocol
     Protocol: Link Control Protocol (0xc021)          PPP帧
⊟ PPP Link Control Protocol
     Code: Configuration Request (0x01)                LCP包
     Identifier: 0x00
     Length: 53
  ⊟ Options: (49 bytes)
        Maximum Receive Unit: 1492
     ⊟ Authentication protocol: 5 bytes
           Authentication protocol: Challenge Handshake Authentication Protocol (0xc223)
           Algorithm: MS-CHAP-2 (0x81)                 认证协议          LCP配置选项
        Magic number: 0x3b4d2fa3
     ⊞ Callback: 3 bytes
        Multilink MRRU: 1614
     ⊞ Multilink endpoint discriminator: 23 bytes
        Link discriminator for BAP: 0x0001
```

图 2-33　PPP 的 Config-Request 包

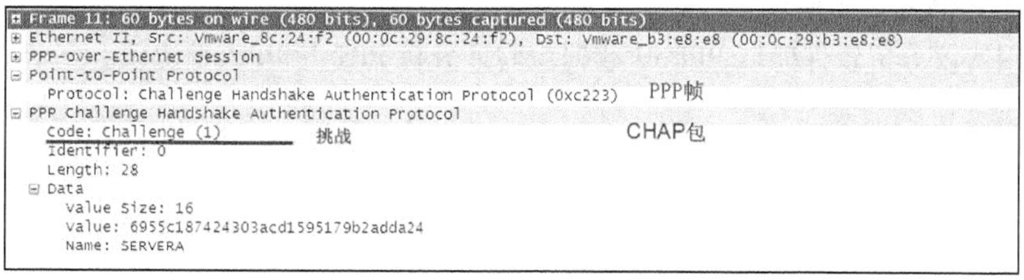

```
⊞ Frame 11: 60 bytes on wire (480 bits), 60 bytes captured (480 bits)
⊞ Ethernet II, Src: Vmware_8c:24:f2 (00:0c:29:8c:24:f2), Dst: Vmware_b3:e8:e8 (00:0c:29:b3:e8:e8)
⊞ PPP-over-Ethernet Session
⊟ Point-to-Point Protocol
     Protocol: Challenge Handshake Authentication Protocol (0xc223)    PPP帧
⊟ PPP Challenge Handshake Authentication Protocol
     Code: Challenge (1)                   挑战                CHAP包
     Identifier: 0
     Length: 28
  ⊟ Data
        Value Size: 16
        Value: 6955c187424303acd1595179b2adda24
        Name: SERVERA
```

图 2-34　CHAP 数据包

（3）网络层协议阶段。

序号为 20 开始的数据包显示的是 PPP 网络层协议阶段，由 IPCP 协议对 IP 服务阶段的一些要求进行多次协商。展开其中一个数据包（序号为 22），如图 2-35 所示，IPCP 包封装在 PPP 帧中，格式与 LCP 包一样。这是一个配置请求包，就 IP 压缩协议和 IP 地址请求协商。

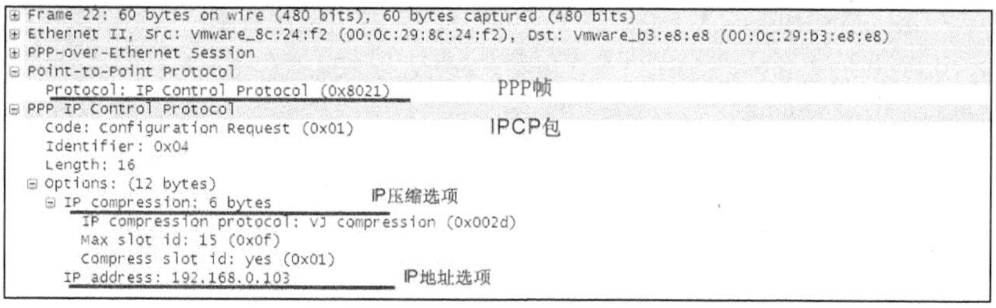

```
⊞ Frame 22: 60 bytes on wire (480 bits), 60 bytes captured (480 bits)
⊞ Ethernet II, Src: Vmware_8c:24:f2 (00:0c:29:8c:24:f2), Dst: Vmware_b3:e8:e8 (00:0c:29:b3:e8:e8)
⊟ Point-to-Point Protocol
     Protocol: IP Control Protocol (0x8021)            PPP帧
⊟ PPP IP Control Protocol
     Code: Configuration Request (0x01)                IPCP包
     Identifier: 0x04
     Length: 16
  ⊟ Options: (12 bytes)
     ⊟ IP compression: 6 bytes              IP压缩选项
           IP compression protocol: VJ compression (0x002d)
        Max slot id: 15 (0x0f)
        Compress slot id: yes (0x01)
        IP address: 192.168.0.103            IP地址选项
```

图 2-35　IPCP 数据包

序号为 36 的数据包显示 IPCP 协商已经结束。这些数据包列表中还夹杂了一些其他 PPP 数据包，如 CPC（回叫验证）、CCP（压缩控制协议）、COM（压缩数据报）等，这些都跟 PPPoE 有关。

总之，理解 PPP 就能深刻理解点对点通信原理及实现方法。

2.6　习　　题

1. 简述局域网协议标准。

2. 简述局域网参考模型。

3. 介质访问控制方法有哪几种?

4. 简述 MAC 地址格式。

5. 以太网帧有哪些类型? 如何识别以太网帧类型?

6. 前导帧有什么作用?

7. 简述 Ethernet II 帧格式。

8. 广域网数据链路层协议有哪些?

9. PPP 有哪些组件?

10. 简述 PPP 链路操作的 5 个阶段。

11. 简述 LCP 操作。

12. IPCP 有何作用?

13. 简述 CHAP 认证过程。

14. 简述 PPPoE 发现阶段。

15. 使用协议分析软件抓取 PPPoE 数据包验证分析 PPP 与 PPPoE 协议。

第3章
IP 寻址与地址解析

IP 地址是 TCP/IP 中的一个非常重要的概念,在网络层实现了底层网络地址的统一,使 TCP/IP 网络层地址具有全局唯一性和一致性。IP 地址是 TCP/IP 网络层的寻址机制,是 TCP/IP 网络进行寻址和选择路由的依据。TCP/IP 没有物理层定义,IP 数据包最终需要物理网络来处理,当 IP 数据包交付给物理网络之后,物理网络就需要属于它自己的寻址机制来处理,也就是要使用物理地址(硬件地址,在以太网中又称为 MAC 地址)。这就涉及两种地址的转换,具体由地址解析来实现。本章在介绍 IP 地址概念、IP 地址分类的基础上,讲解了与 IP 地址相关的子网技术、超网技术、无类地址,以及 IP 地址配置管理。另外,围绕地址解析问题介绍了 ARP 和 RARP 两种协议。

3.1 IP 分类地址

在 TCP/IP 网络中每个主机都有唯一的地址,它是通过 IP 协议来实现的。IP 协议有 IPv4 和 IPv6 两个版本,本章仅涉及 IPv4 版本的地址,至于 IP 协议将在下一章介绍。

3.1.1 IP 地址概述

1. IP 地址统一物理网络地址

在 Internet 环境中需要使用地址来唯一地标识每一个网络节点以确保它们之间的相互通信。网络传输中的信息带有源地址和目的地址,分别标识通信的源节点和目的节点,其中目的地址是进行寻址的依据。不同的物理网络技术通常具有不同的编址方式,主要是地址结构和地址长度不同。

为了正确寻址,必须确保网络节点地址的唯一性,这在单一的物理网络中很容易实现,而在多个不同的物理网络进行互联时就难以得到保证。另外,不同物理网络在地址编址方式上的不统一会给寻址带来不便。因此,互联网络要解决的首要问题就是物理网络地址的统一。TCP/IP 网络是在网络层实现互联的,在网络层(IP 层)完成地址的统一,将不同物理网络的地址统一到具有全球唯一性的 IP 地址上,如图 3-1 所示。IP 层所用到的地址叫做 Internet 地址,又称为 IP 地址。

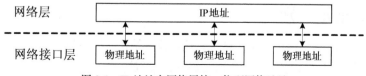

图 3-1 IP 地址在网络层统一物理网络地址

2. IP 地址格式

Internet 采用一种全局通用的地址格式，为每一个网络和每一台主机都分配一个 IP 地址，以屏蔽物理网络地址的差异。IPv4 规定，IP 地址长度为 32 位（IPv6 规定地址长度为 128 位）。因此，IPv4 的地址空间为 2^{32}，即 4294967296 个 IP 地址。本书中所涉及的 IP 地址如果不特别说明，则指 IPv4 地址。

IP 地址是 32 位二进制数字，由 32 个 0 和 1 组成。为了方便，一般将 IP 地址分为 4 个 8 位字段，以 4 个十进制数字表示，每个数字之间用点隔开，例如，202.112.10.105，这种记录方法称为"点-数"记号法。

IP 地址沿用了 ARPANET 层次型地址，分为网络和主机两个层次。IP 地址标识一个网络和与此网络连接的一台主机。IP 地址采用一种由网络 ID（Net-id）和主机 ID（Host-id）组成的两级结构，网络 ID 表示主机所属的网络，主机 ID 代表主机本身，主机必须位于特定的网络中，如图 3-2 所示。

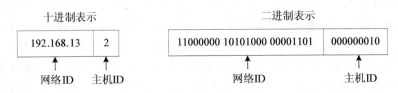

图 3-2　IP 地址的组成

3. IP 地址分配

IP 地址分配的基本原则是，要为同一网络（子网或网段）内的所有主机分配相同的网络 ID，同一网络内的不同主机必须分配不同的主机 ID，以区分主机。不同网络内的每台主机必须具有不同的网络 ID，但是可以具有相同的主机 ID，如图 3-3 所示。

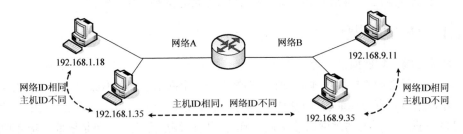

图 3-3　IP 地址分配原则示例

要使自己的网络连入 Internet，必须为网络向 InterNIC 组织申请一个网络 ID，然后为网络上的每一台主机分配一个唯一的主机 ID，这样网上的主机在 Internet 上具有唯一的地址。国内用户可以通过中国互联网络信息中心（CNNIC）获得 IP 地址和域名。

当然，如果网络不想与外界通信，就不必申请网络 ID，而自行选择一个网络 ID，只是网络内的主机的 IP 地址不可相同。不打算连入 Internet 的网络作为内网，可以自行设置 IP 地址。

3.1.2　IP 地址类别

Internet 传统的 IP 地址使用分类的概念，这种体系结构叫做分类编址。后来出现了一种叫做无类编址的新体系，但是目前绝大多数还是使用分类编址。

考虑到不同规模网络的需要，IP 将 32 位地址空间划分为不同的地址类别，并定义了 5 类地址，即 A 类至 E 类，如图 3-4 所示。

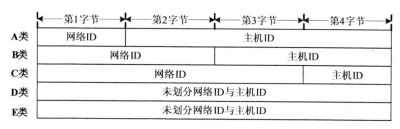

图 3-4　IP 地址类别

A、B 和 C 是 3 个基本的类别，分别代表不同规模的网络，由 InterNIC 在全球范围内统一分配。A 类地址由 1 个字节的网络 ID 和 3 个字节的主机 ID 构成，用于少量的大型网络。B 类地址由 2 个字节的网络 ID 和 2 个字节的主机 ID 构成，用于中等规模的网络。C 类地址由 3 个字节的网络 ID 和 1 个字节的主机 ID 构成，用于小规模的网络。D、E 类为特殊地址，不划分网络 ID 与主机 ID。

IP 地址采用高位字节的高位（第 1 个字节的高位）来标识地址类别。A 类地址第 1 个字节的最高位固定为 0，B 类地址第 1 个字节的最高 2 位固定为 10，C 类地址第 1 个字节的最高 3 位固定为 110，D 类地址第 1 个字节的最高 4 位固定为 1110，E 类地址第 1 个字节的最高 4 位固定为 1111。

基本的 IP 地址编码方案见表 3-1。

表 3-1　　　　　　　　　　　　　　　　IP 地址基本类别

地址类别	高位字节	网络 ID 范围	可支持的网络数目	每个网络支持的主机数
A	0	1 ~ 126	126（2^7-2）	16 777 214（2^{24}-2）
B	10	128 ~ 191	16 382（2^{14}-2）	65 534（2^{16}-2）
C	110	192 ~ 223	2 097 150（2^{21}-2）	254（2^8-2）

在分类地址网络中每个网络占用一个地址块。每一类地址都划分为固定数目的地址，而每一地址块的大小都是固定的。例如，A 类地址共分为 128 个地址块，而每一块的网络 ID 都不一样。另外，每一类地址的第一地址块和最后一地址块保留用作特殊用途，实际可用的地址块要少 2 个。

D 类地址的前 4 个字节是 1110，表示多播（Multicast，也译为组播或多址传送）地址。它的范围为 224.0.0.0 ~ 239.255.255.255（第 1 个字节的取值范围为 224 ~ 239），每个地址对应一个组，发往某一组地址的数据将被该组中的所有成员接收。D 类地址并不表示特定的网络，而是用来指定一组计算机，不能分配给主机。有些 D 类地址已经分配用于特殊用途，如 224.0.0.0 是保留地址，224.0.0.1 是指本子网中的所有系统，224.0.0.2 是指本子网中的所有路由器，224.0.0.9 是指运行 RIPv2 路由协议的路由器。

E 类地址为保留地址，可以用于实验目的。地址范围为 240.0.0.0 ~ 255.255.255.254，第 1 个字节的取值范围为 240 ~ 255。

这 5 类地址所占 Internet 地址空间的比例依次为：50%、25%、12.5%、6.25% 和 6.25%。

3.1.3 特殊的 IP 地址

有些 IP 地址并不是用来标识主机的，而是具有特殊意义，如网络地址、广播地址、环回地址。

1．网络地址

每个网络都有一个 IP 地址，其主机 ID 部分全为 0。此类地址用于标识网络，不能分配给主机，因此不能作为数据的源地址和目的地址。它主要用于路由，可以减小路由表的规模。A、B、C 类网络地址格式分别为：网络 ID.0.0.0、网络 ID.0.0、网络 ID.0。可见每个地址块的第一个地址就是网络地址，如 202.102.68.0。

2．直接广播地址

主机 ID 各位全部为 1 的 IP 地址用于广播，称为直接广播地址（Direct Broadcast Address）。它只能作为目的地址使用，用于向指定网络上的所有主机发送数据。A、B、C 类网络直接广播地址格式分别为：网络 ID.255.255.255、网络 ID.255.255、网络 ID.255。路由器将 IP 直接广播地址转换为物理网络广播地址，所指向的目的网络上所有节点都将接收和处理数据包。

3．受限广播地址

32 位全为 1 的 IP 地址 255.255.255.255 用于本网络内的广播，称为受限广播地址（Limited Broadcast Address）。它只能作为目的地址使用，用于本网络内部广播。路由器将隔离受限广播，不将受限广播数据包转发到其他子网。

4．本网络特定主机地址

网络 ID 全为 0 的 IP 地址表示本网络上的特定主机。它只能作为目的地址，用于某个主机向同一网络上的其他主机发送数据包。A、B、C 类网络的本网络特定主机地址格式分别为：0.主机 ID、0.0.主机 ID、0.0.0.主机 ID。例如，0.0.68.2。这也是将数据包限制在本地网络中的一种方法，因为路由器会隔离目的地址为本网络特定主机地址的数据包。

5．本网络本主机地址

32 位全为 0 的 IP 地址 0.0.0.0 表示本网络本主机，只能作为源地址。当某个主机在运行引导程序时不知道自己的 IP 地址，为了要发现自己的地址，就给引导服务器发送 IP 数据包，并使用这样的地址 0.0.0.0 作为源地址，使用受限广播地址 255.255.255.255 作为目的地址。例如，无盘工作站启动时没有 IP 地址，此时采用网络 ID 和主机 ID 都为 0 的本网络本主机地址作为源地址。本网络特定主机地址和本网络本主机地址都可以视为 A 类地址。

6．环回（Loop）地址

A 类地址网络 ID 127 专门为环回接口预留。环回接口允许运行在同一台主机上的客户程序和服务器程序通过 TCP/IP 进行通信。根据惯例，大多数系统把 IP 地址 127.0.0.1 分配给这个接口，并命名为 Localhost。它只能用目的地址。一个传给环回接口的 IP 数据包不会发送到网络上，而是在离开网络层时将其回送给本机的有关进程，也就是说数据包不会离开当前主机。因此，环回地址一般用来做循环测试，如发送信息给 127.0.0.1，此消息将回传给自己。

3.1.4 专用地址

IANA（Internet 地址分配管理局）将 A、B、C 类地址中保留一部分作为专用地址（Private Address，又译为私有地址），具体由 RFC 1918 "Address Allocation for Private Internets"规定。3 类专用 IP 地址范围如下。

- A 类：10.0.0.0 ~ 10.255.255.255。

- B 类：172.16.0.0 ~ 172.32.255.255。
- C 类：192.168.0.0 ~ 192.168.255.255。

这些地址是专门提供给那些没有连接到 Internet 的网络使用的。如果要直接连入 Internet，应使用由 InterNIC 分配的合法 IP 地址，称为公用地址（Public Address）。使用专用地址的目的是避免与 Internet 上合法的 IP 地址冲突。从理论上讲，没有连接到 Internet 的内部网络也可以使用由 InterNIC 分配的 IP 地址，但这样做无疑是对地址的一种浪费。

如果通过防火墙、代理服务器或 NAT（网络地址转换）网关连入 Internet，内网中的节点应使用专用 IP 地址。

3.1.5　单播地址、多播地址和广播地址

根据寻址目标，可以将 IP 地址分为单播（Unicast）地址、广播（Broadcast）地址和多播（Multicast）地址 3 种类型，它们的目标分别为单个主机、指定网络上的所有主机和同一组内的所有主机，对应的是单播通信、广播通信与多播通信。单播地址比较简单，用于 TCP 在源主机和目标主机之间建立一条连接，也可用于 UDP。广播和多播仅应用于 UDP，对需将报文同时传往多个接收者的应用来说十分重要。

1. IP 单播地址

单播通信是一对一的，从单个的源节点把数据包发送到单个的目的节点。TCP/IP 网络中所有节点都必须拥有至少一个唯一的单播地址。单播地址可以是 A 类、B 类或 C 类地址。

2. IP 广播地址

有时一个主机要向网上的所有其他主机发送数据包，这就是广播，如图 3-5 所示。广播通信是一对所有的通信。Internet 只允许进行本地网广播，不允许在全局范围进行广播，一个系统不能向 Internet 上的所有节点发送数据包。目前有 4 种类型的广播地址，其中直接广播地址和受限广播地址前面介绍过，另外两种介绍如下。

- 指向子网的广播地址。主机 ID 部分均为 1，而且有特定子网 ID 的地址，需要由子网掩码用来解析。例如，如果路由器收到发往 128.1.2.255 的数据报，当 B 类网络 128.1 的子网掩码为 255.255.255.0 时，该地址就是指向子网的广播地址；如果该子网的掩码为 255.255.254.0，该地址就不是指向子网的广播地址。
- 指向所有子网的广播地址。子网 ID 及主机 ID 均为 1。例如，如果目的子网掩码为 255.255.255.0，那么 IP 地址 128.1.255.255 是一个指向所有子网的广播地址。然而，如果网络没有划分子网，这就是一个指向网络的广播（直接广播地址）。

最常用的是指向子网的广播。广播是一种应该谨慎使用的功能。在许多情况下，IP 多播被证明是一个更好的解决办法。

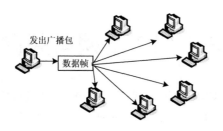

图 3-5　广播

3. IP 多播地址

前面说过，D 类 IP 地址被称为多播地址。多播处于单播和广播之间，如图 3-6 所示，多播通信是一对多的，从单个的源节点把数据包发送到一组目的节点，数据包仅传送给属于多播组的多个主机，这能减轻广播产生的不必要开销。使用多播，主机可加入到一个或多个多播组，网卡将获悉该主机所属的多播组，然后仅接收主机所在多播组的那些多播包。

网络服务经常涉及向多个接收者传送信息的应用，如交互式会议系统向多个接收者分发邮件或新闻，目前这些应用大多采用 TCP 来完成，即向每个目的地址传送一个单独的数据复制，如果采用多播，将更加方便。多播进程将目的 IP 地址指明为多播地址，设备驱动程序将它转换为相应的物理地址，然后把数据发送出去。这些接收进程必须通知它们的 IP 层它们想接收的发往给定多播地址的数据报，并且设备驱动程序必须能够接收这些多播帧。当一个主机收到多播数据报时，它必须向属于那个多播组的每个进程均传送一个复制。使用多播，一个主机上可能存在多个属于同一多播组的进程。

单个物理网络的多播是简单的。当把多播扩展到单个物理网络以外需要通过路由器转发多播数据时，复杂性就增加了。此时，需要有一个协议让多播路由器了解确定网络中属于确定多播组的任何一个主机，这个协议就是 Internet 组管理协议（IGMP）。

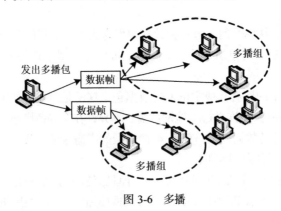

图 3-6 多播

能够接收发往一个特定多播组地址数据的主机集合称为主机组。一个主机组可跨越多个网络。主机组中成员可随时加入或离开主机组。主机组中对主机的数量没有限制，同时不属于某一主机组的主机可以向该组发送信息。一些多播组地址被 IANA 确定为标准地址，并被当成永久主机组。注意这些多播地址所代表的组是永久组，而它们的组成员却不是永久的。例如，224.0.0.1 代表"该子网内的所有系统组"，224.0.0.2 代表"该子网内的所有路由器组"。

3.2 IP 子网与超网

子网（Subnet）是对一个网络的进一步划分。子网划分不仅解决了 IP 地址的短缺问题，而且可以让用户灵活配置自己的 IP 网络。超网（Supernet）与子网正好相反，将多个网络合并成一个网络。子网和超网都是应对 Internet 地址问题的解决方案。

3.2.1　划分 IP 子网

1．子网掩码（Subnet Mask）

子网掩码用来将 IP 地址划分成网络地址和主机地址两部分，确定这个地址中哪一个部分是网络部分。对于同一个 IP 地址，如果其子网掩码不同，则代表不同的网络或主机。

与 IP 地址相同，子网掩码的长度也是 32 位，左边是网络位，用二进制数字"1"表示；右边是主机位，用二进制数字"0"表示。子网掩码不能单独存在，必须与 IP 地址结合起来使用。A、B、C 三类网络的子网掩码分别为 255.0.0.0、255.255.0.0 和 255.255.255.0。

这里举个例子来说明如何用子网掩码区分网络地址和主机地址。某 C 类 IP 地址 192.168.1.2 的子网掩码设置为 255.255.255.0，具体区分步骤如图 3-7 所示。

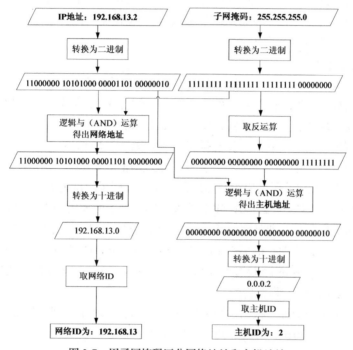

图 3-7　用子网掩码区分网络地址和主机地址

IP 关于子网掩码的定义提供一定的灵活性，允许子网掩码中的"0"和"1"位不连续。但这样的子网掩码给主机地址分配和路由表都带来一定困难，并且很少有路由器支持在子网中使用低序或无序的位，因此在实际应用中通常各网点采用连续方式的子网掩码。像 255.255.255.64 和 255.255.255.160 等一类的子网掩码并不推荐使用。

2．子网划分概念

子网掩码可用来将网络进一步划分为更小的子网。某公司如果采用了两个 C 类网络，每个 C 类网络只设置了 25 个主机地址，就会造成地址空间的浪费，而且还会增加路由器负担。此时借助子网掩码就可解决问题，只需分配一个 C 类网络，将网络再进一步划分为若干个子网。这样一来，原来 IP 地址的两级结构就扩充为 3 级结构：网络地址部分+子网地址部分+主机地址部分。

如图 3-8 所示，将 IP 地址的主机 ID 部分划分成两部分，拿出一部分来标识子网，另一部分仍然作为主机 ID，每个子网用来标识内部的不同网络。由于 IP 地址的网络地址部分不变，因此从 Internet 到此网络中的所有子网的路由都是一样的。内部的路由器应区分不同的子网，而外部的路由器则将所有子网看成一个网络。这种子网的划分是通过子网掩码机制来实现的，同子网掩码区分网络和主机地址的原理一样。

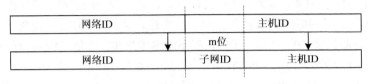

图 3-8　子网划分

一方面，子网划分减少了一个网络的主机数量，却分出了更多的网络。另一方面，子网划分还可解决通信流量问题，利用路由器隔离广播，提高网络性能。在实际应用中，常常结合 VLAN（虚拟局域网）技术来划分 IP 子网。

3. 子网划分基本方法

子网划分要确定子网数量、子网掩码和主机数，基本计算方法如下。

（1）确定子网数量，将其转换为 2 的 m 次方，如要分 8（2^3）个子网。如果子网数量不是 2 的整数次方，则靠上取值，如 5 个子网，就需用 2^3 表示。

（2）确定子网地址位数，取上一步的幂 m 即可。如 2^3，即 m=3。

（3）确定子网掩码，即幂 m 按高序占用主机地址的值。如 m=3，则为 11100000，转换为十进制为 224，即为最终确定的子网掩码。如果是 C 类网，则子网掩码为 255.255.255.224；如果是 B 类网，则子网掩码为 255.255.224.0；如果是 A 类网，则子网掩码为 255.224.0.0。

（4）确定主机地址位数，即子网地址后面余下的位数（设为 n）。如 m=3，对于 C 类网，主机地址位数 n=5；对于 B 类网，n=8+5=13；对于 A 类网，n=8+8+5=21。

（5）确定子网中可容纳的主机数量，即 2n-2。考虑到为全 0 和全 1 的主机地址有特殊含义，不作为有效的 IP 地址，所以要减去 2。

（6）确定每个子网的地址。根据子网地址位数，组合成 2^m 个子网。如 m=3，则有 8 个子网地址，分别为 000、001、010、011、100、101、110、111。

习惯上还要排除其中全 0 和全 1 的子网地址。实际上在 RFC 文档中全 1 的子网地址是有效的，另外 Cisco 路由器支持全 0 的子网地址。必要时可考虑使用全 0 和全 1 子网以节省地址空间。

（7）确定每个子网中主机地址范围。根据主机地址位数，对于每个子网确定 2^m-2 个 IP 地址，其中排除全 0 和全 1 的主机地址。如 m=3，对于 C 类网，则有 2^5-2=30 个主机，主机地址部分范围为 00001~11110。前面加上网络地址和子网地址，即为子网中的 IP 地址。

子网划分软件可直接使用来进行子网划分，也可用来验证手工划分的正确性。如 IP Subnet Calculator（http://www.boson.com）可以实现各种子网划分功能。

4. 子网划分实例：将一个 C 类网络划分为若干个子网

现拥有一个 C 类网络，网络地址是 202.112.10，要划分为多个子网，可将子网掩码设为 255.255.255.224，最后 1 个字节的二进制值是 11100000，最高位是 111，用来对原来的主机地址部分做进一步分析，析出子网地址和主机地址。

这 3 个位有 8 种组合，这里根据习惯，去除 000、111，可用的共有 6 个组合，可分为 6 个子网，见表 3-2。前 3 个字节还是网络地址，最后 1 个字节分为子网地址和主机地址两部分。这些子网对外的网络地址部分依然是 202.112.10。由于要考虑全为 0 或全为 1 的限制，每个子网最多只能支持 30 台主机。经子网划分后，一些 IP 地址不能使用了，如 202.112.10.95。由此可看出，使用子网掩码技术，只要拥有一个 C 类 Internet 网络地址，就可以在内部分为 6 个网络，非常便于单位内部的网络管理。

表 3-2　　　　　　　　　　　　　　　　IP 子网划分示例

子　　网	内部的网络地址	实际 IP 地址范围
1 号	202.112.10.32	202.112.10.33 ~ 202.112.10.62
2 号	202.112.10.64	202.112.10.65 ~ 202.112.10.94
3 号	202.112.10.96	202.112.10.97 ~ 202.112.10.126
4 号	202.112.10.128	202.112.10.129 ~ 202.112.10.158
5 号	202.112.10.160	202.112.10.161 ~ 202.112.10.190
6 号	202.112.10.192	202.112.10.193 ~ 202.112.10.222

3.2.2　可变长子网掩码（VLSM）

上述子网划分解决了将一个网络划分为若干小网络的问题，有时还会遇到进一步划分子网的问题。VLSM（Variable Length Subnet Mask）通常译为可变长子网掩码，它规定了如何在一个已经进行了子网划分的网络中的不同部分使用不同的子网掩码，这对于网络内部不同网段需要不同大小子网的情形来说非常有效。VLSM 实际上是一种多级子网划分技术。这里结合一个实例讲解通过 VLSM 实现多级子网划分。

某公司有两个主要部门，其中一个又细分为两个二级部门，申请一个完整的 C 类网络地址 202.112.10.0，子网掩码 255.255.255.0。为便于分级管理，采用 VLSM 技术，将网络分成两级子网，如图 3-9 所示。

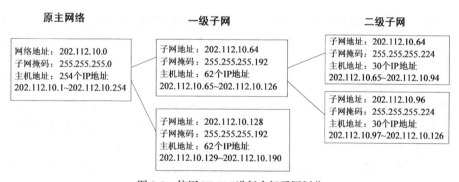

图 3-9　使用 VLSM 进行多级子网划分

例中未考虑全 0 和全 1 子网。在实际工程中，可进一步将网络划分成三级或者更多级子网，还可以考虑使用全 0 和全 1 子网以节省网络地址空间。

3.2.3　组成 IP 超网

虽然 A 类网络和 B 类网络较少，C 类网络较多，但是一个 C 类网络只能容纳 254 台主机，显然不能满足规模较大的用户的需要。利用超网技术就可以解决此类问题。用户可以将多个 C 类网络地址块合并为一个大的地址块，也就是将多个网络合并成一个超网。

超网技术使用与子网技术正好相反的方法，如图 3-10 所示，从网络地址部分中拿出一些位和主机地址部分拼接在一起形成新的主机地址部分。与子网的划分类似，超网通过超网掩码来指定超网 ID 和主机 ID 的分界点。超网掩码中对应于超网 ID 的所有位都被设置为 1，而对应于主机 ID 的所有位都被设置为 0。子网划分是通过增加掩码中 1 的位数来实现的，而超网构造是通过减少掩码中 1 的位数来实现的。获得超网地址的方法也是将超网掩码与 IP 地址进行按位"与"运算。

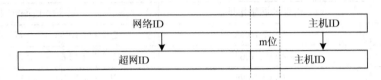

图 3-10　超网构造

图 3-11 所示为子网掩码和超网掩码的区别。C 类网络子网掩码为 255.255.255.0，把 1 个地址块划分为 8 个地址子块的子网掩码应当比默认掩码多三个 1 ($2^3=8$)；把 8 个地址块组合成 1 个地址超块的超网掩码应当比默认掩码少三个 1。

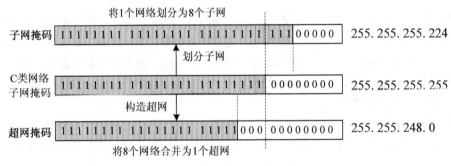

图 3-11　超网掩码与子网掩码

在构造超网时，必须保证地址块是连续的，而且待合并的地址块的数量必须是 2^m，通常是一组连续的 C 类网络。被合并的 C 类网络的第 1 个地址块的地址中第 3 个字节的值必须是待合并的地址块的整数倍。

例如，可以将下列 8 个 C 类地址块合并为一个超网。192.168.1.0、192.168.2.0、192.168.3.0、192.168.4.0、192.168.5.0、192.168.6.0、192.168.7.0、192.168.8.0，构造超网时，从网络号的最低位起拿出 3 位来合并这 8 个 C 类地址块。此时，超网掩码为 255.255.248.0。通过验算可以发现，上述地址块中的任何 IP 地址与超网掩码运算的结果都是 192.168.0.0。

超网技术将多个网络地址合并成单个网络地址，可以减小路由表，方便管理路由表，而这往往是组成超网的主要目的。

3.3　无类地址与 CIDR

划分子网和组成超网实际上是利用掩码中 1 的位数的增减来控制网络的规模。在实际应用中许多用户都只需要很少的 IP 地址,为了方便 IP 地址的分配和提高 IP 地址的利用率,1996 年 Internet 管理机构发布了无类域间路由选择(Classless Inter-Domain Routing, CIDR),提出了一种无类编址体系结构。RFC 1517 "Applicability Statement for the Implementation of Classless Inter-Domain Routing (CIDR)"(无类域间路由实现的适用性声明)、RFC 1518 "An Architecture for IP Address Allocation with CIDR"(使用 CIDR 地址分配的体系结构)和 RFC 1519 "Classless Inter-Domain Routing (CIDR): an Address Assignment and Aggregation Strategy"(无类域间路由:地址分配和聚合策略)是关于 CIDR 的规范文件。

3.3.1　无类地址

CIDR 不使用传统的分类地址的概念,不再区分 A、B、C 类网络地址。它采用了无类地址的概念,不再由地址的前几位来指定网络类别。在分配 IP 地址段时也不再按照地址类别进行分配,而是将 IP 网络地址空间看成是一个整体,并划分成连续的地址块,然后采用分块的方法进行分配。

无类地址也是利用掩码来划分网络 ID 和主机 ID 的分界点,只是它可以在 IP 地址中任意位置设置这种分界点。例如,IP 地址 192.168.1.1,子网掩码 255.255.255.240,该地址前 3 个字节加上第 4 个字节的前 4 位共 28 位表示网络 ID。由于掩码的十进制数表示法较为复杂,目前通常使用斜线表示法来表示无类地址,将地址和掩码一起表示出来,其格式为:a.b.c.d/n。斜线前面是 CIDR 前缀,即 IP 地址的网络 ID;斜线后面是前缀长度,是指 IP 地址中的网络 ID 部分的位数,也就是掩码中连续二进制位 1 的位数。斜线表示法又称为 CIDR 表示法。前缀长度与掩码是一一对应的,具体的对应关系见表 3-3。

表 3-3　　　　　　　　　　　　　　　　　CIDR 前缀长度与掩码

前缀长度	掩码	前缀长度	掩码	前缀长度	掩码	前缀长度	掩码
1	128.0.0.0	9	255.128.0.0	17	255.255.128.0	25	255.255.255.128
2	192.0.0.0	10	255.192.0.0	18	255.255.192.0	26	255.255.255.192
3	224.0.0.0	11	255.224.0.0	19	255.255.224.0	27	255.255.255.224
4	240.0.0.0	12	255.240.0.0	20	255.255.240.0	28	255.255.255.240
5	248.0.0.0	13	255.248.0.0	21	255.255.248.0	29	255.255.255.248
6	252.0.0.0	14	255.252.0.0	22	255.255.252.0	30	255.255.255.252
7	254.0.0.0	15	255.254.0.0	23	255.255.254.0	31	255.255.255.254
8	255.0.0.0	16	255.255.0.0	24	255.255.255.0	32	255.255.255.255

从表 3-3 中可知 A、B、C 网络的前缀长度分别为 8、16 和 24。对于 CIDR 表示法,分类地址只能算做分类地址的一个特例。前面提到的子网和超网都可用 CIDR 来表示,如 192.168.92.8/24 表示一个 C 类地址,而 192.168.92.8/21 表示属于掩码为 255.255.248.0 的超网,192.168.92.8/28 表示属于掩码为 255.255.255.240 的子网。总之,使用无类地址可以轻松划分子网和组成超网。

3.3.2　通过 CIDR 实现 IP 地址汇总

起初 CIDR 是为了解决 IP 地址空间问题,尤其是 B 类地址即将耗尽的问题,现在主要用来做 IP 地址汇总,就是超网。如果不做地址汇总,路由器需要对外声明所有的内部网络 IP 地址空间段,这将导致 Internet 核心路由器中的路由条目非常庞大(高达 10 万条)。采用 CIDR 地址汇总后,可将连续的地址空间块汇总成一条路由条目,使得路由器不再需要对外声明内部网络的所有 IP 地址空间段,从而大大地减少了路由表中路由条目的数量。下面讲解一个实例。

某公司申请到了 1 个网络地址块：202.112.224.0/24~202.112.231.0/24（共 8 个 C 类网络地址），要对这 8 个 C 类网络地址块进行汇总，采用了新的子网掩码 255.255.248.0，CIDR 前缀为/21，见表 3-4，其中前 21 位为网络 ID，后 11 位为主机 ID。

表 3-4　　　　　　　　　　　　　　　　　IP 子网划分示例

子　　网	十进制地址	二进制地址
1 号网络地址	202.112.224.0	11001010 01110000 11100000 00000000
2 号网络地址	202.112.225.0	11001010 01110000 11100001 00000000
3 号网络地址	202.112.226.0	11001010 01110000 11100010 00000000
4 号网络地址	202.112.227.0	11001010 01110000 11100011 00000000
5 号网络地址	202.112.228.0	11001010 01110000 11100100 00000000
6 号网络地址	202.112.229.0	11001010 01110000 11100101 00000000
7 号网络地址	202.112.230.0	11001010 01110000 11100110 00000000
8 号网络地址	202.112.231.0	11001010 01110000 11100111 00000000
汇总网络地址	202.112.224.0	11001010 01110000 11100000 00000000
汇总网络子网掩码	255.255.248.0	11111111 11111111 11111000 00000000

CIDR 实际上是借用部分网络 ID 充当主机 ID。例中 8 个 C 类地址网络 ID 的前 21 位完全相同，变化的只是最后 3 位网络 ID。因此，可将网络 ID 的后 3 位看成是主机号，选择新的子网掩码 255.255.248.0，将这 8 个 C 类网络地址汇总成为 202.112.224.0/21。

提示

　利用 CIDR 实现地址汇总有两个基本条件：一是待汇总地址的网络 ID 拥有相同的高位，例中待汇总的网络地址的第 3 个字节的前 5 位完全相等，均为 11100；二是待汇总的网络地址数目必须是 2^m，否则可能会导致路由黑洞（汇总后的网络可能包含实际中并不存在的子网）。

3.4　IP 地址的配置管理

主流的操作系统都支持 TCP/IP。就 TCP/IP 配置来说，网络服务器端和客户端没有什么本质区别，只是服务器端一般应分配固定的 IP 地址。

3.4.1　配置 IP 地址

1．动态分配与静态地址

配置 IP 地址一般有两种分配方式。一种是通过动态分配方式获取 IP 地址，计算机启动时自动向 DHCP 服务器申请 IP 地址，除了获取 IP 地址外，还能获得子网掩码等。另一种是分配静态地址，设置固定的 IP 地址。必须为不同的计算机设置不同的 IP 地址，同一网段的子网掩码必须相同。

在网络环境中，软件路由器、防火墙和代理服务器等都要建立在多重地址（多 IP 地址）计算机上，一些服务器也常使用多 IP 地址来建立虚拟服务器。

2. 多重逻辑地址——单个网络接口支持多个 IP 地址

现在的操作系统可以为单个网卡分配任意多的 IP 地址。多重逻辑地址主要有两种用途，一种是用于多 IP 编号方案，如在一台计算机上通过多个 IP 地址发布多个 Web 站点，这是一种虚拟服务器解决方案；另一种是用于在同一物理网段上建立多个逻辑 IP 网络，此时配置多个 IP 地址的计算机相当于逻辑子网之间的路由器，如图 3-12 所示。

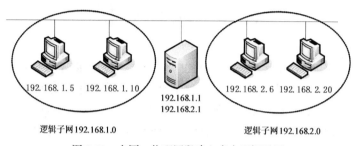

图 3-12   在同一物理网段建立多个逻辑子网

3. 多重物理地址——一台计算机安装多个网卡

尽管可以为一个网卡配置多个 IP 地址的方式，但是这样对性能没有任何好处，应尽可能地将不重要的 IP 地址从现有的 TCP/IP 配置中删除。通常是添加多个网卡，每个网卡建立一个本地连接，为每个网络连接指定一个主要 IP 地址，这就是所谓的多重物理地址。多重物理地址主要用于路由器、防火墙、代理服务器、NAT 和虚拟专用网等需要多个网络接口的场所。

3.4.2   解决 IP 地址盗用问题

网络规模的扩大，网络应用的复杂多样，网络安全隐患的增多，给 IP 地址管理带来了许多问题，如 IP 地址盗用、IP 地址冲突、用户非法接入网络等。IP 地址盗用对网络的正常使用造成影响，加上被盗用的 IP 地址往往具有较高的权限，安全隐患比较大。

IP 地址盗用的方式多种多样，但主要的有以下 3 种。

- 静态修改 IP 地址：IP 地址是一个逻辑地址，是一个需要用户设置的值，任何能够接触到计算机的用户都可以任意修改自己的 IP 地址。
- 修改 IP-MAC 地址对：采用 IP 地址与 MAC 地址绑定的方式，以静态路由技术加以解决，可以在某种程度上解决 IP 地址盗用的问题。针对这一防范措施，将一台计算机的 IP 地址和地址都修改为另外一台合法主机的 IP 地址和 MAC 地址，因为一些兼容网卡的 MAC 地址都可以通过软件来修改。
- 动态修改 IP 地址：直接编写程序在网络上收发数据包，绕过上层网络软件动态修改自己的 IP 地址或 IP-MAC 地址对，则可达到 IP 欺骗的目的。

目前解决 IP 地址盗用的措施主要有以下几种。

- 动态分配 IP 地址：在设置 DHCP 服务时，可借助于绑定用户网卡 MAC 地址和 IP 地址的方式，为特定用户或服务器保留 IP 地址，并根据不同 IP 设定权限，避免 IP 地址冲突。
- MAC 地址绑定：在路由器或三层交换机上，将拥有特殊权限的 IP 地址与其网卡的 MAC 地址进行绑定，即可有效地控制对 IP 地址的盗用。虽然绑定 MAC 地址能够阻止恶意用户享有特殊权限，但却无法避免因 IP 地址盗用而导致的 IP 地址冲突。
- 采用 VLAN 划分局域网。

- 端口绑定。
- 用户认证。
- 部署防火墙或代理服务器。
- 采用组策略禁止用户修改 IP 地址。

3.5　地址解析

IP 地址属于网络层的寻址，数据包通过 IP 地址及路由表在物理网络中传递，还必须遵守网络的物理层协议，底层的物理网络需要获知 IP 地址，这就需要将 IP 地址映射为物理网络地址。另外，物理网络地址也需要映射为 IP 地址。TCP/IP 提供的 ARP（Address Resolution Protocol，地址解析协议）和 RARP（Reverse Address Resolution Protocol，反向地址解析协议）这两种协议就能解决这两个问题。IP 地址与物理地址之间的映射称为地址解析，包括两个方面：从 IP 地址到物理地址的映射和从物理地址到 IP 地址的映射。

3.5.1　ARP 与 RARP 概述

IP 地址又称为逻辑地址，逻辑地址由软件进行处理。建立逻辑地址与物理地址之间映射的方法通常有两种：静态映射和动态映射。

静态映射主要采用地址映射表来实现逻辑地址与物理地址之间的映射。当一个节点知道另一节点的逻辑地址，而不知道其物理地址时，可以通过查表的方法获得它。但是实际应用中，逻辑地址与物理地址之间的映射关系并不是始终不变的，物理地址可能因为更换网络接口而发生变化，逻辑地址也可能因为节点从一个网络移到另一个网络而发生变化，这就要求地址映射表及时更新。而地址映射表通常以手动方式维护管理，难以适应频繁变化的网络和规模较大的网络。

动态映射则是自动维护逻辑地址与物理地址之间的映射关系，利用网络协议直接从其他节点获得映射信息。ARP 用于从 IP 地址到物理地址的映射；RARP 协议用于从物理地址到 IP 地址的映射，如图 3-13 所示。

例如，以太网卡的 MAC 地址是 48 位，而 IP 地址是一个 32 位的逻辑地址。使用 ARP 和 RARP 将这两种地址关联起来，建立一一映射的关系，使 IP 数据报能通过物理链路来传输。

如图 3-14 所示，ARP 与 RARP 是位于 TCP/IP 协议栈中的低层协议，负责网络层（第 3 层）的 IP 地址与数据连接层（第 2 层）的物理地址之间的转换。

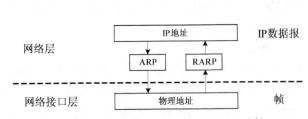

图 3-13　ARP 与 RARP 实现动态地址映射

图 3-14　ARP 与 RARP 的网络层次

对于 ARP 来说，如果一个网络节点不知道它自己的 IP 地址，就没有办法产生 ARP 请求和 ARP 应答，网络上的无盘工作站就是这种情况。要解决这个问题，使用 RARP 以与 ARP 相反的方式，根据物理地址解析 IP 地址。

RFC 826 "An Ethernet Address Resolution Protocol"和 RFC 903 "A Reverse Address Resolution Protocol" 分别是 ARP 和 RARP 的正式规范文件。

3.5.2　ARP 地址解析原理

IP 数据报必须封装成帧才能通过物理网络传输，这就要求发送方必须知道接收方的物理地址。ARP 的功能分为两部分：一部分在发送数据包时请求获得目的节点的物理地址；另一部分向请求物理地址的节点发送解析结果。

1. ARP 基本原理

ARP 地址解析的基本原理如图 3-15 所示。当网络中的一个节点（主机或路由器）需要获知另一个节点（主机或路由器）的物理地址时，它就发送 ARP 查询报文。这个报文包括发送方的物理地址和 IP 地址，以及接收方的 IP 地址。由于发送方并不知道接收方的物理地址，查询报文就只能在网络上广播。

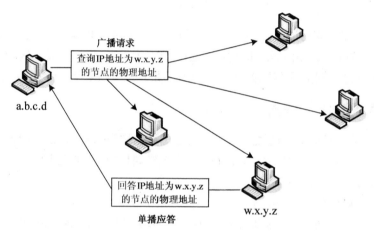

图 3-15　ARP 地址解析基本原理

在网络上的每一个节点都会接收这个 ARP 查询报文，将该报文中的接收方 IP 地址与和自己的 IP 地址进行比较，只有拥有相同 IP 地址的节点才向查询者回传 ARP 应答报文，该应答报文中包含有接收方的 IP 地址和物理地址。由于知道查询者物理地址，该报文用单播方式直接发送给查询者。

2. 地址解析过程

（1）IP 请求 ARP 产生 ARP 请求报文，并填入发送方的物理地址、发送方的 IP 地址以及目标 IP 地址。目标物理地址字段则填入 0。

（2）这个报文发送给数据链路层，在这一层它被封装成帧，使用发送方的物理地址作为源地址，而把物理广播地址作为目的地址。

（3）每一个主机或路由器都收到这个帧。因为这个帧使用了广播目的地址，所有的站都把这个报文送交给 ARP。除了目标机器外，所有的机器都丢弃这个数据包。目标机器识别这个 IP 地址。

（4）目标机器用 ARP 回答报文进行回答，这个报文包含它的物理地址。报文使用单播。

（5）发送方收到这个回答报文。它现在知道了目标机器的物理地址。

（6）携带数据发给目标机器的 IP 数据报现在封装成帧，用单播发送给终点。

3. 跨子网的地址解析

如果目的主机与源主机位于同一子网中，目的主机收到 ARP 请求后就知道源主机的物理地址，而源主机收到 ARP 应答后就知道目的主机的物理地址，双方即可正式通信。

如果目的主机与源主机不在同一子网中时，两者之间存在一台或多台路由器，由于 ARP 采用的是物理网络中的广播，IP 路由器（位于网络层）不会对该广播进行转发，因而就不能直接用 ARP 确定远程网络中目的主机的物理地址，而且也没有必要知道该物理地址。为此先将 IP 数据报发送给路由器，然后由路由器进行转发，IP 只需要利用 ARP 确定路由器的物理地址，路由器将逐级转发数据报直至目的主机，整个过程如图 3-16 所示。

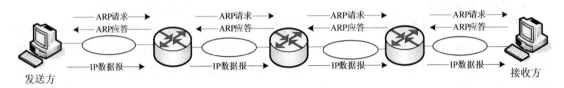

图 3-16　跨子网的 ARP 地址解析

ARP 必须为 IP 数据报通过的每个路由器解析 IP 地址。源主机根据其路由表（或默认网关设置）得到去往目的主机的下一跳路由器的 IP 地址，通过 ARP 解析得到该路由器的物理地址，然后将要传送给目的主机的 IP 数据报用该物理地址封装成帧后发送给该路由器，再由路由器逐级转发。

3.5.3　ARP 报文格式

ARP 介于网络层与网络接口层之间，它所传送的数据称为 ARP 报文。ARP 通过一对请求和应答报文来完成地址解析。ARP 报文直接封装在数据链路帧中，在物理网络中传送的 ARP 数据称为 ARP 帧，包括请求帧和应答帧。

ARP 在以太网帧中的封装如图 3-17 所示，其类型字段值为 0x0806。由于 ARP 报文较短，仅有 28 字节，后面必须增加 18 个字节的填充内容（PAD），以达到以太网最小帧长度要求。

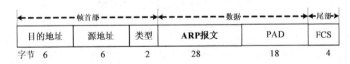

目的地址	源地址	类型	ARP报文	PAD	FCS
字节　6	6	2	28	18	4

图 3-17　ARP 报文封装在以太网帧中

ARP 报文格式如图 3-18 所示，各字段和功能说明如下。

0	15 16	31
硬件类型		协议类型
硬件地址长度	协议地址长度	操作码
发送方硬件地址		
发送方协议地址		
目标硬件地址		
目标协议地址		

图 3-18　ARP 报文格式

1. 硬件类型（Hardware Type）

这个字段占 16 位，定义物理网络类型（网络硬件或数据链路类型）。物理网络的类型用一个整数值表示，以太网的硬件类型值为"1"。部分已分配硬件类型的编号见表 3-5。硬件类型也可用于确定硬件地址长度，从而使得硬件地址长度字段成为冗余字段。

表 3-5　　　　　　　　　　　　　　硬件类型编号

编　　号	硬件类型	编　　号	硬件类型
1	Ethernet	15	帧中继
6	IEEE 802 网络	17	HDLC
7	ARCNET	19	异步传输模式（ATM）
11	LocalTalk	20	串行线路
14	SMDS	21	异步传输模式（ATM）

2. 协议类型（Protocol Type）

这个字段占 16 位，定义协议类型，并使用标准协议 ID 值（该 ID 值也用在 Ethernet II 帧结构中）。目前，IP 是使用 ARP 解析地址的唯一协议。这个字段也确定了协议地址的长度，从而使协议地址长度字段成为冗余字段。

3. 硬件地址长度（Length of Hardware Address）

这个字段占 8 位，定义物理地址长度（以字节为单位）。由于硬件类型字段也确定了这个长度值，因此该字段是冗余字段。

4. 协议地址长度（Length of Protocol Address）

这个字段占 8 位，定义协议地址长度（以字节为单位）。由于协议类型字段也确定了这个长度值，因此该字段是冗余字段。

5. 操作码（Opcode）

这个字段站 16 位，定义 ARP 报文类型，ARP 和 RARP 的操作码见表 3-6。

表 3-6　　　　　　　　　　　　　　操作码

操 作 码	报文类型	操 作 码	报文类型
1	ARP 请求	4	RARP 应答
2	ARP 应答	8	反向 ARP 请求
3	RARP 请求	9	反向 ARP 应答

6. 发送方硬件地址（Sender's Hardware Address）

这是一个可变长度字段，指明发送 ARP 报文的主机或路由器的物理地址。例如，在以太网中该地址长度为 6 字节。

7. 目标硬件地址（Target Hardware Address）

这也是一个可变长度字段，指明接收 ARP 报文的主机或路由器的物理地址。在 ARP 请求中，该字段通常填写为全 0。在 ARP 应答中，分为两种情况：如果发送方和目标位于同一子网，该字段为所需 IP 主机的硬件地址；如果发送方和目标位于不同子网，该字段为抵达目标的路径中下一个路由器的硬件地址。

8. 目标协议地址（Target Protocol Address）

这是一个可变长字段，定义目标的逻辑地址，如 IP 地址。对于 IPv4 协议，该字段长度 4 字节。

3.5.4 验证分析 ARP 报文格式

在使用 IP 地址进行数据通信时，首先需要解析 IP 地址，如果 ARP 缓存中没有地址映射记录，就会使用 ARP 查询（发出 ARP 请求），并获得结果（收到 ARP 应答）。这里使用协议分析工具 Wireshark 抓取 ARP 请求和应答数据包，对照前述字段说明来分析验证。

展开序号为 2 的 ARP 请求数据包，结果如图 3-19 所示。可以发现以下重要内容。

- ARP 请求的内容是谁是 192.168.0.1（目的节点），请告诉 192.168.0.100（源节点）。
- ARP 报文中的操作码值为 1，表示 ARP 请求。
- ARP 报文中的目标物理地址填写为全 0，是要查找的 MAC 地址。
- 封装 ARP 请求报文的以太网帧的目的地址为广播地址（ff:ff:ff:ff:ff:ff），表示该帧广播到物理网络中每个节点。

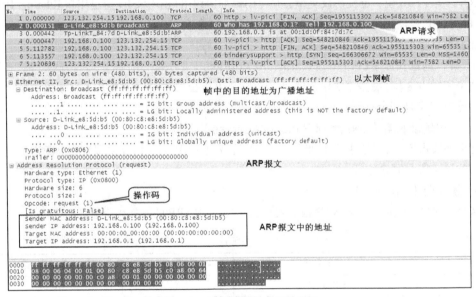

图 3-19　ARP 请求报文解码分析

展开序号为 3 的 ARP 应答数据包，结果如图 3-20 所示。可以发现以下重要内容。

- ARP 应答的内容是 192.168.0.1，在地址为 00:1d:0f:84:7d:7c 的节点上。
- ARP 报文中的操作码值为 2，表示 ARP 应答。
- ARP 报文中的目标物理地址为 00:80:c8:e8:5d:b5，它是源节点的 MAC 地址。
- 封装 ARP 请求报文的以太网帧的目的地址为单播地址（00:80:c8:e8:5d:b5），表示该帧发送到物理网络中发出 ARP 请求的源节点。

除了利用 ARP 来获得 IP 地址的 MAC 地址，还可以使用 ARP 检查重复 IP 地址，这种用途的 ARP 称为 Gratuitous ARP（GARP），可译为无故 ARP。它主要用来用来探测网内是否有节点与自己的 IP 冲突，也可用来更新 ARP 缓存。图 3-19 和图 3-20 中的 ARP 报文中均有相应提示[Is gratuitous: False]，说明 ARP 不是 GARP。

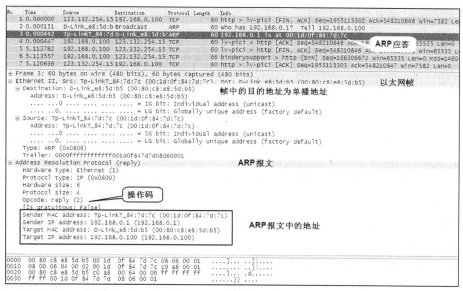

图 3-20　ARP 应答报文解码分析

3.5.5　ARP 缓存

ARP 请求使用广播，如果每次在发送 IP 数据报前都重复地址解析过程，势必会带来较大的开销，为使地址解析广播尽可能少，每台主机或路由器都维护一个名为 ARP 缓存的本地列表。ARP 缓存中含有最近使用过的 IP 地址与物理地址的映射列表。ARP 请求方和应答方都将对方的地址映射存储在 ARP 缓存中。

1. ARP 缓存的使用过程

发送 IP 数据报需要获取目的主机的物理地址时，首先检查它的 ARP 缓存，如果 ARP 缓存中已经存在对应的映射表项，那么就可以从 ARP 缓存中直接获得目的主机的硬件地址，主机就可以立即发送 IP 数据报，而不需要发送 ARP 请求去进行地址解析了。只有当 ARP 缓存中不存在与该目的 IP 地址对应的映射表项时，才广播 ARP 请求。由于 ARP 缓存位于内存中，因此每次计算机或路由器重新启动时，都必须动态地创建地址映射表。当主机收到一个 ARP 请求或应答时，都会检查它的 ARP 缓存，如果其中不存在对应的映射表项，那么主机就会将 ARP 请求或应答中的发送方的 IP 地址和物理地址加入到 ARP 缓存中。

使用 ARP 缓存进行 ARP 地址解析的完整过程如图 3-21 所示。

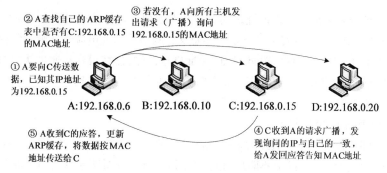

图 3-21　使用 ARP 缓存进行地址解析的过程

2. ARP 地址映射表项生存期

默认情况下，Windows 系统中 ARP 表项在内存中的生存期为 120s（2min），这就意味着一个 ARP 表项如果在 2min 内没有被使用就会被放弃。如果在 2min 内某 ARP 表项被用来查找目的主机硬件地址，那么该表项的生存期将会被调整为 10min。

在 Windows 系统中有两个注册表设置能够用于控制 ARP 表项的生存期。第 1 个是 HKEY LOCAL MACHINE \SYSTEM\CurrentControlSet\Services\Tcpip\Parameters\ArpCacheLife 表项，设置 ARP 表项的生存期；第 2 个是 HKEY LOCAL MACHINE \SYSTEM\CurrentControlSet\Services\Tcpip\Parameters\ArpCacheMinReferencedLife 注册表项，设置 ARP 表项被引用后生存期延长的时间值。这两个注册表项项值类型为 DWORD，默认值分别为 120 和 600。不过 Windows 默认没有提供这两个注册表项。

注意绝大多数组网设备常用的 ARP 表项生存期默认为 300s（5min）。

3. 静态 ARP 表项

可以在 ARP 缓存中创建一个静态表项。静态表项是不过期的地址映射表项。静态表项主要用在一台主机经常向另一台主机发送 ARP 请求的情况下。为了提高效率，减少不必要的开销，可以在 ARP 高速缓存中创建一个静态表项，使该地址映射表项始终存在于 ARP 缓存中，以避免向某一主机发送 ARP 广播。

静态表项也有可能发生变化，当主机接收到 ARP 广播，而且该广播所含的地址信息与当前 ARP 缓存中对应的静态表项不一致时，主机将用新收到的物理地址替代原有的物理地址，并为该表项设置超时值，使其不再是静态表项。使用 ARP 实用程序可以人工删除静态表项。重新启动主机也会使静态表项丢失。

静态表项的不足之处在于不能很好地适应地址映射的变化。

4. 查看和管理 ARP 缓存

在 Window 计算机中使用 arp 命令可对 ARP 缓存进行查看和管理，如显示或删除 ARP 缓存中的 IP 地址与物理地址的映射表项，而且还可以添加静态表项。arp 命令的格式如下。

- arp -a IP 地址：显示地址映射表项。
- arp -d IP 地址：删除由该 IP 地址所指定的表项。
- arp -s IP 地址 物理地址：手动添加由 IP 地址与物理地址指定的静态映射表项。

IP 地址为十进制格式的 IP 地址，物理地址为十六进制形式的物理地址，物理地址的字节之间用短横线分隔。注意 ARP 命令只能用于管理本地主机上的 ARP 高速缓存。

3.5.6 ARP 欺骗

ARP 为 IP 地址到对应的物理地址之间提供动态映射，这个映射过程是自动完成的，一般用户不必关心。但是 ARP 对网络安全具有重要的意义，网络技术人员应当理解和掌握。局域网的数据传输不是根据 IP 地址进行，而是按照 MAC 地址进行传输，黑客很容易通过伪造 IP 地址和 MAC 地址实现 ARP 欺骗，能够在网络中产生大量的 ARP 通信量使网络阻塞。

1. ARP 欺骗类型

ARP 欺骗分为以下两种类型。

- 对网关 ARP 表的欺骗。其原理是截获网关（路由器）数据，通知网关一系列错误的内网 MAC 地址，并按一定频率使网关不断地进行学习和更新，从而导致真实的地址信息无法保存在网关的 ARP 地址映射表中。网关就会把所有的数据发送给错误的并不存在的 MAC 地址，造成正常的工作站点无法收到信息，当然内网中的计算机也无法上网。

    ● 对内网 PC 的网关欺骗。其原理是通过发布假的 ARP 信息伪造网关，误导其他的 PC 向假网关发送数据，而不是通过正常的路由进行外网访问，造成在同一网关的所有 PC 都无法访问外网。目前这种类型的 ARP 欺骗更多一些。

    2. ARP 欺骗的防范

    （1）通过双向 IP-MAC 绑定防范 ARP 欺骗。

    在客户机绑定网关 IP-MAC，设置网关 IP 与 MAC 的静态映射。在网关上绑定客户机 IP-MAC，使用支持 IP/MAC 绑定的网关设备，在网关设备中设置客户机的静态 IP-MAC 列表。这种方案可以抵御 ARP 欺骗，保证网络正常运行，但不能定位及清除 ARP 攻击源。

    （2）定位 ARP 攻击源。

    ARP 欺骗发生时，在受到 ARP 欺骗的计算机命令提示符下输入"arp -a"，ARP 缓存中网关 IP 对应的 MAC 地址如果不是真实的网关 MAC 地址，则为 ARP 攻击源的 MAC 地址，一个 MAC 地址对应多个 IP 地址的为 ARP 攻击源的 MAC 地址；在网关 ARP 缓存中一个 MAC 对应多个 IP 的为 ARP 攻击源的 MAC 地址。

    （3）使用 ARP 防火墙。

    实际应用中多使用 ARP 防火墙软件抵御 ARP 欺骗。ARP 防火墙通过在系统内核层拦截虚假 ARP 包以及主动通告网关本机正确的 MAC 地址，可以保障数据流向正确，不经过第三者，从而保证数据通信安全和网络畅通。比较常用的有彩影 ARP 防火墙（AntiARP）、风云防火墙、金山 ARP 防火墙等。

3.5.7 代理 ARP

    代理 ARP（Proxy ARP）代表一组主机或一个子网实现 ARP。如图 3-22 所示，当运行代理 ARP 的路由器收到子网 1 中某一主机查找子网 2（被代理子网）中某一主机的 IP 地址的 ARP 请求时，该路由器代表子网 2 主机回送 ARP 应答，并将路由器自己的物理地址作为目标硬件地址传给请求主机；当路由器收到子网 1 中主机发送给被代理的子网 2 中主机的 IP 数据报时，它就将数据报再转送子网 2 中相应主机。被代理的子网中的主机都被作为本物理网络上的主机对待，但事实上它们却位于不同的子网中，这就达到了隐藏子网的目的。显然，在使用代理 ARP 时，多个 IP 地址（被代理子网中的所有 IP 地址）对应路由器一个物理地址。

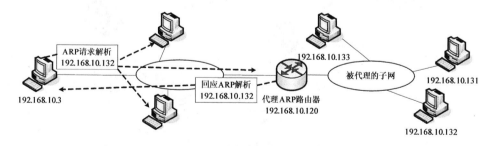

图 3-22 代理 ARP

    代理 ARP 可用来产生划分子网效应，由一个路由器划分网络，在路由器的两边使用同样的网络地址，路由器代替隐藏在路由器后面的主机响应 ARP 请求。当需要创建一个子网而不用改变整个系统来重新识别划分子网的地址时，可以增加一个运行代理 ARP 的路由器，让路由器代表所有安装在新子网中的主机。代理 ARP 可以作为透明网关使一个子网内主机平滑地与路由器后面隐藏子网中的主机通信，这与跨子网的远程主机进行的通信是不同的。

代理 ARP 要求多个 IP 地址对应一个物理地址，难以应付地址欺骗，因而要求被代理的主机是可信赖的。代理 ARP 路由器本身的 IP 地址与物理地址的映射表需要人工维护，难以处理由多路由器连接的复杂拓扑结构。

3.5.8　RARP 协议

RARP 可以实现从物理地址到 IP 地址的转换，主要被无盘计算机用来获取其 IP 地址。当无盘计算机被引导时，除了 IP 地址外，还需要更多的信息，如子网掩码、路由器的 IP 地址、名称服务器的 IP 地址等，这些 RARP 无法满足，需要 BOOTP 和 DHCP 来解决，这两个协议可以完全代替 RARP，本书后续章节将介绍。

1. RARP 反向地址解析原理

ARP 假定每个主机都知道自己的物理地址和 IP 地址的映射，地址解析的目的是获取另一个网络节点的物理地址，而 RARP 则主要是通过本机的物理地址获取本机的 IP 地址，需要借助于 RARP 服务器帮助完成解析。

RARP 反向地址解析原理如图 3-23 所示。在进行反向地址解析前，无盘计算机只知道自己的物理地址，另外还有一个基本输入/输出系统，无盘计算机通过这个系统可以在网络上传送数据。无盘计算机不知道自己的 IP 地址，也不知道 RARP 服务器的 IP 地址和物理地址，因此只能以广播方式发出携带本机物理地址的 RARP 请求。这里的广播是帧的广播，即目标 MAC 地址为全 1。网络上所有的计算机都会收到该请求，但只有 RARP 服务器会处理请求，并根据请求主机的物理地址查物理地址与 IP 地址映射表，将以单播方式发送携带查询结果的 RARP 应答。RARP 服务器上存放有配置好的物理地址与 IP 地址映射表。

为了保证系统的可靠性，可以在网络上设置若干台 RARP 服务器，请求主机会收到多台 RARP 服务器的应答，但是只接受最先到达的那个应答。

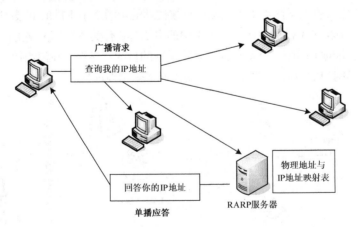

图 3-23　RARP 反向地址解析

2. RARP 报文格式

RARP 报文格式与 ARP 的完全一样，除了操作码字段值是 3（RARP 请求）或者 4（RARP 应答），参见图 3-18。

与 RARP 一样，RARP 报文直接封装到数据链路帧中，在以太网帧中的封装可参见图 3-17，只是类型字段值为 0x0835。

3.6　习　　题

1. 简述 IP 地址结构与格式。

2. 在分类编址体系中有哪几种 IP 地址类别？如何区分它们？

3. 简述特殊的 IP 地址。

4. 何时使用专用 IP 地址？请用 CIDR 表示法描述专用地址范围。

5. 简述 IP 多播地址。

6. 简述子网划分基本方法。

7. 简述 IP 超网、子网与可变长子网的区别。

8. 无类地址与分类地址有何不同？

9. 简述 IP 地址与物理地址之间映射的方法。

10. 简述 ARP 地址解析基本原理。

11. ARP 缓存在地址解析中如何应用？

12. 使用 Wireshark 工具抓取数据包，验证 ARP 请求与应答报文格式。

第4章
IP 协议

作为 TCP/IP 协议簇中最为核心的协议，IP 协议为网络数据传输和网络互联提供最基本的服务。IP 协议有 IPv4 和 IPv6 两个版本，本章主要介绍 IPv4，重点介绍 IP 数据报格式、IP 数据报分片与重组，以及 IP 数据报选项，最后探讨了 IP 协议的软件实现。IPv6 目前主要用于实验环境或比较前沿的场合，后面将专门介绍。

4.1　IP 协议概述

对于 TCP/IP 网络来说，网络层是其核心所在。该层的 IP 协议负责生成发往目的地的数据报以实现逻辑寻址，完成数据从网络上一个节点向另一个节点的传输。

4.1.1　什么是 IP 协议

Internet Protocol 简称 IP，又译为网际协议或互联网协议，是用在 TCP/IP 协议簇中的网络层协议。RFC 791 "INTERNET PROTOCOL（Internet 协议）" 是 IP 协议的正式规范文件。随着 Internet 技术的发展，还有一些 RFC 文档对 IP 协议进行补充和扩展。

如图 4-1 所示，IP 协议位于 TCP/IP 协议的网络层，位于同一层次的协议还有下面的 ARP 和 RARP 以及上面的 ICMP（Internet 控制报文协议）和 IGMP（Internet 组管理协议）。除了 ARP 和 RARP 报文以外的几乎所有的数据都要经过 IP 协议进行传送。ARP 和 RARP 报文没有封装在 IP 数据报中，而 ICMP 和 IGMP 的数据则要封装在 IP 数据报中进行传输。由于 IP 协议在网络层中具有重要的地位，TCP/IP 协议的网络层又被称为 IP 层。

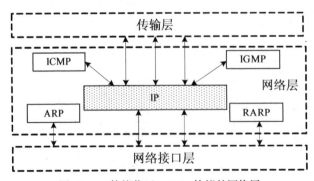

图 4-1　IP 协议位于 TCP/IP 协议的网络层

IP 协议是为了在分组交换（Packet-switched，又译为包交换）计算机通信网络的互联系统中使用而设计的。IP 层只负责数据的路由和传输，在源节点与目的节点之间传送数据报，但并不处理数据内容。数据报中有目的地址等必要内容，使每个数据报经过不同的路径也能准确地到达目的地，在目的地重新组合还原成原来发送的数据。

分组（Packet，又译为包或数据包）是在网络上传送的任一数据单位，容量可大可小，除了数据以外，分组还带有发送方和接收方的地址以及差错控制信息。IP 协议将所传输的分组称为数据报（Datagram）。数据报指一个完整的 IP 信息，往往专指使用无连接网络服务的数据单元。在 IP 层，数据报等同于分组或数据包，尤其在提到路由时，往往称数据包。

IP 协议使用以下 4 个主要的机制来提供服务。

- 服务类型（Type of Service）：用来指示要求的服务质量。
- 生存时间（Time to Live）：数据报生存时间的上限。
- 选项（Operation）：提供在某些情况下需要或有用的控制功能。
- 首部校验和（Header Checksum）：提供对 IP 首部内容进行出错检测的功能。

IP 层向下要面对各种不同的物理网络，向上却要提供一个统一的数据传输服务。为此，IP 层通过 IP 地址实现了物理地址的统一，通过 IP 数据报实现了数据帧的统一。IP 层通过对以上两个方面的统一达到了向上屏蔽底层差异的目的。

4.1.2　IP 协议的基本功能

IP 的主要目的是通过一个互联的网络传输数据报，涉及两个最基本的功能。

- 寻址（Addressing）：IP 协议根据数据报首部中包括的目的地址将数据报传送到目的节点，这就要涉及传送路径的选择，即路由功能。IP 协议使用 IP 地址来实现路由。
- 分片（Fragmentation）：IP 协议还提供对数据大小的分片和重组，以适应不同网络对数据包大小的限制。如果网络只能传送小数据包，IP 协议将对数据报进行分段并重新组成小块再进行传送。

4.1.3　IP 协议的特性

IP 是一个无连接的、不可靠的、点对点的协议，只能尽力（Best Effort）传送数据，不能保证数据的到达。具体地讲，主要有以下特性。

- IP 协议提供无连接数据报服务，各个数据报独立传输，可能沿着不同的路径到达目的地，也可能不会按序到达目的地。
- IP 协议不含错误检测或错误恢复的编码，属于不可靠的协议。所谓不可靠，是从数据传输的可靠性不能保证的角度而言的，查询的延误及其他网络通信故障都有可能导致所传数据的丢失。对这种情况，IP 协议本身不处理。它的不可靠并不能说明整个 TCP/IP 协议不可靠。如果要求数据传输具有可靠性，则要在 IP 的上面使用 TCP 协议加以保证。位于上一层的 TCP 协议则提供了错误检测和恢复机制。
- 作为一种点对点协议，虽然 IP 数据报携带源 IP 地址和目的 IP 地址，但进行数据传输时的对等实体一定是相邻设备（同一网络）中的对等实体。
- IP 协议的效率非常高，实现起来也较简单。这是因为 IP 协议采用了尽力传输的思想，随着底层网络质量的日益提高，IP 协议的尽力传输的优势体现得更加明显。

4.2　IP 数据报

需要传输的上层数据经过 IP 层的时候，进行 IP 封装，加上 IP 首部，封装之后的数据就是 IP 数据报，其格式如图 4-2 所示。IP 数据报由首部（报头）和数据两个部分组成。首部又可以分为定长部分和变长部分。IP 数据报首部长度 20 字节，如果使用 IP 选项，可以超过 20 字节，最多达到 60 字节。数据部分包含需要传输的数据本身，长度可变，其内容由 IP 的高层协议（如 TCP 或 UDP）解释，在 IP 中不进行任何解释。

图 4-2　IP 数据报格式

4.2.1　IP 首部格式

了解 IP 数据报格式，主要是了解 IP 首部字段及其功能，具体介绍如下。

1. **版本（Version）**

版本占 4 位，表示 IP 协议版本信息，IPv4 版本的值为 4（二进制 0100）。下一代网络协议 IPv6 还处于实验过程中，它的版本号为 6。IP 软件在处理数据报时必须检查版本号字段，根据版本号决定对 IP 数据报的处理方法。

2. **首部长度（Internet Header Length，IHL）**

首部长度占 4 位，以 32 位字长（4 字节）为单位表示 IP 首部的全部长度。IP 数据报首部包含了 IP 选项这一变长字段，需要通过首部长度确定首部和数据的分界点。IP 数据报首部的定长部分是 20 字节，即 5 个单位的长度（4×5=20），因此不带 IP 选项字段的 IP 数据报的首部长度应该是 5。首部长度字段占 4 位，最大值只能为 15，这就决定了首部最长为 60 字节（4×15=60），显然 IP 选项不能超过 40 字节。

3. **服务类型（Type of Service，TOS）**

服务类型占 8 位，提供所需服务质量的参数集，规定对本数据报的处理方式。包括优先级（Precedence）和服务类型两个部分。优先级在前 3 位中定义，服务类型在紧接着的后 4 位中定义，最后 1 位被保留并设置为 0，如图 4-3 所示。

图 4-3　优先级与服务类型

优先级表示本数据报的重要程度。当网络出现拥塞时，路由设备可以根据数据的优先级决定首先丢弃哪些数据报。RFC 791 中 TOS 位的 IP 优先级划分成了从 0 到 7 共 8 个级别，可以应用于流分类，数值越大表示优先级越高，各级别说明见表 4-1。在默认情况下，IP 优先级 6 和 7 用于网络控制通信使用，不推荐用户使用。优先级的划分为有区别地对待不同数据提供了可能，但目前的 IPv4 并未使用优先级，统一用 0 表示。

表 4-1   IP 优先级设置

二 进 制	十 进 制	功 能
111	7	网络控制（Network Control）
110	6	互联网络控制（Internetwork Control）
101	5	CRITIC/ECP
100	4	Flash Override
011	3	Flash
010	2	中等（Immediate）
001	1	优先（Priority）
000	0	例行（Routine）

服务类型表示本数据报在传输过程中所希望得到的服务，由用户设置。4 位服务类型分别用 D（0 为普通值，1 为最小延迟）、T（0 为普通值，1 为最大吞吐率）、R（0 为普通值，1 为最高可靠性）和 C（0 为普通值，1 为最低成本）表示，4 位全为 0 时表示一般服务类型的数据报。表 4-2 列出了服务类型各位组合的设置类型。

表 4-2   服务类型设置

二 进 制	功 能	二 进 制	功 能
0000	默认（未定义特殊路由）	0100	最大吞吐量
0001	最小代价	1000	最小延时
0010	最高可靠性	1111	最高安全性

对于传输数据量比较大的协议一般要求高吞吐率，如 FTP 数据传输、SMTP 数据传输、DNS 区域传输；对于传输少量数据的协议一般要求低延迟，如 Telnet、FTP 控制信息、TFTP、SMTP 命令；对于路由和网络管理信息，则要求较高的可靠性，如 IGP 和 SNMP；对于直接向用户发送的一般新闻信息，则应该考虑采用较低成本的路径，如 NNTP。ICMP、DNS（TCP）则属于一般服务。

不过，服务类型未能在现有的 IP 网络中普及使用。服务类型要求并不具有强制性，目前许多路由设备的 TCP/IP 实现中都不支持服务类型特性。新的路由协议（如 OSPF）能够根据这些服务类型进行路由选择。在 D、T、R 和 C 这 4 个参数中每次只能设置其中的一个，也就是说，在传输时路由设备只能考虑一个性能指标，不可能照顾到每个性能指标。多个参数的同时指定只能使路由设备无所适从，所以没有实际意义。

随着 Internet 应用的迅速发展，多媒体数据传输和实时应用对 TCP/IP 的服务类型提出了更高的要求，为此 IETF 将 IP 数据报的服务类型字段改成了差分服务（Differentiated Services，DS）字段，具体介绍见 4.2.2 小节。

4. 总长度（Total Length）

总长度占 16 位，指定包括首部和数据在内的 IP 数据报总长度，单位为字节。

根据数据报总长度和首部长度可以计算出数据部分的长度。

数据长度＝数据报总长度－首部长度 × 4

数据报总长度字段在将 IP 数据报封装到以太网帧中进行传输时是非常有用的。以太网要求帧中封装的数据最少 46 字节，当数据少于 46 字节时必须在数据的后面进行填充，使其达到 46 字节，通过 IP 数据报中的数据报总长度和首部长度可以计算出除去填充后的实际数据长度。

5. 标识（Identification）

标识占 16 位，用于为数据分片的数据单元提供唯一标识。每个 IP 数据报都有一个本地唯一的标识符，该标识符由源主机赋予 IP 数据报。当 IP 数据报被分片时，每个数据分片仍然沿用该分片所属的 IP 数据报的标识符。源主机根据该标识和源 IP 地址可以判定收到的分片属于哪个 IP 数据报，从而完成数据报的重组。数据报的标识由源主机产生，每次自动加 1，然后分配给要发送的数据报。

6. 标志（Flags）

标志占 3 位，用于表示该 IP 数据报是否允许分片以及是否是最后的一片。第 1 位保留，设置为 0；第 2 位设置是否分片，0 表示可以分片，1 表示不分片；第 3 位表示是否最后一片，0 表示已是最后一个分片，1 表示还有更多分片抵达。典型情况下允许分片，但是出于某些原因，应用程序可以决定不允许分片。

7. 分片偏移（Fragmentation Offset）

分片偏移占 13 位，描述该数据报分片在它所属的原始数据报数据区中的偏移量，为目的主机进行各分片的重组提供顺序依据。偏移量以 8 字节（64 位）为一个单位。例如，第 1 个分片的偏移值可以是 0，并包含了 1400 字节的数据（不包括任何首部），第 2 个分片的偏移值应该为 175（1400/8=175）。

8. 生存时间（Time to Live，TTL）

生存时间占 8 位，指明数据报在网络中的生存时间。IP 数据报往往会经过多个中间路由器的转发，转发操作是基于路由表进行的。如果路由器上的路由表不能正确地反映当前的网络拓扑结构，数据报就有可能不能正确地传往目的主机，而有可能进入一条循环路径，长时间在网络中传输而始终无法到达目的地，这样将大量消耗网络资源。为解决这一问题，在发出数据报时，给每个数据报设置一个生存时间。数据报每经过一个路由器，该路由器就将生存时间减去一定的值。一旦生存时间字段中的值小于或等于 0，便将该数据报从网络中删除，删除的同时要向源主机发回一个差错报告报文。

虽然 RFC 791 定义 TTL 以秒为单位，但是 Internet 的路由器无法进行准确的时间同步，因此路由器不能准确地计算出需要减去的时间。目前所采用的一种简单的处理办法是用经过路由器的个数（即跳数）进行控制，数据报每经过一个路由器，生存时间 TTL 值减 1。当 TTL 值减到 0 时，如果仍未能到达目的地，便丢弃该数据报。典型的 TTL 起始值为 32、64 和 128。

9. 协议（Protocol）

协议占 8 位，确定发送时数据报的上一层协议，指明被 IP 数据报封装的协议。

IP 利用协议号来指定传输协议。当数据报到达某个主机时，如果其目的地址与主机的 IP 地址相同，就查看数据报中协议号，来决定将数据传给该协议号定义的上层协议。协议号已经形成了标准，如 TCP 的协议号为 6，UDP 的协议号为 17，ICMP 的协议号为 1，IP 的协议号则为 0。

10. 首部校验和（Header Checksum）

首部校验和占 16 位，在 IP 数据报首部中进行容错校验。该字段提供了对 IP 首部内容进行出错检测的功能，并没有覆盖整个数据包的内容，在其计算中也不包括起自身的校验和字段。这是一种除了数据链路出错检测机制（如以太网的 CRC）之外的出错检测机制。

11. 源地址（Source Address）

源地址占 32 位，指明源主机（最初发送者）的 IP 地址。在 IP 数据报从源主机发送到目的主机的时间内，这个字段必须保持不变。在某些情况下，如在 DHCP 引导过程中，IP 主机或许并不知道自己的 IP 地址，因此这个字段可以使用 0.0.0.0。这个字段不能包含多播或广播地址。

12. 目的地址（Destination Address）

目的地址占 32 位，指明目的主机（最终接收者）的 IP 地址。在 IP 数据报从源主机发送到目的主机的时间内，这个字段必须保持不变。这个字段能够包含单播、多播或广播地址。

 在 IP 数据报的转发过程中，若干路由器会对物理帧进行解封装和再封装，物理地址会发生变化，但 IP 数据报的源地址和目的地址字段始终保持不变。

13. 选项（Options）

选项主要用于调试。IP 选项长度受首部长度限制，为变长字段。它是在传输数据报时可选的附加功能，用于控制数据在网络中的传输路径、记录数据报经过的路由器以及获取数据报在途中经过的路由器的时间戳。

4.2.2 差分服务与显式拥塞通告

RFC 791 所定义的服务类型（TOS）字段现在已被新的差分服务（DS）字段所取代。RFC 2474 "Definition of the Differentiated Services Field (DS Field) in the IPv4 and IPv6 Headers（IPv4 和 IPv6 首部中差分服务字段（DS 字段）的定义）"、RFC 2475 "An Architecture for Differentiated Services（一种差分服务架构）"、RFC 3168 "The Addition of Explicit Congestion Notification (ECN) to IP（显式拥塞通告（ECN）添加到 IP）"提供了原服务类型字段 8 位的新用途，将原来的优先级和服务类型替换为新的差分服务代码点（Differentiated Services Code Point，DSCP）和显式拥塞通告（Explicit Congestion Notification，ECN），该字段被称为差分服务字段，具体格式如图 4-4 所示。

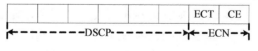

图 4-4 差分服务与显式拥塞通告

1. 差分服务

RFC 791 中定义 8 个优先级应用于流分类，但是在网络中实际部署的时候这 8 个优先级远远不够，于是在 RFC 2474 中又对服务类型字段进行重新定义，将该字段的前 6 位定义成 DSCP。DSCP 给出流量的优先级，网络节点依据这个等级值排队和转发流量。

DSCP 是 IP 优先级和服务类型字段的组合。为利用仅支持 IP 优先级的路由器，DSCP 的定义向后与 IP 优先级兼容，DSCP 可看做是 IP 优先级的超集。DSCP 优先级值有 64 个（0~63），0 优先级最低，63 优先级最高。DSCP 的可读性比较差，为此将 DSCP 进一步分成了以下 4 种类型。

（1）类选择器（Class Selector，CS）。

类选择器 DSCP 定义为向后与 IP 优先级兼容，值为 8、16、24、32、40、48、56，后 3 位为 0，格式为 "aaa000"。也就是说类选择器仍然沿用了 IP 优先级，只不过它定义的 DSCP 为 IP 优先级的 8 倍，如 CS6 = 6×8 = 48，CS7 = 7×8 = 56。

CS6 和 CS7 默认用于协议报文，如 OSPF 报文、BGP 报文等应该优先保障，因为如果这些报文无法接收的话会引起协议中断。这是大多数厂商硬件队列里最高优先级的报文。

（2）加速转发（Expedited Forwarding，EF）。

加速转发 DSCP 一般用于低延迟的服务，推荐值为 46（101110）。可以将它看做为 IP 优先级 5，是一个比较高的优先级。

EF 用于承载语音的流量，因为语音要求低延迟、低抖动、低丢包率，是仅次于协议报文的最重要的报文。

（3）确保转发（Assured Forwarding，AF）。

确保转发 DSCP 分为两部分，即 a 部分和 b 部分，格式为 "aaabb0"。a 部分为 3 位，仍然可以与 IP 优先级对应；b 部分为 2 位，表示丢弃优先级。a 部分最大取值为 8，但是目前只用到了 1~4。与十进制转换时，可以将 DSCP 十进制数值除以 8 得到的整数就是 AF 值，余数换算成二进制前两位就是丢弃优先级。例如，DSCP 值 34 表示 AF4，丢弃优先级为 2（010），属于中等。确定转发定义了 4 个服务等级，每个服务等级有 3 个下降过程，具体的 DSCP 值为 4 组：（10，12，14），（18，20，22），（26，28，30），（34，36，38）。

AF4 用来承载语音的信令（如呼叫控制）流量；AF3 用来承载 IPTV 的直播流量，直播的实时性很强，需要连续性和大吞吐量的保证；AF2 用来承载 VOD 的流量，允许有延迟或者缓冲；AF1 可承载不是很重要的专线业务。

（4）默认（Default，BE）。

默认的 DSCP 为 000000。Internet 业务最不重要，可以放在 BE 模型来传输。

2. 显式拥塞通告

为避免因为路由器拥塞而丢包所产生的一系列问题，设计了一种路由器向发送方报告发生拥塞的机制，让发送方在路由器开始丢包前降低发送速率，这种路由器报告和主机响应机制就是显式拥塞通告（简称 ECN）。为了利用这项技术，拥塞链路的两端（发送方和接收方）必须支持 ECN。在 IP 层一个发送主机必须能够表明自身支持 ECN，路由器在转发时必须能够表明它正在经历拥塞。根据 RFC 3168，需要在 IP 数据报首部原服务类型字段中使用最后两个位来设置 ECN 字段，参见图 4-4。一个是 ECT（ECN-Capable Transport）位，由发送方设置以显示发送方的传输协议是否支持 ECN；另一个是 CE（Congestion Experienced）位，由路由器设置，以显示是否发生了拥塞。必须将这两个位结合起来实现 ECN 功能，具体包括以下几种组合。

- 00：发送主机不支持 ECN。
- 01 或者 10：发送主机支持 ECN。
- 11：路由器正在经历拥塞。

一个支持 ECN 的主机发送数据报时将 ECN 字段设置为 01 或者 10。对于支持 ECN 的主机发送的数据报，如果路径上的路由器支持 ECN 并且经历拥塞，它将 ECN 字段设置为 11。如果该数值已经被设置为 11，那么下游路径上的路由器不会修改该值。

4.2.3　首部校验和

IP 数据报在传输过程中并不对其数据进行校验，主要有两个方面的原因，一是作为一个点对点协议，在传输过程中每个点都对数据进行校验操作会增加很大的开销；二是留给更高的层次去解决，既可以保证数据的可靠性，又可以得到更大的灵活性和效率。IP 数据报首部中的部分字段在点对点的传输过程中是不断变化的，只能在每个中间点重新形成校验数据，在相邻点之间完成校验。首部通过校验和来保证其正确性，具体方法如下。

（1）发送方将 IP 数据报首部按顺序分为多个 16 位的小数据块，首部校验和字段的初始值设置为 0，用 1 的补码算法对 16 位的小数据块进行求和，最后再对结果求补码便得到了首部校验和。

（2）将经过计算得到的首部校验和填写到数据报的首部校验和字段，封装成帧后发给通往目的地的下一跳设备。

（3）下一跳设备作为接收方将收到的 IP 数据报的首部再分为多个 16 位的小数据块，用 1 的补码算法对 16 位的小数据块进行求和，最后再对结果求补码，若得到的结果为 0，就验证了数据报首部的正确性。

发送方用 1 的补码计算和数时，首部校验和字段被设置为 0，等于没有参加计算，求补码后的校验和与校验和和数各位正好相反。接收方用 1 的补码计算和数时，由于新的首部校验和字段已经被加入，在首部未发生变化的情况下所得的和数应该为 0xffff，因此求补码后的结果应该为 0x0000。

4.2.4　验证 IP 首部信息

大多数 TCP/IP 通信都建立在 IP 协议之上，可使用协议分析工具抓取 IP 数据包。这里使用 Wireshark 抓取一个浏览网页过程中的数据包，展开某个 HTTP 数据包中的 IP 数据报，结果如图 4-5 所示。可对照前述字段说明来分析验证。

```
⊞ Frame 26: 384 bytes on wire (3072 bits), 384 bytes captured (3072 bits)
⊟ Ethernet II, Src: Vmware_b3:e8:e8 (00:0c:29:b3:e8:e8), Dst: Vmware_8c:24:f2 (00:0c:29:8c:24:f2)
  ⊞ Destination: Vmware_8c:24:f2 (00:0c:29:8c:24:f2)
  ⊞ Source: Vmware_b3:e8:e8 (00:0c:29:b3:e8:e8)
    Type: IP (0x0800)
⊟ Internet Protocol Version 4, Src: 192.168.0.30 (192.168.0.30), Dst: 192.168.0.10 (192.168.0.10)
    Version: 4
    Header length: 20 bytes
  ⊟ Differentiated Services Field: 0x00 (DSCP 0x00: Default; ECN: 0x00: Not-ECT (Not ECN-Capable Transport))
      0000 00.. = Differentiated Services Codepoint: Default (0x00)
      .... ..00 = Explicit Congestion Notification: Not-ECT (Not ECN-Capable Transport) (0x00)
    Total Length: 370
    Identification: 0x01ed (493)
  ⊟ Flags: 0x02 (Don't Fragment)
      0... .... = Reserved bit: Not set
      .1.. .... = Don't fragment: Set
      ..0. .... = More fragments: Not set
    Fragment offset: 0
    Time to live: 128
    Protocol: TCP (6)
  ⊟ Header checksum: 0x7620 [correct]
      [Good: True]
      [Bad: False]
    Source: 192.168.0.30 (192.168.0.30)
    Destination: 192.168.0.10 (192.168.0.10)
⊞ Transmission Control Protocol, Src Port: nerv (1222), Dst Port: http (80), Seq: 2094294557, Ack: 2929577888, Len: 330
⊞ Hypertext Transfer Protocol
```

图 4-5　IP 数据报解码分析

其中的服务类型字段已变成了差分服务字段（Differentiated Services Field），DSCP 和 ECN 各位显示非常明晰，这里使用的是目前常用的默认设置 00000000。

首部校验和已证明校验正确（Header checksum: 0x7620 [correct]）。

4.3　数据报分片与重组

IP 数据报最大长度可达 65535（2^{16}-1）字节，但很少有底层的物理网络能够封装如此大的数据包，因此将 IP 数据报分片传输，目的主机将分片重组还原为一个数据报。

4.3.1 最大传输单元（MTU）

底层物理网络能够封装的最大数据长度称为该网络的最大传输单元（Maximum Transmission Unit，MTU）。当数据报封装成帧时，数据报的总长度必须小于 MTU，如图 4-6 所示。

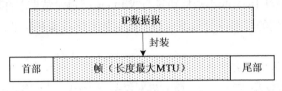

图 4-6　MTU

对于不同的物理网络协议，MTU 的值是不同的。表 4-3 给出了不同协议的 MTU 值。物理网络的 MTU 是由硬件决定的，通常网络的速度越高，MTU 也就越大。

表 4-3　　　　　　　　　　　　　　不同物理网络的 MTU

协　议	MTU	协　议	MTU
超级通道（Hyperchannel）	65535 字节	以太网	1500 字节
令牌环（16Mbps）	17914 字节	X.25	576 字节
令牌环（4Mbps）	4464 字节	PPP	296 字节
FDDI	4352 字节		

IP 数据报在从源节点到目的节点的传输过程中往往要经过多个不同的网络。由于各种物理网络存在着差异，对帧的最大长度有不同的规定，各个物理网络的最大传输单元 MTU 可能不同。如果 IP 数据报正好能封装在一个帧中从源节点传到目的节点，这当然是最理想的，但实际运行中很难保证这一点。将一个数据报封装在具有较大 MTU 的物理网络帧中发送时，可能在穿过较小 MTU 的物理网络时无法正常传输。解决这个问题有两种方案，一是将数据报按照从源节点到目的节点的最小 MTU 进行封装，这种方案不能充分利用网络的传输能力，传输效率不够高；二是将数据报先以源节点所在网络的 MTU 进行封装，在传输过程中再根据需要对数据报进行动态分片，这要求网络支持这种特性。TCP/IP 协议采用的是后一种方案，即数据报分片。分片的英文为 Fragmentation，国内有的译为分段。

4.3.2 数据报分片

当 IP 层要传送的数据大于物理网络的最大传输单元时，必须将 IP 数据报分片传输。分片就是将一个数据报划分成若干更小的单元，以适应底层物理网络的 MTU。

IP 协议选择当前源主机所在物理网络最合适的数据报大小来传输数据。当该数据报需要穿过 MTU 较小的网络时，将数据报分成较小数据片进行传输。已经分片的数据报通过具有更小 MTU 的网络，还要对数据报进一步分片。数据报在从源到目的地的过程中可能会有多次分片。

数据报分片时，每个分片都会得到一个首部。分片首部的大部分内容和原数据报相同，如 IP 地址、版本号、协议和标识等，所不同的主要是标志、总长度和分片偏移 3 个字段。分片可以带、也可以不带原数据报的选项。当然，不管是否进行分片，校验和的值总是要重新计算。

标识（Identification）字段提供分片所属数据报的关键信息，是分片重组的依据。为了保证唯一性，IP 协议使用一个计数器来标识数据报。当 IP 协议发送数据报时，就把这个计数器的当前值复制到标识字段中，并把这个计数器的值加 1。当数据报被分片时，标识字段的值就复制到所有的分片中。也就是说，同一数据报的所有的分片具有相同的标识，也就是原始数据报的标识。目的主机必须将所有具有相同标识的分片组装成一个数据报。

标志（Flags）字段占 3 位，用于表示该 IP 数据报是否允许分片以及是否是最后的一个分片，格式如图 4-7 所示。

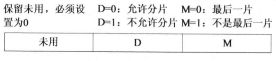

保留未用，必须设　D=0：允许分片　M=0：最后一片
置为0　　　　　　D=1：不允许分片　M=1：不是最后一片

未用	D	M

图 4-7　标志字段格式

分片偏移字段指出本片数据在原始数据报数据区中的相对位置。由于各片独立传输，到达目的主机的顺序无法保证，需要分片偏移字段为重组提供顺序信息。该字段占 13 位，以 8 字节为度量单位。例如，一个具有 4000 字节数据的数据报被划分为 3 个分片，在原始数据报中的数据编号是 0~3999。第 1 个分片携带的数据是字节 1~1399，分片偏移值是 0/8 = 0；第 2 个分片携带的数据是字节 1400-2799，分片偏移值是 1400/8 = 175；第 3 个分片携带的数据是字节 2800~3999，分片偏移值是 2800/8=350。

因为分片偏移字段只有 13 位长，它不能表示超过 8191 的字节数。主机或路由器将数据报进行分片时，必须选择合适的分片长度，每片第 1 个字节数应当能够被 8 整除。

提示

分片必须满足两个条件，一是各分片尽可能大，但必须能够为帧所封装；二是分片中数据的大小必须为 8 字节的整数倍，否则 IP 无法表达其偏移量。

4.3.3　分片的重组

同一数据报各个分片到达目的地，必须被重组为一个完整的数据报。目的主机在进行分片重组时，采用一组重组定时器。开始重组时即启动定时器，如果重组定时器超时仍然未能完成重组（由于某些分片没有及时到达目的主机），源主机的 IP 层将丢弃该数据报，并产生一个超时错误，报告给源主机。

IP 协议主要依据数据报首部中的标识、标志和分片偏移字段进行分片重组。同一标识的分片应归并到一个数据报，重组的分片依据分片偏移量的顺序排列。第 1 个分片的分片偏移值是 0；将第 1 个分片长度除以 8，结果就是第 2 个分片偏移值；将第 1 个和第 2 个分片的总长度除以 8，结果就是第 3 个分片偏移值；依此类推。标志字段中的 D 位决定到达的数据报是否分片，M 位决定是否最后一个分片。实际应用中数据报的分片和重组操作由网络操作系统自动完成。

分片可以在源主机或传输路径上的任何一台路由器上进行，而分片的重组只能在目的主机上进行。因为各分片作为独立数据报进行传输，在网络中可能沿不同的路径传输，在中间的某一个路由器上收齐同一数据报的各个分片不现实。另外，不在中间进行重组可以简化路由器上的协议，有助于减轻路由器的负担。

4.3.4 查看和验证数据报分片与重组

要通过协议分析工具抓取 IP 数据报分片与重组过程中的数据包，必须构造一个较大的数据包。常用的 ping 命令传送的 ICMP 回送与应答报文，会封装到 IP 数据报中进行传递，该命令可指定要发送的数据的字节数，可以产生一个较大的数据包。这里在 Windows 计算机上执行带参数"-l 4096"的 ping 命令测试到另一台主机的连通性，使用 Wireshark 抓取执行过程中的一系列数据包。相关的数据包列表如图 4-8 所示，请求和应答报文都被 IP 协议进行分片和重组。

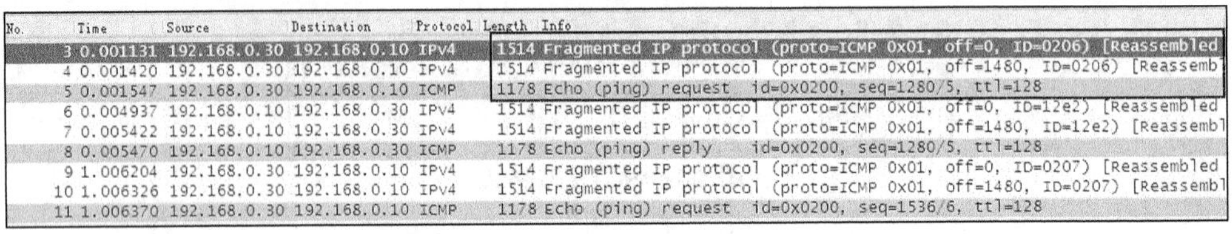

No.	Time	Source	Destination	Protocol	Length	Info
3	0.001131	192.168.0.30	192.168.0.10	IPv4	1514	Fragmented IP protocol (proto=ICMP 0x01, off=0, ID=0206) [Reassembled
4	0.001420	192.168.0.30	192.168.0.10	IPv4	1514	Fragmented IP protocol (proto=ICMP 0x01, off=1480, ID=0206) [Reassemb]
5	0.001547	192.168.0.30	192.168.0.10	ICMP	1178	Echo (ping) request id=0x0200, seq=1280/5, ttl=128
6	0.004937	192.168.0.10	192.168.0.30	IPv4	1514	Fragmented IP protocol (proto=ICMP 0x01, off=0, ID=12e2) [Reassembled
7	0.005422	192.168.0.10	192.168.0.30	IPv4	1514	Fragmented IP protocol (proto=ICMP 0x01, off=1480, ID=12e2) [Reassembl
8	0.005470	192.168.0.10	192.168.0.30	ICMP	1178	Echo (ping) reply id=0x0200, seq=1280/5, ttl=128
9	1.006204	192.168.0.30	192.168.0.10	IPv4	1514	Fragmented IP protocol (proto=ICMP 0x01, off=0, ID=0207) [Reassembled
10	1.006326	192.168.0.30	192.168.0.10	IPv4	1514	Fragmented IP protocol (proto=ICMP 0x01, off=1480, ID=0207) [Reassembl
11	1.006370	192.168.0.30	192.168.0.10	ICMP	1178	Echo (ping) request id=0x0200, seq=1536/6, ttl=128

图 4-8　分片和重组过程中的数据包

例中以太网仅支持 1500 字节的 MTU，要传送数据长度为 4096 字节的数据报，必须将其进行分片。这里对其中一个数据报的分片与重组进行详细分析，涉及 3 个数据包。展开序号为 3 的数据包的 IP 协议树，如图 4-9 所示，数据总长度为 1500（以太网的 MTU），标识为 0x0206，标志字段指示可以分片且有更多分片（More Fragments），分片偏移值 0 说明是第 1 个分片，数据部分长度为 1480 字节（因为还有 20 字节的首部）。

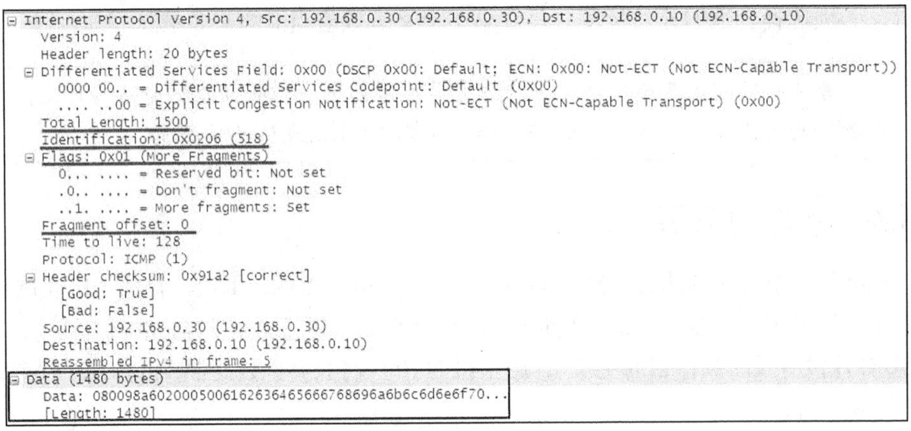

```
□ Internet Protocol Version 4, Src: 192.168.0.30 (192.168.0.30), Dst: 192.168.0.10 (192.168.0.10)
    Version: 4
    Header length: 20 bytes
  □ Differentiated Services Field: 0x00 (DSCP 0x00: Default; ECN: 0x00: Not-ECT (Not ECN-Capable Transport))
      0000 00.. = Differentiated Services Codepoint: Default (0x00)
      .... ..00 = Explicit Congestion Notification: Not-ECT (Not ECN-Capable Transport) (0x00)
    Total Length: 1500
    Identification: 0x0206 (518)
  □ Flags: 0x01 (More Fragments)
      0... .... = Reserved bit: Not set
      .0.. .... = Don't fragment: Not set
      ..1. .... = More fragments: Set
    Fragment offset: 0
    Time to live: 128
    Protocol: ICMP (1)
  □ Header checksum: 0x91a2 [correct]
      [Good: True]
      [Bad: False]
    Source: 192.168.0.30 (192.168.0.30)
    Destination: 192.168.0.10 (192.168.0.10)
    Reassembled IPv4 in frame: 5
□ Data (1480 bytes)
    Data: 080098a602000050061626364656667686696a6b6c6d6e6f70...
    [Length: 1480]
```

图 4-9　第 1 个分片

展开序号为 4 的数据包的 IP 协议树，如图 4-10 所示，数据总长度仍为 1500，标识仍为 0x0206，标志字段指示可以分片且有更多分片，分片偏移值 1480 说明不是第 1 个分片，数据部分长度为 1480 字节。这里需要注意的是，Wireshark 解析的分片偏移值以字节（8 位）为单位，而 RFC 791 规定 8 字节（64 位）为单位。

展开序号为 5 的数据包的 IP 协议树，如图 4-11 所示。数据总长度为 1164（不够 1500），标识仍为 0x0206，标志字段指示没有更多分片，说明是最后一个分片；分片偏移值 2960。这里列出来 IP 数据报分片的汇总情况，各帧携带的实际负载（数据），共有 3 个分片，整个数报分成 3 个部分。例中重组之后的数据报总长度为 4104，而 ICMP 协议树显示的实际传输的数据为 4906，这是因为还有 8 个字节是 ICMP 报文首部。对于 ICMP 协议来说，整个报文通过 IP 分片得以顺利送达。

```
⊞ Internet Protocol version 4, Src: 192.168.0.30 (192.168.0.30), Dst: 192.168.0.10 (192.168.0.10)
    version: 4
    Header length: 20 bytes
  ⊞ Differentiated Services Field: 0x00 (DSCP 0x00: Default; ECN: 0x00: Not-ECT (Not ECN-Capable Transport))
      0000 00.. = Differentiated Services Codepoint: Default (0x00)
      .... ..00 = Explicit Congestion Notification: Not-ECT (Not ECN-Capable Transport) (0x00)
    Total Length: 1500
    Identification: 0x0206 (518)
  ⊞ Flags: 0x01 (More Fragments)
      0... .... = Reserved bit: Not set
      .0.. .... = Don't fragment: Not set
      ..1. .... = More fragments: Set
    Fragment offset: 1480
    Time to live: 128
    Protocol: ICMP (1)
  ⊞ Header checksum: 0x90e9 [correct]
      [Good: True]
      [Bad: False]
    Source: 192.168.0.30 (192.168.0.30)
    Destination: 192.168.0.10 (192.168.0.10)
    Reassembled IPv4 in frame: 5
⊟ Data (1480 bytes)
    Data: 6162636465666768696a6b6c6d6e6f707172737475767761...
    [Length: 1480]
```

图 4-10   第 2 个分片

综上所述，对数据报进行分片必须改变标志、分片偏移和总长度 3 个字段的值，其余各字段必须被复制，另外校验和的值总是要重新计算。

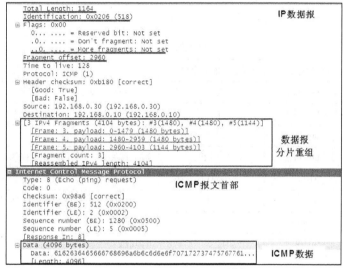

图 4-11   最后一个分片

4.4   IP 选项

选项是 IP 数据报首部中的变长部分，用于网络控制和测试目的。IP 选项的最大长度不能超过 40 字节。对于 IP 数据报来说，选项是可选的，但在 TCP/IP 软件的实现中选项处理却是必需的，IP 协议具有 IP 选项的处理功能。选项是单方向发送的请求，不需要目的主机进行响应。

4.4.1   选项格式

IP 数据报可以有 0 个或多个选项，IP 选项有两种格式，一种是单字节选项，只有 1 个字节（8 位）的选项类型（Option-type）；另一种是多字节选项，由 3 个部分组成：1 字节的选项类型、1 字节的选项长度（Option-length）和若干字节的选项数据，格式如图 4-12 所示。

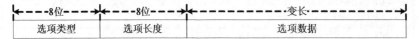

图 4-12   选项格式

选项长度占 8 位，用于定义选项的长度。选项长度包括选项数据部分、选项类型和选项长度字段本身的长度。有些选项不含选项长度字段。选项数据是不定长的，但要受数据报首部长度和选项长度的限制，用于定义选项请求。

选项类型占 8 位，包括 3 个子字段：复制标志（Copied Flag）、选项类（Option Class）和选项编号（Option Number），分别占 1 位、2 位和 5 位。

复制标志指示在分片时是否将该选项复制到各个分片中。值为 0 时表示仅将选项复制到第 1 个分片中，值为 1 时表示将原数据报所带的选项复制到所有分片中。

选项类用于定义选项的一般作用。值为 0（00）表示用于数据报控制，值为 2（11）表示用于排错和测量。其他值保留未用。

选项编号用于定义选项的具体类型。选项类区分选项的一般目的，而选项编号则对同一类选项进行划分。IP 选项类型见表 4-4。

表 4-4   IP 选项类型

选 项 类	选项编号	选项长度（字节）	说　　　明
0（00）	0（00000）	无	选项列表结束。仅占 1 个字节，没有选项长度字段
0（00）	1（00001）	无	无操作。仅占 1 个字节，没有选项长度字段
0（00）	2（00010）	11	安全
0（00）	3（00011）	变长	宽松源路由。基于源节点提供的信息路由数据报
0（00）	9（01001）	变长	严格源路由。基于源节点提供的信息路由数据报
0（00）	7（00111）	变长	记录路由。跟踪数据报所用的路由
0（00）	8（01000）	4	流标识符
2（10）	4（00100）	变长	时间戳

4.4.2　主要 IP 选项介绍

1. 选项列表结束与无操作

选项列表结束（End of Option List）选项用于在选项列表末尾进行填充，只能使用一次，而且只能用于最后一个选项。它只有 1 个字节，选项类型值为 0，格式如下。

$$00000000$$

1字节（选项类型为 0）

无操作（No Operation）选项用作选项之间的填充，但是它通常用在另一个选项之前。例如，可用来使下一个选项在 32 位边界上对齐。它也只有 1 个字节，选项类型值为 1，格式如下。

$$00000001$$

1字节（选项类型为1）

当需要多个字节对选项进行填充时，先用多个无操作选项进行填充，最后用选项列表结束选项结束整个选项。

2. 严格源路由与宽松源路由

源路由指由源主机预先确定数据报穿越网络的路由，而不是由路由器自动选择路由。这样可以使数据报绕开出错网络，或者对特定网络的吞吐率进行测试。IP 协议提供了两种源路由选项：严格源路由和宽松源路由。

（1）严格源路由。

严格源路由（Strict Source and Record Route，SSRR）选项要求源主机上的发送方指定数据报必须经过每一个路由器。IP 数据报必须严格按照发送方规定的路由经过每一个路由器。这些指定的路由器的顺序不能改变，每两个指定的路由器之间不能有未指定的路由器。如果数据报无法直接到达下一跳指定的路由器，路由器就会丢弃该数据报，然后产生一个源路由失败的目的地不可达报文，并向源主机报告。该选项按照英文名称应译为严格源及记录路由，这是因为在数据报沿路由发送过程中对 IP 地址清单进行了更新。

严格源路由选项的格式如下。

10001001	选项长度	指针	路由数据（IP地址列表）
1字节（选项类型为137）	1字节	1字节	每个地址4字节

选项类型字段值为 137（10001001），其中复制标志为 1 表示分片时该选项要复制到各个分片；选项类为 00，选项编号为 01001。

选项长度字段值是该选项的长度。

指针字段占 1 字节，指向要处理数据报的下一个路由器地址的开始处。指针字段值是相对于该选项的偏移量，最小值为 4，即源主机发送数据报时的指针。

路由数据是用于指定路由的 IP 地址列表，由于数据报首部长度的限制，IP 地址表中最多只能有 9 个 IP 地址项。发送 IP 数据报前必须填充 IP 地址表。

按照源路由传输数据报的过程中，数据报的目的 IP 地址会不断变化，而且选项中的源路由 IP 地址表也会发生变化。源主机从上层收到源路由 IP 地址表后，将第 1 个 IP 地址从路由数据中去掉（该地址作为当前数据报的目的地址），再将剩余的表项前移，然后将最终目的地的 IP 地址作为源路由 IP 地址表的最后一条。指针仍然指向 IP 地址表的第 1 项，即指针值为 4。每个收到数据报的路由器将指针所指的 IP 地址与抵达路由器的接口 IP 地址相比较，如果不同，则丢弃这个数据报，并发出差错报文；如果一致，而指针值不大于长度值，则处理这个数据报，用源路由中下一个地址替换目的地址字段中的地址，用记录的路由地址（记录的路由地址是指 IP 模块自己的 IP 地址，也就是数据报被转发的地址）替换刚用过的源路由地址，指针值增加 4，然后转发这个数据报。如果指针值大于长度值，源路由为空和记录的路由已满，则基于目的地址字段中路由数据报进行。

（2）宽松源路由。

宽松源路由（Loose Source and Record Route，LSRR）选项与严格源路由相似，只是要求没那么严格，所指定的路由仅限于某些关键路由器，关键路由器之间无直接物理连接时，可通过路由器的自动路由选择功能进行补充。宽松源路由选项的格式如下。

10000011	选项长度	指针	路由数据（IP地址列表）
1字节（选项类型为131）	1字节	1字节	每个地址4字节

3. 记录路由

记录路由（Record Route）选项用于记录数据报从源主机到目的主机所经过的路由上各路由

器的 IP 地址。记录路由选项格式如下。

00000111	选项长度	指针	路由数据（IP 地址列表）
1字节（选项类型为7）	1字节	1字节	每个地址4字节

这与源路由选项格式基本相同，只是选项类型为 7（00000111）。

路由数据（IP 地址表）的大小由源主机根据对地址数的估计预先分配，最多只能有 9 个 IP 地址项。源主机创建一些空字段，预留给要记录的的 IP 地址。当数据报离开源主机时，所有这些字段都是空的。指针字段的值是 4，指到第 1 个空字段。当数据报在向前不断转发时，处理这个数据报的每一个路由器把指针值与长度值相比较。若指针值大于长度值，则选项是满的且没有改变。但是若指针值不大于长度值，路由器就在下一个空字段中插入其转发出的 IP 地址，并将指针值增加 4。如果分配的地址表的空间不足以记录下全部路径，IP 软件将不记录多余的 IP 地址。

4. 时间戳

时间戳（Internet Timestamp）选项用于记录数据报经过各路由器时的时间，根据时间戳可以估算数据报从一个路由器到另一个路由器所花费的时间，有助于分析网络的吞吐率和负载情况。时间戳选项格式如图 4-13 所示。

1字节	1字节	1字节	4位	4位
01000100	选项长度	指针	溢出	标志
第1个IP地址				
第1个时间戳				
第2个IP地址				
第2个时间戳				
⋮				
最后一个IP地址				
最后一个时间戳				

图 4-13　时间戳选项格式

选项类型为 68（01000100），可见时间戳选项在分片时不复制到各个片，该选项仅在第 1 个分片中出现。

指针字段是从该选项开始到时间戳结束的字节数加 1，即指向下一个时间戳的空白处。最小的指针值是 5。当指针值大于选项长度值时，时间戳区域已经填满。

溢出字段用于记录因空间不够而未能登记时间戳的 IP 模块数。若溢出计数本身溢出，路由器将丢弃数据报，并产生 ICMP 协议参数错报文发送给源主机。

标志字段用于定义时间戳选项的格式。标志值为 0 时，表示仅记录所经过的路由器的时间戳；标志值为 1 时，表示同时记录路由器转发出口的 IP 地址和时间戳；标志值为 3 时，表示只记录指定 IP 地址的路由器的时间戳。

选项中的每个时间戳为 32 位，采用世界时间（UT）表示，从午夜起开始计时，单位为毫秒。如果时间不以毫秒计算，或不能提供以世界时间午夜为基准，那么就要将时间戳的最高位设置为 1，表示这不是一个标准值。由于 Internet 各路由器的时钟无法严格同步，因此时间戳信息只能作为参考。

4.5　IP 软件实现与模块分析

为便于进一步理解 IP 协议功能和运行机制，本章最后介绍一个简化的 IP 软件实现方案，该方案省略了 IP 选项的处理。如图 4-14 所示，整个方案包括 8 个基本模块：添加 IP 首部模块、处理模块、路由选择模块、分片模块、重组模块、路由表、MTU 表以及分片重组表，其中处理模块是核心，进出的数据都需要它来处理。

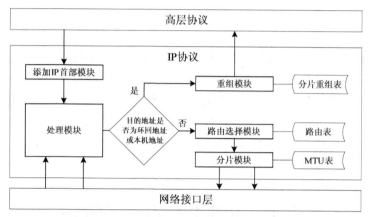

图 4-14　IP 软件实现

IP 协议收到从上层（如 TCP、UDP）传下来的数据，首先由添加 IP 首部模块添加 IP 首部后再将其封装成 IP 数据报，然后交给处理模块，由处理模块判断是否是环回地址或以本机 IP 地址作为目的地址的数据报，如果是则直接向上传回上一层。如果不是，则是需要外发出去的数据报，要通过路由选择模块进行路由选择，然后再交给分片模块去处理，分片模块根据路由所选择的网络接口完成数据包分片，并将分片后的数据报交给下一层处理。

IP 协议收到来自下层（链路层）的数据，首先由处理模块对其进行常规处理，如校验、IP 选项处理等，如果本机是该数据报的目的主机，则向上层提交（根据协议标识进行分用）；如果是需要转发的数据报，则通过路由选择模块进行路由选择，然后交给分片模块处理，最后交给下一层处理。

4.6　习　　题

1. 简述 IP 协议的主要特性。
2. IP 协议有哪两项基本功能？
3. IP 首部差分服务字段如何取代服务类型字段？
4. 简述显式拥塞通告。
5. 什么是 MTU？
6. IP 数据报是如何分片的？又是如何重组的？
7. 数据报分片需要改变那些字段？
8. 简述 IP 选项的主要作用。
9. 使用 Wireshark 工具抓取数据包，验证 IP 数据报格式。

第5章
ICMP 协议

由于 IP 协议是一种不可靠的协议，无法进行差错控制，ICMP（Internet Control Message Protocol，因特网控制报文协议）设计的最初目的主要是用于 IP 层的差错报告。随着网络的发展，ICMP 增加了检测和控制功能，大量用于传输控制报文，包括拥塞控制、路径控制以及路由器或主机信息的探测查询。ICMP 属于网络层协议，是 IP 协议的重要补充，但是不能用来传送应用程序数据，只能用来传送有关网络事件和变化的通知报文。本章对 ICMP 协议进行了介绍和分析，涉及报文类型与格式，以及 ICMP 应用。

5.1　ICMP 协议概述

ICMP 运行在网络层，是 TCP/IP 协议簇不可或缺的一部分。RFC 792 "Internet Control Message Protocol" 是 ICMP 协议的正式规范文件。它提供了所有有效 ICMP 报文的基础规范，并定义了 ICMP 能够传递的信息和服务的类型。还有一些 RFC 文档对 ICMP 进行了补充和扩展。

如图 5-1 所示，ICMP 与 IP 协议都位于网络层，但是 ICMP 在 TCP/IP 协议栈中的位置比 IP 协议略高一些，ICMP 报文需要封装在 IP 数据报的数据部分进行传输。ICMP 并不作为一个独立的层次，而只是作为 IP 层的一部分存在。

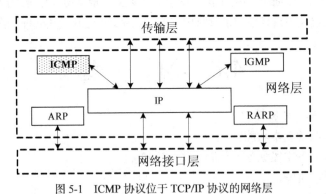

图 5-1　ICMP 协议位于 TCP/IP 协议的网络层

5.1.1　ICMP 特性

根据 RFC 792 文档，ICMP 具有以下特性。

- ICMP 为路由器（网关）或目的主机提供了一种与源主机通信的机制。

- ICMP 报文采用了特殊格式的 IP 数据报，使用了特殊的关联报文类型和代码。
- 在 TCP/IP 的某些实现中，ICMP 是一项必需的要素，通常作为提供 IP 基础支持的一部分。
- ICMP 仅仅报告有关非 ICMP 的 IP 数据报处理的错误。为防止出现有关错误消息的报文的无限循环，ICMP 不传送有关自身的任何报文，并且仅仅提供任何分片数据报序列中第 1 个分片的报文。

5.1.2　ICMP 功能

IP 协议是尽最大努力的服务，它将数据报从最初的源节点交付到最终的目的节点。但是 IP 协议不负责完成差错控制功能，ICMP 就是为此设计的，用于在 IP 主机、路由器之间传递控制报文，从而实现 IP 层的差错控制。这些控制报文虽然并不传输用户数据，但是对于用户数据的传递起着重要的作用。ICMP 协议配合 IP 协议使用，主要具备以下两个功能。

1. 报告差错

ICMP 协议主要用于报告路由器或目的主机在处理 IP 数据报时可能遇到的一些问题。在 IP 数据报传输过程中引发错误的原因可能是通信线路故障、通信设备故障、路由器中的路由表错误，或者网络处理能力不足等。这些故障一般表现为数据报不能到达目的地、超时或拥塞等。一旦发现传输错误，发现错误的网络节点立即向源主机发送 ICMP 报文以报告出错情况，便于源主机采取适当的处理措施。当然，源主机本身通常并不能解决这些问题，这就需要有网络管理人员判断和解决。

路由器或目的主机以一对一的模式向源主机报告发生数据报传输错误的原因。出现差错时目的主机可能根本不可到达，因而不能向目的主机报告差错原因；或者出现差错时也不清楚差错由哪一台路由器引起，因而也不向中间的路由器报告差错原因。

注意 ICMP 在 IP 层仅仅涉及与传输路径和可达相关的差错问题，而不解决数据本身的差错问题。

2. 查询

ICMP 协议也用于查询，帮助主机或管理员从一个路由器或主机得到特定的信息，这些报文是以请求与应答方式成对出现的，一方主动向另一方发出查询请求，而另一方将查询结果报告给请求方。

与差错报告以一对一的方式向源主机发送信息不同，ICMP 的请求和应答报文对可以在任何两个网络节点之间传输，可以以一对多的方式进行传输，如广播或多播。TCP/IP 网络中的任何主机或路由器都可以向其他主机或路由器发送请求并获得应答，便于管理员、应用程序对网络进行检测，诊断和控制。

5.1.3　ICMP 报文封装

ICMP 本身是网络层协议。虽然它可以接受来自上层（TCP、UDP）的请求，但并不直接封装来自上层协议的数据，而是将请求转变为 ICMP 报文。它也不是直接将报文传送给链路层，而是首先要封装成 IP 数据报，然后再交给链路层封装成数据链路层中的帧，这就是所谓两级封装。包含 ICMP 报文的 IP 数据报首部的协议字段值为 1，指出数据区内容为 ICMP 报文。ICMP 报文的封装如图 5-2 所示。

IP 软件一旦接收到 ICMP 报文，就立即交给 ICMP 模块进行处理。ICMP 模块可以形成应答报文，也可以交给上层的应用程序或协议去处理。

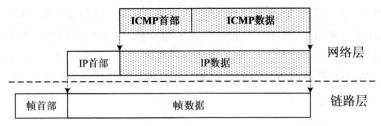

图 5-2　ICMP 报文封装

5.1.4　ICMP 报文格式

ICMP 传输的数据单元称为报文。ICMP 报文由首部和数据两个部分组成。首部为定长的 8 字节，前 4 字节是通用部分，后个字节随报文类型的不同有所差异。ICMP 报文的一般格式如图 5-3 所示。

图 5-3　ICMP 报文格式

1. ICMP 首部字段

ICMP 分为通用部分与其他部分。首部通用部分由类型（Type）、代码（Code）和校验和（Checksum）3 个字段构成。

- 类型字段占 1 字节（8 位），用于指示 ICMP 报文的类型。例如，0 表示回送应答（Echo Reply），3 表示目的地不可达（Destination Unreachable）。关于 ICMP 报文的具体类型可以在 IANA 网站查看（http://www.iana.org/assignments/icmp-parameters/）。除了 RFC 792 规定的报文类型外，其他一些 RFC 文档（如 RFC 950、RFC 1256）规定了一些新的类型。

- 代码字段占 1 字节（8 位），提供关于报文类型的进一步信息。例如，对于报文类型 3 来说，代码 0 表示网络不可达，代码 1 表示网络不可达。

- 校验和字段占 2 字节，提供整个 ICMP 协议报文的校验和。校验方法与 IP 数据报首部校验和算法相同。校验和以 16 位为单位进行计算，校验和的初始值为 0，用 1 的补码算法对 16 位小数据块进行求和，最后再对结果求补码，便得到了报文的校验和。与 IP 数据报首部校验和不同的地方是 ICMP 协议校验和是整个报文的校验和，另外使用校验和进行校验的设备不是中间的路由器，而是最终的目的地。

首部其他部分为 4 字节，针对每一种报文类型都是特定的。大部分差错报告报文未用到这一部分，参数错报告报文用到其中的一个字节作指针，请求应答报文对利用这 4 字节匹配请求与应答报文。不使用时将不使用的部分填 0。后面在介绍各类 ICMP 报文将详细介绍。

2. ICMP 数据区

ICMP 数据区因不同的报文类型有所不同。在报告差错时，携带原始出错数据报的首部和数据的前 8 字节，通常这些信息包括了该数据报的关键信息（前 8 字节一般为上层协议的首部信息），主要是引起差错的原始数据包部分内容。在请求和应答报文中，携带与请求和应答相关的额外信息，也就是基于查询类型的其他信息。

5.1.5　ICMP 报文类型

ICMP 报文可分为差错报告报文和查询报文两大类。差错报告报文报告当路由器或目的主机在处理 IP 数据报时可能遇到的一些问题。查询报文以请求/应答的形式成对出现，帮助主机或管理员从一台路由器或主机得到特定的信息。例如，一些网络节点能够发现它们的相邻节点。主要的 ICMP 报文类型见表 5-1。

表 5-1　　　　　　　　　　　　　　ICMP 报文类型

大　　类	类型代码	说　　　明
差错报告报文	3	目的地不可达（Destination Unreachable）
	11	超时（Time Exceeded）
	12	参数问题（Parameter Problem）
	4	源抑制（Source Quench）
	5	重定向（Redirect）
查询报文	8 或 0	回送或回送应答（Echo or Echo Reply）
	13 或 14	时间戳或时间戳应答（Timestamp or Timestamp Reply）
	17 或 18	地址掩码请求或地址掩码应答（Address Mask Request or Address Mask Reply）
	10 或 9	路由器请求与路由器通告（ICMP Router Solicitation or ICMP Router Advertisement）

也有人将源抑制（Source Quench）与重定向（Redirect）归到控制报文类，以区别于目的地不可达（Destination Unreachable）、超时（Time Exceeded）和参数问题（Parameter Problem）所属的差错报告类。因为对于差错报告报文，ICMP 并没有给出解决问题的方法，而对于控制报文，ICMP 会引起源主机进行相应处理，源抑制报文导致源主机进行拥塞控制，重定向报文引起源主机进行路由控制。这里考虑到 ICMP 报文数据格式，还是参照将上述 5 种报文归到差错报告类来统一介绍。

5.2　ICMP 差错报告

ICMP 差错报告弥补了 IP 协议的不可靠问题。ICMP 协议只负责报告差错，而将纠正错误的工作留给上层协议去做，数据报的差错报告只发送给发出该数据报的源主机。ICMP 差错报告作为普通的 IP 数据报传输，并不享受特别的优先级和可靠性保证，另外在产生差错报告的同时会丢弃出错的 IP 数据报。

所有差错报告报文都包括一个数据区，帮助源主机或管理人员发现引起错误的原因。差错报告报文的数据区包括原始数据报（发出差错报告的主机或路由器所收到的 IP 数据报）的首部加上该数据报中的前 8 字节（64 位）的数据。原始数据报中的首部用于向接收差错报告的源主机提供关于该数据报本身的信息。该数据报的前 8 字节用于提供关于 TCP 或 UDP 端口号和 TCP 序列号的信息。这两种信息便于源主机将差错情况通知给上层的 TCP 或 UDP 协议。ICMP 根据收到的 IP 数据报形成差错报告报文，然后再封装成 IP 数据报发送给源主机。差错报告报文的数据区如图 5-4 所示。

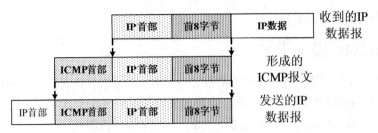

图 5-4 ICMP 差错报告报文数据区

 提示 携带 ICMP 差错报告报文本身的数据报不会再产生 ICMP 差错报告；分片的数据报如果不是第一个分片，则不会产生 ICMP 差错报告；具有多播地址或特殊地址（127.0.0.0 或 0.0.0.0）的数据报也不会产生 ICMP 差错报告。

接下来具体介绍 5 种 ICMP 差错报告报文的格式和功用。

5.2.1 目的地不可达

当路由器无法根据路由表转发 IP 数据报或者主机无法向上层协议和端口提交 IP 数据报时，将丢弃当前的数据报，并产生目的地不可达（Destination Unreachable）差错报告，向源主机报告出错信息。此类报文格式如图 5-5 所示。

0	15 16	31	
类型：3	代码：0~15	校验和	首部
未用（全0）			
出错数据报的部分信息： IP数据报首部 + 数据报数据部分的前64位（8字节）			数据

图 5-5 目的地不可达报文格式

目的地不可达报文的类型为 3，代码字段取值为 0~15，将目的地不可达的情形细分为 16 种情况，具体说明见表 5-2。

表 5-2   目的地不可达报文代码

代　码	说　明
0	网络不可达，可能是由于硬件的故障
1	主机不可达，可能是由于硬件的故障
2	协议不可达，将 IP 数据报交付上层协议（TCP 等）时上层协议不在运行中，这说明网络和主机都可达。这种报文只能由目的主机产生
3	端口可达，目的主机上与该端口对应的应用程序（尽管）不在运行中，这说明网络、主机和协议都可达
4	数抓报无法分片，数据报的发送方已指明该数据报不能分片，但不进行分片又不可能进行路由选择
5	源路由失败，在源路由选项中定义的一个或多个路由器无法通过
6	目的网络未知，路由器根本没有关于目的网络的信息
7	目的主机未知，路由器根本不知道网络主机的存在
8	源主机被隔离

续表

代　　码	说　　明
9	与目的网络的通信被禁止
10	与目的主机的通信被禁止
11	对特定的服务类型（TOS），网络不可达
12	对特定的服务类型（TOS），主机不可达
13	因设置过滤而使主机不可达
14	因非法的优先级而使主机不可达
15	因报文的优先级低于网络设置的最小优先级而使主机不可达

其中 RFC 792 仅定义了代码 0~5。代码 6~12 由 RFC 1122 "Requirements for Internet Hosts Communication Layers（Internet 对主机的要求——通信层）"定义，代码 13~15 由 RFC 1812 "Requirements for IP Version 4 Routers（对 IPv4 路由器的要求）"定义。

代码为 2 或 3 的目的地不可达报文只能由目的主机产生，而其余代码的报文只能由路由器产生。

目的地不可达分为 4 个不同的层次，从大到小依次为网络不可达、主机不可达、协议不可达和端口不可达。网络不可达可能是路由表有问题或者是目的地址有错。主机不可达可能是信宿机不在运行中或信宿机不存在等，出现主机不可达说明网络是可达的。协议不可达的原因是将 IP 数据报向上层协议提交时上层协议未在运行中，协议不可达说明网络和主机都可达。端口不可达是因为目的主机上与该端口对应的应用程序不在运行中，端口不可达说明网络、主机和协议都可达。

某些情况下目的地不可达是检测不出来的。例如，在不提供应答机制的以太网上，路由器就不知道数据报是否送达了目的主机或下一跳路由器。路由器无法检测出分组没有交付的所有问题。

5.2.2　超时

在数据报的传输过程中，首部的 TTL（生存时间）值用于防止数据报因路由表的问题而无休止地在网络中传输。当 TTL 值为 0 时，路由器会丢弃当前的数据报，并产生一个 ICMP 超时（Time Exceeded）报文发送给源主机。

在目的主机进行分片重组时会启动重组计时器，一旦重组计时器超时，目的主机就会丢弃当前正在重组的数据报，然后产生一个 ICMP 数据报超时报告，并向源主机发送该超时报告。

超时报文格式与目的地不可达报文格式相同，只是类型值和代码不同。其类型值为 11，代码为 0 或 1。在超时报文中，代码 0 表示 TTL 超时，即 TTL 字段值为 0，只能由路由器产生。代码 1 表示分片重组超时，即在规定的时间内没有收到所有的分片，这只能由目的主机使用。

5.2.3　参数问题

一旦路由器或主机发现错误的数据报首部和错误的数据报选项参数时，便丢弃该数据报，并向源主机发送参数问题（Parameter Problem）报文。参数问题主要是数据报首部字段值不明确或空缺。参数问题报文格式如图 5-6 所示，类型值为 12，代码为 0~2。

参数问题报文的格式与目的地不可达报文相同，只是类型值为 12，代码为 0~2，重要的是它还提供一个指针（Pointer）字段。

代码 0 表示数据报首部中的某个字段的值有错或不明确（存在二义性），这时 ICMP 报文首部的指针指向数据报中有问题的字节，如果这个值为 0，则第 1 个字节是无效字段。

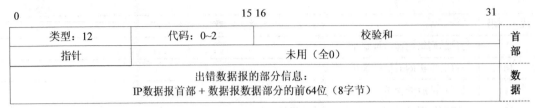

图 5-6　参数问题报文格式

代码 1 表示数据报首部中缺少某一选项所必须具有的部分参数，此时的 ICMP 报文没有指针字段。这是由 RFC 1108 "U.S. Department of Defense Security Options for the Internet Protocol"定义的。

代码 2 表示长度无效（Bad Length），即数据报结构存在无效长度，此时的 ICMP 报文没有指针字段。

参数问题报文既可由路由器产生，也可由目的主机产生。

5.2.4　源抑制

IP 是无连接协议，源节点事先并不了解中间的路由器和接收方的处理能力以及缓冲区大小，而且在数据报传输过程中没有采用任何流量控制机制。因此，当大量的数据报进入路由器或目的主机时，会造成缓冲区溢出，即出现拥塞（Congestion）。ICMP 利用源抑制（Source Quench，又译为源站抑制或源点抑制）的方法来进行拥塞控制，减缓源节点（发送方）发出数据报的速率。

ICMP 的源抑制报文就是为了给 IP 协议增加一种流量控制而设计的。当路由器或主机因拥塞而丢弃数据报时，它就向数据报的源节点发送源抑制报文。此报文有两个目的，一是通知源节点数据报已被丢弃，二是警告发送方在路径中的某处出现了拥塞，因而源节点必须抑制发送过程，这实际上是拥塞发生后的事后控制。

源抑制报文的格式如图 5-7 所示。类型值为 4，代码为 0。数据区为引起源抑制的 IP 数据报部分信息。

0	15 16	31	
类型：4	代码：0	校验和	首部
未用（全0）			
引起源抑制的数据报部分信息： IP数据报首部 + 数据报数据部分的前64位（8字节）			数据

图 5-7　源抑制报文格式

源抑制包括以下 3 个阶段。

* 发现拥塞阶段。路由器对缓冲区进行监测，一旦发现拥塞，立即向相应的源节点发送 ICMP 源抑制报文。通常在缓冲区满时丢弃当前的数据报，每丢弃一个数据报，都要向该数据报的源节点（发送方）发送一个源抑制报文。源节点收到源抑制报文后，获知拥塞已经发生，而且所发送的数据报已被丢弃。

* 解决拥塞阶段。源节点根据收到的源抑制报文中的原数据报的首部信息决定对发往某特定目标节点的数据流进行抑制，通常按一定规则降低发往该目标节点的数据报传输速率。

- 恢复阶段。拥塞解除后，源节点逐渐恢复数据报传输速率。在规定的时间段内未收到关于某目标节点的源抑制报文，源节点就认为发往该目标节点的拥塞已经解除。

由于各个源节点的发送速率相差较大，源抑制的效果未必很好，另外源抑制报文本身会消耗网络带宽。默认情况下，大多数路由器不会发送源抑制报文。

5.2.5　重定向报文

路由器和主机都必须有路由表，以便决定路由器的地址或下一跳路由器的地址。路由器上的路由表能够动态更新，及时反映网络结构的变化，这是由路由器之间定期交换路由信息来实现的。但是，主机数量非常大，动态更新主机的路由表会产生不可接受的通信开销，而且主机还不一定全天在线，即使要动态更新路由表也不现实，因此主机通常使用静态路由选择，而不是通过路由协议进行动态更新。主机所在的网络可能与多个路由器相连，主机在发送信息时也要根据其路由表来选择下一跳路由器，为解决主机路由表的更新问题，ICMP 提供了重定向（Redirect）机制。

主机并不总是在线，主机路由表所给出的下一跳路由器可能并不是去往目的地最佳的下一跳路由器，当主机的下一跳路由器收到数据报后，根据其路由表判断本路由器是否是去往目的地最佳选择，如果不是，该路由器仍然会向目的节点所在网络转发该数据报，但在转发的同时会产生一个 ICMP 重定向报文，通知源主机修改它的路由表，而重定向报文中将给出源主机最佳下一跳路由器的 IP 地址。

ICMP 重定向机制如图 5-8 所示。主机 A 要向主机 B 发送数据报，路由器 2 显然是最有效的路由选择，但是主机 A 没有选择路由器 2。数据报被发送到路由器 1 而不是路由器 2，在查找路由表后发现数据报应当通过路由器 2。它将数据报发送到路由器，并同时向主机 A 发送重定向报文。这样主机 A 的路由表被更新了。重定向报文又称改变路由报文。

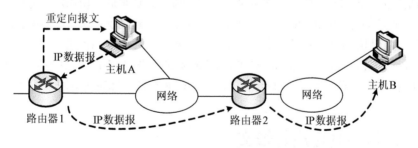

图 5-8　ICMP 重定向机制

ICMP 重定向报文的格式如图 5-9 所示。类型值为 5。代码为 0~3，代表不同的重定向方式，具体含义见表 5-4。数据区为引起重定向的 IP 数据报部分信息。

0	15 16	31	
类型：5	代码：0~3	校验和	首部
目标路由器的IP地址			
引起重定向的数据报部分信息： IP数据报首部 + 数据报数据部分的前64位（8字节）			数据

图 5-9　重定向报文格式

表 5-3 重定向报文代码及其含义

代　码	说　明
0	为网络（或子网）重定向数据报，指明存在一条抵达指定网络的更好路径。由于路由器不能确定目的地址的哪一部分是网络地址部分、哪一部分是主机地址部分，因此它们在 ICMP 重定向应答中使用代码 1
1	为主机重定向数据报，指明存在一条抵达指定主机的更好路径。这是网络上最常见的 ICMP 重定向报文
2	为 TOS（服务类型）和网络重定向数据报，指明存在一条使用所需 TOS 抵达指定网络的更好路径。由于路由器不能确定目的地址的哪一部分是网络部分、哪一部分是主机部分，因此它们在 ICMP 重定向应答中使用代码 3 来解决 TOS 问题
3	为服务类型和主机重定向数据报，指明存在一条使用所需 TOS 抵达指定主机的更好路径

当主机开始连网工作时，其路由表中的项目数很有限，通常只知道默认路由器这一个路由器的 IP 地址。在 ICMP 重定向机制的作用下，经过不断积累逐渐充实和完善其路由表。ICMP 重定向机制使得主机的路由表成为一个动态且优化的路由表。

ICMP 重定向报文是由路由器向同一个本地网络上的主机发送的。虽然重定向报文算是一种差错报告报文，但它与其他种差错报文不同。路由器产生 ICMP 重定向报文的时候并不丢弃原数据报，数据报被送到适当的路由器。被刷新的路由表项与重定向报文数据部分指示的 IP 数据报首部中的目的地址相关。

5.3 ICMP 查询

除差错报告外，ICMP 还能对某些网络问题进行诊断，这是通过使用由请求与应答报文对形成的查询报文来完成的。在 ICMP 查询报文中，一个节点发送请求报文，然后由目的节点用特定的格式进行应答。利用获得的应答信息，可以对网络进行故障诊断和控制。RFC 792 定义的信息请求或信息查询（Information Request or Information Reply）报文用于主机引导时获取 IP 地址，现在这种 ICMP 报文已经不用了，其功能已由 RARP 和 BOOTP/DHCP 来完成。这里介绍 4 对常用的查询报文。

5.3.1 回送与回送应答报文

回送（Echo）与回送应答（Echo Reply）报文的目的是对网络进行诊断和测试。在 RFC 792 中使用 "Echo" 这个术语，相对于 "Echo Reply" 来说实际上是一种请求，因而又称为回送请求（Echo Request）。发送方（主机或路由器）向接收方（另一台主机或路由器）发送一个回送报文，其数据区包含发送方给定的数据，接收方收到该请求后形成回送应答报文返回给发送方，其数据区包含回送报文中所带的数据。发送方根据应答报文中的数据可以确定双方是否可以正常通信。

回送和回送应答报文可用来确定是否在 IP 层能够正常通信，不仅可以用来测试主机或路由器的可达性，还可以测试 IP 协议的工作情况。发送方如果能够成功地收到接收方对回应请求的应答，不但说明目标可达，而且说明双方的 ICMP 软件和 IP 软件工作正常，另外还说明回应请求与应答所经过的中间路由器能够正常接收、处理和转发数据报。

ICMP 回送与回送应答报文使用相同的格式，如图 5-10 所示。类型 8 表明是回送（请求）报文，类型 0 表明是回送应答报文，代码都是 0。标识符（Identifer）和序列号（Sequence）字段用于匹配回送应答报文与回送报文。这两个字段值在协议中没有正式定义，标识符一般为发起请求进程的进程 ID，序列号在发送每一个回送（请求）报文时被增加。可供选择的数据字段包含一个消息，这个报文必须由接收方在回送应答报文中完全一样地重复着。

0	15 16		31	
类型：8或0	代码：0	校验和		首部
标识符		序列号		
回送请求发送特定的数据，回送应答报文再重复同样的数据				数据

图 5-10　回送与回送应答报文格式

TCP/IP 网络系统所提供的 ping 命令大多是利用 ICMP 回送与回送应答报文来实现的，该命令通常用于测试目的主机或路由器的可到达性。这里使用 Wireshark 抓取 Windows 计算机上一个 ping 命令执行过程中的一系列数据包。相关的数据包列表如图 5-11 所示，数据包按请求（Echo request）和应答（Echo reply）成对产生。标识符（Identifier）均为 0x0200（512），序列号（Sequence number）初始值为 256，每发送一个回送（请求）报文时再增加 256。

No.	Time	Source	Destination	Protocol	Length	Info
1	0.000000	192.168.0.51	192.168.0.10	ICMP	74	Echo (ping) request id=0x0200, seq=256/1, ttl=128
2	0.004309	192.168.0.10	192.168.0.51	ICMP	74	Echo (ping) reply id=0x0200, seq=256/1, ttl=128
3	1.005339	192.168.0.51	192.168.0.10	ICMP	74	Echo (ping) request id=0x0200, seq=512/2, ttl=128
4	1.005596	192.168.0.10	192.168.0.51	ICMP	74	Echo (ping) reply id=0x0200, seq=512/2, ttl=128
5	2.005760	192.168.0.51	192.168.0.10	ICMP	74	Echo (ping) request id=0x0200, seq=768/3, ttl=128
6	2.006032	192.168.0.10	192.168.0.51	ICMP	74	Echo (ping) reply id=0x0200, seq=768/3, ttl=128
7	3.005271	192.168.0.51	192.168.0.10	ICMP	74	Echo (ping) request id=0x0200, seq=1024/4, ttl=128
8	3.005553	192.168.0.10	192.168.0.51	ICMP	74	Echo (ping) reply id=0x0200, seq=1024/4, ttl=128

图 5-11　ping 命令所产生的回送与回送应答报文

展开一个回送请求报文（以序号为 1 的数据包为例）进行分析，结果如图 5-12 所示。这里列出各字段详细数据，其中标识符和序列号都使用十进制和十六进制两种类型表示，而且还提供两种不同的字节存储顺序，BE 全称 Big-endian，译为大端序，即数据的高位字节存放在地址的低端，低位字节存放在地址高端；LE 全称 Little-endian，译为小端序，即数据的高位字节存放在地址的高端，低位字节存放在地址低端。

展开一个回送应答报文（以序号为 2 的数据包为例）进行分析，结果如图 5-13 所示。可见这里的数据字段提供的内容与回送请求报文中的相应数据一致，用 ASCII 码表示应为"abcdefghijklmnopqrstuvwxyzabcdefghi"，这也是 Windows 下 ping 命令所统一采用的。

```
⊟ Internet Control Message Protocol
    Type: 8 (Echo (ping) request)
    Code: 0
    Checksum: 0x4a5c [correct]
    Identifier (BE): 512 (0x0200)
    Identifier (LE): 2 (0x0002)
    Sequence number (BE): 256 (0x0100)
    Sequence number (LE): 1 (0x0001)
  ⊟ Data (32 bytes)
      Data: 6162636465666768696a6b6c6d6e6f707172737475767761...
      [Length: 32]
```

图 5-12　ICMP 回送请求报文

```
⊟ Internet Control Message Protocol
    Type: 0 (Echo (ping) reply)
    Code: 0
    Checksum: 0x525c [correct]
    Identifier (BE): 512 (0x0200)
    Identifier (LE): 2 (0x0002)
    Sequence number (BE): 256 (0x0100)
    Sequence number (LE): 1 (0x0001)
    [Response To: 1]
    [Response Time: 4.309 ms]
  ⊟ Data (32 bytes)
      Data: 6162636465666768696a6b6c6d6e6f707172737475767761...
      [Length: 32]
```

图 5-13　ICMP 回送应答报文

5.3.2　时间戳与时间戳应答报文

时间戳（Timestamp）与时间戳应答（Timestamp Reply）报文用于两个网络节点（主机或路

由器）之间的时钟同步。发送方通过获取接收方的时间戳信息，将该信息和发送方的时间戳信息进行比较后，再估算两者的时钟差异。

ICMP 时间戳与时间戳应答报文使用相同的格式，如图 5-14 所示。

0		15 16	31	
类型：13或14	代码：0	校验和		首部
标识符		序列号		
发起时间戳（Originate Timestamp）				数据
接收时间戳（Receive Timestamp）				
发送时间戳（Transmit Timestamp）				

图 5-14　时间戳与时间戳应答报文格式

类型 13 表明是时间戳（请求）报文，类型 14 表明是时间戳应答报文，代码都是 0。标识符（Identifer）和序列号（Sequence）字段用于匹配时间戳应答报文与时间戳报文。

3 个时间戳字段都是 32 位长，以毫秒为单位从世界时间（UT）午夜 0 点起计时。虽然 32 位最大可以计数到 4294967295，但时间戳的计数值不能超过 86400000，即 24 小时。

源节点产生时间戳（请求）报文，在请求报文离开时在发起时间戳字段填入当前时间，其他两个时间戳字段则都填入 0。

目标节点产生时间戳应答报文，将时间戳（请求）报文中的发起时间戳值复制到应答报文同样的字段中，然后在接收时间戳字段中填入在收到这个请求报文时的时间，最后应答报文离开时在发送时间戳字段中填入当前时间。

为了估算节点之间的时钟差异，首先要计算出时间戳和时间戳应答的往返延迟，然后据此计算出单程传输延迟，最后由两个节点的时间戳和单程传输延迟来计算出它们之间的时间差，从而实现时钟的同步。具体公式如下。

往返时间＝当前时间－发起时间戳－（发送时间戳－接收时间戳）

单程时延＝往返时间 ÷ 2

时间差＝接收时间戳－（发起时间戳＋单程时延）

值得一提的是，后来的网络时间协议（NTP）提供更健壮、用途更广泛的时间同步方法。

5.3.3　地址掩码请求与应答报文

地址掩码请求（Address Mask Request）与地址掩码应答（Address Mask Reply）报文用于获得主机或路由器的子网掩码，具体由 RFC 950 “Internet Standard Subnetting Procedure（Internet 标准子网划分程序）” 规定。

主机向网络中的路由器发送地址掩码请求报文以期获得它的子网掩码。如果主机知道该路由器的地址，就把请求报文直接发送给该路由器；如果主机不知道，则广播这个报文。路由器收到地址掩码请求报文，就以地址掩码应答报文进行响应，向主机提供所需的掩码，将这个掩码应用到完整的 IP 地址上就可得到子网地址。

地址掩码请求与应答报文的格式如图 5-15 所示。类型 17 表示地址掩码请求，类型 18 表示地址掩码应答，代码为 0。标识符和序列号字段用于匹配地址掩码应答报文与请求报文。在请求报文中，地址掩码字段填入全 0。当路由器把地址掩码应答报文发回给主机时，应答报文中的该字段就包含真正的子网掩码（32 位）。

0		15 16		31	
类型：17或18	代码：0	校验和			首部
标识符		序列号			
地址掩码					数据

图 5-15　地址掩码请求与应答报文格式

5.3.4　路由器请求与路由器通告报文

初始化路由表的一种方法是直接在配置文件中指定静态路由，另一种方法是利用 ICMP 路由器请求（Router Solicitation）和路由器通告（Router Advertisement）报文来获得路由器的 IP 地址。主机在启动以后通过广播或多播发出路由器请求报文，一台或多台路由器以路由器通告报文作为响应。通过路由器请求和通告报文还可以知道路由器是否处于活动状态。这个报文对具体由 RFC 1256 "ICMP Router Discovery Messages（ICMP 路由发现报文）"规定。在介绍这个报文对之前先了解一下路由器发现与路由器通告的机制。

1. 路由器发现与路由器通告

典型情况下，IP 主机通过默认网关参数的手工配置和重定向报文来获得路由信息。没有设置默认网关的主机启动时，默认会将一个 ICMP 路由器请求报文发送到所有路由器的 IP 广播地址 224.0.0.2 上，目的在于定位本地路由器，这就是所谓的 ICMP 路由器发现（ICMP Router Discovery）。收到请求报文的路由器将使用 ICMP 路由器应答报文回应给源主机。如果路由器不支持 ICMP 路由器发现协议的路由器部分，主机的 ICMP 路由器请求将得不到应答。位于部署多个 IP 路由器的网络上的 IP 主机可能会收到多个应答，每一个本地连接的路由器上都会给出一个应答。典型情况下，主机作为默认网关接收和使用第一个应答。当然已经配置了默认网关的主机不需要执行 ICMP 路由器发现。

在 Windows 系统中有两个注册表设置能够用于控制路由器发现。第 1 个是 HKEY_LOCAL_MACHINE\SYSTEM\CurrentControlSet\Services\Tcpip\Parameters\Interfaces\< 网卡名称 >\Perform-RouterDiscovery 表项，设置是否允许 ICMP 路由发现，默认值 1 表示允许，修改为 0 将关闭路由发现。第 2 个是 HKEY_LOCAL_MACHINE \SYSTEM\CurrentControlSet\Services\Tcpip\Parameters\Interfaces\<网卡名称>\PerformRouterDiscovery\SolicitationAddressBCast 表项，设置发送路由器请求是使用子网广播地址，还是使用所有路由器的多播地址，默认值 0 表示多播，修改为 1 将使用子网广播。这两个注册表项项值类型为 DWORD，不过 Windows 默认没有提供这两个注册表项。

某些路由器能够被配置为周期性地发送 ICMP 路由器通告报文，以允许主机被动地获悉可用路由。可以对路由器进行配置，让其周期性地向所有主机多播地址 224.0.0.1 发送未经请求的 ICMP 路由器通告。这些通告一般包括发送该通告的路由器的 IP 地址，还有一个生存期限字段，指示接收主机应该保持该路由项多长时间。默认生存期限为 30 分钟，过期路由项将从路由表中删除，主机可以发送一个新的路由器请求报文，或者等待并被动地侦听 ICMP 路由器通告报文。

2. ICMP 路由器请求报文

如图 5-16 所示，路由器请求报文格式最为简单，类型值为 10，代码为 0，不需要提供类型和代码之外的信息。此类报文默认情况下发送到全路由器多播地址 224.0.0.2。在某些情况下，主机可以被配置为将这些报文发送到广播地址上（在本地路由器不能处理多播数据包的情况下）。还有一个 32 位的字段暂时保留（Reserved），该值设置为 0，对方接收时将忽略。

0	15 16	31
类型: 10	代码: 0	校验和
保留		

图 5-16　路由器请求报文格式

3. ICMP 路由器通告报文

收到路由器请求报文的一台或多台路由器就使用路由器通告报文广播其路径选择信息。即使没有路由器请求报文，路由器也可以定期广播或多播路由器通告报文。路由器发送出通告报文时，它不仅通告自己的存在，而且通告它所知道的所有在该网络上的路由器。

路由器通告报文如图 5-17 所示。类型值为 9，代码为 0。路由器通告报文的数据区可以包含多个地址信息。首部中的地址数目（Num Addrs）字段指明该报文所含的路由器地址的个数。一个地址项由一个 4 字节的 IP 地址和一个 4 字节的优先级（Precedence）字段组成，地址长度（Addr Entry Size）字段指明每个路由器地址项所占 32 位字（4 字节）的数目，一般为 2，表示 2 个 4 字节。生存时间（Lifetime）字段以秒为单位，指明所通告路由器地址的有效时间。

0	15 16	31	
类型: 9	代码: 0	校验和	首部
地址数目	地址长度	生存时间	
路由器地址1			数据
优先级1			
路由器地址2			
优先级2			
⋮			

图 5-17　路由器通告报文格式

5.4　ICMP 应用

ICMP 最常见的用法是对网络进行测试和故障诊断。两个最著名的实用程序——Ping 和 Traceroute 就是依靠 ICMP 完成连通性测试和路由跟踪。另一方面，攻击者也能将 ICMP 用于网络侦察活动以获取网络地址和活动进程，ICMP 安全问题不容忽视。

5.4.1　使用 Ping 测试网络连通性

许多用户都有过 Ping 命令的经历，但可能并不清楚它实际上是 ICMP 回送（Echo）请求与应答的一种形式。Ping 的执行过程简单，首先客户端将请求包发送给目的网络，一旦接收之后，目的主机返回应答数据。

ICMP 回送请求报文包括以太网首部、IP 首部、ICMP 首部，以及一些不确定的数据。该报文的发送是一个真正的尽最大努力交付的过程。绝大多数 Ping 程序向目的节点发送一系列的请求报文，以期获得平均响应时间。响应时间以毫秒为单位，不能作为节点之间典型往返时间，而是当前往返时间的一个快照。

Windows 系统所带的 Ping 程序默认连续发送 4 个带有回送应答超时值为 1 秒的 ICMP 回送请求包。回送应答包中包含了 32 字节数据，其中有响应节点（主机或路由器）的 IP 地址、应答报文的字节数、往返时间，以及 TTL 值。如图 5-18 所示，这是一个在 Windows 计算机上使用 Ping 命令测试到某个站点连接情况的例子。

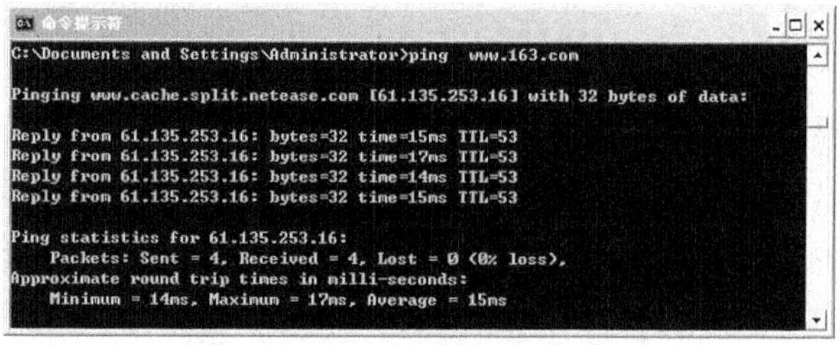

图 5-18　使用 Ping 命令

Windows 的 Ping 命令的语法格式如下。

```
ping [-t] [-a] [-n count] [-l size] [-f] [-i ttl] [-v tos] [-r count] [-s count] [[-j computer-list] | [-k computer-list]] [-w timeout] destination-list
```

各参数含义说明如下。

- -t：测试指定的计算机直到人为中断为止。可以使用组合键<Ctrl>+<C>强制中断，也可使用<Ctrl>+<Break>暂停，查看信息，再按任一键继续。
- -a：将 IP 地址解析为计算机名。
- -n count：设置要发送 ECHO 数据包数，用 count 表示，默认值为 4。
- -l size：发送缓存区的大小，由 size 指定，默认为 32 字节，最大值是 65527 字节。
- -f：在数据包中设置不分段标志，这样数据包就不会被路由上的网关分段。
- -i ttl：设置生存时间，由 ttl 指定。
- -v tos：设置服务类型，由 tos 指定。
- -r count：设置要记录的路由器的数目，由 count 指定，可以指定最少 1 台，最多 9 台计算机。
- -s count：设置时间戳的路由器数目，由 count 指定。
- -j computer-list：由 computer-list 指定的计算机列表（不严格按照列表顺序）作为 ping 数据包的路由路径。
- -k computer-list：由 computer-list 指定的计算机列表（严格按照列表顺序）作为 ping 数据包的路由路径。允许的最大数量为 9。
- -w timeout：指定超时间隔，单位为毫秒。默认为 1000 毫秒，即 1 秒。如果通过 ping 探测的远程系统经过长时间延迟的链路，则响应可能会花更长的时间才能返回，可以使用-w 选项指定更长时间的超时。
- destination-list：指定要测试的目的计算机的域名或 IP 地址。

使用 Ping 命令测试网络连通性的具体步骤如下。

（1）Ping 环回地址，验证是否在本地计算机上安装 TCP/IP 协议以及配置是否正确。执行命令 ping 127.0.0.1。如果不能成功，应安装和配置 TCP/IP 之后重新启动计算机。

（2）Ping 本地计算机，验证是否将当前计算机正确地添加到网络。

（3）Ping 默认网关，验证默认网关是否运行以及能否与同一网段上的主机通信。

（4）Ping 远程主机，验证能否通过路由器进行通信。如果有问题，可检查路由器配置，确认启用 IP 路由和路由器之间的连接正常。

 一般不允许 Ping 广播地址,防止所有接收主机都会响应发送方,并极有可能淹没它。目的节点也不响应发送到多播或广播地址的 ICMP 回送请求,防止淹没主机。

5.4.2 使用 Traceroute 跟踪路由

Tracert 是路由跟踪实用程序,用于确定 IP 数据包访问目的主机所采取的路径。Tracert 命令用 IP 生存时间(TTL)字段和 ICMP 错误消息来确定从一个主机到网络上其他主机的路由。Tracert 通过向目标发送不同 IP 生存时间(TTL)值的 ICMP 回送请求报文,来确定到目的地所采取的路由。Tracert 要求路径上的每个路由器在转发数据包之前至少将数据包上的 TTL 递减 1。当数据包上的 TTL 减为 0 时,路由器应该将 ICMP 已超时的报文发回源主机。其语法格式如下。

```
tracert [-d] [-h maximum_hops] [-j computer-list] [-w timeout] target_name
```

各选项、参数含义说明如下。

* -d:指定不将 IP 地址解析为计算机名称。
* -h maximum_hops:设置搜索目标的最大跃点数。
* -j computer-list:指定 tracert 数据包所采用路径中的路由器接口列表。
* -w timeout:设置每次应答的等待时间,由 timeout 表示,单位是微秒。
* target_name:目的计算机的名称或 IP 地址。

使用 Tracert 跟踪网络连接,Tracert 命令按顺序列出返回 ICMP 超时报文的路径中的近端路由器接口列表。如果使用-d 选项,则 Tracert 实用程序不在每个 IP 地址上查询 DNS,这将大大加快 Tracert 命令的运行速度,这对于解决大型网络的问题非常有用。

Tracert 扩展了 Ping 的功能,通过向目的地址发送具有不同生存时间的 ICMP 回送请求报文,来确定到达目的地的路由。Tracert 一般用来检测故障的位置或节点,确定网络路径究竟在哪个环节上出了问题。如图 5-19 所示,这是一个在 Windows 计算机上使用 Tracert 命令跟踪到某个站点的路由的例子。从查询结果可知数据包经历了 10 个路由器或网关才到达目的地。

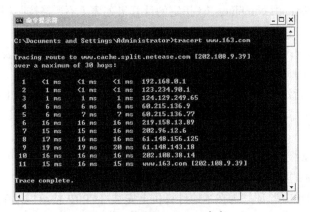

图 5-19 使用 Traceroute 命令

5.4.3 ICMP 安全问题

ICMP 既然可以作为管理员检测和诊断网络的工具,攻击者也就用它来搜集网络信息,为此一些企业会限制 ICMP 流量来确保安全。例如，攻击者可通过发送 Ping 数据包（ICMP 回送请求）到某个范围内的每一台主机并关注其应答信息，完成 IP 主机的探查。发现目标之后再进行端口扫描。下面列出常见的 ICMP 安全问题。

1. ICMP 重定向攻击

ICMP 能够用于操纵主机之间的网络流量。攻击者将流量重定向到自己的计算机上，完成任意数量的中间人攻击。攻击者对目标计算机器执行多种形式的网络攻击，例如，连接劫持、拒绝服务，并能够通过嗅探潜在地获取登录凭据。

2. ICMP 路由器发现

ICMP 路由器发现为攻击者提供了另一种中间人攻击方法，本地网段很容易受到攻击。在路由器发现过程中，通过发送路由器请求报文来确定到达攻击者计算机的路径。攻击者使用路由器应答欺骗目的主机，指明它自己的主机实际上是请求的中间路由器，而不是网段上的实际路由器。由于这个过程中不进行认证，接收方无法确定这个应答是伪造的。

3. 反向映射

ICMP 也让攻击者借助于反向映射来探测网络中的活动目标。当在攻击者与其潜在目标之间检测到过滤设备时，能够以非寻常方式查询路由设备，故意将数据包发送给空的网络地址。ICMP 是一个无状态协议，一旦接收到目的地为不存在主机的数据包，中间路由器将会放行该数据包通行（它并不知道更多的信息）。然而，一旦该数据包抵达内部路由器，该路由器对有效和可用网络地址知道更多，它将对每一个伪造请求立即以主机不可达报文作为应答。之后，攻击者可以从逻辑上推论出对应于活动主机的地址。

防止 ICMP 滥用对网络安全非常必要。

5.5　习　　题

1. 简述 ICMP 的主要特性。
2. ICMP 报文是如何封装的？
3. 简述 ICMP 报文首部格式。
4. 简述 ICMP 差错报告报文的数据区内容和用途。
5. ICMP 查询报文要解决什么问题？
6. ICMP 目的地不可达分为哪几个层次？
7. 简述 ICMP 重定向机制。
8. 简述 ICMP 回送与回送应答报文的实现机制。
9. 简述 ICMP 路由器发现与路由器通告的实现机制。
10. 使用 Ping 命令测试到某主机的连通性，并用 Wireshark 工具抓取数据包，验证相应的 ICMP 报文格式。

第6章
IP 路由

IP 数据报路由是 TCP/IP 协议的最重要功能之一。路由又称为路由选择，是为数据寻找一条从源到目的地的最优或次优路径的过程。本章首先介绍 IP 路由的基础知识，然后重点讲解 3 个主流的路由协议——RIP（路由信息协议）、OSPF（开放最短路径优先）和 BGP（边界路由协议）。RIP 是最简单的路由协议，适合中小型网络；OSPF 是目前应用最广，性能最好的内部网关协议，适合大中型网络；BGP 是事实上的 Internet 外部路由协议标准。

6.1　IP 数据报交付

在介绍路由之前，需要了解交付（Delivery）和转发（Foward）。所谓交付，是指将 IP 分组（数据报）交给底层网络处理的方式。所谓转发，是指交付到下一站的方式，由路由器将收到的数据报转给下一站。

向目的主机交付数据报的方式可以分为直接交付（Direct Delivery）和间接交付（Indirect Delivery）两种。直接交付是指直接将数据报传送到最终目的地。当源主机和目的主机位于同一个网络，或转发的数据到达最后一个路由器与目的主机之间，数据报可以直接交付。间接交付是指在源主机和目的主机位于不同网络时，数据报所经过的一些中间传送过程。两种方式的区别如图 6-1 所示。整个交付过程包括一个直接交付和零或多个间接交付，最后一次交付总是直接交付。

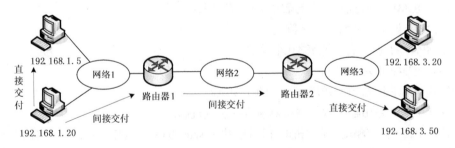

图 6-1　直接交付与间接交付

是直接交付还是间接交付，需要根据数据报的目的 IP 地址与源 IP 地址是否属于同一个子网来判断。发送方通过子网掩码提取接收方的网络地址，并与自己所在网络的网络地址进行比较，如果匹配，就直接交付，否则就间接交付。

在直接交付时，通过目的 IP 地址找出目的物理地址，将数据报封装成数据链路帧交付给数据链路层。地址映射是在目的 IP 地址与目的物理地址之间进行的。

在间接交付时，发送方通过目的 IP 地址和路由表来找出下一个路由器的 IP 地址，而数据报必须要交付到下一个路由器，使用 ARP 协议找出该路由器的物理地址。地址映射是在下一个路由器的 IP 地址与下一个路由器的物理地址之间进行的。

6.2 IP 路由

从数据传输过程看，路由是数据从一个节点传输到另一个节点的过程。在 TCP/IP 网络中，携带 IP 首部的数据报，沿着指定的路由传送到目的地。间接交付涉及转发，将数据报放到去往目的地的路由上。

6.2.1 IP 路由器

同一网络区段中的计算机可以直接通信，不同网络区段中的计算机要相互通信，则必须借助于路由器。路由器是在互联网络中实现路由功能的主要节点设备。典型的路由器通过局域网或广域网连接到两个或多个网络。路由器将网络划分为不同的子网（也有人将其称为网段），每个子网内部的数据包传送不会经过路由器，只有在子网之间传输数据包才经过路由器，这样提高了网络带宽的利用率。路由器还能用于连接不同拓扑结构的网络。

支持 TCP/IP 协议的路由器称为 IP 路由器。在 TCP/IP 网络中，IP 路由器在每个网段之间转发 IP 数据报，又叫 IP 网关。每一个节点都有自己的网关，IP 首部指定的目的地址不在同一网络区段中，就会将数据报传送给该节点的网关。如果网关知道数据报的去向，就将其转发到目的地。每一网关都有一组定义好的路由表，指明网关到特定目的地的路由。网关不可能知道每一个 IP 地址的位置，因此网关也有自己的网关，通过不断转发、寻找路径，直到数据报到达目的地为止。

6.2.2 IP 路由表

主机和路由器都靠路由表来确定数据流向。路由表又称为路由选择表，由一系列称为路由的表项组成，TCP/IP 协议使用 IP 路由表。当主机有数据报要发送时，或路由器收到数据报要进行转发时，就要查找路由表，找出到达目的地的路由。

1. 优化路由表

由于 Internet 规模太大，对每一个目的地都提供完整的传输路径显然不太现实，而应使用尽可能少的信息实现路由选择，为此采用以下解决方案。

一是在路由表中将目的地址设置为网络地址而非主机地址，同一网络上的所有主机作为一表项，以节约路由表的存储空间，提高查表效率。这样路由表的大小只与网络的个数有关，与每个网络的大小（包含的主机数多少）无关。

二是在路由表中只保留到达目的地的下一跳路由，而非全部路径，以简化路由表，让每个路由器独立选择路径。这样从一个节点到另一个节点的路径可能有多条，只有最后一个路由器才知道目的主机是否存在。

2. IP 路由表结构

IP 路由表实际上是相互邻接的网络 IP 地址的列表。表 6-1 给出了路由表的一般结构。

表 6-1   路由表结构

目的地址	子网掩码	下一跳地址	转发接口	路由度量

路由表中各字段的含义如下。

- 目的地址：一般为目的网络的地址。需要子网掩码来配套确定。
- 子网掩码：用于提取数据报目的 IP 地址所对应的网络地址。
- 下一跳地址（网关地址）：转发数据报的 IP 地址，一般就是下一个路由器的地址。在路由表中查到目的地址后，将数据报发送到此 IP 地址，由该地址的路由器接收。该地址可以是本机网卡的 IP 地址，也可以是同一子网的路由器的地址。
- 转发接口：指定转发数据报的网络接口，也就是要路由的数据报从哪个接口转发出去。一般填写该接口的 IP 地址。
- 路由度量（Metric）：指路由数据报到达目的地址所需的相对成本。典型的度量标准指到达目的地址所经过的路由器数目，此时又常常称为路径长度，或称跳数、跃点数（Hop Count），本地网内的任何主机，包括路由器，值为 1，每经过一个路由器，该值再增加 1。如果到达同一目的地址有多个路由，度量标准值低的为最佳路由，优先选用。

例如，每台安装 TCP/IP 协议的 Windows 计算机中都有一份路由表，可使用 route print 命令查看当前的路由表，结果如图 6-2 所示。

图 6-2   主机路由表

与路由表相关的操作包括两类，一类是路由表的使用，即根据路由表进行路由选择；另一类是路由表的建立与刷新。

6.2.3   特定主机路由与默认路由

通常设置路由目的地为网络地址，即网络路由。也可将路由目的地设置为某主机地址，为某台主机单独指定一条路由，这就是特定主机路由（Host-specific Route）。特定主机路由的目的地址为该主机的 IP 地址，子网掩码为 255.255.255.225。主机路由可以让管理员实现更多控制，在某些情况下作为一种安全措施。

如果在路由表中没有找到其他路由，则使用默认路由（Default Route）。默认路由简化了主机的配置。默认路由的目的地址和网络掩码均为 0.0.0.0。默认路由使路由表变得很小，而且隐藏大量的网络路由信息。在 TCP/IP 协议配置中,一般将默认路由称为默认网关。

6.2.4　路由解析

主机和路由器在发送数据报时,其 IP 层的 IP 模块要根据数据报中的目的 IP 地址和路由表完成下面的路由解析算法。

(1)从数据报中提取目的 IP 地址,将路由表中的子网掩码与该 IP 地址进行"与"操作,将得到的结果与路由表中对应的目的 IP 地址进行匹配。

(2)如果是特定主机路由,则将数据报送往对应的下一跳路由器或直接相连的目的主机。如果是网络地址,则将数据报送往该网络对应的下一跳路由器或直接相连的目的主机。

(3)如果没有相匹配的主机地址或网络地址,则查看路由表中是否有默认路由项,默认路由项的掩码为全 0,只要默认路由项存在,逻辑与操作的结果就必然与默认地址(0.0.0.0)相匹配,则将数据报送往默认路由器。

(4)如果路由表中没有默认路由项,则丢弃数据报,然后产生网络不可达的 ICMP 出错报文。

6.2.5　路由选择过程

路由功能就是指选择一条从源到目的地的路径,并进行数据包转发。当一个节点接收到一个数据包时,查询路由表,判断目的地址是否在路由表中,如果在路由表中,则直接发送给该网络,否则转发给其他网络,直到最后到达目的地。了解路由选择过程是理解路由的关键。为描述路由过程,以下给出如图 6-3 所示的示意图,源主机 A1 到目的主机 C1 共有以下两条路径,第 1 条路径较短,第 2 条路径较长。

- 第 1 条路径:主机 A1→路由器 1→路由器 2→主机 C1(3 个子网,2 个路由器)。
- 第 2 条路径:主机 A1→路由器 1→路由器 3→路由器 4→主机 C1(4 个子网,3 个路由器)。

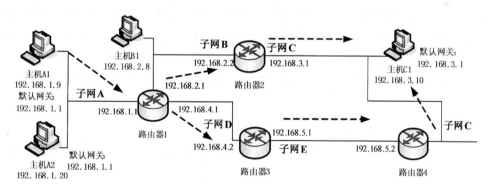

图 6-3　主机 A1 到主机 C1 的路由过程(箭头表示路由)

关于路由器的路由配置,这里以路由器 1 为例,其主要路由表项见表 6-2。

结合上述配置信息描述源主机 A1 要向目的主机发送数据包的路由选择过程如下。

(1)源主机比较自己的 IP 地址与子网掩码,确定源主机的网络 ID 为 192.168.1.0。

(2)源主机比较目的主机 C1 的 IP 地址和子网掩码,确定其网络 ID 为 192.168.3.0。

(3)源主机在自己的路由表中查询目的主机的网络 ID,发现表中没有与该网络 ID 匹配的路由,启用默认路由,将数据包通过网卡发送到路由器 1 的地址为 192.168.1.1 的网卡。

如果发现完全匹配的路由项,则通过网卡将数据包发往指定的网关。如果目的主机与源主机的网络 ID 相同，表示位于同一子网内，例如，目的主机为 A2，源主机路由表中也有相应的路由项，网关和接口都是本机网卡，直接发送到目的主机。

表 6-2 　　　　　　　　　　　路由器 1 的主要路由表项

目的地址	网络掩码	网　关	接　　口	路由度量
192.168.1.0	255.255.255.0	192.168.1.1	192.168.1.1	1
192.168.2.0	255.255.255.0	192.168.2.1	192.168.2.1	1
192.168.3.0	255.255.255.0	192.168.2.2	192.168.2.1	2
192.168.3.0	255.255.255.0	192.168.4.2	192.168.4.1	3
192.168.4.0	255.255.255.0	192.168.4.1	192.168.4.1	1
192.168.5.0	255.255.255.0	192.168.4.2	192.168.4.1	2

（4）路由器 1 接收到源主机发送的数据包，在路由表中查询目的主机的网络地址，这里有 2 条通往网络 192.168.3.0 的路径，其中网关为 192.168.2.2（路由器 2）的跃点数值小，优先采用，将数据包通过接口 192.168.2.1 转发到路由器 2。

如果网关 192.168.2.2 出现故障，表示此路径不通，再尝试跃点数值大的路由项，通过接口 192.168.4.1 将数据包转发到网关 192.168.4.2（路由器 3）。

假如目的主机为 B1，将直接将数据包通过接口 192.168.2.1 发送到 192.168.2.8。

（5）路由器 2 接收到路由器转发的数据包，也会在自己的路由表中查询目的主机的网络地址，其中有 1 条通往网络 192.168.3.0 的路径，其中网关为 192.168.3.1（路由器 2 本身），说明目的主机与路由器 2 位于同一子网，将数据包通过接口 192.168.3.1 直接发送到目的主机 192.168.3.10。

如果到达目的主机还要经过其他路由器，只需通过路由表获知下一路由器的地址，再由路由器转发，直至到达目的主机。

从上述路由选择过程来看，如果按路由发送数据包，经过的节点出现故障，或者指定的路由不准确，数据包就不能到达目的地。位于同一子网的主机（或路由器）之间采用广播方式直接通信，只有不在同一子网中，才需要通过路由器转发。路由器至少有 2 个网络接口，同时连接到至少 2 个网络。对大部分主机来说，路由选择很简单，如果目的主机位于同一子网，就直接将数据包发送到目的主机，如果目的主机位于其他子网，就将数据包转发给同一子网中指定的网关（路由器）。

6.3　路由协议

配置路由信息主要有两种方式：手动指定（静态路由）和自动生成（动态路由）。动态路由是通过路由协议（Routing Protocols）来实现的。路由协议是特殊类型的协议，能跟踪路由网络环境中所有的网络拓扑结构。它们动态维护网络中与其他路由器相关的信息，并依此预测可能的最优路由。

6.3.1　静态路由与动态路由

1. 静态路由

当网络的拓扑结构或链路的状态发生变化时，网络管理员要手工修改路由表中相关的静态路由信息。静态路由的主要优点有：完全由管理员精确配置，网络之间的传输路径预先设计好；路由器之间不需进行路由信息的交换，相应的网络开销较小；网络中不必交换路由表信息，安全保密性高。

静态路由的不足也很明显，对于因网络变化而发生的路由器增加、删除、移动等情况，无法自动适应。要实现静态路由，必须为每台路由器计算出指向每个网段的下一个跃点，如果规模较大，管理员将不堪重负，而且还容易出错。

静态路由的网络环境设计和维护相对简单，非常适用于那些路由拓扑结构很少有变化的小型网络环境。有时出于安全方面的考虑也可以采用静态路由。

2. 动态路由

动态路由通过路由协议在路由器之间相互交换路由信息，自动生成路由表，并根据实际情况动态调整和维护路由表。路由器之间通过路由协议相互通信，获知网络拓扑信息。路由器的增加、移动以及网络拓扑的调整，网络中的路由器都会自动适应。如果存在到目的站点的多条路径，其中一条路径发生中断，路由器能自动选择另外一条路径传输数据。

动态路由的主要优点是伸缩性和适应性，具有较强的容错能力。其不足之处在于：复杂程度高，频繁交换的路由信息增加了额外开销，这对低速连接来说无疑难以承受。

动态路由适用于复杂的中型或大型网络，也适用于经常变动的互联网络环境。

动态路由是通过路由协议来实现的。路由协议也称为路由选择协议，通过在路由器之间不断地转发路由更新信息，用来建立和维护路由表，使路由器能够依据路由表转发数据包。

在实际应用中，有时采用静态路由和动态路由相结合的混合路由方式。一种常见的情形是主干网络上使用动态路由，分支网络和最终用户使用静态路由；另一种情形是高速网络上使用动态路由，低速连接的路由器之间使用静态路由。

6.3.2　内部网关协议和外部网关协议

要进一步了解路由，还应了解自治系统这个概念。大型网络都被分解成为多个自治系统（Autonomous System，AS）。每个自治系统被看成是一个进行自我管理的互联网络，也就是独立的互联网络实体，一个自治系统只负责管理自己内部的路由。自治系统之间不能共享彼此的内部路由信息。整个 Internet 就是许多自治系统通过边界路由协议连接起来的超级互联网络。

按作用范围，路由协议可分为内部网关协议和外部网关协议。

1. 内部网关协议

内部网关协议（Interior Gateway Protocol，IGP），用于自治系统内部，协议实现简单，系统开销小，不适用于特大网络。主要的内部网关协议如下。

- 开放最短路径优先（Open Shortest Path First，OSPF）
- 路由信息协议（Routing Information Protocol，RIP）
- 内部网关路由协议（Interior Gateway Routing protocol，IGRP）
- 增强的内部网关路由协议（Enhanced Interior Gateway Routing Protocol，EIGRP）
- IS-IS 路由协议

这类协议也称为域内路由协议（Intra-Domain Routing Protocol）。在路由配置中用得最多的是内部网关协议。

2. 外部网关协议

外部网关协议（Exterior Gateway Protocol）简称 EGP，工作在自治系统之间，实现自治域系统之间的通信。它针对特大规模网络，复杂程度高，系统开销大，最流行的是边界路由协议（BGP），它是 Internet 上互联网络使用的外部网关协议。还有一个协议，名称就是外部网关协议（Exterior Gateway Protocol，EGP），已经很少用了。

这类协议也称为域间路由协议（Inter-Domain Routing Protocol）。

6.3.3　距离向量路由协议和链路状态路由协议

按路由信息交换方法，路由协议可分为距离向量路由协议和链路状态路由协议。

1. 距离向量路由协议

距离向量（Distance-Vector）路由协议只与直接连接到网络中的路由器交换路由信息，各个路由器都将信息转发到直接邻接的路由器。交换的路由信息网络链路的距离向量，主要就是在路由表中包括到达目的网络所经过的距离和到达目的网络的下一跳地址。运行距离向量协议的路由器会根据相邻路由器发送过来的信息，更改自己的路由表。RIP 是典型的距离向量协议，适合中小型网络。BGP 是改进的距离向量路由协议，使用路径向量。

2. 链路状态路由协议

链路状态（Link State）路由协议的目的是得到整个网络的拓扑结构。每个运行链路状态路由协议的路由器都要提供链路状态的拓扑结构信息，并配合网络拓扑结构的变化及时修改路由配置，以适应新的路由选择，非常适合中大型网络。OSPF 是典型的链路状态路由协议。

6.4　RIP 协议

RIP 是一种较为简单的内部网关协议，主要用于规模较小的网络中，如校园网以及结构较为简单的园区网络。对于更为复杂的环境和大型网络，一般不使用 RIP。RIP 属于距离向量路由协议，只同相邻的路由器互相交换路由表，交换的路由信息也比较有限，仅包括目的网络地址、下一跳地址以及路由距离。由于 RIP 的实现较为简单，在配置和维护管理方面容易，因此在实际组网中仍有应用。

6.4.1　RIP 概述

1. RIP 的特点

RIP 的最大优点是配置和部署相当简单。RIP 的最大缺点是不能将网络扩大到大型或特大型互联网络。RIP 路由器使用的最大跃点计数是 15 个，16 个跃点或更大的网络被认为是不可达到的。当互联网络的规模变得很大时，每个 RIP 路由器的周期性通告可能导致大量的通信。另一个缺点是需要较高的恢复时间。互联网络拓扑更改时，在 RIP 路由器重新将自己配置到新的互联网络拓扑之前，可能要花费几分钟时间。互联网络重新配置自己时，路由循环可能出现丢失或无法传递数据的结果。

2. RIP 的版本

RIP 目前有两个版本：RIP 版本 1（RIP-1）和 RIP 版本 2（RIP-2），分别由 RFC 1058 和 RFC 2453 定义。两个版本的比较见表 6-3。

RIP-2 有两种报文传送方式：广播和多播，默认采用多播方式发送报文，使用的多播地址为 224.0.0.9。当接口运行 RIP-2 广播方式时，也可接收 RIP-1 的报文。RIP-2 还支持路由标记，在路由策略中可根据路由标记对路由进行灵活的控制。

表 6-3 　　　　　　　　　　　　RIP-1 和 RIP-2 的比较

RIP-1	RIP-2
有类别路由协议（Classful Routing Protocol）	无类别路由协议（Classless Routing Protocol）
广播方式发布、更新协议报文	广播方式或多播方式发布、更新协议报文
无法携带掩码信息，只能识别 A、B、C 类网段的路由，不支持不连续子网	携带掩码信息，支持路由聚合和 CIDR（无类域间路由）
仅允许定时更新	支持定式更新和触发器更新
不支持认证	支持认证
所有路由器自动进行相互通信	支持不同的路由域

RIP-1 在提供路由信息方面做得很好。但是，它存在两个主要缺点，一是不支持变长子网掩码，而是要花费太多的时间完成汇聚。升级到 RIP-2 可以解决第一个问题。使用 OSPF 进行替代则可以解决第二个问题。

6.4.2　RIP 工作原理

RIP 是一种基于距离向量算法的协议，它通过 UDP 进行路由信息的交换，使用的端口号为 520。

1.　RIP 实现机制

每个运行 RIP 的路由器管理一个路由数据库，该路由数据库包含了到所有可达目的地的路由项。

RIP 使用跳数来衡量到达目的地址的距离，跳数称为度量值。在 RIP 中，路由器到与它直接相连网络的跳数为 0，通过与其相连的路由器到达另一个网络的跳数为 1，其余依此类推。为防止出现路由环路，RIP 规定度量值不能超过 15，大于或等于 16 时表示路径不存在。在路由环路发生时，某条路由的度量值将被设置为 16，该路由被认为不可达。由于这个限制，RIP 不适合应用于跳数较多的大型网络。

遇到相同的路由度量值，即某一网络存在多条相同跳数的路径时，RIP 路由器采用先入为主的原则，以最先收到的路径广播报文来决定下一跳，后来收到的相同距离的路径信息不会造成对以前路由的刷新。

为解决失效路径问题，RIP 协议为每条路由设置一个定时器。如果系统发现某一条路由在 6个周期内没有收到与它相关的更新信息，就将该路由的度量值设置成 16，并标注为删除。标注后并不立即删除，以便传播该路由的失效信息，需要再过一段时间，才将该路由从路由表中删除。

为提高性能，防止产生路由环路，RIP 支持水平分割（Split Horizon）和毒性逆转（Poison Reverse）功能。为加强毒性逆转的效果，通常将它和触发更新（Trigged Update）技术结合使用，触发更新是指一旦检测到路径失效，立即广播路径并更新报文。

2.　RIP 路由表交换过程

如图 6-4 所示，RIP 路由器之间不断交换路由表，直至饱和状态。整个过程如下。

（1）开始启动时，每个 RIP 路由器的路由选择表只包含直接连接的网络的路由。例如，路由器 1 的路由表只包括网络 A 和 B 的路由，路由器 2 的路由表只包括网络 B、C 和 D 的路由。

（2）RIP 路由器周期性地发送通告，向邻居路由器发送路由信息。很快，路由器 1 就会获知路由器 2 的路由表，将网络 B、C 和 D 的路由加入自己的路由表，路由器 2 也会进一步获知路由器 3 和路由器 4 的路由表。

（3）随着 RIP 路由器周期性地发送通告，最后所有的路由器都将获知到达任一网络的路由。此时，路由器已经达到饱和状态。

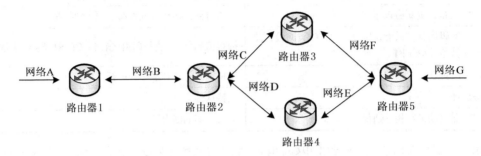

图 6-4　RIP 路由器之间交换路由表（箭头表示交换方向）

除了周期性通告之外，RIP 路由器还可以通过触发更新对路由信息进行通信。当网络拓扑更改以及发送更新的路由选择信息时，触发更新发生以反映那些更改。使用触发更新，将立即发送更新的路由信息，而不是等待下一个周期的通告。例如，路由器检测到连接或路由器失败时，它将更新自己的路由表并发送更新的路由，每个接收到触发更新的路由器修改自己的路由表，并向相邻路由器通告更改过的路由。

6.4.3　RIP 报文格式

RIP 协议传输的数据单元称为 RIP 报文。它封装在 UDP 用户数据报中传输。RIP 报文可以分请求报文和响应报文两种类型。

1．RIP-1 报文格式

RIP 报文由首部（Header）和多个路由表项（Route Entries）两部分组成。在一个 RIP 报文中，最多可以有 25 个路由表项。RIP-1 的报文格式如图 6-5 所示。

0	15 16	31
命令	版本	保留，必须为0
地址族标识符		保留，必须为0
IP地址		
保留，必须为0		
保留，必须为0		
路由度量		

图 6-5　RIP-1 报文格式

各字段说明如下。

● 命令（Command）：指示报文的类型。值为 1 时表示请求（Request）报文，值为 2 表示响应（Response）报文。

● 版本（Version）：指示 RIP 的版本号。对于 RIP-1 来说其值为 0x01。

● 地址族标识符（Address Family Identifier，AFI）：定义使用 RIP 的网络协议（被路由的协议）。其值为 2 表示 IP 协议，指明 IP 正在使用 RIP 协议。

● IP 地址：指示该路由的目的 IP 地址（被通告的 IP 地址），可以是网段地址、子网地址或主机地址。

● 路由度量（Metric）：表示路由的度量值，指明上述 IP 地址字段中地址的距离（跳数）。指明了抵达被通告网络的距离，以跳数为单位。这个字段不用在请求数据包中。

当 RIP-1 路由器启动时，它们发送有关自己直接连接网络的 RIP 通告。接着，路由器发送 RIP 请求来标识其他网络。这两个步骤被用于构建路由表。

2. RIP-2 报文格式

RIP-2 的报文格式与 RIP-1 类似，如图 6-6 所示。

0		15 16	31
命令	版本	保留	
地址族标识符		路由标记	
IP地址			
子网掩码			
下一跳			
路由度量			

图 6-6　RIP-2 报文格式

与 RIP-1 不同的字段说明如下。

● 版本（Version）：对于 RIP-2 来说其值为 0x02。

● 路由标记（Route Tag）：用于指明后跟的路由信息是内部路由记录项（从这个路由区域的内部接收到）、还是外部路由记录项（通过这个路由区域之外的另一个内部网关 IGP 或外部网关 EGP 获悉）。

● 子网掩码（Subnet Mask）：表示目的地址的掩码，即与被通告 IP 地址相关联的子网掩码。

● 下一跳（Next Hop）：用于将另一个路由器与一个路由记录项关联起来。如果为 0.0.0.0，则表示发布此条路由信息的路由器地址就是最优下一跳地址，否则表示提供了一个比发布此条路由信息的路由器更优的下一条地址。

3. RIP-2 认证报文

RIP-2 为了支持报文认证，使用第一个路由表项（Route Entry）作为认证项，并将 AFI 字段的值设为 0xFFFF 以标识该报文携带认证信息，如图 6-7 所示。

0		15 16	31
命令	版本	保留	
0xFFFF		认证类型	
认证 16字节			

图 6-7　RIP-2 的认证报文格式

其中认证类型（Authentication Type）字段指示认证类型，值为 2 时表示明文认证，值为 3 时表示 MD5 认证。认证（Authentication）字段用于提供认证用数据，当使用明文认证时，包含密码信息；当使用 MD5 认证时，包含密钥 ID、MD5 验证数据长度和序列号的信息。

6.5 OSPF 协议

RIP 受限于最大路径长度 15，因此不能满足大型网络的要求，而开放最短路径优先（Open Shortest Path First，OSPF）协议是一个能够解决此问题的内部网关协议。OSPF 设计用于在大型或特大型互联网络中交换路由信息，最多可支持几百台路由器。OSPF 的最大优点是效率高，要求很小的网络开销，适应范围广，可以说是目前应用最广、性能最好的路由协议。OSPF 比较复杂，需要正确的规划，配置和管理有一定的难度。到目前为止，OSPF 有 3 个版本，最版本 OSPFv3 用于 IPv6，针对 IPv4 协议使用的是 OSPFv2。OSPFv2 经过多次修改，最新的规范文档是 RFC 2328。下面以该文档为基础来讲解 OSPF 协议。

6.5.1 OSPF 区域划分与路由聚合

OSPF 是典型的链路状态路由协议。OSPF 路由器与每台路由器通信，从而获知整个互联网络的拓扑结构，根据网络拓扑结构来选择路由。OSPF 支持区域划分与路由聚合，以提高效率，减少开销。

1. 区域划分

RIP 是一个典型的扁平结构，如果有 100 个网段，路由表中就需要有 100 条路由信息，RIP 不能定义主干网络，也不能将网络进行分区，整个网络没有主次之分。

OSPF 则是一个典型的层次体系结构。它将整个互联网络作为一个独立的自治系统（Autonomous System，AS），对其进行分区，以区域为单位来管理路由器。每个区域由位于同一自治系统中的一组网络、主机和路由器构成。每个路由器属于一个特定区域，划分若干区域可降低每个路由器的路由表开销，各区域只要管理自己的路由器组。每个区域都有编号，区域号（Area ID）是整个自治系统中唯一的 32 位数值，用 IP 格式表示。通常有一个称为主干的特殊区域，即主干区域，表示为 0.0.0.0，区域号是 0。其他区域即为分支区域。所有分支区域必须与主干区域保持连通，主干区域自身也必须保持连通。

OSPF 的层次结构如图 6-8 所示。

在区域的边界定义一个区域边界路由器（Area Border Router，ABR），边界路由器汇总该区域的信息，并将该信息送往主干区域。区域边界路由器同时是 OSPF 主干和相连区域的成员，维护着描述主干拓扑和其他区域拓扑的路由表。理论上每个路由器都应知道到达任一网络的路由，由于边界路由器能够对自己所在的区域进行路由总结，得出路由和子网信息，并向主干区域提供这些信息。

2. OSPF 路由器的类型

如图 6-9 所示，根据在自治系统中的不同位置和层次，可以将 OSPF 路由器分为以下 4 种类型。

* 区域内路由器（Internal Router）：该类路由器的所有接口都属于同一个 OSPF 区域。

* 区域边界路由器（Area Border Router，ABR）：该类路由器可以同时属于两个以上的区域，但其中一个必须是主干区域。ABR 用来连接主干区域和分支区域，它与主干区域之间既可以是物理连接，也可以是逻辑上的连接。

* 主干路由器（Backbone Router）：又称骨干路由器，至少有一个接口属于主干区域。因此，所有的 ABR 和位于主干区域的内部路由器都是主干路由器。

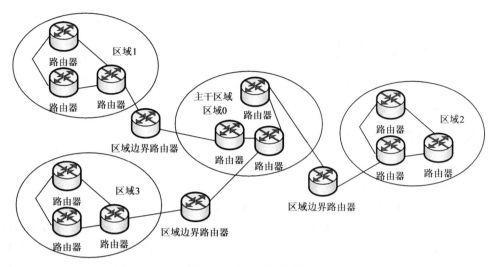

图 6-8　OSPF 的层次结构

- 自治系统边界路由器（Autonomous System Border Router，ASBR）：与其他自治系统交换路由信息的路由器称为 ASBR。ASBR 并不一定位于自治系统的边界，它有可能是区域内路由器，也有可能是区域边界路由。只要一台 OSPF 路由器引入了外部路由的信息，它就成为 ASBR。

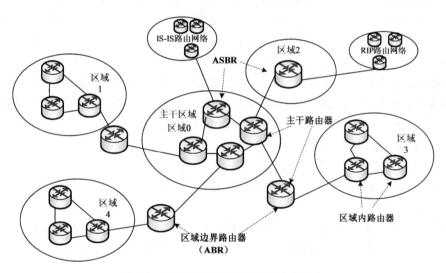

图 6-9　OSPF 路由器类型（位置和层次）

3. 路由分级

OSPF 将路由分为 4 种级别，按照优先级从高到低的顺序依次为区域内路由（Intra Area）、区域间路由（Inter Area）、第一类外部路由（Type1 External）和第二类外部路由（Type2 External）。

区域内和区域间路由描述的是自治系统内部的网络结构，外部路由则用于选择到自治系统以外目的地址的路由。第一类外部路由的可信程度较高，到第一类外部路由的开销等于本路由器到相应的 ASBR 的开销与 ASBR 到该路由目的地址的开销之和。第二类外部路由路由的可信度比较低，从 ASBR 到自治系统之外的开销远远大于在自治系统之内到达 ASBR 的开销。

4. 路由聚合

路由聚合是指边界路由器（ABR 或 ASBR）将具有相同前缀的路由信息聚合，只发布一条路由到其他区域。自治系统划分成不同的区域后，区域间可以通过路由聚合来减少路由信息，减小路由表的规模，提高路由器的处理速度。

例如，某个分支区域有 3 条区域内路由 10.1.1.0/24、10.1.2.0/24 和 10.1.3.0/24，如果其中的路由器上配置有路由聚合，则会将这 3 条路由聚合成一条路由 10.1.0.0/16，再生成一条聚合后的链路状态信息通告给主干区域中的其他路由器。

6.5.2　OSPF 路由计算

OSPF 使用最短路径优先算法来计算路由表中的路由。这种算法计算路由器和所有互联网络之间的最短路径（即所需的最低成本或开销）。

1. 链路状态通告（LSA）与链路状态数据库（LSDB）

OSPF 是一个链路状态协议。链路状态通告（Link State Advertisement，LSA）又叫链路状态数据包（Link State Advertisement Packet，LSP），是链接状态协议使用的一个数据包，它包括有关邻居和路径成本的信息。链路状态数据库（Link State Database，LSDB）是根据 LSA 信息来建立的专用数据库，包含区域中每个路由器连接到的所有网络的表项，用来同步 OSPF 路由器和计算路由表中的路由信息。

OSPF 中对链路状态信息的描述都是封装在 LSA 中发布的。每个路由器测试与其邻居路由器相连链路的状态，据此对每台路由器链路都会生成一个 LSA，LSA 用于标识该链路、链路状态、路由器接口到链路的路由度量值，以及链路所连接的所有邻居。然后 OSPF 将 LSA 发送给其他邻居，其他邻居在收到 LSA 后再将依次向它自己的邻居转发这些 LSA，直到自治系统的所有路由器都收到该 LSA，这个过程就是泛洪（Flooding）。

每个路由器都将接收这些 LSA，并将 LSA 写入到一个链路状态数据库中。当一个区域的网络拓扑结构发生变化时，链路状态数据库就会被更新。每 10 秒钟评估一次链路状态数据库，如果区域的拓扑结构没有改变，链路状态数据库也就不会有任何改动。

2. OSPF 路由的计算过程

OSPF 协议路由的计算过程简介如下。

（1）每台 OSPF 路由器根据自己周围的网络拓扑结构生成 LSA，并通过更新报文将 LSA 发送给网络中的其他 OSPF 路由器。

（2）每台 OSPF 路由器都会收集其他路由器通告的 LSA，所有的 LSA 放在一起便组成了 LSDB。LSA 是对路由器周围网络拓扑结构的描述，LSDB 则是对整个自治系统的网络拓扑结构的描述。

（3）OSPF 路由器将 LSDB 转换成带权有向图，该图是对整个网络拓扑结构的真实反映。各个路由器得到的有向图完全相同。

（4）每台路由器根据有向图，使用最短路径优先（Shortest Path First，SPF）算法计算出一棵以自己为根的最短路径树，这棵树给出了到自治系统中各节点的路由。每台路由器负责维护它自己的 SPF 树，在建立了 SPF 树之后，就可以构造路由表了。

对互联网络拓扑的更改总是能被有效地通知到整个互联网络，以保证每个路由器上的链接状态数据库总是同步且准确的。一旦接收到链接状态数据库更改，就要重新计算路由表。

6.5.3　OSPF 网络类型与指定路由器

对于不同链路层协议，OSPF 网络采用不同的数据包发送方式。在广播网络或非广播多路访问中，OSPF 还需要指定路由器。

1. OSPF 网络类型

根据下层所用的链路层协议类型，可将 OSPF 网络分为以下 4 种类型。

*   广播（Broadcast）：当链路层协议是以太网或 FDDI 时，OSPF 默认的网络类型是广播，通常以多播（组播）形式发送协议数据包，所用的多播地址是 224.0.0.5 和 224.0.0.6。以多播地址发送协议数据包，可以减少对其他设备的干扰。

*   非广播多路访问（Non-Broadcast Multi-Access，NBMA）：当链路层协议是帧中继、ATM 或 X.25 时，OSPF 默认网络类型是 NBMA，以单播形式发送协议数据包。

*   点到点（Point-to-Point，P2P）：当链路层协议是 PPP 或 HDLC 时，OSPF 默认的网络类型是 P2P，以多播形式（地址为 224.0.0.5）发送协议数据包。

*   点到多点（Point-to-MultiPoint，P2MP）：由其他 OSPF 网络类型强制更改的一种类型。通常将 NBMA 改为 P2MP 网络。在这种类型的 OSPF 网络中，以多播形式（地址为 224.0.0.5）发送协议数据包。

2. 指定路由器（DR）

在广播网络和 NBMA 网络中，任意两台路由器之间都要交换路由信息。邻近的 OSPF 路由器只有形成邻接关系后才能交换和共享路由信息，如果网络中有 n 台路由器，则需要建立 $n(n-1)/2$ 个邻接关系，这使得任何一台路由器的路由变化都会导致多次传递，造成资源浪费。为此 OSPF 协议定义了指定路由器（Designated Router，DR），先让所有路由器都只将信息发送给指定路由器，然后由指定路由器将网络链路状态信息发送出去。

如果指定路由器出现问题，则网络中的路由器必须重新推选指定路由器，并让链路状态信息与新的指定路由器同步。这就需要较长时间，从而影响路由的计算。为缩短这个过程，OSPF 又定义了备份指定路由器（Backup Designated Router，BDR）。它实际上是对指定路由器的一个备份，当指定路由器失效后，它会立即转换为指定路由器。

6.5.4 OSPF 数据包

在 RFC 2328 中，将 OSFP 协议传输的协议数据单元称为 OSPF 数据包（OSPF Packets），也有称 OSPF 报文的。

1. OSPF 数据包类型

OSPF 共有以下 5 种类型的协议数据包。

*   问候（Hello）数据包：周期性发送，用来发现和维持 OSPF 邻居关系以及指定路由器或备份指定路由器的选举。这是最常用的一种数据包，内容包括一些定时器的数值、指定路由器、备份指定路由器以及已知的邻居。

*   数据库描述（Database Description，DD）数据包：描述了本地 LSDB 中每一条 LSA 的摘要信息，用于两台路由器进行数据库同步。内容包括 LSDB 中每一条 LSA 的首部（LSA 首部可以唯一标识一条 LSA）。LSA 首部只占一条 LSA 的整个数据量的一小部分，可以减少路由器之间的协议数据包流量，对方路由器根据 LSA 首部就可以判断出是否包含有某条 LSA。

*   链路状态请求（Link State Request，LSR）数据包：向对方请求所需的 LSA，内容包括所需要的 LSA 的摘要。两台路由器互相交换过数据库描述数据包之后，知道对方的路由器有哪些 LSA 是本地 LSDB 所缺少的，需要发送该数据包向对方请求所需的 LSA。

*   链路状态更新（Link State Update，LSU）数据包：向对方发送其所需要的 LSA。

• 链路状态确认（Link State Acknowledgment，LSAck）数据包：用来对收到的 LSA 进行确认。内容是需要确认的 LSA 的首部。一个数据包可对多个 LSA 进行确认。

在 OSPF 中，邻居（Neighbor）和邻接（Adjacency）是两个不同的概念。邻近的 OSPF 路由器只有形成邻接关系后才能交换和共享路由信息。OSPF 路由器启动后，通过 OSPF 接口向外发送问候数据包，收到该数据包的 OSPF 路由器会检查数据包中所定义的参数，如果双方一致就会形成邻居关系。形成邻居关系的双方不一定都能形成邻接关系，只有当双方成功交换数据库描述数据包，交换 LSA 并达到 LSDB 的同步之后，才形成真正意义上的邻接关系。

2．OSPF 数据包结构

OSPF 数据包直接封装为 IP 数据报，其协议号为 89。OSPF 数据包包括首部和数据两个部分，数据部分可能包括 LSA 数量、LSA 首部或 LSA 数据。

3．OSPF 首部

5 种类型的 OSPF 数据包拥有相同的数据包首部，首部格式如图 6-10 所示。

0		15 16	31
版本	类型		数据包长度
路由器ID			
区域ID			
校验和		认证类型	
认证			

图 6-10　OSPF 数据包首部

主要字段说明如下。

• 版本（Version）：OSPF 的版本号。对于 OSPFv2 来说，其值为 2。

• 类型（Type）：OSPF 数据包的类型。数值从 1 到 5，分别对应 Hello 数据包、DD 数据包、LSR 数据包、LSU 数据包和 LSAck 数据包。

• 数据包长度（Packet length）：包括首部在内的 OSPF 数据包的总长度，以字节为单位。

• 路由器 ID（Area ID）：发送该数据包的路由器的 ID。

• 区域 ID（Area ID）：发送该数据包的路由器所在的区域 ID。

• 校验和（Checksum）：对整个 OSPF 数据包的校验和。

• 认证类型（AuType）：可分为不认证、简单口令认证和 MD5 验证，其值分别为 0、1、2。

• 认证（Authentication）：其值根据认证类型而定。当认证类型为 0 时未作定义；类型为 1 时为密码信息；类型为 2 时包括密钥 ID、MD5 认证数据长度和序列号的信息。注意 MD5 认证数据添加在 OSPF 数据包后面，并不包含在认证字段中。

4．问候（Hello）数据包格式

问候数据包格式如图 6-11 所示。

主要字段简介如下。

• 网络掩码（Network Mask）：发送问候数据包的接口所在网络的掩码。

• 问候间隔（HelloInterval）：发送问候数据包的时间间隔。

• 选项（Options）：路由器所支持的能力。请参见后面的讲解。

• 路由器优先级（Rtr Pri）：用来选择指定路由器。如果设置为 0，则该路由器接口不能成为

指定路由器或备份指定路由器。

图 6-11 OSPF 问候数据包格式

- 路由器失效间隔（Router Dead Interval）：如果在该时间内未收到邻居发来的问候数据包，则认为邻居路由器失效。
- 指定路由器（Designated Router）：设置指定路由器的接口的 IP 地址。
- 备份指定路由（Backup Designated Router）：设置备份指定路由器的接口的 IP 地址。
- 邻居（Neighbor）：邻居路由器的 ID。这是一个可重复的 32 位字段，它定义已经同意成为该发送路由器的邻居路由器，也就是目前所有邻居的列表，发送路由器已经收到了来自这些邻居发来的问候数据包。

如果两台相邻路由器的网络掩码、问候间隔、失效时间有一项不同，则它们之间就不能建立邻居关系。同一网段中所有的路由器根据路由器优先级、路由器 ID 通过问候数据包选举指定路由器和备份指定路由器，只有优先级大于 0 的路由器才具有选举资格。当处于同一网段的两台路由器同时宣布自己是指定路由器时，路由器优先级高者胜出；如果优先级相等，则路由器 ID 大的胜出。

5. 数据库描述（DD）数据包

数据库描述数据包格式如图 6-12 所示。

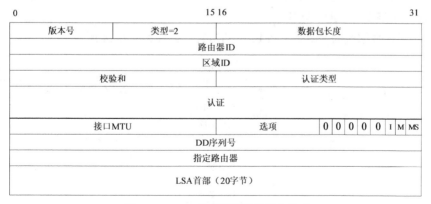

图 6-12 OSPF 数据库描述数据包格式

主要字段说明如下。

- 接口 MTU：定义在不分片的情况下该接口可发出的最大 IP 数据包长度。

- I（Initial）：当发送连续多个数据库描述数据包时，如果这是第 1 个，则置为 1；否则置为 0。
- M（More）：当连续发送多个数据库描述数据包时，如果这是最后 1 个，则置为 0；否则置为 1，以示后面还有其他数据库描述数据包。
- MS（Master/Slave）：当两台 OSPF 路由器交换数据库描述数据包时，需要确定双方的主从关系来指出数据包的来源。当值为 1 时表示在数据库交换过程中，该路由器为主路由器，否则为从路由器。
- DD 序列号（Sequence Number）：用来使响应与请求相匹配。主从路由器双方利用该序列号来保证数据库描述数据包传输的可靠性和完整性。由主路由器规定起始序列号，每发送一个数据库描述数据包序列号加 1，从路由器使用主路由器的序列号进行确认。
- LSA 首部：这是一个 20 字节字段，用于每一个 LSA 中，给出每一条链路的概要（没有细节）。在链路状态数据库中该字段是可重复的。

6. 链路状态请求（LSR）数据包

链路状态请求数据包格式如图 6-13 所示。

0	15 16	31
版本号	类型=3	数据包长度
路由器ID		
区域ID		
校验和		认证类型
认证		
链路状态类型		
链路状态ID		
通告路由器		

图 6-13　OSPF 链路状态请求数据包格式

其中链路状态类型（LS type）字段设置代表 LSA 类型的编号，例如，Type1 表示路由器 LSA。具体请参见下一节的有关内容。链路状态 ID 根据 LSA 的类型而定，通过路由器（Advertising Router）则是产生此 LSA 的路由器的 ID。

7. 链路状态更新（LSU）数据包

链路状态更新数据包的内容是多条 LSA 的集合，格式如图 6-14 所示。

0	15 16	31
版本号	类型=4	数据包长度
路由器ID		
区域ID		
校验和		认证类型
认证		
LSA数量		
LSA		
⋮		

图 6-14　OSPF 链路状态更新数据包格式

LSA 数量（Number of LSAs）字段指示该数据包包含的 LSA 的数量。LSA 字段包含所有 LSA 的列表，每个 LSA 以 20 字节的 LSA 首部开始，后面跟着 LSA 数据，不同类型的 LSA，其格式不尽相同。

8. 链路状态确认（LSAck）数据包

链路状态确认数据包的内容是需要确认的 LSA 的首部，数据包格式如图 6-15 所示。

图 6-15　OSPF 链路状态确认数据包格式

LSA 首部字段是可重复的，可对多个 LSA 进行确认。

9. OSPF 选项字段

OSPF 选项字段出现在问候数据包、数据库描述包和所有的 LSA 中，用于使 OSPF 路由器支持可选择的功能，并向其他 OSPF 路由器通告其能力，不同能力的路由器可以混合在一个 OSPF 路由域中。使用问候数据包时，如果选项字段中的能力不匹配，可以使路由器拒绝一个邻居。在交换数据库描述数据包时，路由器可以因为功能的不同，而选择不将特定的 LSA 转发给邻居。路由器可以根据 LSA 中列出的选项将其排除出路由表的计算，而将流量转发到特定的路由器。

OSPF 选项字段长 8 位，其中定义了 5 个标志位，格式如图 6-16 所示。

		DC	EA	N/P	MC	E	

图 6-16　OSPF 选项格式

DC 标志表示处理按需链路；EA 标志表示接收并转发外部属性 LSA；N/P 标志表示处理 NSSA 外部 LSA（NSSA 区域是由存根区域演变而来的一种末梢区域，区域内的路由器不能注入其他路由协议所产生的路由条目）；MC 标志表示转发 IP 多播包；E 标志表示洪泛 AS 外部 LSA。在发送问候数据包、数据库描述包和生成 LSA 时，路由器应当清除选项字段中未定义的标志位；收到响应的数据包或 LSA 时，未知的标志位时应当忽略，按正常的数据包或 LSA 来处理。

6.5.5　链路状态通告（LSA）

OSPF 中对链路状态信息的描述都是封装在 LSA 中的。

1. LSA 类型

常用的 LSA 见表 6-4。

表 6-4　　　　　　　　　　　　　常见的 LSA 类型

类　　型	类型代码	说　　明
路由器 LSA	1	每台路由器生成一个路由器 LSA，用于描述路由器链路（接口）到区域的状态和距离值。连接到一个区域的所有接口必须在一个路由器 LSA 中描述

续表

类　型	类型代码	说　明
网络 LSA	2	网络 LSA 为区域中接入两个或多个路由器的广播和 NBMA 网络而生成。它由网络中的指定路由器生成，用于描述接入网络的所有路由器，包括指定路由器自身
网络汇总 LSA	3	由区域边界路由器生成，描述区域内某个网段的路由，并通告给其他区域。当目标为 IP 网络时使用这种类型的汇总 LSA
ASBR 汇总 LSA	4	由区域边界路由器生成，描述到 ASBR 的路由，通告给相关区域。当目标为 ASBR 时使用这种类型的汇总 LSA
AS 外部 LSA	5	由 ASBR 产生，描述到自治系统外部的路由，通告到所有的区域（除存根区域和 NSSA 区域之外）

2. LSA 格式

LSA 包含首部和数据两个部分。

所有类型的 LSA 都具有相同的首部，首部格式如图 6-17 所示。

0　　　　　15	16	31
链路状态寿命	选项	LSA类型
链路状态ID		
通告路由器		
链路状态序列号		
链路状态校验和	长度	

图 6-17　LSA 首部格式

主要字段说明如下。

- 链路状态寿命（LS Age）：LSA 产生后所经过的时间，以秒为单位。
- 链路状态 ID：具体值取决于 LSA 类型。对于类型 1（路由器 LSA），它是路由器的 IP 地址；对于类型 2（网络 LSA），它是指定路由器的 IP 地址；对于类型 3（网络汇总 LSA），它是网络的 IP 地址；对于类型 4（ASBR 汇总 LSA），它是 AS 边界路由器的 IP 地址；对于类型 5（AS 外部 LSA），它是外部网络的 IP 地址。
- 通知路由器（Advertising Router）：发送 LSA 的路由器的 ID。
- 链路状态序列号（LS Sequence Number）：用于检测过时的或重复的 LSA。
- 链路状态校验和：除链路状态寿命字段外的 LSA 全部信息的校验和。
- 长度：包括 LSA 首部的 LSA 的总长度，以字节为单位。

不同类型的 LSA，LSA 数据部分不尽相同，这里仅以路由器 LSA 为例介绍一下 LSA 数据格式。路由器 LSA 格式如图 6-18 所示。

最前面的是通用首部，路由器 LSA 的类型值为 1。其数据部分主要字段说明如下。

- V（Virtual Link）：指定产生此 LSA 的路由器是不是虚连接的端点，如果是则置 1。
- E（External）：指定产生此 LSA 的路由器是不是 ASBR，如果是则置 1。
- B（Border）：指定产生此 LSA 的路由器是不是 ABR，如果是则置 1。
- 链路数量（# Links）：指定 LSA 中所描述的链路数量，包括路由器上处于某区域中的所有链路和接口。
- 链路 ID：具体值取决于链路类型。

0			15 16		31

链路状态寿命			选项	链路状态类型=1
链路状态 ID				
通告路由器				
链路状态序列号				
链路状态校验和			长度	
0 V E B	0		链路数量	
链路 ID				
链路数据				
链路类型	TOS 数		度量	
⋮				
TOS	0		TOS 度量	
链路 ID				
链路数据				
⋮				

图 6-18 路由器 LSA 格式

- 链路数据：具体值取决于链路类型。
- 链路类型：用数值表示链路类型。在 OSPF 术语中，一个连接叫做一条链路。目前定义了 4 种类型的链路：点对点链路、传输（Transit）链路、存根（Stub）链路和虚拟链路，它们的类型值分别为 1、2、3 和 4。

链路类型对应的链路 ID 和链路数据见表 6-5。

- TOS 数：该链路不同 TOS（服务类型）的数量，不包括所需要的连接距离。
- 度量：链路的开销。
- TOS：服务类型。OSPF 允许管理人员为同一口的地址指定多个不同服务类型的路由，当路由一个数据包时，OSPF 根据口的 IP 地址和该数据所要求的服务类型进行路由选择。
- TOS 度量：指定服务类型的链路的开销。

表 6-5　　　　　　　　　　　　链路类型、链路标识和链路数据

链路类型	说　明	链路 ID	链路数据
类型 1：点对点	直接连接两个路由器，中间没有任何节点	相邻路由器地址	接口数
类型 2：传输	连接若干个路由器的网络	指定路由器地址	路由器地址
类型 3：存根	只连接到某个路由器的网络，数据包通过这个单一路由器进出该网络	网络地址	网络掩码
类型 4：虚拟	当两个路由器之间的链路断开时，在它们之间创建一条使用更长路径的虚拟链路，可能要经过好几个路由器	相邻路由器地址	路由器地址

如果有多条链路，重复描述链路信息的有关字段。

6.6　BGP 协议

边界网关协议（Border Gateway Protocol，BGP）是一种用于自治系统（Autonomous System，AS）之间的外部网关协议。当前使用的版本是 BGP-4（规范文档更新至 RFC 4271）。BGP-4 作为

事实上的 Internet 外部路由协议标准，被广泛应用于 ISP 之间。

作为一种外部网关协议，与 OSPF、RIP 等内部网关协议不同，BGP 的着眼点并不在于发现和计算路由，而在于控制路由的传播和选择最佳路由。BGP 在路由器上可以两种方式运行，当运行于同一自治系统内部时称为 IBGP(内部 BGP)；当 BGP 运行于不同自治系统之间时，称为 EBGP（外部 BGP）。

运行 BGP 协议的互联网络如图 6-19 所示。只有连接到多个 ISP 的网络才需要使用 BGP。BGP 是 Internet 主干网的重要组成部分，正是 BGP 让多个自治且协作的系统组成了目前的 Internet。了解 BGP 的有关概念、原理以及数据格式，对于 IP 路由是非常必要的。

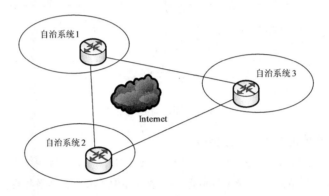

图 6-19 运行 BGP 协议的互联网络

6.6.1 BGP 工作原理

RIP 和 OSPF 都是域内路由协议，适合在自治系统内部使用，但不能在自治系统之间使用。当运行区域变得很大时，这两种协议都变得不可操作，跳数增加使得距离向量路由变得不稳定；链路状态路由需要消耗非常大的资源来计算路由表。因此需要另一种路由协议来解决域间路由问题，BGP 就是这样一种协议。

1. 路径向量

BGP 采用的是与距离向量算法类似的路径向量算法，在该算法的路由表中包括目的网络、下一跳路由器和去往目的网络的路径，路径由一系列顺序的自治系统号构成。每一个自治系统可能有多条路径到达一个终点。例如，从 AS4 到 AS1 可以是 AS4-AS3-AS2-AS1，也可以是 AS4-AS3-AS1。

自治系统的边界路由器利用 RIP 或 OSPF 等路由协议收集自治系统内部的各个网络的信息，不同自治系统的边界路由器交换各自所在的自治系统中网络的可达信息，这些信息包括数据到达这些网络所必须经过的自治系统的列表。路由器检验这些路径信息是否与管理员给出的一组策略一致，如果一致，路由器便更新其路由表，更新内容包括在路径中添加自治系统号和修改下一跳路由器。路由器在更新路由表时需要避免形成环路，这可以简单地通过判断路径中是否已经包含了该自治系统号来确定。

2. 路由计算过程

在 BGP 中，每一个自治系统中至少有一个节点可以代表整个的自治系统，将它称为发言者节点（ Speaker Node ）。一个自治系统中的发言者节点创建一个路由表，并将它通知给相邻自治系统中的发言者节点。发言者节点通知的是在它的自治系统中或其他自治系统中的路径，而不是节点的度量。相互交换报文的 BGP 发言者节点之间互称对等体（Peer），若干相关的对等体可以构成对等体组（Peer Group）。

BGP 路由计算过程大致如下。

（1）每一个发言者节点只知道所在自治系统中的节点的可达性，将自治系统中收集的路由信息形成初始路由表。

（2）一个自治系统的发言者节点将自己的路由表发送给相邻的自治系统的发言者节点，与它们共享路由信息。

（3）当一个发言者节点从相邻节点收到路由表时，就更新自己的路由表，将它自己的路由表中没有的节点加上，并加上自己的自治系统和发送此路由表的自治系统。经过一定时间后，每一个发言者就知道了如何到达其他自治系统中的每一个节点。

路由更新时，BGP 只发送更新的路由，大大地减少了 BGP 传播路由所占用的带宽，适用于在 Internet 上传播大量的路由信息。

BGP 路由通过携带自治系统路径信息彻底解决了路由环路问题。路由器每收到一个报文，就检查并确认它的自治系统是否在到达终点（目的地）的路径上，如果是，就丢弃该报文，这样就可以防止路由环路。

BGP 支持基于策略的路由，能够对路由实现灵活的过滤和选择。路由器每收到一个报文，就检查路径，如果路径中的一个自治系统与策略相违背，就忽略这条路径和这个终点。它不在路由表中对这条路径进行更新，也不把这个报文发送给它的相邻路由器。

BGP 根据路径中的自治系统数目、安全性、可靠性等来选择最佳路径。

3. BGP 会话

两个路由器之间通过一个会话交换路由选择信息。会话就是一个连接，它建立在两个 BGP 路由器之间，目的是为了交换路由选择信息。为产生可靠的环境，BGP 使用 TCP 服务，BGP 会话是在 TCP 连接上进行的。但是，为 BGP 所用的 TCP 连接与其他应用程序的有一点不同。如果 TCP 连接是为 BGP 产生的，则能持续很长的时间，直到发生了某些异常情况为止。因此，BGP 会话可以说是一种半永久的连接。

BGP 包括 EBGP（外部 BGP）会话和 IBGP（内部 BGP）会话两种类型，前者用于属于两个不同的自治系统的发言者节点之间交换信息，后者是用于在一个自治系统的发言者节点之间的交换路由选择信息。

6.6.2　路径属性

BGP 路径属性是一组参数，用于对特定的路由进行进一步的描述，使得 BGP 能够对路由进行过滤和选择。路径用自治系统列表来表示，但实际上是用属性列表来表示的。每一个属性给出关于路径的一些信息。当使用策略时，属性列表可帮助接收信息的路由器做出更好的决定。

1. 路径属性的分类

路径属性可分为两大类：公认（Well-known）属性和可选（Optional）属性。公认属性是每一个 BGP 路由器必须知道的。可选属性则不是每一个路由器都必须知道的。公认属性本身又可划分为两类——强制的（mandatory）和自选的（discretionary）；而可选属性还可划分为两类——传递的（transitive）和非传递的（non-transitive）。这样所有的路径属性都可以归到以下 4 种类型。

● 公认强制属性：这是在路由的描述中必须出现的属性。所有 BGP 路由器都必须能够识别这种属性，且必须存在于更新报文中。如果缺少这种属性，路由信息就会出错。

- 公认自选属性：这是每一个路由器必须知道的属性。所有 BGP 路由器都可以识别，但不一定要包括在每一个更新报文中，可以根据具体情况来选择。
- 可选传递属性：在自治系统之间具有可传递性的属性。BGP 路由器可以不支持此属性，但它仍然会接收带有此属性的路由，并通告给其他对等体。
- 可选非传递属性：如果 BGP 路由器不支持此属性，该属性被忽略，且不会通告给其他对等体。

2. 几种主要的路由属性

下面介绍几个公认强制属性。

- 源（ORIGIN）：用于定义路由选择信息的来源（RIP、OSPF 等）。它包括 3 种类型：IGP 表示路由产生于本自治系统内，优先级最高；EGP 说明路由来自于外部网关协议，优先级次之；INCOMPLETE 优先级最低，并不是说明路由不可达，而是表示路由的来源无法确定。
- 自治系统路径（AS_PATH）：用于定义自治系统列表（从本地到目的地址所要经过的所有 AS 号），离本地 AS 最近的相邻 AS 号排在前面，其他 AS 号按顺序依次排列。通常情况下，BGP 不会接受 AS_PATH 中已包含本地 AS 号的路由，从而避免了形成路由环路的可能。
- 下一跳（NEXT_HOP）：用于定义应当作为到达更新报文中所列目的地的下一跳的路由器的 IP 地址。

6.6.3 BGP 报文格式

BGP 有 5 种报文格式：打开（Open）、更新（Update）、通知（Notification）、保持活动（Keepalive）和路由器更新（Route-refresh）。BGP 报文封装成 TCP 数据段，并使用公认端口 179 传输，这样可提高协议的可靠性。当打开 TCP 连接时，更新报文、保持活动报文和通知报文就一直交换着，直到发送出关闭通知报文为止。

BGP 报文只有全部收到后才进行处理。报文的最大长度是 4096 字节，最小的报文长度是 19 字节，仅包括 BGP 首部，不包含任何数据。在 AS1 和 AS2 之间建立的会话是 EBGP 会话。这两个发言人路由器交换的信息是它知道的关于 Internet 中的一些网络的信息。但是，这两个路由器需要从这个自治系统中的其他路由器收集信息。这就要使用 IBGP 会话。

1. 报文首部

所有类型的 BGP 报文具有相同的报文首部，其格式如图 6-20 所示。

图 6-20　BGP 报文首部

首部长度固定为 19 字节。标记（Marker）字段占 16 字节，用于标明 BGP 报文边界，所有位均置 1。长度字段占 2 字节，指明 BGP 报文总长度（包括报文首部在内），以字节为单位。类型字段占 1 字节，指示 BGP 报文的类型。目前取值从 1 到 5，分别表示打开、更新、通知、保持活动和路由刷新。

2. 打开（Open）报文

打开报文是 TCP 连接建立后发送的第一个报文，用于建立 BGP 路由器之间的邻站关系。BGP 路由器打开与相邻的 BGP 路由器的 TCP 连接，并发送打开报文。如果对方同意，则响应一个保持活动报文，表示在这两个路由器之间已经建立了关系。打开报文格式如图 6-21 所示。

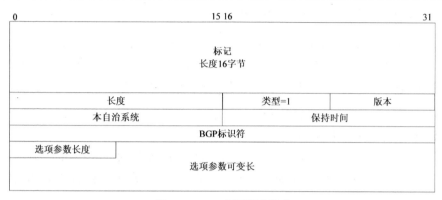

图 6-21　BGP 打开报文格式

除了固定的 BGP 报文首部（类型值为 1）外，其他主要字段说呀如下。

- 版本（Version）：BGP 的版本号。对于 BGP-4 来说，其值为 4。
- 本自治系统（My Autonomous System）：指明本路由器所属的自治系统的编号。通过比较两端的 AS 号可以确定是 EBGP 连接还是 IBGP 连接。
- 保持时间（Hold time）：指明本路由器在收到相邻路由器的保持活动或更新报文前保持连接的秒数。在建立对等体关系时两端要协商保持时间，并保持一致。如果在这个时间内未收到对方发来的保持活动或更新报文，则认为 BGP 连接中断。
- BGP 标识符：以 IP 地址的形式表示，用来识别 BGP 路由器。
- 选项参数长度（Opt Parm Len）：表示选项参数的长度。如果为 0 则表示没有可选参数。
- 选项参数（Optional Parameters）：是一个变长字段，每个选项由参数类型（Parameter Type）、参数长度（Parameter Length）和参数值（Parameter Value）3 个子字段构成。RFC 3392 定义了能力（Capabilities）选项参数。

3. 更新（Update）报文

更新报文用于在 BGP 对等体之间交换路由信息。它既可以发布可达路由信息，也可以撤销不可达路由信息。其报文格式如图 6-22 所示。

图 6-22　BGP 更新报文格式

主要字段说明如下。

- 撤销路由长度（Withdrawn Routes Length）：指示撤销路由字段的长度，以字节为单位。如果为 0，则说明没有撤销路由字段。
- 撤销路由（Withdrawn Routes）：这是一个可变长字段，包括一个要撤销的路由器的 IP 地址前缀列表，它由前缀长度（位）和前缀构成。

> 每个 IP 地址前缀由长度和前缀两个子字段组成。长度子字段指示 IP 地址网络前缀的长度，单位是位；前缀子字段定义该网络地址的共同部分。例如，网络是 192.18.7.0/24，则长度是 24，而前缀是 192.18.70。BGP-4 支持无分类编址和 CIDR。

- 路径属性总长度（Total Path Attribute Length）：指示路径属性字段的长度，以字节为单位。如果为 0 则说明没有路径属性字段。
- 路径属性（Path Atributes）：定义下一字段（NLRI）给出的可达网络的路径属性。每个路径属性由一个 TLV（Type-Length-Value）三元组构成。BGP 正是根据这些属性值来避免环路、进行选路、扩展协议等。
- 网络层可达信息（Network Layer Reachability Information，NLRI）：给出可达路由的 IP 地址前缀列表。它为变长字段，是本报文要通告的可达网络，由前缀长度（位）和前缀构成。

一条更新报文可以通告一类具有相同路径属性的可达路由，这些路由放在网络层可达信息字段中，路径属性字段携带了这些路由的属性，BGP 根据这些属性进行路由的选择；同时更新报文还可以携带多条不可达路由，被撤销的路由放在撤销路由字段中。

4. 通知（Notification）报文

当 BGP 检测到错误状态时，或者路由器要关闭与另一个路由的连接时，发送的报文就向对等体发出通告，之后 BGP 连接会立即中断。其报文格式如图 6-23 所示。

图 6-23　BGP 通告报文格式

主要字段的解释如下：

- 错误代码（Error code）：指定错误类型。
- 错误子代码（Error subcode）：指示错误类型的详细信息。
- 数据（Data）：提示用于辅助发现错误的原因，它的内容依赖于具体的错误码和子码，记录的是出错部分的数据，长度不固定。

5. 保持活动（Keepalive）报文

BGP 会周期性地向对等体发出保持活动报文，用来保持连接的有效性。其报文格式中只包含报文首部，没有附加其他任何字段。运行 BGP 协议的各路由器定期地互相交换保持活动报文，用来告诉对方自己是正在运行的。

6. 路由刷新（Route-refresh）报文

路由刷新报文用来要求对等体重新发送指定地址族的路由信息。其报文格式如图 6-24 所示。

图 6-24　BGP 路由刷新报文格式

6.7　习　　题

1. 简述直接交付与间接交付的区别。

2. 简述路由表的一般结构。

3. 简述路由解析步骤。

4. 简述静态路由与动态路由。

5. 简述 RIP 协议的特点。

6. 简述 RIP 路由表交换过程。

7. OSPF 区域是如何划分的？这样做有什么好处？

8. OSPF 路由器有哪几种类型？

9. 简述 OSPF 路由计算过程。

10. OSPF 为什么需要指定路由器？

11. OSPF 数据包有哪几种类型，它们各有什么作用？

12. 什么是链路状态通告？它有什么作用？

13. 简述 BGP 的路径向量。

14. BGP 为什么要使用 TCP 服务？

15. 简单比较 RIP、OSPF 和 BGP 协议。

第7章
传输层协议——TCP 与 UDP

传输层是 TCP/IP 协议中的非常重要的层次，提供了面向连接的传输控制协议（Transmission Control Protocol，TCP）和无连接的用户数据报协议（User Datagram Protocol，UDP），负责提供端到端的数据传输服务，将任意数据通过网络从发送方传输到接收方。TCP 提供的是可靠的、可控制的传输服务，适用于各种网络环境；UDP 提供的服务轻便但不可靠，适用于可靠性较高的网络环境。大部分 Internet 应用都使用 TCP，因为它能够确保数据不会丢失和被破坏。本章将对这两种协议进行详细分析。

7.1　传输层协议概述

在 OSI 模型中，传输层是介于网络层和会话层之间的一个中间层次，弥补高层服务和网络层服务之间的差距，并向高层用户（应用程序）屏蔽通信子网的细节，使高层用户看到的只是在两个传输实体间的一条端到端的、用户可控的、可靠的数据通路。在 TCP/IP 模型中，由于 3 个高层简化为 1 个应用层，传输层是介于网络层与应用层之间的一个层次。其中两个主要协议 TCP 与 UDP 在 TCP/IP 协议栈中的位置如图 7-1 所示。

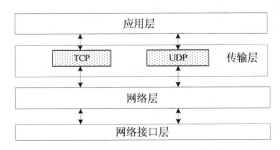

图 7-1　TCP 和 UDP 协议位于传输层

网络层协议提供网络地址、路由、交付功能，而传输层协议提供了端到端数据传输的必要机制。传输层协议通常要负责以下几项基本功能。

- 创建进程到进程的通信，进程即正在运行的应用程序。进程之间通过传输层进行通信，发送进程向传输层发送数据，接收进程从传输层接收数据。
- 提供控制机制，如流量控制、差错控制。数据链路层定义相邻节点的流量控制，而传输层定义端到端用户之间的流量控制。

- 提供连接机制。在数据传输开始时，通信双方需要建立连接。在传输过程中，双方还需要继续通过协议来通信以验证数据是否被正确接收。数据传输完成后，任一方都可关闭连接。

下面先对两个传输层协议进行总体介绍，再解释有关进程间通信的概念。

7.1.1 TCP 协议

TCP（Transmission Control Protocol，传输控制协议）是传输层最重要和最常用的协议。它提供一种面向连接的、可靠的数据传输服务，保证了端到端数据传输的可靠性。它同时也是一个比较复杂的协议，提供了传输层几乎所有的功能，支持多种网络应用。RFC 793 "TRANSMISSION CONTROL PROTOCOL DARPA INTERNET PROGRAM PROTOCOL SPECIFICATION" 是 TCP 协议的正式规范文件。

1. TCP 协议的特性

- 面向连接。它向应用程序提供面向连接的服务，两个需要通过 TCP 进行数据传输的进程之间首先必须建立一个 TCP 连接，并且在数据传输完成后要释放连接。一般将请求连接的应用进程称为客户进程，而响应连接请求的应用进程称为服务器进程，即 TCP 连接的建立采用的是一种客户/服务器模型。
- 全双工。它提供全双工数据传输服务，只要建立了 TCP 连接，就能在两个进程之间进行双向的数据传输服务，但是这种传输只是端到端的传输，不支持广播和多播。
- 可靠。TCP 提供流量控制，解决接收方不能及时处理数据的问题；提供拥塞控制，解决因网络通信拥堵延迟带来的数据丢失问题；提供差错控制，解决数据被破坏、重复、失序和丢失的问题，从而保证数据传输的可靠性。
- 基于字节流。提供面向字节流的服务，即 TCP 数据传输是面向字节流的，两个建立了 TCP 连接的应用进程之间交换的是字节流。发送进程以字节流形式发送数据，接收进程也把数据作为字节流来接收。在传输层上数据被当做没有信息的字节序列来对待。

2. TCP 协议的功能

TCP 比较安全、稳定，但是效率不高，占用资源较多。TCP 协议的作用主要是在计算机之间可靠地传输数据，将具有一定可靠性的流式通信服务提供给应用程序。目前大多数 Internet 信息交付服务都使用 TCP 协议，这样便于开发人员专注于服务本身，而不是处理可靠性和数据交付问题。

7.1.2 UDP 协议

UDP（User Datagram Protocol，用户数据报协议）是不可靠的无连接的基于数据报的协议，支持无连接 IP 数据报的通信方式。相对 TCP 协议来说，UDP 是一种非常简单的协议，在网络层的基础上实现了进程之间端到端的通信。RFC 768 "User Datagram Protocol" 是 UDP 协议的正式规范文件。

1. UDP 协议的特性

与 TCP 协议不同，UDP 协议提供的是一种无连接的、不可靠的数据传输方式。在 UDP 下每次的发送和接收，只构成一次通信。数据在传输之前通信双方不需要建立连接。接收方在收到 UDP 数据报之后不需要给出任何应答。UDP 是发出去不管的"不可靠"通信。发送方发出的每一个 UDP 数据报都是独立的，都携带了完整的目的地址，可能选择不同的路径达到目的地，到达的先后顺序也可能不同于发送顺序。UDP 在数据传输过程中没有流量控制和确认机制，数据报可能会丢失，或者延迟、乱序地到达目的地。UDP 协议只是提供了利用校验和检查数据完整性的简单差错控制，属于一种尽力而为的数据传输方式。

虽然 UDP 只提供不可靠的传输方式，但它自身也具有许多优点，具体列举如下。

- 传输数据之前通信双方不需要建立连接，因此不存在连接建立的时延。在发送端，UDP 传送数据的速度仅仅受应用程序生成数据的速度、计算机的能力和传输带宽的限制；在接收端，UDP 把每个数据报放在队列中，应用程序每次从队列中读一个数据报。
- 传输数据不需要维护连接状态，包括收发状态等，这样一台服务器可同时向多个客户端传输相同的数据，如实现多播。
- UDP 数据报首部很短，只有 8 字节，相对于 TCP 的 20 字节首部的开销要小很多。
- 吞吐量不受流量控制算法的调节，只受应用软件生成数据的速率、传输带宽、信源和信宿主机性能的限制。

2. UDP 协议的功能

UDP 的不可靠特性并不影响 UDP 的可用性。在没有可靠性的情况下，UDP 避免了 TCP 面向连接的消耗，反而能提高传输效率，非常适合于简单查询和响应类型的通信，如广播、路由、多媒体等广播形式的通信任务。具体来说，UDP 主要有以下应用场合。

- 只需要简单数据交换的应用，例如，DNS 服务，它不需要复杂的可靠性保证机制，因此利用 UDP 来传输数据既可以节省系统开销，又提高了网络的传输效率。
- 不需要关心数据的差错控制和流量控制的应用。
- 实时性要求较高但可承受一定的数据错误的应用，如实时语音传输、视频通信等。
- 实现一对多数据发送的应用，例如，广播和多播。

UDP 的可靠性保证和流控制由 UDP 用户（即应用程序）来决定。在发送单发的短数据时，要比 TCP 的通信效率高。用 UDP 发送大量数据时，在应用程序中必须有流控制机制才行。综上所述，TCP 和 UDP 各有特点和适用的环境，两者的比较见表 7-1。

表 7-1   TCP 与 UDP 的区别

TCP	UDP
面向连接	无连接
可靠性高	效率高
一次传输大量报文	一次传输少量报文
复杂	简单

7.1.3   进程之间的通信

传输层以下各层只提供相邻节点之间的点到点传输。例如，IP 协议负责在网络节点之间的通信，即主机之间的通信。作为网络层协议，IP 只能将报文交付给目的主机。但是，这是一种不完整的交付，因为这个报文还必须送交到相应的进程。传输层提供端到端的数据传输，即源进程到目的进程的端到端通信。两者的的作用范围如图 7-2 所示。

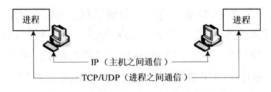

图 7-2   进程之间通信与主机之间通信

1．进程标识

由于在一台计算机中同时存在多个进程，进程之间要进行通信，首先要解决进程的标识问题。TCP 和 UDP 采用协议端口来标识某一主机上的通信进程。为了保证数据能够正确地到达指定的目的进程，必须显式地给出全局唯一的目的进程标识符。主机可以用 IP 地址进行标识，IP 地址是全局唯一的，再给主机上的进程赋予一个本地唯一的标识符端口号（Port Number）。为了区别 TCP 和 UDP 的进程，还要指明协议。因此，要全局唯一地标识一个进程，必须采用一个三元组（协议，主机地址，端口号）。

不同协议的端口之间没有任何联系，不会相互干扰。网络通信是两个进程之间的通信，两个通信的进程构成一个关联。这个关联应该包含两个三元组，但由于通信双方采用的协议必须是相同的，因此，可以用一个五元组（协议，本地主机地址，本地端口号，远程主机地址，远程端口号）来描述两个进程的关联。

2．端口号

端口号是 16 位（bit）的标识符，因此取值范围是 0～65535。端口分配有两种方式，一种是全局端口分配，采用集中控制方式，由权威管理机构针对特定应用程序统一分配；另一种是本地端口分配，由本地操作系统根据请求动态分配。

Internet 应用程序采用的是客户/服务器模型，客户端向服务器发出服务请求，服务器对客户端请求作出响应。为方便客户端定位服务器，服务器必须使用公认（wellknown）端口号。每一个标准的服务器程序都拥有一个公认端口号，不同主机上相同服务器的端口号是相同的。例如，HTTP 服务器的端口号是 80，FTP 服务器运行在 20 和 21 端口。小于 1024 的端口号用作公认端口，以全局方式进行分配，又称为注册端口或保留端口。客户端进程一般采用临时端口，使用时向操作系统申请，由操作系统分配，使用完后再交由操作系统管理。无论应用程序有多少个，只要同一时间、同一台主机上的应用进程数量不超过可分配的临时端口数量就能保证系统的正常运行。临时端口号范围为 1024～65535，以本地方式进行分配，又称为自由端口或动态端口。当本地进程要与远程进程通信时，首先申请一个临时端口，然后根据全局分配的公认端口号与远程服务器建立联系。

3．套接字（Socket）

区分不同应用程序（进程）之间的网络通信和连接，需要传输层协议（TCP/UDP）、目的 IP 地址和端口号这 3 个参数进行标识。将这 3 个参数结合起来，就成为套接字（Socket），又称插座。应用层可以与传输层通过套接字接口区分来自不同应用程序或网络连接的通信。套接字代表 TCP/IP 网络中唯一的网络进程，通过源主机的一个套接字与目标主机的一个套接字，就可以在两个主机之间建立一个连接。

套接字提供了进程通信的端点，利用客户/服务器模式解决进程之间建立通信连接的问题。套接字之间的连接过程包括以下 3 个步骤。

（1）服务器监听。服务器端套接字处于等待连接的状态，实时监控网络状态。

（2）客户端请求。客户端套接字提出连接请求，要连接的目标是服务器端的套接字。

（3）连接确认。当服务器端套接字监听到或者接收到客户端套接字的连接请求时，它就响应客户端套接字的请求，建立一个新的线程，把服务器端套接字的描述发给客户端，一旦客户端确认了此描述，连接就建立好了。

服务器端套接字继续处于监听状态，继续接收其他客户端套接字的连接请求。

套接字也是系统提供的进程通信编程接口，分为两种类型。流式 Socket（SOCK_STREAM）

是面向连接的 Socket,针对于面向连接的 TCP 服务应用;数据报式 Socket(SOCK_DGRAM)是无连接的 Socket,对应于无连接的 UDP 服务应用。

7.2 TCP 段格式

位于传输层的 TCP 数据分组称为段(Segment),又译为报文段、数据段或分段。TCP 将来自应用层的数据分块并封装成 TCP 段进行发送。TCP 段封装在 IP 数据报中,然后再封装成数据链路层中的帧,如图 7-3 所示。

图 7-3 TCP 段封装

TCP 段是 TCP 的基本传送单位,段格式如图 7-4 所示。TCP 段由首部和数据两部分构成。首部长度在 20~60 字节之间,由定长部分和变长部分构成,定长部分长度为 20 字节,变长部分是选项和填充,长度在 0~40 字节之间。数据部分用于装载来自应用层的数据,下面重点介绍首部格式。

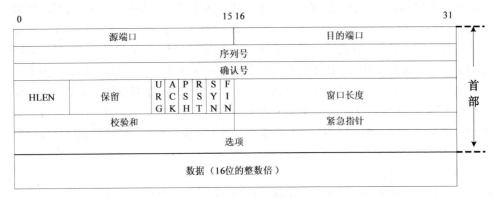

图 7-4 TCP 段格式

7.2.1 TCP 首部格式

TCP 首部的字段和功能说明如下。

1. 源端口(Source Port)和目的端口(Destination Port)

这两个端口各占 16 位,源端口定义发送该报文段的应用程序的端口号;目的端口定义接收该报文段的应用程序的端口号。每一个 TCP 首部中都包含有源端口号和目的端口号,用于定位源端点的应用进程和目的端点的应用进程。

2. 序列号(Sequence Number)

该字段占 32 位,定义数据段中的数据部分在发送方数据流中的位置,也就是发送的数据部分第 1 个字节的序列号。这个字段包含了一个唯一标识 TCP 数据段的数字。

3. 确认号(Acknowledgment Number)

该字段占 32 位,定义报文段的接收方期望从对方接收的序列号,指明下一次希望得到的、来自另一方的序列号。

序列号和确认号是 TCP 实现可靠连接的关键。当建立一个 TCP 连接时，发送方主机发出一个随机的初始化序列号（ISN）给接收方，接收方将其加 1 后送回发送方，这意味着发送方可以发送下一个字节了。一旦数据开始传送，序列号和确认号将跟踪已发送了的那些数据。

4. 首部长度（Header length）

该字段占 4 位，以字节为单位表示 TCP 首部的大小。首部长度随 TCP 选项字段而改变，通过这个字段可以同时判断该 TCP 段的开始位置和结束位置。某些协议分析器将这个字段标记为偏移（Offset）字段。这个字段的值可以在 5（5×4=20）至 15（1×4=60）之间，即首部长度可以在 20~60 字节之间。

5. 标志（Flags）

该字段占 6 位，定义 6 种不同的控制位或标志位，在同一时间可设置一位或多位标志。这些标志位用在 TCP 的流量控制、连接建立和终止以及数据传送方式等方面。标志位设为 1 又称置位（set）。这些标志的具体说明见表 7-2。

表 7-2　　　　　　　　　　　　　　　　　　TCP 标志

标　　志	含　　义
URG	表示紧急指针是否有效。值为 1 时表示紧急指针有效，有高优先级的信息需要传输
ACK	表示确认号是否合法。值为 1 表示合法，值为 0 时表示段中不包含确认信息，确认号被忽略
PSH	推送数据，一旦接收到 PSH 值为 1（带有 Push 标志位）的报文段，接收方必须不缓存数据，将数据直接传递给应用层协议，而不必等到缓冲区满时才传送
RST	对连接进行复位，用于复位因某种原因引起出现的错误连接（完全关闭），也用于拒绝非法数据和请求。值为 1 时表示请求重新连接，通常是发生了某些错误
SYN	在连接建立时对序列号进行同步。当建立一个新的连接时，SYN 值变为 1。在连接请求（Connection Request）中，SYN=1，ACK=0；连接响应（Connection Accepted）时，SYN=1，ACK= 1
F1N	终止连接（当然它本身并不终止连接），值为 1 时表示释放连接，表明发送方已经没有数据发送了

6. 窗口大小（Window size）

该字段占 16 位，指明 TCP 接收方缓冲区的长度，以字节为单位。最大长度是 65535 字节，0 指明发送方应该停止发送，因为接收方的 TCP 缓冲区已满。这个值通常作为接收窗口（rwnd），并由接收方来确定，接收方可以使用此字段来改变发送方的窗口大小。在这种情况下，发送端必须服从接收端的决定。

7. 校验和（Checksum）

该字段占 16 位，用于存储 TCP 段的校验和，包括首部和主体部分。校验和用于传输层差错检测，允许目的主机可以验证 TCP 段的内容并能够测试可能的破坏。UDP 是否使用校验和是可选的，而 TCP 使用校验和则是强制性的。校验和算法将 TCP 段的内容转换为一系列 16 位的整数，并将它们相加，接收方根据校验和判断传输是否正确。

8. 紧急指针（Urgent Pointer）

该字段占 16 位，只有当紧急标志置位（值为 1）时，这个字段才有效，这时的报文段中包括紧急数据。紧急指针是一个正的偏移量，定义了一个数，把这个数加到序列号上就得出报文段数据部分中最后一个紧急字节。如果 URG 指针被设置，接收方必须检查这个字段。TCP 为了提高效率，数据不会直接发送到对方，一般都先放在数据缓冲区中，等到数据积累到一定的大小才会一起发送。紧急指针所指向的一段数据不必等待缓冲数据的积累，直接发送到对方。

9. 选项（Options）

在 TCP 首部中可以有多达 40 字节的选项字段。TCP 首部最小为 20 字节。如果定义了一些选项，首部的大小就会增加（最大为 60 字节）。RFC 793 规定首部必须可以被 32 位整除，所以以如果定义了一个选项，但该选项只用了 16 位，那么必须使用填充（padding）字段补充 16 位，填充字段是由 0 组成的字段。关于选项字段的详细内容将在下面介绍。

7.2.2　选项

TCP 首部中的选项字段提供一些附加设置，如确定主机可接收的报文段的最大长度。选项有两类，一类是单字节选项，包括选项列表结束和无操作；另一类是多字节选项，包括最大段长度、窗口扩大因子、时间戳、允许 SACK 和 SACK。下面具体介绍这些选项。

1. 选项列表结束（EOP）

该选项在选项列表末尾用于填充，只能使用一次，而且只能用于最后一个选项。格式如下。

00000000
1字节（种类为0）

在这个选项之后就是有效载荷数据。它指示首部已经没有更多的选项，来自应用层的数据在下一个 32 位字开始。

2. 无操作（NOP）

该字段用作选项之间的填充，但是它通常用在另一个选项之前，以便使选项能够放在 4 字的间隙中。格式如下。

00000001
1字节（种类为1）

3. 最大段长度（Maximum Segment Size，MSS）

该选项定义可以被接收方接收的 TCP 段的最大数据单元大小。格式如下。

00000010	00000100	最大段长度
1字节（种类为2）	1字节（长度为4）	2字节

注意它实际上定义的是数据的最大长度，而不是报文段的最大长度。因为这个字段是 2 字节（16 位长），因此 MSS 值在 0 到 65535 字节之间。

MSS 是在连接建立阶段确定的。每一方均需定义它将在连接期间接收的报文段的 MSS。如果某一方不定义 MSS 的大小，则用默认值，即 536 字节。这个数值在连接期间不变。

注意不要混淆 MSS 和 MTU。MSS 是能够容纳在 TCP 首部后面数据的数量。MTU 是能够放在 MAC 帧中数据的数量。例如，以太网帧通常使用的 MTU 是 1518 字节，MSS 值为 1460 字节。如果没有分片发生，MSS 越大越好，MSS 值设置为外出接口上的 MTU 长度减去固定的 IP 首部和 TCP 首部长度，如一个以太网的 MSS 值可达 1460 字节。

4. 窗口扩大因子（Window Scale）

首部中的窗口大小字段定义了滑动窗口值，范围可以从 0 至 65535 字节。当通信双方认为首部的窗口值还不够大的时候，在连接开始时使用窗口扩大因子来定义更大的窗口。它的格式如下。

00000011	00000011	扩大因子
1字节（种类为3）	1字节（长度为3）	1字节

新的窗口大小=首部中定义的窗口大小×2^{窗口扩大因子}

窗口扩大因子只能在连接建立阶段确定。在数据传送阶段，首部中的窗口大小可以改变，但它必须乘以同样的扩大因子。虽然扩大因子可大到 255，但 TCP/IP 所容许的最大值是 14，这就表示最大窗口值可以是 $2^{16} \times 2^{14} = 2^{30}$，它小于序列号的最大值。应当注意窗口值不能超过序列号的最大值。

5. 时间戳（Timestamp）

这是一个 10 字节选项，其格式如下。

00001000	00001010	时间戳值	时间戳回送应答
1字节（种类为8）	1字节（长度为10）	4字节	4字节

其中最主要的是时间戳（Timestamp）和时间戳回送应答（Timestamp Echo Reply）。

时间戳选项的一个功能是测量往返时间（RTT）。当 TCP 即将发送一个报文段时，就读取系统时钟值，并将这个 32 位数值插入到时间戳值字段中。接收端在发送对这个报文段的确认或包括了这个报文段的字节的累积确认时，就把收到的时间戳复制到时间戳回送回答字段中。发送端在收到这个确认时，就从时钟给出的时间减去时间戳回送回答的数值，从而找出 RTT。

时间戳选项的另一个功能是防止序列号绕回（Protection Against Wrapped Sequence numbers, PAWS）。TCP 序列号仅有 32 位长，在一个高速连接中序列号有可能发生绕回，即重复同一个值。为解决这个问题，在报文段的标识中加入时间戳，也就是用时间戳和序列号的组合来标识一个报文段。例如，300:1001 标识在时间 300 发送的序列号为 1001 的段；500:1001 标识在时间 500 发送的序列号为 1001 的段。

7.2.3　验证分析 TCP 段格式

大多数 TCP 选项出现在 TCP 连接建立阶段，为了获取字段全面的 TCP 段，可考虑使用协议分析工具抓取 TCP 连接建立过程中的数据包。这里使用 Wireshark 抓取一个浏览网页过程中的数据包，展开该 TCP 段，结果如图 7-5 所示。可对照前述字段说明来分析验证。

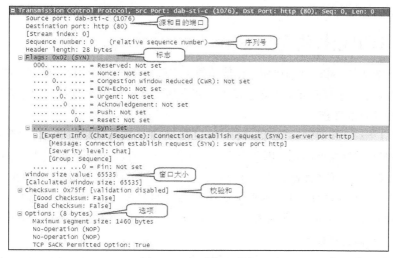

图 7-5　TCP 段解码分析

图中序列号采用的是相对序列号。选项部分给出了解释，关于选项 "TCP SACK Permitted Option" 后面将进一步介绍。

从图 7-5 中发现 TCP 首部的标志字段区域还提供了另外 3 种新的标志，简介如下。

- Nonce：简称 NS，由 RFC 3540 "Robust Explicit Congestion Notification (ECN) Signaling with Nonces" 定义，防止隐藏 ECN-nonce（显式拥塞通告随机数）。

- Congestion Window Reduced：简称 CWR，是由发送主机添加的，用于指示它收到了 ECE 标志置位的 TCP 段，并已按拥塞控制机制作出回应。该标志由 RFC 3168 "The Addition of Explicit Congestion Notification (ECN) to IP" 定义。

- ECN-Echo：简称 ECE，也由 RFC 3168 定义。如果 SYN 置位，它指示对方 TCP 兼容 ECN（显式拥塞通告）；如果 SYN 清零，它指示在正常传输过程中收到了 IP 首部中设置有 Congestion Experienced 标志的数据包。

最新的 TCP 标志不再局限于 RFC 793 规定的 6 位，对照图 7-4 所示的 TCP 首部格式，标志位前面的保留部分使用 3 位存储上述 3 种新的标志。这样，相应的 TCP 标志变为如下格式。

保留 000	N S	C W R	E C E	U R G	A C K	P S H	R S T	S Y N	F I N

7.3 TCP 连接

IP 是无连接协议，而使用 IP 服务的 TCP 则是面向连接的协议，这里的关键是 TCP 的连接是虚拟的，不是物理的。TCP 使用 IP 的服务把单个的报文段交付给接收方，但是 TCP 控制这个连接本身，在源节点和目的节点之间建立一条虚路径，属于一个报文的所有段都沿着这条虚路径传送，这使得确认过程以及对损坏或丢失的报文的重传更加容易。无论哪一方发送数据之前，都必须先在双方之间建立一条连接。为了理解 TCP 工作原理，必须熟悉它建立和终止连接的过程，以及在连接状态传输数据。

7.3.1 TCP 连接建立

由于 TCP 要提供可靠的通信机制，在传输数据之前，必须先初始化一条客户端（请求端）到服务器（被请求端）的 TCP 连接，在连接正式建立后，双方经 TCP 连接通道进行数据传输。

1. 三次握手建立连接

理论上建立传输连接只需一个请求和一个响应。但是，实际网络通信可能导致请求或响应丢失，可采用超时重传解决此问题，即请求或响应的丢失会造成定时器超时溢出，客户端将被迫再次发起连接请求，通过重传连接请求来建立连接。但这又有可能导致重复连接的问题。为避免这些问题，在建立 TCP 连接时采用三次握手（Three-way Handshaking，又译三向握手）方法。该方法要求对所有报文段进行编号，每次建立连接时都产生一个新的初始序列号。整个连接建立过程如图 7-6 所示，具体解释如下。

（1）客户端（作为源主机）通过向服务器（作为目的主机）发送 TCP 连接请求（又称 SYN

段），其中标志 SYN=1，ACK=0；序列号为客户端初始序列号（简称 ISN）；目的端口号为所请求的服务对应的端口；还包括最大段长度（MSS）选项。

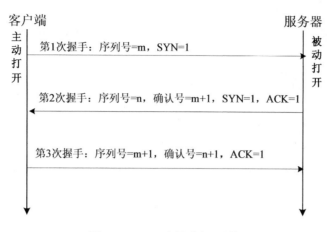

图 7-6　TCP 三次握手建立连接

这个 SYN 段不携带任何数据，但是它消耗一个序列号。这一步客户端执行主动打开（Active Open）。

（2）服务器在指定的端口等待连接，收到 TCP 连接请求后，将回应一个 TCP 连接应答（又称 SYN/ACK 段），其中标志 SYN=1，ACK=1；序列号为服务器初始序列号；确认号为客户端初始序列号加 1；目的端口号为客户端的源端口号。

这个 SYN/ACK 段不携带数据，但消耗一个序列号。这一步服务器执行被动打开（Passive Open）。

（3）客户端再向服务器发送一个 TCP 连接确认报文（又称 ACK 段），其中标志 SYN=0，ACK=1；序列号为客户端初始序列号加 1；确认号为服务器的初始序列号加 1。

一般来说，这个 ACK 段不携带数据，因而不消耗序列号。某些实现中，该段可以携带客户端的第 1 个数据块，此时必须有一个新的序列号来表示数据中的第 1 个字节的编号。

经过上述 3 次握手后，TCP 连接正式建立。双方都置 ACK 标志，交换并确认了对方的初始序列号，可以通过连接互相传输数据。

由于客户对 TCP 段进行了编号，它知道哪些序列号是期待的，哪些序列号是过时的。当客户发现段的序列号是一个过时的序列号时，就会拒绝该段，这样就不会造成重复连接。

2．验证分析三次握手建立连接

这里以一个 Web 浏览器访问 Web 服务器为例，对于抓获的数据包进行协议分析。图 7-7 显示抓取的数据包列表，其中圈定的 3 个包就是 TCP 连接建立三次握手过程中传送的 3 个 TCP 段。在协议树窗格中依次展开这 3 个 TCP 段的首部。

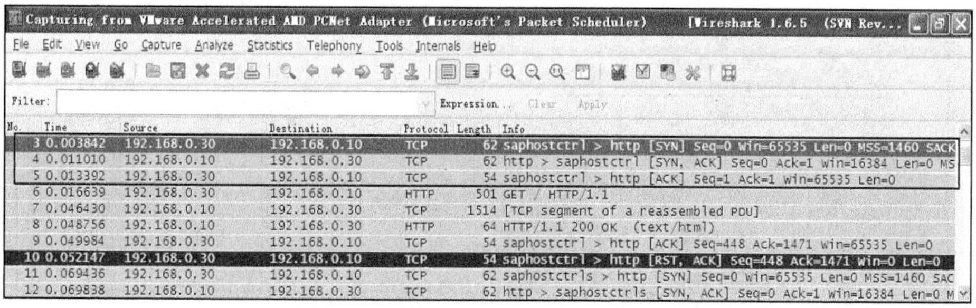

图 7-7　TCP 连接建立三次握手过程中的数据包

第 1 次握手发送的请求包如图 7-8 所示，其中 SYN 置位。第 2 次握手返回的应答包如图 7-9 所示，其中 SYN 和 ACK 都已置位，确认号为客户端初始序列号加 1。第 3 次握手发送的确认包如图 7-10 所示，其中 ACK 已置位，确认号为服务器的初始序列号加 1。

```
⊟ Transmission Control Protocol, Src Port: dab-sti-c (1076), Dst Port: http (80), Seq: 0, Len: 0
    Source port: dab-sti-c (1076)
    Destination port: http (80)
    [Stream index: 0]
    Sequence number: 0    (relative sequence number)
    Header length: 28 bytes
  ⊟ Flags: 0x02 (SYN)
      000. .... .... = Reserved: Not set
      ...0 .... .... = Nonce: Not set
      .... 0... .... = Congestion window Reduced (CwR): Not set
      .... .0.. .... = ECN-Echo: Not set
      .... ..0. .... = Urgent: Not set
      .... ...0 .... = Acknowledgement: Not set
      .... .... 0... = Push: Not set
      .... .... .0.. = Reset: Not set
    ⊞ .... .... ..1. = Syn: Set
      .... .... ...0 = Fin: Not set
    window size value: 65535
    [Calculated window size: 65535]
  ⊞ Checksum: 0x75ff [validation disabled]
  ⊟ Options: (8 bytes)
      Maximum segment size: 1460 bytes
      No-Operation (NOP)
      No-Operation (NOP)
      TCP SACK Permitted Option: True
```

图 7-8　TCP 连接建立第 1 次握手过程中的数据包分析

```
⊟ Transmission Control Protocol, Src Port: http (80), Dst Port: dab-sti-c (1076), Seq: 0, Ack:1, Len: 0
    Source port: http (80)
    Destination port: dab-sti-c (1076)
    [Stream index: 0]
    Sequence number: 0    (relative sequence number)
    Acknowledgement number: 1    (relative ack number)
    Header length: 28 bytes
  ⊟ Flags: 0x12 (SYN, ACK)
      000. .... .... = Reserved: Not set
      ...0 .... .... = Nonce: Not set
      .... 0... .... = Congestion window Reduced (CwR): Not set
      .... .0.. .... = ECN-Echo: Not set
      .... ..0. .... = Urgent: Not set
      .... ...1 .... = Acknowledgement: Set
      .... .... 0... = Push: Not set
      .... .... .0.. = Reset: Not set
    ⊞ .... .... ..1. = Syn: Set
      .... .... ...0 = Fin: Not set
    window size value: 16384
    [Calculated window size: 16384]
  ⊟ Checksum: 0x676d [validation disabled]
      [Good Checksum: False]
      [Bad Checksum: False]
  ⊟ Options: (8 bytes)
      Maximum segment size: 1460 bytes
```

图 7-9　TCP 连接建立第 2 次握手过程中的数据包分析

```
⊟ Transmission Control Protocol, Src Port: dab-sti-c (1076), Dst Port: http (80), Seq: 1, Ack: 1, Len: 0
    Source port: dab-sti-c (1076)
    Destination port: http (80)
    [Stream index: 0]
    Sequence number: 1    (relative sequence number)
    Acknowledgement number: 1    (relative ack number)
    Header length: 20 bytes
  ⊟ Flags: 0x10 (ACK)
      000. .... .... = Reserved: Not set
      ...0 .... .... = Nonce: Not set
      .... 0... .... = Congestion window Reduced (CwR): Not set
      .... .0.. .... = ECN-Echo: Not set
      .... ..0. .... = Urgent: Not set
      .... ...1 .... = Acknowledgement: Set
      .... .... 0... = Push: Not set
      .... .... .0.. = Reset: Not set
      .... .... ..0. = Syn: Not set
      .... .... ...0 = Fin: Not set
    window size value: 65535
    [Calculated window size: 65535]
    [window size scaling factor: -2 (no window scaling used)]
  ⊞ Checksum: 0xd431 [validation disabled]
  ⊟ [SEQ/ACK analysis]
      [This is an ACK to the segment in frame: 4]
      [The RTT to ACK the segment was: 0.000078000 seconds]
```

图 7-10　TCP 连接建立第 3 次握手过程中的数据包分析

3. 半开连接

按照三次握手协议，TCP 客户端要向 TCP 服务器发起 TCP 连接，需要首先发送 SYN 段到服务器，服务器收到后发送一个 SYN/ACK 段回来，客户端再发送 ACK 段给对方，这样三次握手就结束了。需要注意的是，在服务器收到 SYN 请求时，在发送 SYN/ACK 给客户端之前，服务器要先分配一个数据区以服务于这个即将形成的 TCP 连接。一般将收到 SYN 而还未收到客户端的 ACK 时的连接状态称为半开连接（Half-open Connection）或半打开连接。半开连接通信序列按以下顺序发生。

客户端	SYN>>>>>	服务器
客户端	<<<<<ACK SYN	服务器
客户端	<<<<<ACK SYN	服务器

……

出现这种状态的情形是客户端丢失了网络连接或者发生了死机，由于并不知道客户端状态，服务器会不断发送 SYN/ACK 段，试图完成握手过程，这样会大量消耗服务器资源。如果人为利用这一点，就可以对服务器实施攻击。后面介绍的 SYN 洪泛（SYN Flood）攻击就是利用了这一握手过程。

4. 控制 TCP 连接的建立

在 Windows 系统中有两个注册表设置能够用于控制 TCP 连接的建立。第 1 个是 HKEY LOCALMACHINE\SYSTEM\CurrentControlSet\Services\Tcpip\Parameters\TcpMaxConnectRetransmissions 表项，设置在试图建立 TCP 连接时发送 SYN 的重试次数，项值类型为 DWORD，默认值为 2。第 2 个是 HKEY LOCAL MACHINE \SYSTEM\CurrentControlSet\Services\Tcpip\Parameters\TcpNumConnections 注册表项，定义一次能够打开的 TCP 连接的数量，项值类型为 DWORD，默认值（0xFFFFFFFF 即 16777214）是可能的最大连接数量。不过 Windows 默认没有提供这两个注册表项。

7.3.2　TCP 数据传输

在 TCP 连接建立后，双向的数据传输就可以进行了。

1. 数据传输过程

客户端和服务器都可以在两个方向进行数据传输和确认。客户端和服务器分别记录对方的序列号，序列号的作用是为了同步数据。客户端向服务器发送数据报文，服务器收到后会回复一个带有 ACK 标志的确认报文段。客户端收到该确认报文段，就知道数据已经成功发送，否则，报文将会被重发。接着它继续向服务器发送报文。

实际上 TCP 并不是每发送一个报文段就要等标有 ACK 标志的确认报文到达才能发送下一段报文的。通常是连续发送几段报文，然后等待服务器的回应；接着再发送几段报文，再等待回应。至于每次应该发送多少段报文，需要由双方协调。图 7-11 是一个使用 Wireshark 抓取的数据传输过程中的数据包列表。例中是通过 HTTP 下载文件，服务器向客户端发送多个 TCP 段之后，客户端才给出确认。

接收方通知发送方它可以接收多少字节的报文，这个数目的大小就是窗口。窗口越大，发送方一次可以传送的字节就越多，反之越少。窗口大小是会动态调整的。

TCP 数据传输的过程如图 7-12 所示。数据可以双向传送，并且在同一个报文段中可以携带确认，即确认是由数据捎带上的。图中客户端用两个报文段发送若干字节的数据，服务器接着用一个报文段发送若干字节的数据。这 3 个报文段既有数据又有确认，但最后一个报文段只有确认而没有数据，这是因为没有数据要发送了。如果发送的数据带有 PSH（推送）标志，对方在收到这些数据后要尽可能快地交付给相应的进程。

No.	Time	Source	Destination	Protocol	Length	Info
1	0.000000	Vmware_b3:e8:e	Broadcast	ARP	42	Who has 192.168.0.10? Tell 192.168.0.30
2	0.001281	Vmware_8c:24:f	Vmware_b3:e8:e	ARP	60	192.168.0.10 is at 00:0c:29:8c:24:f2
3	0.001311	192.168.0.30	192.168.0.10	TCP	62	qsm-remote > http [SYN] Seq=1466272510 Win=65535 Len=0 MSS=1460 SA
4	0.001680	192.168.0.10	192.168.0.30	TCP	62	http > qsm-remote [SYN, ACK] Seq=1519825450 Ack=1466272511 Win=163
5	0.001731	192.168.0.30	192.168.0.10	TCP	54	qsm-remote > http [ACK] Seq=1466272511 Ack=1519825451 Win=65535 Le
6	0.001965	192.168.0.30	192.168.0.10	HTTP	422	GET /nos.rar HTTP/1.1
7	0.044283	192.168.0.10	192.168.0.30	TCP	1514	[TCP segment of a reassembled PDU]
8	0.044331	192.168.0.10	192.168.0.30	TCP	1514	[TCP segment of a reassembled PDU]
9	0.044370	192.168.0.30	192.168.0.10	TCP	54	qsm-remote > http [ACK] Seq=1466272879 Ack=1519828371 Win=65535 Le
10	0.044593	192.168.0.10	192.168.0.30	TCP	1514	[TCP segment of a reassembled PDU]
11	0.044603	192.168.0.10	192.168.0.30	TCP	1514	[TCP segment of a reassembled PDU]
12	0.044690	192.168.0.10	192.168.0.30	TCP	1514	[TCP segment of a reassembled PDU]
13	0.044868	192.168.0.30	192.168.0.10	TCP	54	qsm-remote > http [ACK] Seq=1466272879 Ack=1519832751 Win=65535 Le
14	0.045184	192.168.0.10	192.168.0.30	TCP	1514	[TCP segment of a reassembled PDU]
15	0.045198	192.168.0.10	192.168.0.30	TCP	1514	[TCP segment of a reassembled PDU]
16	0.045206	192.168.0.10	192.168.0.30	TCP	1514	[TCP segment of a reassembled PDU]
17	0.045567	192.168.0.10	192.168.0.30	TCP	1514	[TCP segment of a reassembled PDU]
18	0.045655	192.168.0.30	192.168.0.10	TCP	54	qsm-remote > http [ACK] Seq=1466272879 Ack=1519838591 Win=62615 Le
19	0.045822	192.168.0.10	192.168.0.30	TCP	1514	[TCP segment of a reassembled PDU]

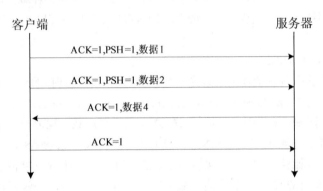

图 7-11　TCP 数据传输过程中数据包列表

图 7-12　TCP 数据传输过程

2. 推送数据

通常 TCP 向应用程序延迟传送和延迟交付数据以提高效率。发送方 TCP 使用缓冲区来存储由发送应用程序提交的数据流，并且可以选择报文段的长度。接收方 TCP 在数据到达时也要将其进行缓存，当应用程序就绪或者接收方 TCP 方便时，才将这些数据交付。

希望对方立即收到就不能采用这种延迟方式，而需要发送方应用程序请求推送（PUSH）操作。发送方 TCP 设置推送标志（PSH）以告诉接收方 TCP 该报文段所包括的数据必须尽快地交付给接收应用程序，而不要等待更多的数据的到来。这样每创建一个报文段就立即发送。不过，目前大多数实现中都忽略推送操作请求，TCP 可以选择是否使用推送操作。

3. 紧急数据传输

TCP 是一种面向流的协议，这就意味着从应用程序到 TCP 的数据被表示成一串字节流。数据的每一个字节在字节流中占有一个位置。但是，在某些情况下应用程序需要发送紧急数据，希望该数据由接收应用程序不按顺序依次读出，这可通过发送带有 URG 标志的报文段来实现。具体方法是发送应用程序通知发送方 TCP 某些数据需要紧急发送。发送方 TCP 创建报文段，并将紧急数据放在报文段的开头，其余部分可以包括来自缓冲区的正常数据。TCP 首部中的紧急指针字段定义了紧急数据的结束和正常数据的开始位置。当接收方 TCP 收到 URG 置位的报文段时，它就利用紧急指针的值从报文段中提取出紧急数据，并且优先将它交付给接收应用程序。

7.3.3　TCP 连接保持

建立 TCP 连接之后，可以保持连接以避免每次发送数据都需要重复执行握手过程。这样，即使没有数据在 TCP 链路上传输，仍旧能够维持连接。通常应用层可以实现连接保持，如 FTP。如果应用程序不能保持连接，则可以由服务器进程发起 TCP 保持连接。

默认情况下，Windows 操作系统关闭了 TCP 连接保持功能。不过提供了两个有关连接保持活动状态的注册表项。HKEY_LOCAL_MACHINE \SYSTEM\CurrentControlSet\Services\Tcpip\Parameters\KeepAliveTime 注册表项定义在发送第 1 个 TCP 保持活动状态的数据包之前需要等待的时间。默认情况下，该值被设置为长达两个小时，这对任何应用程序来说都太长了，因而 Windows 默认将其关闭。如果需要短一些的等待时间，那么可以在 Windows 注册表中定义这个表项（项值类型为 DWORD），并给出一个更实用的值，如半分钟（30000ms）。

另一个注册表项 HKEY_LOCAL_MACHINE \SYSTEM\CurrentControlSet\Services\Tcpip\Parameters\KeepAliveInterval（项值类型为 DWORD）定义了在没有收到确认时两次保持活动状态重传的时间间隔。默认情况下，它被设值为 1s（1000ms），这一设置对于绝大多数 TCP/IP 实现来说都相当合适。正常情况下，除了在使用具有明确保持活动要求的应用程序之外，保持连接活动状态的设置不必修改。

7.3.4　TCP 连接关闭

参加交换数据的双方中的任何一方（客户端或服务器）都可以关闭连接。

1．四次握手关闭连接

建立一个连接需要 3 次握手，而终止一个连接要经过 4 次握手。这是由 TCP 的半关闭（half-close）造成的。由于一个 TCP 连接是全双工的（即数据在两个方向上能同时传递），因此每个方向必须单独进行关闭，当一方完成它的数据发送任务后就能发送一个 FIN 段（应用层关闭连接就要求 TCP 发送 FIN 段）来终止该方向的连接。当一方收到一个 FIN 段，它必须通知应用层对方已经终止了该方向的数据传送，此时它自己仍然能够向对方发送数据。首先进行关闭的一方执行主动关闭，而另一方执行被动关闭。

整个连接关闭过程如图 7-13 所示，具体说明如下。

（1）客户端发送一个 FIN 段，主动关闭客户端到服务器的数据传送。

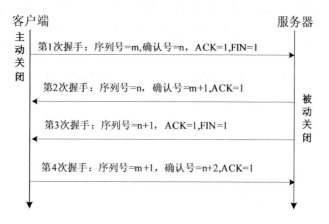

图 7-13　TCP 四次握手关闭连接

（2）服务器收到这个 FIN 段之后就向应用程序传送一个文件结束符，再给客户端发回一个 ACK 段，确认号为所收到的序列号加 1。与 SYN 一样，一个 FIN 将占用一个序列号。

（3）服务器被动关闭与客户端的连接，发送一个 FIN 段给客户端。

（4）当客户端收到服务端发送的 FIN 段，就必须发回一个确认（ACK 段）以证实从服务器收到了 FIN 段，并将确认号设置为所收到的序列号加 1。

FIN 段可以包含客户端发送的最后一块数据，也可以是仅仅提供标志位的报文段。如果不携带数据，FIN 报文段消耗一个序列号。

目前的实现中也有使用三次握手关闭 TCP 连接的情况。在这种情况下，收到第 1 个 FIN 段的一方要发送 FIN/ACK 段，即合并使用四次握手中的 FIN 和 ACK 段，以证实从客户端收到了 FIN 段，同时宣布在另一个方向的连接关闭了，也就是将四次握手中的第 2 次和第 3 次并作一次。

2. 验证分析四次握手关闭连接

要验证四次握手关闭 TCP 连接，一般可以抓取 Telnet 或 FTP 访问过程中关闭连接所产生的数据包，而浏览器直接关闭网页往往会导致一个连接复位（RST 为 1）。这里以通过 Telnet 客户端（Windows XP 内置）访问 Telnet 服务器（Windows Server 2003 内置）为例，建立连接之后，再使用命令 close 关闭当前连接。对抓获的数据包进行协议分析，图 7-14 显示抓取的数据包列表，其中圈定的 4 个包就是 TCP 四次握手关闭连接过程中传送的 4 个 TCP 段。在协议树窗格中依次展开这 4 个 TCP 段的首部。

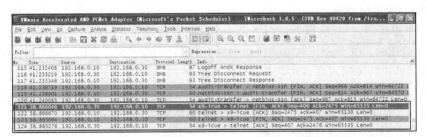

图 7-14　TCP 连接关闭四次握手过程中的数据包

第 1 次握手发送的 FIN 段如图 7-15 所示，其中 SYN 和 ACK 置位。第 2 次握手返回的 ACK 段如图 7-16 所示，其中 ACK 都已置位，确认号为收到的序列号加 1。第 3 次握手由服务器发送的 FIN 段如图 7-17 所示，其中 SYN 和 ACK 置位。第 4 次握手发送的 ACK 段如图 7-18 所示，其中 ACK 置位，确认号为收到的序列号加 1。

```
⊟ Transmission Control Protocol, Src Port: x9-icue (1145), Dst Port: telnet (23), Seq: 406, Ack: 2475, Len: 0
    Source port: x9-icue (1145)
    Destination port: telnet (23)
    [Stream index: 0]
    Sequence number: 406    (relative sequence number)
    Acknowledgement number: 2475    (relative ack number)
    Header length: 20 bytes
⊟ Flags: 0x11 (FIN, ACK)
    000. .... .... = Reserved: Not set
    ...0 .... .... = Nonce: Not set
    .... 0... .... = Congestion Window Reduced (CWR): Not set
    .... .0.. .... = ECN-Echo: Not set
    .... ..0. .... = Urgent: Not set
    .... ...1 .... = Acknowledgement: Set
    .... .... 0... = Push: Not set
    .... .... .0.. = Reset: Not set
    .... .... ..0. = Syn: Not set
    ⊞ .... .... ...1 = Fin: Set
    Window size value: 65535
    [Calculated window size: 65535]
    [Window size scaling factor: -2 (no window scaling used)]
```

图 7-15　TCP 连接关闭第 1 次握手过程中的数据包分析

```
⊟ Transmission Control Protocol, Src Port: telnet (23), Dst Port: x9-icue (1145), Seq: 2475, Ack: 407, Len: 0
    Source port: telnet (23)
    Destination port: x9-icue (1145)
    [Stream index: 0]
    Sequence number: 2475    (relative sequence number)
    Acknowledgement number: 407    (relative ack number)
    Header length: 20 bytes
  ⊟ Flags: 0x10 (ACK)
      000. .... .... = Reserved: Not set
      ...0 .... .... = Nonce: Not set
      .... 0... .... = Congestion window Reduced (CwR): Not set
      .... .0.. .... = ECN-Echo: Not set
      .... ..0. .... = Urgent: Not set
      .... ...1 .... = Acknowledgement: Set
      .... .... 0... = Push: Not set
      .... .... .0.. = Reset: Not set
      .... .... ..0. = Syn: Not set
      .... .... ...0 = Fin: Not set
    window size value: 65130
    [Calculated window size: 65130]
    [window size scaling factor: -2 (no window scaling used)]
```

图 7-16   TCP 连接关闭第 2 次握手过程中的数据包分析

```
⊟ Transmission Control Protocol, Src Port: telnet (23), Dst Port: x9-icue (1145), Seq: 2475, Ack: 407, Len: 0
    Source port: telnet (23)
    Destination port: x9-icue (1145)
    [Stream index: 0]
    Sequence number: 2475    (relative sequence number)
    Acknowledgement number: 407    (relative ack number)
    Header length: 20 bytes
  ⊟ Flags: 0x11 (FIN, ACK)
      000. .... .... = Reserved: Not set
      ...0 .... .... = Nonce: Not set
      .... 0... .... = Congestion window Reduced (CwR): Not set
      .... .0.. .... = ECN-Echo: Not set
      .... ..0. .... = Urgent: Not set
      .... ...1 .... = Acknowledgement: Set
      .... .... 0... = Push: Not set
      .... .... .0.. = Reset: Not set
      .... .... ..0. = Syn: Not set
    ⊞ .... .... ...1 = Fin: Set
    window size value: 65130
    [Calculated window size: 65130]
    [window size scaling factor: -2 (no window scaling used)]
```

图 7-17   TCP 连接关闭第 3 次握手过程中的数据包分析

```
⊟ Transmission Control Protocol, Src Port: x9-icue (1145), Dst Port: telnet (23), Seq: 407, Ack: 2476, Len: 0
    Source port: x9-icue (1145)
    Destination port: telnet (23)
    [Stream index: 0]
    Sequence number: 407    (relative sequence number)
    Acknowledgement number: 2476    (relative ack number)
    Header length: 20 bytes
  ⊟ Flags: 0x10 (ACK)
      000. .... .... = Reserved: Not set
      ...0 .... .... = Nonce: Not set
      .... 0... .... = Congestion window Reduced (CwR): Not set
      .... .0.. .... = ECN-Echo: Not set
      .... ..0. .... = Urgent: Not set
      .... ...1 .... = Acknowledgement: Set
      .... .... 0... = Push: Not set
      .... .... .0.. = Reset: Not set
      .... .... ..0. = Syn: Not set
      .... .... ...0 = Fin: Not set
    window size value: 65535
    [Calculated window size: 65535]
    [window size scaling factor: -2 (no window scaling used)]
```

图 7-18   TCP 连接关闭第 4 次握手过程中的数据包分析

3. 半关闭

TCP 提供了连接的一方在结束它的发送后还能接收来自另一方数据的能力，这就是所谓的半关闭。虽然每一方都可以发出半关闭，但通常都是由客户端发起。若服务器在开始处理时需要所有的数据，就会出现这种情况。

半关闭过程如图 7-19 所示。客户端发送 FIN 段半关闭这个连接。服务器发送 ACK 段接受这个半关闭。但是，服务器仍然可以发送数据。当服务器已经把所有处理的数据都发送完毕时，就发送 FIN 段，表示对客户端发来的 ACK 段给予确认。

在半关闭一条连接后，数据仍然从服务器传送到客户端，而确认从客户端传送到服务器。客户端不能传送任何数据给服务器。注意图中第 2 个 ACK 段不消耗序列号。虽然客户端收到了序列号 n-1，并期望收到 n，但服务器的序列号仍然是 n-1。当连接最后关闭时，最后的 ACK 段的序列号仍然是 m，因为当数据在那个方向传送时不消耗序列号。

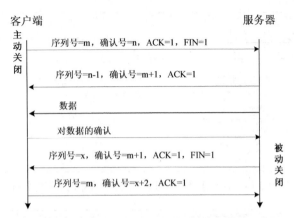

图 7-19　TCP 连接关闭第 4 次握手过程中的数据包分析

7.3.5　TCP 连接复位

除了使用 FIN 标志正常关闭 TCP 连接外，还可以使用 RST 标志非正常关闭连接。TCP 首部中的 RST 标志是用于复位的，复位主要用于快速结束连接。一般来说，一个报文段发往指定的连接无论何时出现错误，TCP 都会发出一个复位报文段。TCP 连接复位主要有以下几种情形。

1. 拒绝连接请求

假定一方 TCP 向另一方并不存在的端口（或者目的端口没有打开，没有进程正在监听）发出连接请求，另一方 TCP 就发送 RST 置位的报文段来取消这个请求。而对于 UDP 来说，当一个数据报到达没有打开的目的端口时，它将产生一个 ICMP 端口不可达的信息。

2. 异常关闭连接

由于出现了异常情况，某一方的 TCP 可能希望异常关闭连接。关闭连接的正常方式是发送 FIN 段，正常情况下没有任何数据丢失，因为在所有排队数据都已发送之后才发送 FIN 段。异常关闭是发送一个 RST 段来中途释放一个连接，这有两个优点，一是丢弃任何待发数据并立即复位，二是收到 RST 段的一方能够区分另一方执行的是异常关闭还是正常关闭。当然应用程序必须提供产生异常关闭的手段。

3. 终止空闲的连接

一方 TCP 可能发现在另一方 TCP 已经空闲了很长时间，就可以发送 RST 段来撤销这个连接。这个过程与异常关闭一条连接一样。

TCP 连接复位都是用 RST 标志来实现的，可以抓取相应的数据包来验证。这里以浏览器浏览网页后关闭为例，浏览器端将向服务器发送 RST 段，如图 7-20 所示。

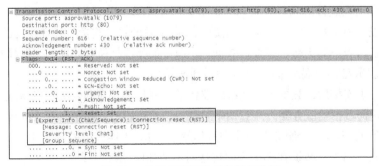

图 7-20　TCP 连接复位的数据包分析

7.3.6　传输控制块（TCB）

一个 TCP 连接可以打开很长一段时间。为了控制连接，TCP 使用一种称为传输控制块（Transmission Control Block，TCB）的结构来保持每一条连接的有关信息。任何时候都可能有好几个连接，TCP 就以表的形式存储 TCB 数组。

每一个 TCB 都包括许多字段。例如，"状态"字段指定连接状态；"进程"字段定义在主机上使用这个连接的进程（作为客户端或服务器）；常用的字段还有本地 IP 地址、本地端口、远程 IP 地址、远程端口、接口、本地窗口、远程窗口、发送序列号、接收序列号、发送确认号、往返时间、超时值、缓冲区大小、缓冲区指针等。

7.3.7　TCP 状态转换图

TCP 建立连接、传输数据和断开连接是一个复杂的过程。整个生存期有一系列状态，在某一时刻，必然处于某一特定状态。

1．TCP 状态

TCP 状态及其含义列举如下。

- CLOSED：无连接状态。
- LISTEN：侦听状态，等待连接请求 SYN。
- SYN-SENT：已发送连接请求 SYN 状态，等待确认 ACK。
- SYN-RCVD：已收到连接请求 SYN 状态。
- ESTABLISHED：已建立连接状态。
- FIN-WAIT-1：应用程序要求关闭连接，断开请求 FIN 已经发出状态。
- FIN-WAIT-2：已关闭半连接状态，等待对方关闭另一个半连接。
- CLOSING：双方同时决定关闭连接状态。
- TIME-WAIT：等待超时状态。
- CLSOE-WAIT：等待关闭连接状态，等待来自应用程序的关闭要求。
- LAST-ACK：等待关闭确认状态。

其中 CLOSED 是虚构的，因为它表示不存在 TCB 时的状态，没有连接。

2．状态转换图

可以采用状态转换图来准确地描述这一状态转换过程。一个状态下发生特定事件时，就会进入一个新的状态。在进行状态转换时，可以执行一些动作。图 7-21 中状态用圆角框表示，状态转移用带箭头的线表示，线旁的说明分为上下两部分，上面是引起状态转移的事件，下面是状态转移时所发出的动作。

为响应事件，TCP 连接过程从一个状态转换到另一个状态。这些事件包括以下类型。

- 用户调用。如打开（OPEN）、发送（SEND）、接收（RECEIVE）、关闭（CLOSE）、放弃（ABORT）和状态（STATUS）；
- 接收的报文段。特别是那些包含 SYN、ACK、RST 和 FIN 标志的段；
- 超时。

状态转换图仅描绘状态改变，以及引起的事件和响应事件的行为，并没有说明与状态改变相关的错误状况和行为，因此该图不能作为规范。

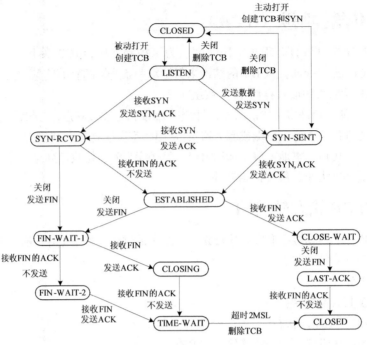

图 7-21　TCP 状态转换图

3. TCP 连接全过程状态转换分析

如图 7-22 所示，将客户端和服务器的状态转换图分开，可以更加清晰地考察通信双方连接的建立、使用和关闭过程。从图中可以清楚地看出客户端主动打开，服务器被动打开，经过三次握手建立连接，然后交换数据，最后经过四次握手断开连接的完整过程。

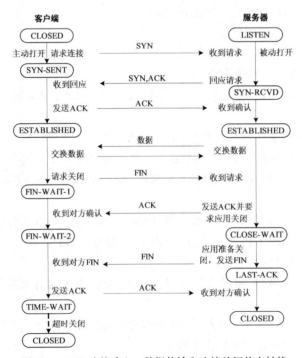

图 7-22　TCP 连接建立、数据传输和连接关闭状态转换

客户端发出连接请求。客户端 TCP 发送 SYN 报文段，进入到 SYN-SENT 状态。在收到 SYN/ACK 段后，TCP 就发送 ACK 段，进入 ESTABLISHED 状态。数据开始传送和被确认，一般都是双向传送。当没有更多的数据要传送时，就发出主动关闭命令。客户端 TCP 发送 FIN 段，并进入 FIN-WAIT-1 状态。当它收到对所发送的 FIN 的 ACK 段后，就进入 FIN-WAIT-2 状态，并继续停留在这个状态，直到从服务器收到一个 FIN 段为止。当收到 FIN 段时，客户端就发送 ACK 段，并进入 TIME-WAIT 状态，该连接将不能再被使用。同时设置一个计时器，到期后自动关闭。

服务器进入到 LISTEN 状态监听请求，直到收到 SYN 段为止。当服务器 TCP 收到 SYN 段时，它就发送 SYN/ACK 段，并进入 SYN/RCVD 状态，等待客户端发送 ACK 段。在收到 ACK 段后，就进入到 ESTABLISHED 状态，然后就可以传输数据。一旦收到来自客户端的 FIN 段（表示客户端没有数据要发送，连接可以关闭），服务器向客户端发送 ACK 段，并发送在队列中尚未发送的数据，然后进入 CLOSE-WAIT 状态。此时服务器 TCP 可以继续向客户端发送数据和接收确认（半关闭状态），直到应用程序真正地发出关闭命令，TCP 向客户端发送 FIN 段（表示正在关闭连接），进入到 LAST-ACK 状态。一直等到收到来自客户端的 ACK 段，然后进入 CLOSED 状态。

4. TIME–WAIT 状态

从图 7-22 中可以看出，主动关闭的一方在发送完对对方 FIN 段的确认（ACK 段）后，就会进入 TIME_WAIT 状态，该连接将不能再被使用，但并没有完全断开。与此同时会设置一个计时器，其截止期是 MSL 的两倍，因此 TIME_WAIT 状态又称为 2MSL 状态。MSL 即段最长生存时间（Maximum Segment Lifetime），是任何报文段被丢弃前在网络内的最长时间。2MSL 也就是这个时间的 2 倍。MSL 的常用值是 30~60s。

当 TCP 连接关闭时，完成 4 个报文段的交换后主动关闭的一方将继续等待一定时间（一般是 2~4 分钟），即使两端的应用程序已经结束。这样做有两个目的。一是保证发送的 ACK 段能够成功发送到对方，2MSL 计时器可以使客户端等待足够长的时间，使得当 ACK 丢失了（一个 MSL）还可以等到下一个 FIN 段的到来（另一个 MSL）。二是避免从一个连接来的重复的报文段可能会出现在下一个连接中造成混淆。

7.3.8　TCP 连接同时打开与同时关闭

TCP 连接同时打开或同时关闭都是可能的，了解 TCP 状态转换之后，可以更容易分析这两种情形。

1. 同时打开 TCP 连接

同时打开（simultaneous open）是指双方的应用程序同一时刻都主动打开 TCP 连接。这种情况出现很少，但 TCP 支持这种连接方式。双方需要向对方同时发送 SYN 段，这就需要每一方使用一个对方的公认端口作为本地端口。需要注意的是，同时打开仅建立一条连接而不是两条连接。

当出现同时打开的情况时，状态转换与图 7-22 所示的不同。如图 7-23 所示，两端几乎在同时发送 SYN，并进入 SYN-SENT 状态。当每一端收到 SYN 时，状态变为 SYN-RCVD，同时它们都再发 SYN 并对收到的 SYN 进行确认。当双方都收到 SYN 及相应的 ACK 时，状态都变迁为 ESTABLISHED。

一个同时打开的连接需要交换 4 个报文段，比正常的三次握手多一个。此外，没有将任何一端称为客户端或服务器，因为每一端既是客户端又是服务器，通信的双方是对等的。

2. 同时关闭 TCP 连接

TCP 双方都执行主动关闭也是可能的，这种情形称为同时关闭（simultaneous close）。状态转换如图 7-24 所示。

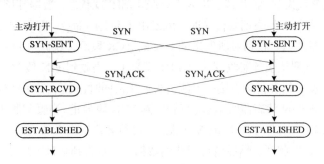

图 7-23 同时打开 TCP 连接

当应用层发出关闭命令时，两端均从 ESTAELISHED 变为 FIN-WAIT-1。这将导致双方各发送一个 FIN 段，两个 FIN 段经过网络传送后分别到达另一端。收到 FIN 后，状态由 FIN-WAIT-1变迁到 CLOSING，并发送最后的 ACK。当收到最后的 ACK 时，状态变化为 TIME-WAIT。这里CLOSING 状态取代了通常的 FIN-WAIT-2 和 CLOSE-WAIT。

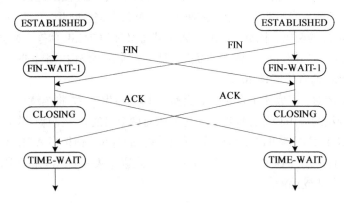

图 7-24 同时关闭 TCP 连接

同时关闭与正常关闭所使用的报文段交换数目相同。

7.3.9 序列号与确认号机制

TCP 协议使用序列号和确认号来确保传输的可靠性，每一次传输数据时都会标明该段的编号，以便对方确认，同时在确认号字段中对已收到的 TCP 段进行确认。确认并不需要单独发送确认报文段，可以放在传到对方的 TCP 段中。在 TCP 协议中并不直接确认收到哪些分段，而是通知发送方下一次该发送哪一个分段，表示前面的分段都已收到。序列号和确认号确保了数据的适当排序，并防止报文段丢失。

在握手过程中，连接的每一方都选择自己的初始序列号。在 TCP 连接建立和关闭过程中，序列号和确认号字段都增加 1，即使没有发送或接收有效数据时也是如此。在数据传输过程中，序列号增加量是发送报文段中所包含的数据的长度。确认号仅仅在收到数据时增加，指明下一次要得到的来自另一方的序列号。公式如下。

要发送的确认号=已收到的序列号+已收到数据的字节数

关于 TCP 连接建立和关闭的序列号和确认号机制前面已经分析过。这里重点验证分析数据传输过程中的序列号和确认号机制。为了直接观察实际的序列号和确认号，在 Wireshark 抓包结果中禁用相对序列号。具体方法是从主菜单"Edit"中选择"Preferences"项打开相应的对话框，展开"Protocols"节点，找到"TCP"项之后单击它，右侧窗格显示当前有关 TCP 的选项设置，清除"Relative sequence numbers"复选框，如图 7-25 所示，单击"Apply"按钮，再单击"OK"按钮。

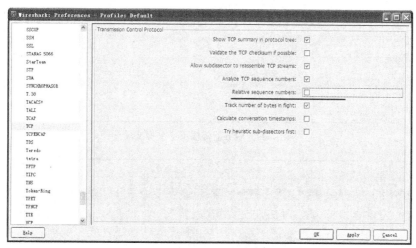

图 7-25　禁用相对序列号

　　下面使用 Wireshark 抓取一个 HTTP 下载文件的数据包，具体分析其中几个典型的数据包。

　　如图 7-26 所示，7 号数据包显示服务器开始传输数据。序列号为 1519825451；下一个序列号为 1519826911，实际上是当前序列号加上要传输的 TCP 段中数据的长度，即 1519826911=1519825451+1460；确认号为 1466272879。

　　如图 7-27 所示，8 号数据包显示服务器继续传输下一个报文段。序列号为 1519826911，即上一个报文段的序列号加上其数据部分长度；下一个序列号为 1519828371，也是当前序列号加上要传输的 TCP 段中数据的长度；确认号不变，因为没有收到数据。

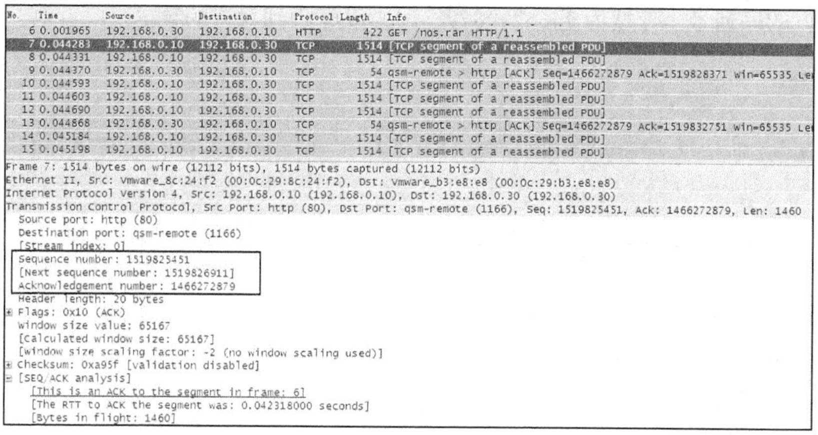

图 7-26　服务器开始传输一个报文段

　　如图 7-28 所示，9 号数据包显示客户端发送确认段。序列号为 1466272879，即对方的确认号；由于没有数据发送，未提供下一个序列号；确认号为 1519828371，即收到的对方序列号加上收到数据的长度。

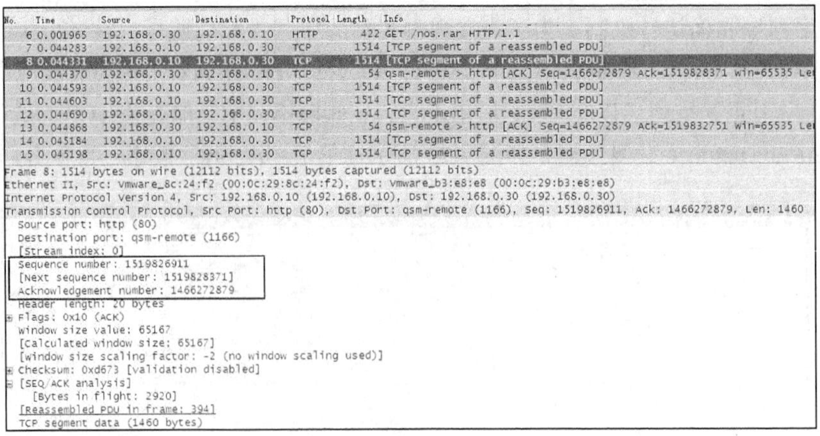

图 7-27　服务器传输下一个报文段

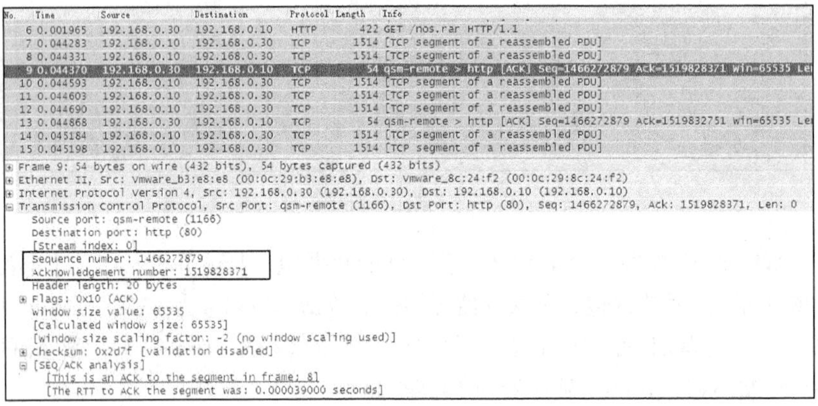

图 7-28　客户端发送确认报文段

如图 7-29 所示，10 号数据包显示经客户端确认后服务器又继续传输数据。序列号为 1519828371，即对方的确认号；下一个序列号是当前序列号加上要传输的 TCP 段数据的长度 1460；确认号为对方的序列号，依然为 1466272879，因为没有收到对方的数据。

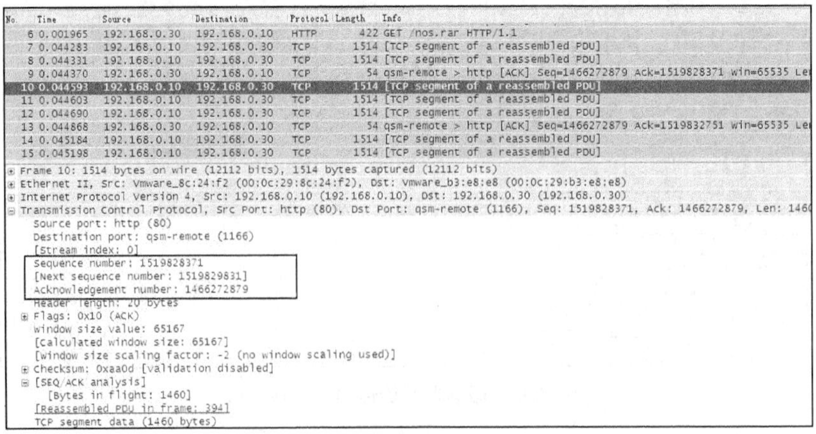

图 7-29　服务器继续发送数据

总之，确认号包含了对方期待的下一个序列号的值。

7.3.10　SYN 洪泛攻击及其防范

在 TCP 中的连接建立过程中很容易碰到的一个严重的安全问题就是 SYN 洪泛攻击。这是一种典型的拒绝服务型（Denial of Service，DoS）攻击，通过攻击使受害主机或网络无法正常提供服务，从而间接达到攻击的目的。

SYN 洪泛攻击利用的是 TCP 三次握手连接建立的过程。当处于半开连接状态时，TCP 服务器收到 SYN 而未收到 ACK 时，会为每个 SYN 包分配一个特定的数据区，攻击者利用这一特性在短时间内发送大量的 SYN 给服务器，只要这些 SYN 包具有不同的源地址（很容易伪造），就会给 TCP 服务器系统造成很大的系统负担，最终导致系统不能正常工作。这是最容易实现的 SYN 洪泛攻击。下面分析几种常见的 SYN 洪泛攻击类型。

1．直接攻击

攻击者使用未经伪装的 IP 地址快速地发送 SYN 包。这种攻击非常容易实现，可以简单地发送很多的 TCP 连接请求来实现这种攻击。当然，这种攻击要想得逞，攻击者还必须阻止其系统响应 SYN/ACK，因为任何 ACK、RST 或 ICMP 报文都将让服务器跳过 SYN-RECEIVED 状态（进入下一个状态）而删除 TCB，因为连接已经建立成功或被回收了。攻击者可以通过设置防火墙规则阻止一切要到达服务器的数据包（除了 SYN），或者阻止一切传入的包来使 SYN-ACK 包在到达本地 TCP 处理程序之前就被丢弃了。一旦被检测到，这种攻击非常容易抵御，用一个简单的防火墙规则阻止带有攻击者 IP 地址的数据包就可以了。这种方法在如今的防火墙软件中通常都是自动执行的。

2．欺骗式攻击

比直接攻击方式更复杂，攻击者用有效的 IP 和 TCP 首部去替换和重新生成原始 IP 报文，并让位于伪装 IP 地址上的主机必须不能响应任何发送给它们的 SYN/ACK 包。攻击者有两种方法欺骗，一种是仅伪装一个源 IP 地址，让该 IP 地址不能响应 SYN-ACK 包；另一种是伪装许多源地址，让伪装地址上的主机不会响应 SYN-ACK 包，这种方法使防御变得困难。在这种情况下最好的防御方法就是尽可能地阻塞与源地址相近的欺骗数据包。

3．分布式攻击

攻击者运用在网络中主机数量上的优势而发动的分布式 SYN 洪泛攻击将更加难以被阻止。主机群可以用直接攻击，也可以更进一步让每台主机都运用欺骗攻击。由于这些大量的主机能够不断地增加或减少，而且能够改变它们的 IP 地址及其连接，因此要阻止这类攻击目前还是一个挑战。

7.4　TCP 可靠性

TCP 除了提供进程通信能力外，还具有高可靠性。TCP 采用的可靠性技术主要包括差错控制、流量控制和拥塞控制。

7.4.1　TCP 差错控制

TCP 的差错控制包括检测损坏的报文段、丢失的报文段、失序的报文段和重复的报文段，并进行纠正。应用程序将数据流交付给 TCP 后，就依靠 TCP 将整个数据流按序且没有损坏、没有部分丢失、没有重复地交付给另一端的应用程序。TCP 中的差错检测和差错纠正的方法有校验和、确认和重传。

1. 校验和

数据损坏可以通过 TCP 的校验和检测出来。每一个报文段都包括校验和字段，用来检查受损的报文段。若报文段遭到破坏，就由接收方 TCP 将其丢弃，并且被认为丢失了。

2. 确认

TCP 采用确认来证实收到了报文段。控制报文段不携带数据，但消耗一个序列号。控制报文段也需要被确认。只有 ACK 报文段永远不需要被确认。目前 ACK 的确认机制最常用的规则有以下几种。

（1）ACK 报文段不需要确认，也不消耗序列号。

（2）发送数据时尽量包含（捎带）确认，给出对方所期望接收的下一个序列号，以减少通信量。

（3）如果接收方没有数据要发送，并且收到了按序到达的报文段，同时前一个报文段也已经确认了，那么接收端就推迟发送确认报文段，直到另一个报文段到达，或再经过了一段时间（通常是 500 ms）。

（4）当具有所期望的序列号的报文段到达时，同时前一个按序到达的报文段还没有被确认，那么接收端就要立即发送 ACK 报文段。任何时候不能有两个以上的按序的未被确认的报文段，以避免不必要的重传而导致网络的拥塞。

（5）当收到一个序列号比期望序列号还大的报文段时，立即发送 ACK 报文段，让对方快速重传任何丢失的报文段。

（6）当收到丢失的报文段，立即发送 ACK 报文段，告知对方已经收到了丢失的报文端。

（7）当收到重复的报文段，立即发送 ACK 报文段进行确认。这就解决了 ACK 报文段丢失所带来的问题。

3. 重传

差错控制机制的核心就是报文段的重传。当一个报文段损坏、丢失或者被延迟了，就要重传。目前的 TCP 实现中，有以下两种报文段重传机制。

（1）超时重传。

TCP 为每一个发送的报文段都设置一个超时重传（Retransmission Time Out，RTO）计时器。计时器时间一到，就认为相应的报文段损坏或者丢失，需要重传。注意仅携带 ACK 的报文段不设置超时计时器，因而也就不重传这种报文段。

在 TCP 中 RTO 的值根据报文段的往返时间（Round Trip Time，RTT）动态更新。RTT 是一个报文段到达终点和收到对该报文段的确认所需的时间。由于在 Internet 中传输延迟变化范围很大，因此从发出数据到收到确认所需的往返时间是动态变化的，很难确定。TCP 的重传定时值也要不断调整，并通过测试连接的往返时间对重传定时值进行修正。

多数 TCP 实现至少使用 4 种计时器。(1) 重传计时器：用于重传丢失的报文段。(2) 2MSL 计时器：用于连接终止。(3) 保活计时器（KeepAlive Timer）：用于防止连接出现长时间的空闲。(4) 持久计时器（Persistence Timer）：用于对付窗口大小为 0 而引起的死锁。

提示

（2）快重传。

如果 RTO 值不是太大，上述超时重传比较可行。但是，有时一个报文段丢失了，而接收方会收到很多的失序报文段以致无法保存它们（缓冲区空间有限）。要解决这个问题，现在一般采用三个重复的 ACK 报文段之后重传的规则。也就是说，发送方收到了 3 个重复的 ACK 报文段之后，立即重传这个丢失的报文段。

需要注意的是，不消耗序列号的报文段不进行重传，特别是对 ACK 段不进行重传。

4. 失序报文段的处置

当一个报文段推迟到达、丢失或被丢弃，在这个报文段后面的几个报文段就是失序到达。最初的 TCP 设计是丢弃所有的失序报文段，这就导致重传丢失的报文段和后续的一些报文段。现在大多数的实现是不丢弃这些失序的报文段，而是把这些报文段暂时存储下来，并把它们标志为失序报文段，直到丢失的报文段到达。注意失序的报文段并不交付到进程。TCP 保证数据必须按序交付到进程。

5. 重复报文段的处置

重复的报文段一般是由超时重传造成的，接收方可以根据序列号判断是否是重复报文段，对于重复报文段只需要简单丢弃即可。TCP 的确认和重传技术对每一个报文段都有唯一的序列号，这样当对方收到了重复的报文段后很容易区分，报文段丢失后也容易定位重传的报文段的序列号。

6. 选择确认（SACK）

TCP 最初只使用累积确认（ACK），接收方忽略所有收到的失序报文段（包括被丢弃的、丢失的或重复的报文段），只报告收到了最后一个连续的字节，并通告它期望接收的下一个字节的序列号。在 TCP 首部中的 32 位 ACK 字段用于累积确认，而它的值仅在 ACK 标志为 1 时才有效。

现在一些新的 TCP 实现中支持选择确认（SACK），报告失序和重复的报文段，将其作为 TCP 首部选项字段的一部分。SACK 并不是代替 ACK 而是向发送方报告附加的信息。

SACK 在 TCP 首部的后面作为选项来实现，具体来说有以下两个选项。

- 允许 SACK 选项：只用在连接建立阶段，发送 SYN 段的主机增加这个选项以说明它能够支持 SACK 选项。如果另一方在它的 SYN/ACK 段中也包含了这个选项，那么双方在数据传输阶段就都可以使用 SACK 选项。这个选项是不能在数据传输阶段使用的。该选项格式为：种类为 4，长度为 2 字节。

- SACK 选项：只用在数据传输阶段，前提是双方已在连接建立阶段交换了允许 SACK 选项，都已同意使用 SACK 选项。它的种类为 5，具有可变长度。该选项包括失序到达的块（block）的列表。每一个块用两个 32 位数定义块的开始和结束。由于 TCP 所允许的选项大小仅有 40 字节，一个 SACK 选项能够定义的不能超过 4 个块（占 4×2×4+2=34 字节）。如果 SACK 选项和其他选项一起使用，那么块的数目还要减少。

7.4.2　TCP 流量控制

TCP 在传输层上实现端到端的流量控制，为接收方对发送方发送数据进行控制，以避免大量的数据导致接收方瘫痪，这是通过滑动窗口机制来实现的。

1. 滑动窗口机制

在面向连接的传输过程中，收发双方在发送和接收报文时要协调一致。如果发送方不考虑对方是否确认，一味地发送数据，则有可能造成网络拥塞或因接收方来不及处理而丢失数据。如果发送方每发出一个报文（极端的情况下甚至只发送一个字节的数据）都要等待对方的确认，则又造成效率低下，网络资源得不到充分利用。为此，TCP 采用一种折中的方法，即在缓冲区（暂时存放从应用程字传出并准备发送的数据）上使用滑动窗口，TCP 发送数据的多少由这个滑动窗口定义。这样既能够保证可靠性，又可以充分利用网络的传输能力。

滑动窗口机制通过发送方窗口和接收方窗口的配合来完成传输控制。发送方窗口如图 7-30 所示。发送缓冲区中是一组按顺序编号的字节数据，这些数据的一部分在发送窗口之中，另一部分在发送窗口之外。发送缓冲区左端和右端空白处表示可以加入数据的空闲空间，整个缓冲区就是一个左端和右端相连的环。发送窗口左侧是已发送并被接收方确认的数据，相应的缓冲区部分被释放。发送窗口中靠左的部分是已发送但尚未得到确认的数据，靠右的部分是可以立即发送的数据，也就是当前可用的窗口。发送窗口右侧是暂时不能发送的数据，一旦发送窗口内的部分数据得到确认，窗口便向右滑动，将已确认的数据移到窗口左侧空闲空间。发送窗口右边界的移动使新的数据又进入到窗口中，成为可以立即发送的数据。

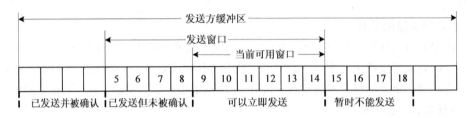

图 7-30　发送方窗口

接收方窗口反映当前能够接收的数据的数量，大小取决于接收方处理数据的速度和发送方发送数据的速度，当从缓冲区中取出数据的速度低于数据进入缓冲区的速度时，接收窗口逐渐缩小，反之则逐渐扩大。接收方将当前窗口大小通告给发送方（利用 TCP 报文段首部的窗口大小字段），发送方根据接收窗口调整其发送窗口，使发送窗口始终小于或等于接收窗口的大小。只有在接收窗口滑动时（与此同时也发送了确认），发送窗口才有可能滑动。收发双方的窗口按照以上规律不断地向前滑动，因此这种协议又称为滑动窗口协议。

当发送窗口和接收窗口的大小都等于 1 时，每发送一个字节的数据都要等待对方的确认，这就是停止等待协议。当发送窗口大于 1，接收窗口等于 1 时，就是回退 N 步协议。当发送窗口和接收窗口的大小均大于 1 时，就是选择重发协议。协议中规定窗口内未经确认的分组需要重发。这种分组的数量最多可以等于发送窗口的大小，即滑动窗口的大小 n 减去 1（因为发送窗口不可能大于（n-1），起码接收窗口要大于等于 1）。

TCP 的窗口以字节为单位进行调整，以适应接收方的处理能力。处理过程如下。

（1）TCP 连接阶段，双方协商窗口大小，同时接收方预留数据缓存区；

（2）发送方根据协商的结果，发送符合窗口大小的数据字节流，并等待对方的确认；

（3）发送方根据确认信息，改变窗口大小，增加或者减少发送未得到确认的字节流中的字节数。如果出现发送拥塞，发送窗口缩小为原来的一半，同时将超时重传的时间间隔扩大一倍。

在滑动窗口的操作中可能出现一个严重的问题，这就是发送应用程序产生数据很慢，或者接收应用程序消耗数据很慢，或者两者都有。不管是上述情况中的哪一种，都使得发送数据的报文很小，这就引起操作效率的降低，这个问题叫做糊涂窗口综合症（Silly Window Syndrome）。

2. 发送方产生的糊涂窗口综合症

如果发送方 TCP 为生产数据很慢的应用程序服务，就可能产生糊涂窗口综合症。解决的方法是防止发送方 TCP 逐个字节地发送数据，强迫发送方 TCP 等待，凑成大块数据再发送。为了使 TCP 等待的时间更为合理，采用了 Nagle 算法，具体解决方法如下。

（1）发送方将其从发送应用程序收到的第一块数据（即使只有 1 字节）发送出去。

（2）发送第 1 个报文段以后，发送方 TCP 就在输出缓冲区中积累数据并等待，直到或者接收方 TCP 发送出确认，或者已积累到足够的数据可以装成最大长度的报文段。这时，发送方 TCP 就可以发送这个报文段。

（3）对剩下的传输，重复步骤 2。如果收到了对报文段 2 的确认，或者已积累到足够的数据可以装成最大长度的报文段，报文段 3 就必须发送出去。

采用 Nagle 算法，如果应用程序比网络更快，则报文段就较大（最大长度报文段）。若应用程序比网络慢，则报文段就较小（小于最大长度报文段）。

3. 接收方产生的糊涂窗口综合症

如果接收方 TCP 为消耗数据很慢的应用程序服务，就可能产生糊涂窗口综合症。当接收缓冲区已满，通知窗口大小为 0，发送方必须停止发送数据。接收应用程序从缓冲区中取走 1 字节的数据，通知窗口值为 1 字节，发送方可能会传送拥有 1 字节的段。这样的过程一直继续下去，1 字节的数据被消耗掉，然后发送 1 字节数据的报文段。这又是一个效率问题和糊涂窗口综合症。针对这种情形，有两种解决方法。

（1）延迟通告（Delayed Advertisement）

延迟通告又称 Clark 法，只要有数据到达就发送确认，但在缓冲区已有足够大的空间放入最大长度报文段（Maximum Sized Segment，MSS）之前，或者缓冲区空闲空间达到一半之前，一直都宣布窗口值为 0。

（2）推迟确认（Delayed Acknowledgement）

当报文段到达时并不立即发送确认。接收方在对收到的报文段进行确认之前一直等待，直到输入缓冲区有足够的空间为止。推迟发送确认防止了发送方 TCP 滑动它的窗口。当发送端 TCP 发送完数据后就停下来了。推迟确认还有另一个优点，就是减少了通信量，不需要对每一个报文段进行确认。不过推迟确认有可能迫使发送方重传它未被确认的报文段，为此推迟确认设置不能超过 500ms。

　　滑动窗口机制为端到端设备间的数据传输提供了可靠的流量控制机制。然而，它只能在源端设备和目的端设备起作用，当网络中间设备（如路由器等）发生拥塞时，滑动窗口机制将不起作用。

7.4.3　TCP 拥塞控制

流量控制是由于接收方不能及时处理数据而引发的控制机制，拥塞（Congestion，又译为阻塞）是由于网络中的路由器超载而引起的严重延迟现象。拥塞的发生会造成数据的丢失，数据的丢失会引起超时重传，而超时重传的数据又会进一步加剧拥塞，如果不加以控制，最终将会导致系统崩溃。对于拥塞造成的数据丢失，仅仅靠超时重传是无法解决的。为此 TCP 提供了拥塞控制机制。发送方所能发送的数据量不仅要受接收方的控制（流量控制），而且还要由网络的拥塞程度来决定。

为了避免和消除拥塞，RFC 2581 为 TCP 定义了 4 种拥塞控制机制，分别是慢启动（Slow Start）、拥塞避免（Congestion Avoidance）、快重传（Fast Retransmit）和快恢复（Fast Recovery）。

1. 拥塞窗口

网络中的一个重要问题就是拥塞。如果网络上的负载（即发送到网络的数据包数）大于网络的容量（即网络能够处理的数据包数），在网络中就可能发生拥塞。在 TCP 的拥塞控制中，仍然是利用发送窗口来控制数据流速度，减缓注入网络的数据流后，拥塞就会自然解除。发送窗口的大小取决于两个因素，一个因素是接收方的处理能力，由确认报文段所通告的窗口大小（即可用的接收缓冲区的大小）——接收窗口（rwnd）来表示；另一个是网络的处理能力，由发送方所设置的变量——拥塞窗口（cwnd）来表示。发送窗口的大小最终取接收窗口和拥塞窗口中较小的一个。与接收窗口一样，拥塞窗口也处于不断的调整中，一旦发现拥塞，TCP 将减小拥塞窗口，进而控制发送窗口。

2. 拥塞策略

TCP 处理拥塞基于 3 个阶段：慢启动、拥塞避免和拥塞检测。在慢启动阶段，发送方从非常慢的发送速率开始，但很快就把速率增大到一个阀值；当达到阀值时，数据发送速率的增大就放慢以避免拥塞；最后，如果检测到拥塞，发送方就又回到慢启动或拥塞避免阶段。为了避免和消除拥塞，TCP 循环往复地采用 3 种策略来控制拥塞窗口的大小。

（1）慢启动（Slow Start）

首先使用慢启动策略在建立连接时将拥塞窗口设置为一个最大段（MSS）大小。对于每一个报文段的确认都会使拥塞窗口增加一个 MSS，此算法开始很慢，但按指数规律增长。例如，开始时只能发送一个报文段，当收到该段的确认后拥塞窗口加大到两个 MSS，发送方接着发送两个报文段，收到这两个报文段的确认后，拥塞窗口加大到 4 个 MSS，接下来发送 4 个报文段，依此类推。

慢启动不能无限制地继续下去，当以字节计的窗口大小到达慢启动阀值（一般为 65535 字节）时就停止了，转而进入下一个阶段。

（2）拥塞避免（Congestion Avoidance）

TCP 拥塞避免使拥塞窗口按照加法规律增长，而不是按照指数规律。当拥塞窗口的大小达到慢启动阀值时，就进入此阶段就了。在这种策略中，每当窗口中的所有报文段都被确认，拥塞窗口的大小增加 1 个 MSS，即使确认是针对多个报文段的，拥塞窗口也只加大 1 个 MSS，这在一定程度上减缓了拥塞窗口的增长。但在此阶段，拥塞窗口仍在增长，直到拥塞被检测到。

（3）拥塞检测（Congestion Detection）

如果拥塞发生了，拥塞窗口的大小就必须减小。发送方判断拥塞已经发生的唯一方法是它必须重传一个报文段。但是，重传发生在两种情形之一——RTO 计时器超时或者收到了 3 个重复的 ACK，阀值就下降到原来的一半（乘法减小）。大多数 TCP 实现有下面这两种反应。

- 如果发生超时，那么出现拥塞的可能性就很大，某个报文段可能在网络中的某处丢失了，而后续的一些报文段也没有消息。遇到这种情况，TCP 的反应比较强烈，将阀值设置为当前窗口值的一半，将拥塞窗口设置为一个报文段，再开始一个新的慢启动阶段。

- 如果收到了 3 个 ACK 段，那么出现拥塞的可能性就较小，一个报文段可能已经丢失了，但以后的几个报文段又安全地到达了，因为收到了 3 个 ACK。这就是所谓的快重传和快恢复。遇到这种情况，TCP 的反应不够强烈，将阀值设置为当前窗口值的一半，将拥塞窗口设置为阀值（某些实现在阀值上增加 3 个报文段），再开始一个新的拥塞避免阶段。

7.5 UDP 协议

UDP 同 IP 协议一样提供无连接数据报传输，它在 IP 协议上增加了进程通信能力。由于不解决可靠性问题，所以 UDP 的运行环境应该是高可靠性、低延迟的网络。如果是运行在不可靠的通信网络上，那么 UDP 之上的应用程序必须能够解决报文损坏、丢失、重复、失序以及流量控制等可靠性问题。UDP 最吸引人的地方在于它的高效率。UDP 是一个非常简单的协议，由于发送数据报时不需要建立连接，所以开销很小。UDP 往往用在交易型应用中，一次交易一般只需要一个来回的两个报文交换即可完成。

7.5.1　数据报格式

UDP 将应用层的数据封装成 UDP 数据报进行发送。UDP 数据报由首部和数据构成。UDP 采用定长首部，长度为 8 字节。UDP 数据报格式如图 7-31 所示。

图 7-31　UDP 数据报格式

UDP 首部仅仅包含以下 4 个字段。

1. 源端口（Source Port）和目的端口（Destination Port）

这两个字段各占 16 位，源端口定义发送该报文段的应用程序的端口号；目的端口定义接收该报文段的应用程序的端口号。每一个 UDP 首部中都包含有源端口号和目的端口号，用于定位源端的应用进程和目的端的应用进程。

2. 长度（Length）

该字段占 16 位，以字节为单位指示整个 UDP 数据报的长度，其最小值为 8，是不含数据的 UDP 首部长度。UDP 建立在 IP 之上，整个 UDP 数据报被封装在 IP 数据报中传输。虽然 16 位的 UDP 总长度字段可以标识 65535 字节，但由于 IP 数据报总长度为 65535 字节的限制，并且 IP 数据报首部至少要占用 20 字节，因此实际 UDP 最大长度为 65515 字节，减去 UDP 首部 8 字节，其最大数据长度为 65507 字节。

3. 校验和（Checksum）

该字段占 16 位，用于存储 UDP 数据报的校验和，用来校验整个用户数据报（首部加上数据）出现的差错。这是一个可选字段，置 0 时表明不对 UDP 进行校验。在 UDP/IP 协议栈中，UDP 校验和是保证数据正确性的唯一手段。

7.5.2　UDP 伪首部与校验和计算

计算 UDP 校验和时，除了 UDP 数据报本身外，它还加上一个 12 字节长的伪首部。UDP 校验和的计算与 IP 和 ICMP 校验和的计算不同。这里的校验和包括 3 个部分：伪首部、UDP 首部以及从应用层来的数据。

1. 伪首部格式

伪首部不是 UDP 数据报的有效成分，而是是 IP 数据报首部的一部分，它只是用于验证 UDP 数据报是否传到正确的目的地的手段。UDP 伪首部的格式如图 7-32 所示。

UDP 伪首部的信息来自于 IP 数据报的首部，UDP 校验和的计算方法与 IP 数据报首部校验和的计算方法完全相同。在计算 UDP 校验和之前，UDP 首先必须从 IP 层获取有关信息。UDP 数据报的发送方和接收方在计算校验和时都加上伪首部信息。如果接收方验证校验和是正确的，那就说明数据到达了指定的目的地。

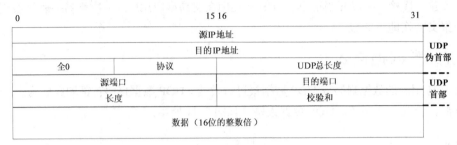

图 7-32　UDP 伪首部格式

UDP 伪首部中 8 位全 0 字段起填充作用，目的是使伪首部的长度为 16 位的整数倍；协议字段指明当前协议为 UDP，UDP 协议的值为 17；UDP 总长度字段以字节为单位，指明 UDP 数据报的长度，该长度不包括伪首部在内。

2. 校验和计算

UDP 校验和是一个端到端的校验和。它由发送方计算，然后由接收方验证，其目的是发现 UDP 首部和数据在发送方到接收方之间发生的任何改动。UDP 校验和的基本计算方法与 IP 首部校验和计算方法相类似，都是 16 位字的二进制反码和。

发送方按以下步骤计算校验和。

（1）把伪首部填加到 UDP 用户数据报上。

（2）把校验和字段填入零。

（3）把所有位划分为 16 位（2 字节）的字。

（4）若字节总数不是偶数，则增加一个字节的填充（全 0）。填充只是为了计算校验和，计算完毕后就把它丢弃。

（5）把所有 16 位的字使用反码算术运算相加。

（6）把得到的结果取反码（把所有的 0 变成 1 而 1 变成 0），它是一个 16 位的数，把这个数插入到校验和字段。

（7）把伪首部和任何增加的填充丢掉。

（8）把 UDP 用户数据报交付给 IP 软件进行封装。

注意在伪首部中的各行的顺序对校验和的计算没有任何影响。此外，增加 0 也不影响计算的结果。为此，计算校验和的软件可以很容易地把整个 IP 首部（20 字节）加到 UDP 数据报上，只要把 IP 首部的前 8 个字节置为 0，把 TTL 字段置为 0，把 IP 校验和更换为 UDP 的总长度，然后计算校验和，所得的结果将是一样的。

接收方按以下 6 个步骤计算校验和。

（1）把伪首部加到 UDP 用户数据报上。

（2）若需要，就增加填充。

（3）把所有位划分为 16 位（2 字节）的字。

（4）把所有 16 位的字使用反码算术运算相加。

（5）把得到的结果取反码。

（6）若得到的结果是全 0，则丢弃伪首部和任何增加的填充，并接受这个用户数据报。否则，就丢弃这个用户数据报。

7.5.3　验证分析 UDP 数据报格式

要抓取 UDP 数据包，最简单的方法是抓取 DNS 查询过程中的数据包。例如，使用域名访问服务器，将出现域名查询过程，使用 Wireshark 抓取，展开相应的 DNS 数据包，再展开其中的 UDP 数据报，结果如图 7-33 所示。可对照前述字段说明来分析验证。

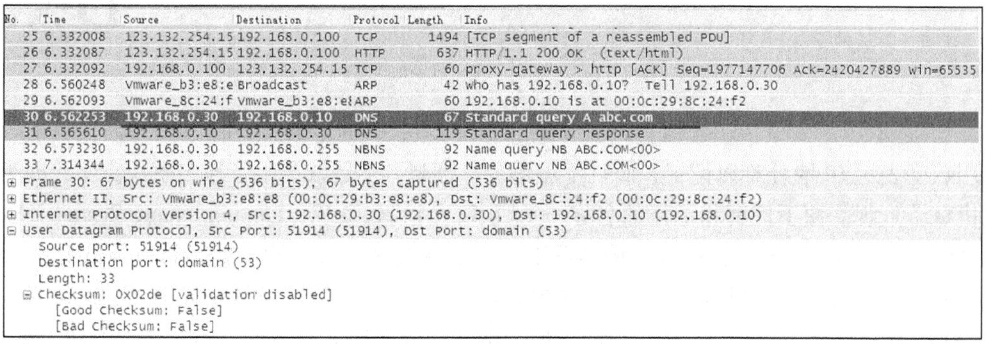

No.	Time	Source	Destination	Protocol	Length	Info
25	6.332008	123.132.254.15	192.168.0.100	TCP	1494	[TCP segment of a reassembled PDU]
26	6.332087	123.132.254.15	192.168.0.100	HTTP	637	HTTP/1.1 200 OK　(text/html)
27	6.332092	192.168.0.100	123.132.254.15	TCP	60	proxy-gateway > http [ACK] Seq=1977147706 Ack=2420427889 win=65535
28	6.560248	Vmware_b3:e8:e	Broadcast	ARP	42	who has 192.168.0.10? Tell 192.168.0.30
29	6.562093	Vmware_8c:24:f	Vmware_b3:e8:e	ARP	60	192.168.0.10 is at 00:0c:29:8c:24:f2
30	6.562253	192.168.0.30	192.168.0.10	DNS	67	Standard query A abc.com
31	6.565610	192.168.0.10	192.168.0.30	DNS	119	Standard query response
32	6.573230	192.168.0.30	192.168.0.255	NBNS	92	Name query NB ABC.COM<00>
33	7.314344	192.168.0.30	192.168.0.255	NBNS	92	Name query NB ABC.COM<00>

```
⊞ Frame 30: 67 bytes on wire (536 bits), 67 bytes captured (536 bits)
⊞ Ethernet II, Src: Vmware_b3:e8:e8 (00:0c:29:b3:e8:e8), Dst: Vmware_8c:24:f2 (00:0c:29:8c:24:f2)
⊞ Internet Protocol Version 4, Src: 192.168.0.30 (192.168.0.30), Dst: 192.168.0.10 (192.168.0.10)
⊟ User Datagram Protocol, Src Port: 51914 (51914), Dst Port: domain (53)
    Source port: 51914 (51914)
    Destination port: domain (53)
    Length: 33
  ⊟ Checksum: 0x02de [validation disabled]
      [Good Checksum: False]
      [Bad Checksum: False]
```

图 7-33　UDP 数据报解码分析

7.6　习　　题

1. TCP 和 UDP 协议各有哪些特性？各自适合哪些应用场合？
2. 比较 TCP 和 UDP 首部，为什么 UDP 首部比较简单？
3. 简述 TCP 连接建立三次握手过程。
4. 简述 TCP 连接关闭四次握手过程。
5. TCP 连接复位有哪几种情形？
6. 简述 TCP 连接建立、数据传输和连接关闭过程中的状态转换。
7. 简述 TCP 序列号与确认号机制。
8. TCP 差错控制有哪些方法？
9. 简述 TCP 滑动窗口机制。
10. 什么是拥塞窗口？它与接收窗口有何不同？
11. 什么是 UDP 伪首部？它有什么作用？
12. 使用 Wireshark 工具抓取数据包，验证 TCP 连接建立与关闭。

第8章

DNS

用数字表示 IP 地址难以记忆，而且不够形象、直观，于是就产生了域名解决方案，即为联网计算机赋予直观、便于理解和记忆的名称——域名，由域名系统（Domain Name System，DNS）将域名转换为数字表示的 IP 地址。域名系统是一个有效的、可靠的、通用的、分布式的名称-地址映射系统。作为一种关键的应用服务，DNS 提供了 Internet 寻址所依赖的健壮的、可靠的和稳定的基础，将庞大的 Internet 连接在一起，使得网络访问变得非常方便。本章主要介绍 DNS 体系与解析原理，并详细分析了 DNS 报文。

DNS 于 1993 年开始推出，后来经历了不断的增强和改进，其间陆续推出了多个有关的 RFC 文档。目前 DNS RFC 1034 "Domain Names - Concepts and Facilities" 规定了域名的概念和机制，RFC 1035 "Domain Names - Implementation and Specification" 规定了 DNS 的实现和规范，这两个 RFC 文档取代了早期的 RFC 882、RFC 883 和 RFC 973。RFC 1591 "Domain Name System Structure and Delegation" 定义域名系统的树形结构与委托机制。本章主要以这 3 个 RFC 文档为基础讲解 DNS。另外 DNS 也可用于 IPv6 网络，具体由 RFC 1886 "DNS Extensions to Support IP Version 6" 规范，本章不做介绍。

8.1　DNS 体系

DNS 是一个以域名空间为基础，基于分布式结构的庞大体系，包括 DNS 服务器、DNS 客户端（解析程序）与 DNS 数据库等组件。

8.1.1　层次名称空间

Internet 的命名机制要求主机名称具有全局唯一性，而且便于管理和映射。

早期采用无层次命名方式，主机名用一个字符串表示，所有无结构主机名就构成一个无层次名称空间。为保证名称的全局唯一性，采用集中式的管理方式，名称-地址映射一般通过主机文件完成。随着网络规模的的扩大，集中管理的工作量大大增加，映射效率低下，而且容易出现名称冲突。

为解决上述问题，引进了层次型命名机制，在名称空间中引入层次结构，而且这种结构与管理机构的层次存在对应关系。这种机制将名称空间分成若干子空间，每个机构负责一个子空间的管理。授权管理机构可以将其管理的子名称空间进一步划分，授权给下一级机构管理，而下一级又可以继续划分它所管理的名称空间。整个名称空间呈一种树形层次结构。这种分布式空间更便于管理。

8.1.2　hosts 文件

域名系统是由早期的 hosts 文件发展而来的。早期的 TCP/IP 网络用一个名为 hosts 的文本文件对网内的所有主机提供名称解析。该文件是一个纯文本文件，又称主机表，可用文本编辑器软件来处理，这个文件以静态映射的方式提供 IP 地址与主机名的对照表，举例如下。

```
127.0.0.1 linuxsrv1 localhost.localdomain  localhost
```

hosts 文件中每条记录均包含 IP 地址和对应的主机名，还可以包括若干主机的别名。主机名既可以是完整的域名，也可以是短格式的主机名，使用起来非常灵活。不过，每台主机都需要配置该文件并及时更新，管理很不方便，这种方案目前仍在使用，仅适用于规模较小的 TCP/IP 网络，或者一些网络测试场合。

8.1.3　域名空间

随着网络规模的扩大，hosts 文件就无法满足计算机名称解析的需要了，于是产生了一种基于分布式数据库的域名系统，用于实现域名与 IP 地址之间的相互转换。DNS 的推出使得 TCP/IP 网络形成了 3 个层次的寻址机制，位于底层的是物理地址，位于中间层的标识是 IP 地址，位于最高层的是域名。TCP/IP 协议不仅要实现 IP 地址与物理地址之间的映射，而且要实现域名与 IP 地址之间的映射。

1. DNS 结构

如图 8-1 所示，DNS 结构如同一棵倒过来的树，层次结构非常清楚，根域位于最顶部，紧接着在根的下面是几个顶级域，每个顶级域又进一步划分为不同的二级域，二级下面再划分子域，子域下面可以有主机，也可以再分子域，直到最后是主机。

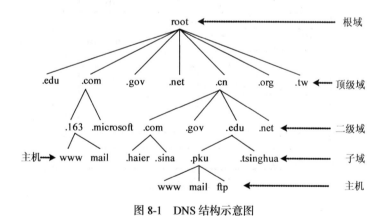

图 8-1　DNS 结构示意图

2. 域名空间

这个树形结构又称为域名空间（Domain Name Space），DNS 树的每个节点代表一个域，通过这些节点，对整个域名空间进行划分，成为一个层次结构，最大深度不得超过 127 层。

3. 域名标识

域名空间的每个域的名字通过域名进行表示。每个域都可用相对名称或绝对名称来标识，相对于父域表示一个域，可用相对域名；绝对域名指完整的域名，称为 FQDN（译为"全称域名"或"完全规范域名"），采用从节点到 DNS 树根的完整标识方式，并将每个节点用符号"."分隔。

要在整个 Internet 范围内来识别特定的主机，必须用 FQDN。

FQDN 有严格的命名限制，长度不能超过 256 字节，只允许使用字符 a ~ z、0 ~ 9、A ~ Z 和减号 "-"。点号 "." 只允许在域名标识之间或者 FQDN 的结尾使用。域名不区分大小。

Internet 上每个网络都必须有自己的域名，应向 InterNIC 注册自己的域名，这个域名对应于自己的网络，注册的域名就是网络域名。拥有注册域名后，即可在网络内为特定主机或主机的特定应用程序服务，自行指定主机名或别名，如 www、ftp。对于内网环境，可不必申请域名，完全按自己的需要建立自己的域名体系。

8.1.4 区域（Zone）

域是名称空间的一个分支，除了最末端的主机节点之外，DNS 树中的每个节点都是一个域，包括子域（Subdomain）。域空间非常庞大，这就需要划分区域进行管理，以减轻网络管理负担。区域通常表示管理界限的划分，是 DNS 名称空间的一个连续部分，它开始于一个顶级域，一直到一个子域或是其他域的开始。区域管辖特定的域名空间，它也是 DNS 树形结构上的一个节点，包含该节点下的所有域名，但不包括由其他区域管辖的域名。

这里举例说明区域和域之间的关系。如图 8-2 所示，abc.com 是一个域，用户可以将它划分为两个区域分别管辖：abc.com 和 sales.abc.com。区域 abc.com 管辖 abc.com 域的子域 rd.abc.com 和 office.abc.com，而 abc.com 域的子域 sales.abc.com 及其下级子域则由区域 sales.abc.com 单独管辖。一个区域可以管辖多个域（子域），一个域也可以分成多个部分并交由多个区域管辖，这取决于用户如何组织名称空间。

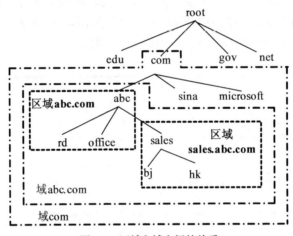

图 8-2　区域和域之间的关系

8.1.5 域名系统

整个域名系统包括以下 4 个组成部分。

- 名称空间：指定用于组织名称的域的层次结构。
- 资源记录（Resource Record，RR）：将域名映射到特定类型地址的资源信息，注册或解析名称时使用。资源记录以特定的记录形式存储在 DNS 服务器中的区域文件（或数据库）中。
- DNS 服务器：存储资源记录并提供名称查询服务的程序。
- DNS 客户端：也称解析程序，用来查询服务器获取名称解析信息。

一台 DNS 服务器可以管理一个或多个区域，使用区域文件或数据库来存储域名解析数据（资源记录）。在 DNS 服务器中必须先建立区域，然后再根据需要在区域中建立子域，最后在子域中建立资源记录。由区域、域和资源记录组成的域名体系如图 8-3 所示。

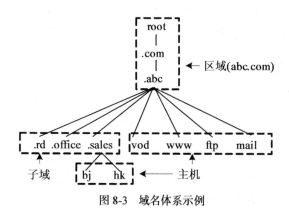

图 8-3　域名体系示例

8.1.6　DNS 服务器

DNS 服务器又称名称服务器，负责为客户端提供域名解析服务。

1. DNS 服务器的解析数据

DNS 服务器以区域文件（或数据库）存储域名解析数据。一台 DNS 服务器可以安装多个区域文件，管理多个区域的资源记录。

DNS 服务器可以有一个区域文件的原始版本（主区域文件），或者是从其他 DNS 服务器复制过来的区域文件（辅助区域文件）。DNS 服务器无论是拥有主区域文件，还是拥有辅助区域文件，都可以向与该区域文件对应的域名空间 DNS 查询权威性的回答。

DNS 服务器本身可以通过以下途径获取域名解析数据。

- 由管理员编辑或更新原始区域文件。
- 从其他域名服务器复制区域文件。
- 通过向其他 DNS 服务器查询来获取具有一定时效的缓存信息。

2. DNS 服务器的类型

根据配置或角色，可将 DNS 服务器分为以下 4 种主要类型。

- 主名称服务器（Primary Name Server）：拥有一个区域文件的原始版本。关于该名称空间的资源记录的任何变更都在该服务器的原始版本上进行。当主域名服务器接收到关于它自己的区域文件中的一个域名查询时，将从该区域文件中直接查找该名称的解析记录。

- 从名称服务器（Second Name Server）：又称辅助名称服务器，名称空间信息来自主域名服务器，从其他主域名服务器那里复制一个区域文件。该区域文件是主域名服务器上主区域文件的一个只读版本，关于区域文件的任何改动都在主域名服务器中进行，辅助名称服务器通过区域传输（Zone Transfer）与主域名服务器上主区域文件的变化保持同步。

- 唯高速缓存服务器（Caching Only Server）：没有任何区域文件，它将收到的解析信息存储下来，并再将其提供给其他用户进行查询，直到这些信息过期为止。它对任何区域都不能提供权威性解析。唯高速缓存服务器首次启动时，没有存储任何 DNS 信息；启动之后，通过缓存查询的结果来逐渐建立 DNS 信息的。缓存表项的生存时间（TTL）由提供授权解析结果的 DNS 服务器决定。该服务器将查询的生存时间和名称解析一起返回。

- 转发服务器（Forwarding Server）：向其他 DNS 服务器转发不能满足的查询请求。如果接受转发要求的 DNS 服务器未能完成解析，则解析失败。

DNS 服务器可以是以上一种或多种配置类型。例如，一台 DNS 服务器可以是一些区域的主名称服务器，另一些区域的辅助名称服务器，并且仅为其他区域提供转发解析服务。

8.1.7 DNS 资源记录

资源记录就是与域名、IP 地址记录相关的数据，以及供查询的其他 DNS 数据，它存储在 DNS 服务器的区域文件中。每条资源记录包含解析特定名称的答案。一条完整的 DNS 资源记录包括以下内容。

- 域名（OWNER NAME）：用于确定资源记录的位置，即拥有该资源记录的 DNS 域名。
- 生存时间（TTL）：指定一个资源记录在其被丢弃前可以被缓存多长时间。
- 类（CLASSIC）：说明网络类型，有 3 种类型，分别是 IN、HS 和 CH，一般使用 IN 类，表示 Internet 类。
- 类型（TYPE）：一个编码的 16 位数值指定资源记录的类型。常用的资源记录类型见表 8-1。
- 记录数据（RDATA）。记录数据的格式与记录类型有关，主要用于说明域中与该资源记录有关的信息，通常就是解析结果。

表 8-1 常用的 DNS 资源记录类型

类　　型	名　　称	说　　明
SOA	Start of Authority（起始授权机构）	设置区域主域名服务器（保存该区域数据正本的 DNS 服务器）
NS	Name Server（名称服务器）	设置管辖区域的权威服务器（包括主域名服务器和辅助域名服务器）
A	Address（主机地址）	定义主机名到 IP 地址的映射
CNAME	Canonical Name（规范别名）	为主机名定义别名
MX	Mail Exchanger（邮件交换器）	指定某个主机负责邮件交换
PTR	Pointer（指针）	定义反向的 IP 地址到主机名的映射
SRV	Service（服务）	记录提供特殊服务的服务器的相关数据

8.1.8 DNS 动态更新（DDNS）

以前的 DNS 区域数据只能静态改变，添加、删除或修改资源记录仅能通过手工方式完成。规模较大的网络，大多使用 DHCP 来动态分配 IP 地址以简化 IP 地址管理。为此推出了一种 DNS 动态更新（简称 DDNS）方案，将 DNS 服务器与 DHCP 服务器结合起来，允许客户端动态地更新其 DNS 资源记录，从而减轻手动管理工作。

RFC 2136 "Dynamic Updates in the Domain Name System (DNS UPDATE)" 对 DNS 动态更新作了规定。在 DDNS 中，当域名和地址的绑定确定后，通常 DHCP 就给主名称服务器发送这个信息。主名称服务器更新相应区域。主名称服务器可以主动向从服务器发送关于区域的变化的报文，从服务器也可以定期联系主服务器检查是否有任何变化，获知区域数据变化后，从服务器就请求更新整个区域的数据（区域传输）。

为安全起见，防止在 DNS 记录中的未授权的改变，DDNS 可以使用认证机制。

8.2 DNS 解析原理

DNS 采用客户/服务器机制,实现域名与 IP 地址转换。DNS 服务器用于存储资源记录并提供名称查询服务,DNS 客户端也称解析程序,用来查询服务器并获取名称解析信息。在讲解 DNS 解析过程与原理之前,先介绍有关的 DNS 概念和机制。

8.2.1 正向解析与反向解析

按照 DNS 查询目的,可将 DNS 解析分为以下两种类型。

* 正向解析:根据计算机的 DNS 名称(即域名)解析出相应的 IP 地址。
* 反向解析:根据计算机的 IP 地址解析其 DNS 名称,多用来为服务器进行身份验证。

大部分 DNS 解析都是正向解析,即根据 DNS 域名查询对应的 IP 地址及其他相关信息。正向解析又称标准查询。正向解析记录存储在正向解析区域文件中。

有时也会用到反向解析,即通过 IP 地址查询对应的域名,最典型的就是判断 IP 地址所对应的域名是否合法。由于反向查询的特殊性,RFC 1304 规定了固定格式的反向解析区域后缀格式 in-addr.arpa。与 DNS 名称不同,当 IP 地址从左向右读时,它们是以相反的方式解释的,所以对于每个 8 位字节值需要使用域的反序,因此建立 in-addr.arpa 域时,IP 地址 8 位字节的顺序必须倒置。例如,子网 192.168.1.0/24 的反向解析域名为 1.168.192.in.addr.arpa。反向解析区域文件与正向解析区域文件格式相同,只是其主要内容是用于建立 IP 地址到 DNS 域名的转换记录,即 PTR 资源指针记录。PTR 资源指针记录和 A 资源记录正好相反,它是将 IP 地址解析成 DNS 域名的资源记录。

8.2.2 区域管辖与权威服务器

区域是授权管辖的,区域在权威服务器上定义,负责管理一个区域的 DNS 服务器就是该区域的权威服务器。如图 8-4 所示,例中企业 abc 有两个分支机构 corp 和 branch,它们又各有下属部门,abc 作为一个区域管辖,分支机构 branch 单独作为一个区域管辖。一台 DNS 服务器可以是多个区域的权威服务器。

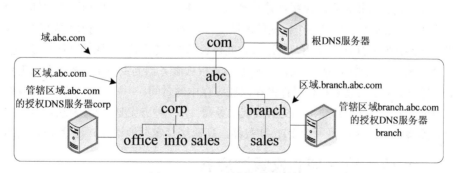

图 8-4 DNS 区域授权管辖示例

整个 Internet 的 DNS 系统是按照域名层次组织的,每台 DNS 服务器只对域名体系中的一部分进行管辖。不同的 DNS 服务器有不同的管辖范围。

一个 ISP 或一个企业，甚至一个部门，都可以拥有一台本地 DNS 服务器（有时称为默认 DNS 服务器）。当一个主机需要 DNS 查询时，查询请求首先提交给本地 DNS 服务器，只有本地 DNS 服务器解决不了时，才转向其他 DNS 服务器。

根 DNS 服务器通常用来管辖顶级域（如.com），当本地 DNS 服务器不能解析时，它便以 DNS 客户端身份向某一根 DNS 服务器查询。根 DNS 服务器并不直接解析顶级域所属的所有域名，但是它一定能够联系到所有二级域名的 DNS 服务器。

每个需要域名的主机都必须在授权 DNS 服务器上注册，授权 DNS 服务器负责对其所管辖的区域内的主机进行解析。通常授权 DNS 服务器就是本地 DNS 服务器。

8.2.3 区域委派

DNS 基于委派授权原则自上而下解析域名，根 DNS 服务器仅知道顶级域服务器的位置，顶级域服务器仅知道二级域服务器的位置，依此类推，直到在目标域名的授权 DNS 服务器上找到相应记录。

将 DNS 名称空间分割成一个或多个区域进行管辖，这就涉及子域的授权问题。这有两种情况，一种是将父域的权威服务器作为子域的权威服务器，它所有的数据都存在于父域的权威服务器上；另一种是将子域委派给其他 DNS 服务器，它所有的数据存在于受委派的服务器上。

委派（Delegation，又译为"委托"）是 DNS 成为分布式名称空间的主要机制。它允许将 DNS 名称空间的一部分划出来，交由其他服务器负责。参见图 8-4，branch.abc.com 是 abc.com 的一部分，但是 branch.abc.com 名称空间由区域 abc.com 委派给服务器 branch 负责，branch.abc.com 区域的数据保存在服务器 branch 上，服务器 corp 仅提供一个委派链接。

区域委派具有三个好处。一是减少了 DNS 服务器的潜在负载，如果.com 域的所有内容都由一台服务器负责，那么成千上万个域的内容会使服务器不堪重负。二是减轻管理负担，分散管理使得分支机构也能够管理它自己的域。三是负载平衡和容错。

8.2.4 高速缓存

为减少 DNS 查询时间以提高效率，DNS 使用高速缓存机制。如果 DNS 服务器收到查询的名称不在它的域中，则转向另一个权威服务器请求查询，收到应答时，在将它发送给客户端之前把这个解析记录（名称地址映射信息）存储在它的高速缓存中。如果同一客户端或另一个客户端请求同样的名称查询，它就检查高速缓存并回答这个问题。但是，这种情形还要通知客户端这个应答是来自高速缓存，而不是来自一个权威的区域文件，于是这个应答标记为非权威的（未授权的）。

如果服务器存储在高速缓存的解析记录时间过长，则可能会将过时的解析记录发送给客户端。要解决这个问题，可以采用两种方案。一种方案是权威服务器为资源记录附上生存时间（TTL）字段，生存时间定义了可将解析记录存储在高速缓存中的时间，一般以秒为单位。超过生存时间，该记录就成为无效的，查询必须再提交给权威服务器。另一种方案是 DNS 要求每一台服务器对每一条进行高速缓存的记录保留一个 TTL 计数器。高速缓存定期地核查并清除 TTL 到期的记录。

8.2.5 权威性应答与非权威性应答

从 DNS 服务器返回的应答结果分为两种类型：权威性应答和非权威性应答。

所谓权威性应答是从该区域的权威 DNS 服务器的区域文件（本地解析库）查询而来的，一般是正确的。

所谓非权威性应答来源于非权威 DNS 服务器,是该 DNS 服务器通过查询其他 DNS 服务器而不是本地解析库而得来的。例如, 客户端要查找 www.abc.com 主机的 IP 地址, 接到查询请求的 DNS 服务器不是区域 abc.com 的权威服务器, 该服务器可能有 3 种处理方法。

- 查询其他 DNS 服务器直到获得结果, 然后返回给客户端。
- 指引客户端到上一级 DNS 服务器查找。
- 如果缓存有该记录, 直接用缓存中的结果回答。

这 3 种查询结果都属于非权威性应答。

8.2.6　递归查询与迭代查询

递归查询要求 DNS 服务器在任何情况下都要返回结果。一般 DNS 客户端向 DNS 服务器提出的查询请求属递归查询。标准的递归查询过程如图 8-5 所示。假设域名为 test1.abc.com 的主机要查询域名为 www.info.xyz.com 的服务器的 IP 地址。它首先向本地 DNS 服务器(区域 abc.com 权威服务器)查询(第 1 步);本地 DNS 服务器查询不到, 就通过根提示文件向负责.com 顶级域的根 DNS 服务器查询(第 2 步);根 DNS 服务器根据所查询域名中的 "xyz.com" 再向 xyz.com 区域授权 DNS 服务器查询(第 3 步);该授权 DNS 服务器直接解析域名 www.info.xyz.com, 将查询结果按照图中的第 4 至 6 步的顺序返回给请求查询的主机。

采用这种方式, 根 DNS 服务器需要经过逐层查询才能获得查询结果, 效率很低, 而且还会增加根 DNS 服务器的负担。为解决这个问题, 实际上采用如图 8-6 所示的解决方案:根 DNS 服务器在收到本地 DNS 服务器提交的查询(第 2 步), 直接将下属的授权 DNS 服务器的 IP 地址返回给本地 DNS 服务器(第 3 步), 然后让本地 DNS 服务器直接向 xyz.com 区域授权 DNS 服务器查询。这是一种递归与迭代相结合的查询方法。

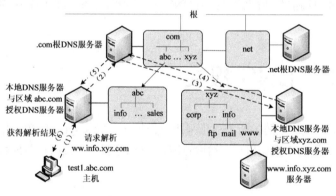

图 8-5　DNS 递归查询

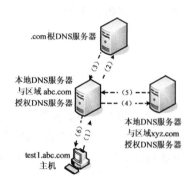

图 8-6　递归与迭代相结合的 DNS 查询

迭代查询将对 DNS 服务器进行查询的任务交给 DNS 客户端, DNS 服务器只是给客户端返回一个提示, 告诉它到另一台 DNS 服务器继续查询, 直到查到所需结果为止。如果最后一台 DNS 服务器中也不能提供所需答案,则宣告查询失败。一般 DNS 服务器之间的查询请求属于迭代查询。

8.2.7　域名解析过程

DNS 服务器使用 TCP/UDP 53 端口进行通信, 域名解析过程如图 8-7 所示, 具体步骤说明如下(如果查询完成需要结束当前步骤, 否则继续下一步骤)。

(1)当客户端提出查询请求时, 首先在本地计算机的缓存中或者 HOSTS 文件中查找。如果在本地获得查询信息，查询完成。

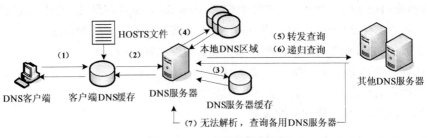

图 8-7　DNS 域名解析过程

（2）客户端向所设置的本地 DNS 服务器发起一个递归的 DNS 查询。

（3）本地 DNS 服务器接到查询请求，首先查询本地的缓存。如果缓存中存在该记录，则直接返回查询的结果（非权威性），查询完成。

（4）如果本地 DNS 服务器就是所查询区域的权威服务器，查找本地 DNS 区域数据文件，无论是否查到匹配信息，都作出权威性应答，至此查询完成。

（5）如果本地 DNS 服务器配置有 DNS 转发器并符合转发条件，将查询请求提交给 DNS 转发器（另一 DNS 服务器），由 DNS 转发器负责完成解析。否则继续下面的解析过程。

（6）本地 DNS 服务器使用递归查询来完成解析名称，这需要其他 DNS 服务器的支持。

例如，查找 host.abc.com，本地 DNS 服务器首先向根 DNS 服务器发起查询，获得顶级域 com 的权威 DNS 服务器的位置；本地 DNS 服务器随后对 com 域权威服务器进行迭代查询，获得 abc.com 域权威服务器的地址；本地 DNS 服务器最后与 abc.com 域权威服务器联系，获得该权威服务器返回的权威性应答，保存到缓存并转发给客户端，完成递归查询。

（7）如果还不能解析该名称，则客户端按照所配置的备用 DNS 服务器列表，依次查询其中所列的备用 DNS 服务器。

8.3　DNS 报文

DNS 客户端与服务器位于应用层，它们之间的所有通信采用称作报文（Message）的单一格式携带。DNS 报文封装在 UDP 数据报或 TCP 数据段中，然后封装在 IP 数据报中，最后封装成数据链路层中的帧通过物理介质传输。

8.3.1　DNS 报文结构

DNS 报文可以分为查询和应答（响应）两种类型，它们的总体结构是相同的。DNS 报文的顶层格式分成 5 个部分，如图 8-8 所示。

首部（Header）	
问题（Question）	向名称服务器提出的问题
回答（Answer）	回答问题的资源记录
权威（Authority）	指向权威的资源记录
附加（Additional）	带有附加信息的资源记录

图 8-8　DNS 报文结构

每一类 DNS 报文都有一个首部部分。首部包括一些字段，用于规定其余部分中是否存在，也规定报文是查询还是响应，是标准查询还是其他类型的操作。

首部后面其他部分的名称来自它们在标准查询中的使用。问题部分包括的字段用于描述发送给名称服务器的问题（查询请求）。这些字段是查询类型（QTYPE）、查询类（QCLASS）和查询域名（QNAME）。最后 3 个部分具有相同格式：资源记录（RR）列表，还可能是空列表。回答部分包括回答问题的资源记录。权威部分包括指向权威 DNS 服务器的资源记录；附加记录部分包括与查询有关的资源记录，严格地说不能算是查询的应答。

8.3.2 DNS 报文首部格式

查询报文和应答报文都具有相同的首部格式，查询报文主要是将某些字段值设置为 0。首部长度 12 字节，其格式如图 8-9 所示。首部各字段可归为 3 类，具体说明如下。

0		7 8						15
ID								
QR	Opcode	AA	TC	RD	RA	Z	RCODE	
QDCOUNT								
ANCOUNT								
NSCOUNT								
ARCOUNT								

图 8-9 DNS 报文首部格式

1. 标识符（ID）

ID 字段由产生查询的程序自动分配的标识符，长度为 16 位，用于将 DNS 查询与其应答关联起来。DNS 客户端在每次发送查询请求时使用不同的 ID，服务器在相应的应答中再重复这个 ID。

2. 标志和代码

此类字段比较多，总长度为 16 位（两字节）。

● QR：查询/应答标志，长度为 1 位，用来区别查询和应答，值 0 表示查询报文，值 1 表示应答报文。

● Opcode：操作码，长度为 4 位，用来定义包含在该报文中的查询类型。RFC 1035 规定 0 表示标准查询（正向解析），1 表示反向查询（反向解析），2 表示服务器状态请求，3 保留将来使用。RFC 1996 将 4 表示为通知，RFC 2136 将 5 表示为更新。6~15 目前未分配。

● AA：权威性应答标志，长度为 1 位。该字段在应答报文中有效，1 表示给出应答的服务器是该域的权威服务器。

● TC：截断（Truncation）标志，长度为 1 位。1 表示该报文由于长度大于传送通道上准许的长度而被截断。通常报文长度超过了 512 字节，被截断成 512 字节。

● RD：期望递归（Recursion Desired）标志，长度为 1 位。可以在查询报文中设置该标志，应答报文中复制该标志。1 表示它引导名称服务器递归跟踪查询，0 表示迭代查询。支持递归查询是可选的。

● RA：递归可用（Recursion Available）标志，长度为 1 位。在应答中设置，指示在名称服务器中是否支持递归查询。

● Z：保留将来使用，长度为 3 位。在所有查询和应答报文中必须设置为 0。

● RCODE：应答代码（Response Code），长度为 4 位，用来表示应答报文中的差错状态。RFC 1035 只规定了值 0~5 表示的差错，RFC 2136 进一步扩展了 RCODE，定义了值 6~10。

RCODE 后来得到了扩展,长度突破 4 位的限制。RCODE 可以出现在类型为 OPT(RFC 2671)、TSIG (RFC 2845)、TKEY (RFC 2930) 的资源记录中。OPT 提供了 8 位扩展,TSIG 和 TKEY 提供了 12 位扩展,从而分别产生了 12 位和 16 位 RCODE 字段。表 8-2 列出了目前的 RCODE 值,RCODE 值的最新列表请参看 www.iana.org。

表 8-2   RCODE 值

代　　码	说　　明	RFC 文档
0	没有错误	RFC 1035
1	格式差错	RFC 1035
2	服务器故障	RFC 1035
3	查询的域名不存在	RFC 1035
4	不支持的解析类型	RFC 1035
5	查询被拒绝	RFC 1035
6	当名称不该存在时却存在	RFC 2136
7	当资源记录设置不该存在时却存在	RFC 2136
8	当资源记录设置应该存在却不存在	RFC 2136
9	服务器不是区域的权威服务器	RFC 2136
10	区域中没有该名称	RFC 2136
11~15	保留	
16	坏的 OPT 版本或 TSIG 签名失效	RFC2671 RFC2845
17	不认识的键	RFC 2845
18	签名不符合时间窗口	RFC 2845
19	坏的 TKEY 模式	RFC2930
20	重复的键名	RFC2930
21	算法不支持	RFC2930
22	坏的截断	RFC 4635
23~3840	保留	
3841~4095	私有用途	

3. 计数器

此类字段均为无正负号 16 位整数,用于表示条目或资源记录的数量。

- QDCOUNT:指定问题部分中条目的数量,即查询数。
- ANCOUNT:指定应答部分中资源记录的数量。
- NSCOUNT:指定权威记录部分中名称服务器资源记录的数量。
- ARCOUNT:指定附加记录部分中资源记录的数量。

8.3.3 问题部分格式

问题部分用在大多数查询报文中表达具体的查询问题,即定义要查什么。问题部分包括的条目数由首部的 QDCOUNT 字段指定,通常是 1 个条目,格式如图 8-10 所示。共有 3 个字段,说明如下。

图 8-10　问题部分格式

* QNAME：查询名称，是可变长字段。查询名称由标签序列（Sequence of Labels）构成，每个标签前有一个八位位组（octet，相当于 1 字节）指出该标签的长度（单位是八位位组，相当于字节）。因为每一个域名以空标签结束，因此每一个域名的最后一个八位位组（字节）的值为 0。注意，这个字段可以是奇数个八位位组，不使用填充。这里给出一个查询 www.baidu.com 例子，查询名称表示如下。

```
3 w w w 5 b a i d u 3 c o m 0
```

* QTYPE：查询类型，两个八位位组代码，长度 16 位，它指定查询的类型。这个字段的值包括所有适用于资源记录中 TYPE（类型）字段的代码，以及某些更一般的代码，这些代码可以匹配不止一个资源记录类型。主要资源记录类型代码见表 8-3。

表 8-3　　　　　　　　　　　　　主要资源记录类型代码

类　　型	代码（值）	说　　明	RFC 文档
A	1	主机地址	RFC 1035
NS	2	名称服务器	RFC 1035
CNAME	5	别名的规范名称	RFC 1035
SOA	6	标识授权区域的开始	RFC 1035
WKS	11	公认服务描述	RFC 1035
PTR	12	域名称指针，用来将 IP 地址解析为域名	RFC 1035
HINFO	13	主机信息	RFC 1035
MINFO	14	邮箱或邮件列表信息	RFC 1035
MX	15	邮件交换	RFC 1035
TXT	16	文本字符串	RFC 1035
SIG	25	安全签名	RFC 2535
KEY	26	安全密钥	RFC2535
AAAA	28	IPv6 地址	RFC3596
TKEY	249	事务密钥	RFC2930
TSIG	250	事务签名	RFC 2845
IXFR	251	增量传输	RFC 1035
AXFR	252	整个区域传输	RFC 1035
ANY	255	请求所有记录	RFC 1035

* QCLASS：查询类，两个八位位组代码，指定查询的类。例如，对于 Internet，QCLASS 字段值为 1，其符号表示为 IN。

8.3.4 资源记录格式

回答部分、权威部分和附加部分都共享相同的格式，就是可变数目的资源记录，其中记录的数目在首部相应计数字段中规定。只有应答报文才提供资源记录。每条资源记录的格式如图 8-11 所示。它共有 6 个字段，具体说明如下。

图 8-11　资源记录格式

- NAME：名称，可变长字段，指该资源记录匹配的域名。它实际上就是查询报文问题部分查询名称的副本，但由于在域名重复出现的地方 DNS 使用压缩，这个字段就是到查询报文问题部分中的相应域名的指针偏移。

- TYPE：类型，两个八位位组代码，长度 16 位，指定资源记录的类型，说明 RDATA 字段中数据的意义。该字段与问题部分的 QTYPE 字段相同，使用的资源记录代码参见表 8-3，注意两个类型仅用于查询，这里是不允许的。

- CLASS：类，两个八位位组，指定 RDATA 字段中数据的类，与问题部分的 QCLASS 字段相同。

- TTL：生存时间，32 位无正负号整数，指定资源记录可以被缓存的时间，单位是秒。值为 0 表示资源记录仅能用于正在进行的业务，不能被缓存。

- RDLENGTH：资源数据长度，无符号 16 位整数，指定 RDATA 字段的长度，以八位位组（字节）为单位。

- RDATA：资源数据，可变长度字段，是资源记录的具体内容。其格式取决于资源记录的 TYPE 和 CALSS 字段，主要有 4 种，见表 8-4。

表 8-4　　　　　　　　　　　　　　资源数据格式

种　类	说　明
数字	用八位位组表示数，例如，IPv4 地址是 4 个八位组整数，而 IPv6 地址是一个 16 个八位组整数
域名	可用标签序列来表示。每一个标签前面有 1 字节长度字段，它定义标签中的字符数。长度字段的两个高位永远是 0（00），标签的长度不能超过 63 字节
偏移指针	域名可以用偏移指针来替换。偏移指针是 2 字节字段，它的两个高位置为 1（11）
字符串	用 1 字节的长度字段后面跟着长度字段中定义的字符数。长度字段并不像域名长度字段那样受限。字符串可以多达 256 个字符（包括长度字段）

8.3.5　报文压缩

为减小报文大小，DNS 使用去除报文中域名重复的压缩方案。例如，在资源记录中，域名通常是查询报文问题部分的域名的重复。为避免重复，DNS 定义了两个八位位组（字节）的偏移指针，指向前一次出现的该名称，格式如下。

11	偏移值（OFFSET）
2位	14位

最前面的两个高位是两个 1，这就可以使得指针能够与表示域名的标签区分开来。因为标签被限制不大于 63 个八位位组（字节），标签必须用两个 0 位开始（10 和 01 这两个组合保留将来使用）。OFFSET 字段指定从报文开始的偏移，也就是从 DNS 首部中 ID 字段的第 1 个八位位组开始。0 偏移表示 ID 字段的第一个字节。

这种压缩方案使得 DNS 报文中的域名能够用以下几种形式表示。

- 用 0 八位位组结束的标签序列。
- 指针。
- 用指针结束的标签序列。

指针仅能用于域名中格式不是特定类的情形。如果不是这种情况，将要求 DNS 服务器或解析器知道它所处理的所有资源记录的格式。如果域名包含在以长度字段为准的报文分段（如资源记录的 RDATA 部分）中，并且使用压缩，长度的计算将采用压缩过的域名的长度，而不是展开（解压缩过）的域名的长度。

程序生成报文时是否避免使用指针并不强求，尽管这样将降低数据报的能力，并且可能引起截断。然而，所有程序都要求能理解所收到的含有指针的报文。

8.3.6　报文传输

DNS 将报文作为数据报传输，或采用由虚电路承载的字节流传输。尽管虚电路能够用于任何 DNS 活动，但数据报由于成本低，性能好，成为 DNS 查询的首选。因为需要可靠传输，区域刷新活动必须使用虚电路。在 Internet 上，DNS 可以使用 UDP，也可以使用 TCP，在这两种情况下，DNS 服务器使用的公认端口是 53。

1. 使用 UDP

使用 UDP 用户服务器端口 53（十进制）发送消息。

由 UDP 携带的 DNS 报文长度被限制在 512 字节之内，其中不包括 IP 首部或 UDP 首部。较长的 DNS 报文被截断，TCP 字段在首部中被设置为 1。

UDP 是 DNS 的 Internet 标准查询的推荐方式，但不适合区域传输。使用 UDP 发送的查询可能丢失，因此需要考虑重传策略。查询或查询的应答可能由网络重新排序，或者经 DNS 服务器处理过，因此解析程序不能依赖按顺序返回的应答。

优化的 UDP 重传策略将随 Internet 性能和客户端需求改变，但是建议如下。

- 在向服务器的特定地址重复查询前，客户端应当尝试其他服务器和服务器其他地址。
- 如果可能，重传间隔应当基于前面的统计量。过于频繁的重传一般会导致响应速度减慢。

根据客户端连接到它期盼的服务器的畅通情况，最小重传间隔应当为 2~5 秒。

2. 使用 TCP

通过 TCP 传输的 DNS 报文使用两字节的长度字段做前缀。这个长度字段给出报文长度，计算长度不包括这个长度字段。该长度字段使得在开始解析报文之前，低层处理能够组装好完整的报文。推荐以下几种 TCP 连接管理策略。

- 服务器不应当阻止等待 TCP 数据的其他活动。
- 服务器应当支持多连接。
- 服务器应当假设客户端将发起连接关闭，应当推迟关闭它的连接，直到所有未解决的客户端请求都被满足。
- 如果需要关闭休眠的连接以回收资源，服务器应当等待，直到连接空闲大约两分钟。

8.3.7 验证分析 DNS 报文

通常使用 nslookup 工具来测试 DNS 解析，要获取 DNS 报文的详细数据，还需要使用协议分析工具捕获 DNS 流量进行分析。由于 DNS 是基本网络服务，上网都要涉及 DNS 解析。为简便起见，这里没有使用自建的 DNS 服务器，而是直接使用 Internet 域名解析来分析验证。

1. 使用 nslookup 工具进行 DNS 查询

Windows 或 Linux 等操作系统都提供了 nslookup 命令行工具，该工具支持对所有类型 DNS 信息的访问，是一个基本的 DNS 测试工具。nslookup 命令可以在两种模式下运行：交互式和非交互式。

当需要返回单一查询结果时，使用非交互式模式即可。非交互模式的语法格式如下。

```
nslookup [-选项] [要查询的域名|-] [DNS 服务器地址]
```

例如，查询 qq.com 的命令和结果如下。

```
C:\Documents and Settings\Administrator>nslookup qq.com
Server: ns1.sdqdptt.net.cn
Address: 202.102.134.68

Non-authoritative answer:
Name:   qq.com
Addresses: 61.135.167.36, 125.39.127.22
```

nslookup 命令通常在交互模式下使用，进入交互状态并执行相应的子命令。要中断交互命令，请按<CTRL>+<C>组合键。要退出交互模式并返回到命令提示符下，在命令提示符下输入 "exit" 即可。这种方式具有非常强的查询功能，常用的子命令如下。

- server：改变要查询的默认 DNS 服务器，使用当前默认服务器查找域信息。
- lserver：改变要查询的默认 DNS 服务器，使用初始服务器查找域信息。
- set：设置查询参数，包括查询类型、搜索域名、重试次数等。

无论是交互式和非交互式，如果没有指定 DNS 服务器地址，nslookup 命令将查询当前计算机的默认 DNS 服务器。

进入交互模式后，输入 server（不带参数），即可返回当前 DNS 服务器的信息。可在子命令 server 或 lserevr 后面加上 DNS 服务器地址，指定要查询的 DNS 服务器。

直接输入要查询的域名可返回该域名对应的 IP 地址，举例如下。

```
> www.baidu.com                         //查询域名
Server: ns1.sdqdptt.net.cn              //当前所用的 DNS 服务器
Address: 202.102.134.68
```

```
Non-authoritative answer:                //非权威性应答结果
Name:    www.a.shifen.com
Addresses:  61.135.169.105, 61.135.169.125  //IP 地址
Aliases: www.baidu.com
```

默认查询主机地址，要测试其他类型的资源记录，先使用 set type 命令设置要查询的 DNS 记录类型，然后再输入域名，可得到相应类型的域名测试结果。要查询 MX 记录、SOA 记录、NS 记录、别名记录等，需要将类型分别设置为 mx、soa、ns、cname。举例如下。

```
> set type=ns                    //设置查看 NS（名称服务器）记录
> baidu.com                      //查询该域的 NS 记录
Server:  ns1.sdqdptt.net.cn
Address: 202.102.134.68

Non-authoritative answer:                //得到该域 NS 记录的结果
baidu.com        nameserver = dns.baidu.com
baidu.com        nameserver = ns2.baidu.com
baidu.com        nameserver = ns4.baidu.com
baidu.com        nameserver = ns3.baidu.com

dns.baidu.com   internet address = 202.108.22.220
ns2.baidu.com   internet address = 61.135.165.235
ns3.baidu.com   internet address = 220.181.37.10
ns4.baidu.com   internet address = 220.181.38.10
```

如果要查询 A 记录，还需将类型重新设置为 a，执行命令"set type=a"。

还可以直接在查询记录后面指定要查询的 DNS 服务器地址。

2. 捕获 DNS 流量验证报文格式

网络访问只要涉及到域名，都会执行 DNS 解析，如 ping、Web 访问、FTP 访问等。本例直接执行命令 nslookup 查询域名 www.baidu.com，为了使用 Wireshark 抓取数据包，抓取过程中不要使用混杂模式，抓取过滤器可选择"No Broadcast and No Multicast"以过滤掉不必要的数据包。

抓取的数据包列表如图 8-12 所示，这是一个简单的 DNS 解析过程。序号为 1 的数据包显示的是 DNS 查询报文，序号为 2 的数据包是 DNS 应答报文，序号为 3 的数据包则是重复发送的应答，与前一个一样，这是为了保证可靠性。

图 8-12　DNS 数据包列表

序号为 1 的数据包详细数据如图 8-13 所示，这里展开 Domain Name System 节点。客户端向服务器发送 DNS 查询报文，这是一个标准查询（Standard Query），即正向解析，使用的 DNS 协议。查询报文分为首部和问题两个部分。首部包括 ID、标志和计数器 3 类字段。Opcode 值为 0 表示标准查询，期望递归（Recursion Desired）标志设置为 1，引导服务器进行递归查询。Question（问题数）为 1，表示只有一个查询。由于是查询报文，其他 3 个资源记录数均为 0。问题部分给出了要查询的域名、类型和类。这个报文封装在 UDP 数据报中，发往 DNS 服务器，传输的目的端口号为 53。

序号为 2 的数据包详细数据如图 8-14 所示，这里展开 Domain Name System 节点。服务器返

回给客户端 DNS 应答报文。应答报文分为首部、问题、回答、权威、附加 5 个部分。首部同样包括 ID、标志和计数器 3 类字段。ID 与查询报文相同。标志类字段更丰富，AA（权威性应答标志）值为 0，表示给出应答的服务器不是该域的权威服务器。Questions（问题数）复制查询的，仍然为 1。由于是应答报文，其他 3 个资源记录数给出相应的数目。问题部分与查询报文相同。应答报文的核心内容在后面 3 个部分，后面将详细说明。这个报文封装在 UDP 数据报中由服务器发出，传输的源端口号为 53。

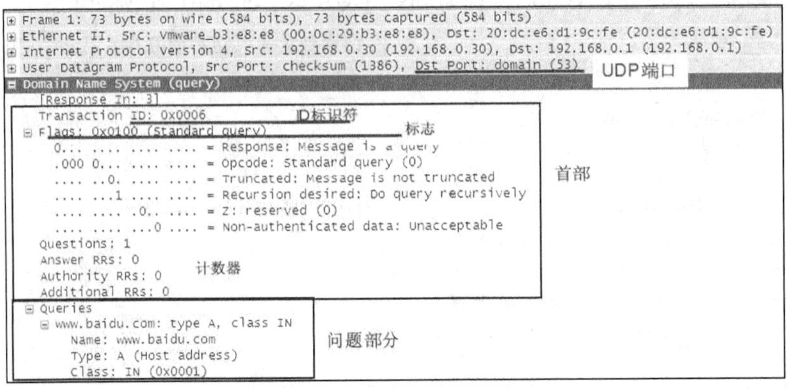

图 8-13　DNS 查询数据包

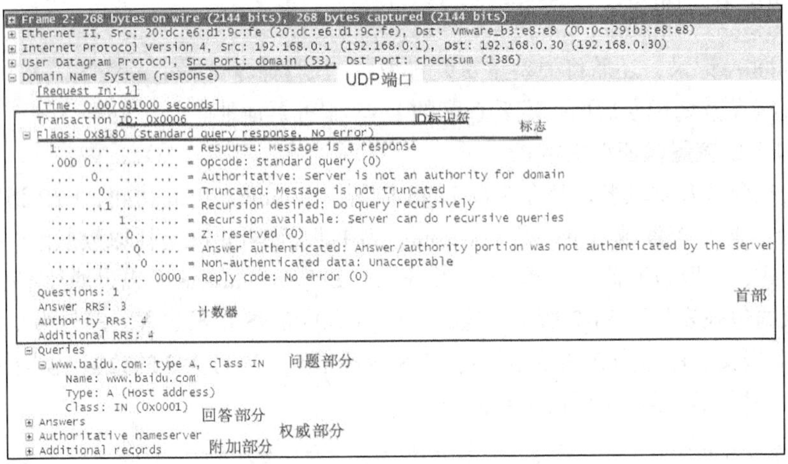

图 8-14　DNS 应答数据包

再展开 "Answers" 节点，如图 8-15 所示。回答部分包括 3 条资源记录，一条别名（CNAME）记录和两条主机（A）记录。每条记录包括名称、类型、类、生存时间、数据长度和数据 6 个字段。从图中可看出，www.baidu.com 是 www.a.shifen.com 的别名，而 www.a.shifen.com 可以映射为两个 IP 地址。

继续展开 "Authoritative nameservers" 节点，如图 8-16 所示。权威部分包括 4 条资源记录，都是指向权威 DNS 服务器。每条记录也包括名称、类型、类、生存时间、数据长度和数据 6 个字段。从图中可看出，ns4.a.shifen.com 等 4 台服务器都是 www.baidu.com 域权威名称服务器，资源记录类型为 NS。

继续展开 "Additonal records" 节点，如图 8-17 所示。附加记录部分也包括 4 条资源记录，都是上述 4 台权威 DNS 服务器的主机记录，告知名称服务器的 IP 地址。

```
⊟ Answers
  ⊟ www.baidu.com: type CNAME, class IN, cname www.a.shifen.com        别名记录
      Name: www.baidu.com
      Type: CNAME (Canonical name for an alias)
      Class: IN (0x0001)
      Time to live: 7 minutes, 16 seconds        生存时间
      Data length: 15
      Primaryname: www.a.shifen.com              主域名
  ⊟ www.a.shifen.com: type A, class IN, addr 61.135.169.105        主机记录
      Name: www.a.shifen.com
      Type: A (Host address)
      Class: IN (0x0001)
      Time to live: 1 minute, 18 seconds
      Data length: 4
      Addr: 61.135.169.105 (61.135.169.105)     主机地址
  ⊟ www.a.shifen.com: type A, class IN, addr 61.135.169.125        主机记录
      Name: www.a.shifen.com
      Type: A (Host address)
      Class: IN (0x0001)
      Time to live: 1 minute, 18 seconds
      Data length: 4
      Addr: 61.135.169.125 (61.135.169.125)
```

图 8-15　DNS 应答数据包回答部分

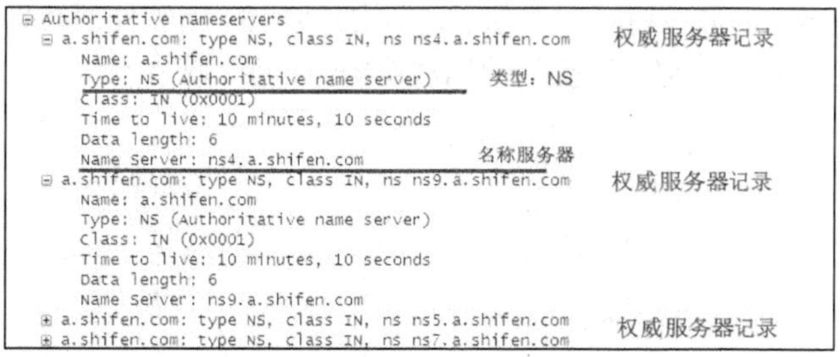

```
⊟ Authoritative nameservers
  ⊟ a.shifen.com: type NS, class IN, ns ns4.a.shifen.com        权威服务器记录
      Name: a.shifen.com
      Type: NS (Authoritative name server)       类型: NS
      Class: IN (0x0001)
      Time to live: 10 minutes, 10 seconds
      Data length: 6
      Name Server: ns4.a.shifen.com              名称服务器
  ⊟ a.shifen.com: type NS, class IN, ns ns9.a.shifen.com        权威服务器记录
      Name: a.shifen.com
      Type: NS (Authoritative name server)
      Class: IN (0x0001)
      Time to live: 10 minutes, 10 seconds
      Data length: 6
      Name Server: ns9.a.shifen.com
  ⊞ a.shifen.com: type NS, class IN, ns ns5.a.shifen.com        权威服务器记录
  ⊞ a.shifen.com: type NS, class IN, ns ns7.a.shifen.com
```

图 8-16　DNS 应答数据包权威部分

```
⊟ Additional records
  ⊟ ns4.a.shifen.com: type A, class IN, addr 123.125.113.67        主机记录
      Name: ns4.a.shifen.com
      Type: A (Host address)                     类型: A
      Class: IN (0x0001)
      Time to live: 5 minutes, 10 seconds
      Data length: 4
      Addr: 123.125.113.67 (123.125.113.67)      主机地址
  ⊟ ns5.a.shifen.com: type A, class IN, addr 220.181.3.178        主机记录
      Name: ns5.a.shifen.com
      Type: A (Host address)
      Class: IN (0x0001)
      Time to live: 5 minutes, 10 seconds
      Data length: 4
      Addr: 220.181.3.178 (220.181.3.178)
  ⊞ ns7.a.shifen.com: type A, class IN, addr 220.181.38.47         主机记录
  ⊞ ns9.a.shifen.com: type A, class IN, addr 61.135.166.226
```

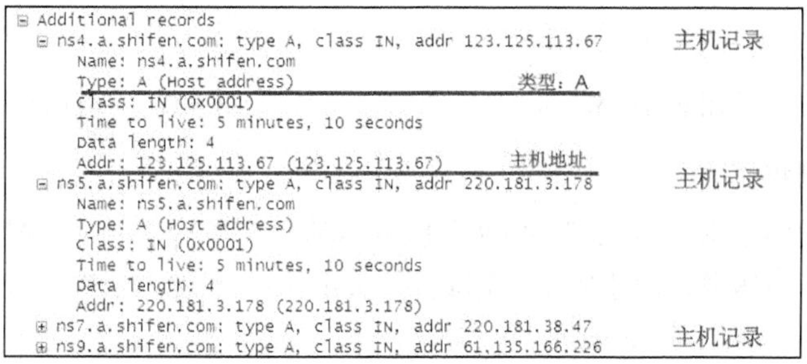

图 8-17　DNS 应答数据包附加部分

8.4　DNS 部署

最后介绍一下 DNS 部署，主要是 DNS 服务器的部署。UNIX、Linux、Windows 等服务器操作系统都支持 DNS 服务器软件。DNS 服务器并不是必需的，当网络主机数量很少，或者可以直接请求上层 DNS 主机管理员解决域名解析时，就不需要建立 DNS 服务器。

8.4.1　DNS 规划

需要部署 DNS 服务器的情形有两种，一是需要连接 Internet 的主机数量较多且需要对外提供服务，二是服务器有随时增加的可能性或者经常变动。部署 DNS 服务器之前要进行规划，具体包括以下两个方面。

1. 域名空间规划

域名空间规划主要是解决 DNS 命名问题，选择或注册一个可用于维护内网或者 Internet 的唯一 DNS 父域名，通常是二级域名，如 abc.com，然后根据用户组织机构设置和网络服务建立分层的域名体系。根据域名使用的网络环境，域名规划有以下 3 种情形。

• 仅在内网中使用内部 DNS 名称空间。可按自己的需要设置域名体系，设计专用 DNS 名称空间，形成一个自身包含 DNS 域树的结构和层次。这里给出一个例子，如图 8-18 所示。

• 仅在 Internet 使用外部 DNS 名称空间。Internet 上的每个网络都必须有自己的域名，用户必须注册自己的二级域名或三级域名。拥有注册域名（属于自己的网络域名）后，即可在网络内为特定主机或主机的特定网络服务，自行指定主机名或别名，如 info、www。

• 在与 Internet 相连的内网中引用外部 DNS 名称空间。这种情形涉及对 Internet 上 DNS 服务器的引用或转发，通常采用兼容于外部域名空间的内部域名空间方案，将用户的内部 DNS 名称空间规划为外部 DNS 名称空间的子域，如图 8-19 所示，本例中外部名称空间是 abc.com，内部名称空间是 corp.abc.com。也可采用另一种方案，即内部域名空间和外部域名空间各成体系，内部名称空间使用自己的体系，外部名称空间使用注册的 Internet 域名。

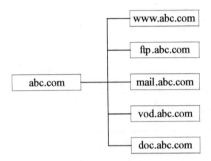

图 8-18　内部专用域名体系

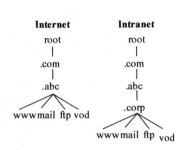

图 8-19　内外网域名空间兼容

2. DNS 服务器规划

DNS 服务器规划决定网络中需要的 DNS 服务器的数量及其角色（配置类型）。主 DNS 服务器负责基本的域名解析服务，对于需要管理域名空间的环境来说，至少部署一台主 DNS 服务器，负责管理区域，以解析域名或 IP 地址。

规模较大的网络，要提供可靠的域名解析服务，通常会在部署主 DNS 服务器的基础上，再部署一台从 DNS 服务器。从服务器作为主服务器的备份，直接从主 DNS 服务器自动更新区域。

为减轻网络和系统负担，可以将本地 DNS 服务器设置为高速缓存 DNS 服务器。这种 DNS 服务器没有自己的解析库，只是帮助客户端向外部 DNS 服务器请求数据，充当一个"代理人"角色，通常部署在网络防火墙上。

转发服务器一般用于用户不希望内部服务器直接和外部服务器通信的情况下。

8.4.2　DNS 服务器配置

配置 DNS 服务器需要执行以下步骤。

（1）安装 DNS 服务器软件。

（2）编辑 DNS 主配置文件。主配置文件用于实现 DNS 服务器级的配置。

（3）编辑区域文件。一个区域内的所有数据必须存放在 DNS 服务器内，而用来存放这些数据的文件就称为区域文件。除编辑正向解析区域文件之外，往往还需要编辑反向解析区域文件。

（4）配置根区域。采用递归方式工作的 DNS 服务器，必须指定根服务器信息文件。

（5）配置 DNS 转发服务器，将非本地域的域名解析请求转发到 ISP 提供的 DNS 服务器。大多在位于内网与 Internet 之间的网关、路由器或防火墙中配置 DNS 转发服务器。

8.4.3　主/从 DNS 服务器部署

对于规模较大或较为重要的网络，一般要在部署主 DNS 服务器的同时，部署一台或多台从 DNS 服务器，以提高 DNS 服务器的可用性。服务器管理多个不同的主区域和从区域。对每个区域来说，管理其主区域的服务器是该区域的主服务器，管理其从区域的服务器是该区域的从服务器。从 DNS 服务器与主 DNS 服务器的区别主要在于数据的来源不同。主 DNS 服务器从自己的数据文件中获得数据，区域数据的变更必须在该区域的主 DNS 服务器上进行。从 DNS 服务器通过网络从其主 DNS 服务器上复制数据，这个传送的过程称为区域传输（Zone Transfer）。

区域的从服务器启动时与其主服务器进行连接并启动一次区域传输，然后以一定的时间间隔查询主服务器来了解数据是否需要更新，间隔时间在 SOA 记录中设置。主服务器与从服务器数据同步过程如图 8-20 所示。

从 DNS 服务器可以负担部分域名查询以减轻主 DNS 服务器的负载，还能提供容错能力，作为主 DNS 服务器的备用。从服务器就近响应客户端请求有助于减轻网络负载。

图 8-20　主/从服务器数据同步过程

主服务器需要编辑主配置文件，定义正向解析区域和反向解析区域，区域类型均为主区域（Master），然后建立和编辑正向区域文件、反向解析区域文件。

从服务器中不用建立区域文件，而从主 DNS 服务器中接收并保存区域文件。在主配置文件时与主服务器一样定义正向解析区域和反向解析区域，只是区域类型均为从区域（Slave）。

主/从 DNS 服务器之间区域更新与传输，传统方法是基于 IP 地址进行限制和授权的。由于 IP 地址很容易被仿冒，所以这是很不安全的，强烈建议通过 TSIG（Transaction Signature）来对数据更新进行密码鉴定。TSIG 以 MD5 散列表数字签名方式认证 DNS 服务器之间的数据传输。首先在主服务器上自行产生签名，然后将此签名传递给从服务器，最后要求从服务器向主服务器提交签名后才能进行区域传输。也就是说，主/从 DNS 服务器之间需要共享密钥。

8.5　习　　题

1. 简述层次名称空间。
2. 简述域名空间。
3. 什么是区域？它与域之间是什么关系？
4. 域名系统由哪些部分组成？
5. DNS 服务器有哪些类型？
6. 简述 DNS 资源记录。
7. 简述区域管辖与区域委派。
8. 简述权威性应答与非权威性应答。
9. 简述递归查询过程。
10. 简述域名解析过程。
11. DNS 报文包括哪几个部分？
12. 使用 nslookup 工具进行 DNS 查询。
13. 使用 Wireshark 工具抓取数据包，验证 DNS 报文格式。

第9章
DHCP 协议

DHCP（Dynamic Host Configuration Protocol）可译为"动态主机配置协议"，是 TCP/IP 协议的应用层协议，提供一种向 TCP/IP 网络中的主机传递配置信息的架构，从而实现 IP 地址自动分配和 TCP/IP 参数自动配置。本章主要对 DHCP 报文格式和运行机制进行详细分析，并简单介绍了 DHCP 中继代理。

9.1　DHCP 概述

DHCP 主要在 RFC 2131 "Dynamic Host Configuration Protocol"中定义，并在 RFC 2939 "Procedures and IANA Guidelines for Definition of New DHCP Options and Message Types"中更新。它实际上是以 BOOTP（Bootstrap Protocol，引导协议）为基础的，构建于客户端/服务器模型之上，定义了两个组件，服务器组件用于传送主机配置信息，客户端组件用于请求并获得主机配置信息。另外，DHCP 也可用于 IPv6 网络，具体由 RFC 3315 "Dynamic Host Configuration Protocol for IPv6 (DHCPv6)"定义，本章不做介绍。

9.1.1　BOOTP 协议

DHCP 的前身是早期为无盘工作站设计的 BOOTP，由 RFC 951 "BOOTSTRAP PROTOCOL (BOOTP)"定义。

前面介绍过的 RARP 协议可用来向无盘工作站提供 IP 地址，但仅限于提供 IP 地址，另外 RARP 使用数据链路层的服务，RARP 客户端和 RARP 服务器必须在同一个物理网络上。BOOTP 突破了 RARP 的局限性，除了提供 IP 地址外，还能提供子网掩码、默认网关（路由器）IP 地址、DNS 服务器的 IP 地址。

BOOTP 作为一种基于客户/服务器模式的应用层协议，客户端（Bootstrap Protocol Client，简称 BOOTPC）和服务器（Bootstrap Protocol Server，简称 BOOTPS）可以位于不同的网段。BOOTP 客户端和服务器基于 UDP 协议进行进程间通信。客户端使用 BOOT ROM 启动并连接到网络，BOOTP 服务器自动为客户端设置 IP 地址等 TCP/IP 配置，整个过程如下。

（1）BOOTP 服务器在 UDP 端口 67 发出被动打开命令，等待客户端请求。

（2）BOOTP 客户端在 UDP 端口 68 发出主动打开命令。将请求报文封装成 UDP 数据报，其目的端口是 67 而源端口是 68。这个 UDP 数据报进而再封装成 IP 数据报。

此时客户端没有自己的 IP 地址，也不知道服务器的 IP 地址，它使用全 0 的源 IP 地址和全 1

190

的目的 IP 地址来发送 IP 数据报，使用的是 IP 广播方式。

（3）BOOTP 服务器将应答报文回送给客户端，其目的端口号为 68 而源端口是 67。

由于知道客户端的 IP 地址，可以使用单播方式回送应答报文。服务器也知道客户端的物理地址，不需要 ARP 服务进行 IP 地址到物理地址的转换。但是，某些系统不允许越过 ARP，这就需要使用广播地址，使用广播报文回答客户端。

注意 BOOTP 客户端使用公认端口 68，而不选择临时端口，是为了防止服务器使用广播进行回答。

BOOTP 是一种静态配置协议。BOOTP 服务器需要提前获取客户端的物理地址，手动建立 IP 地址与物理地址映射表，也就是说客户端的物理地址与 IP 地址的绑定是预先确定的。当主机调整到其他网络，需要手工调整。IP 地址分配缺乏动态性，对于有限的地址空间会造成地址浪费。另外它也不提供检测、防止或者补救 IP 地址冲突的措施。DHCP 正好可解决这些问题，能够提供静态和动态地址分配，地址分配可以是人工的或自动的。现在 BOOTP 已被 DHCP 取代了，DHCP 与 BOOTP 向后兼容。与 BOOTP 相比，DHCP 在兼顾 BOOTP 客户端的需求的同时，通过租约有效且动态地分配客户端的 TCP/IP 设置。

9.1.2　DHCP 的主要功能

1. 分配地址的 3 种方式

* 手动分配：与 BOOTP 相同，根据客户端物理地址预先配置对应的 IP 地址和其他设置，应 DHCP 客户端请求传递给相匹配的客户端主机。有的计算机必须具有永久分配的特殊 IP 地址，如 Web 服务器，所以 DHCP 手动分配（不是直接在客户端配置）很有必要。

* 自动分配：无需进行任何的 IP 地址手动分配，当 DHCP 客户端首次向 DHCP 服务器租用到 IP 地址后，该地址就永久地分配给该 DHCP 客户端，不会再分配给其他客户端。较少变化的网络可以采用这种方式分配 IP 地址，创建一个永久性的网络配置。

* 动态分配：DHCP 客户端首次向 DHCP 服务器租用到 IP 地址后，并非永久性地使用该地址，只要租约到期，客户端就得释放这个地址，以供其他主机使用。动态地分配 IP 地址时，IP 地址的租用必须周期性地更新，期满将归还到可用的地址池。动态分配显然比自动分配更加灵活，是唯一能够自动重复使用 IP 地址的方法，可解决 IP 地址不够用的问题。

这 3 种方式可以同时使用。通常采用动态分配与手动分配相结合的方式，除能动态分配 IP 地址之外，还可以将一些 IP 地址保留给一些用途特殊的计算机使用。

2. DHCP 配置 TCP/IP 参数

IP 地址的分配只是 DHCP 的基本功能，DHCP 还能够为客户端配置多种 TCP/IP 相关设置参数，主要包括子网掩码、默认网关（路由器）、DNS 服务器、域名等。客户端除了启用 DHCP 功能之外，几乎无需做任何的 TCP/IP 环境设置。

9.1.3　DHCP 系统组成

与 BOOTP 一样，服务器端使用 UDP 端口 67，客户端使用 UDP 端口 68。服务器以地址租约的形式将设置信息提供给发出请求的客户端。租约定义了可分配的 IP 地址范围及其租约期限。当租约期满或在服务器上被删除时，租约将自动失效。

DHCP 的系统组成如图 9-1 所示。DHCP 服务器是安装 DHCP 服务器软件的计算机或内置 DHCP 服务器软件的网络设备，DHCP 客户端是启用 DHCP 功能的计算机。DHCP 服务器要用到

DHCP 数据库，该数据库主要包含以下 DHCP 配置信息。

- 网络上所有客户端的有效配置参数。
- 为客户端定义的地址池中维护的有效 IP 地址，以及用于手动分配的保留地址。
- 服务器提供的租约持续时间（租期）。

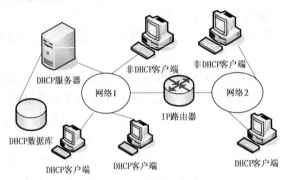

图 9-1　DHCP 系统组成

如果 DHCP 服务器与客户端位于不同的网段，路由器本身会阻断 LAN 广播，这就需要配置 DHCP 中继代理，使 DHCP 请求能够从一个网段传递到另一个网段。如图 9-2 所示，未部署 DHCP 服务器的网段中的客户端发出 DHCP 请求时，DHCP 中继代理就会像 DHCP 服务器一样接收广播，然后向另一网段的 DHCP 服务器发出单播请求，进而获得 IP 地址。

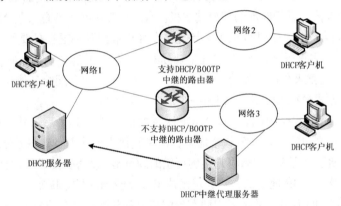

图 9-2　DHCP 中继代理

DHCP 客户端软件一般由操作系统内置，而 DHCP 服务器软件多由网络操作系统提供，如 Linux、Windows，它们的功能很强，可支持非常复杂的网络。路由器、防火墙、代理服务器硬件或软件大都内置有 DHCP 服务器。DHCP 中继代理可以直接由路由器或交换机（支持 DHCP/BOOTP 中继代理功能）实现，也可通过 DHCP 中继代理组件来实现。

为了做有关 DHCP 的抓包实验，可考虑架设一台 DHCP 服务器（可用 Windows Server 2003），还可使用宽带路由器等设备内置的 DHCP 功能。

9.2　DHCP 报文分析

DHCP 客户端与服务器位于应用层，它们之间传输的数据单元称为 DHCP 报文（DHCP

message，又译为 DHCP 消息）。DHCP 报文封装在 UDP 数据报，然后封装在 IP 数据报中，最后封装成数据链路层中的帧。

9.2.1 DHCP 报文格式

DHCP 报文格式如图 9-3 所示，各字段和功能说明如下。

0		15 16	31
操作码	硬件类型	硬件地址长度	跳数
事务ID			
秒数		标志	
客户端IP地址			
你的IP地址			
服务器IP地址			
网关IP地址			
客户端硬件地址（16字节）			
服务器主机名称（64字节）			
引导文件名（128字节）			
选项（可变长度）			

图 9-3　DHCP 报文格式

1. 操作码（Opcode，简称 op）

这个字段占 1 字节（8 位），指明该报文类型，又称报文类型（Message Type）。值 0x01 表示 DHCP 请求，0x02 表示 DHCP 应答。请求或应答类型的细节作为报文类型定义在 DHCP 选项字段中。

2. 硬件类型（Hardware address type，简称 htype）

这个字段占 1 字节（8 位），用于标识硬件地址类型，值与 ARP 报文硬件地址类型相同，可参见本书第 3 章的表 3-5。例如，以太网的硬件类型为 1，ATM 的值为 16。

3. 硬件地址长度（Hardware address length，简称 hlen）

这个字段占 1 字节（8 位），用于指示硬件地址长度，以字节为单位。例如，以太网的硬件地址长度为 6 字节，ATM 的值为 16。

4. 跳数（HOPS）

这个字段占 1 字节（8 位），定义 DHCP 报文可以的最大跳数（路由器数量）。客户端将该字段设置为 0，表示可以被中继代理使用，它们协助客户端获取 IP 地址或配置信息。

5. 事务 ID（Transaction ID，简称 xid）

这个字段占 4 字节（32 位），包含了一个由客户端选择的随机数，用于匹配客户端与服务器之间的请求和应答。服务器在应答中返回同样的值。

6. 秒数（Seconds，简称 secs）

这个字段占 2 字节（16 位），指明从客户端开始请求新地址或从现有地址更新以来已经过去的时间（单位秒）。

7. 标志（Flags）

这个字段占 2 字节（16 位），目前只有第 1 位（最高位）作为广播位（Broadcast Bit）被使用，其他位全被设置为 0。当第 1 位设置为 1 时，客户端只接受服务器的广播应答，丢弃来自服务器的单播应答。具体参照 9.3.7 小节的有关解释。

8. **客户端 IP 地址（Client IP address，简称 ciaddr）**

这个字段占 4 字节，当客户端首次引导时值为 0.0.0.0；客户端处于绑定、更新和重新绑定状态，并且能够响应 ARP 请求时，将已分配的 IP 地址填充到这个字段中。

9. **你的 IP 地址（'your' (client) IP address，简称 yiaddr）**

这个字段占 4 字节，包含了 DHCP 服务器拟提供给客户端的 IP 地址。只有 DHCP 服务器应客户端请求在应答报文中能够填充这个字段。

10. **服务器 IP 地址（Server IP address，简称 siaddr）**

这个字段占 4 字节，包含了引导过程中使用的 DHCP 服务器的 IP 地址。如果使用 BOOTP，引导程序所在的服务器 IP 地址将在应答报文中填入此字段。

11. **网关 IP 地址（Gateway IP address，简称 giaddr）**

这个字段占 4 字节。如果跨网段使用 DHCP 中继代理，此字段包含 DHCP 中继代理的 IP 地址；否则，该字段值为 0。

12. **客户端硬件地址（Client hardware address，简称 chaddr）**

这个字段占 16 字节，包含客户端的硬件地址。

13. **服务器主机名称（Server host name，简称 sname）**

这个字段占 64 字节，是可选字段。由服务器在应答报文中填入服务器主机名称（域名），包含空字符结尾字符串。

14. **引导文件名（Boot file name，简称 file）**

这是一个可选的 128 字节字段。它包含空字符结尾的字符串，其中包括引导文件的全路径名。客户端可以使用这个路径读取其他的引导信息。

15. **选项（Options）**

这个字段提供 DHCP 选项参数，在应答报文中为携带更多的附加信息。该字段长度可变，最多达 312 字节。接下来将专门介绍。

9.2.2 验证分析 DHCP 报文格式

这里使用 Wireshark 抓取一个 DHCP 客户端与服务器交互过程中的数据包（对于已经有分配地址的 DHCP 客户端，可以使用 ipconfig/renew 强制更新），展开其中一个 DHCP 报文，结果如图 9-4 所示。可对照前述字段说明来分析验证。由于 DHCP 以 BOOTP 为基础，Wireshark 在解码窗口中依然使用术语 Bootstrap Protocol 来表示 DHCP 协议，在封装的 UDP 数据报中使用 Bootpc 和 Bootps 分别表示 DHCP 客户端和服务器。

封装的 UDP 首部包含了源端口 68 和目的端口 67。DHCP 报文类型（Message Type）值为 1，指明是请求报文。事务 ID（Transaction ID）是客户端随机选择的一个 32 位数，一个 DHCP 请求及其相关应答的交互过程中的 DHCP 报文的事务 ID 相同。

9.2.3 DHCP 选项分析

除了为 DHCP 客户端动态分配 IP 地址外，还可通过 DHCP 选项为客户端提供更多的 TCP/IP 参数，如默认网关、DNS 服务器。DHCP 报文中的选项字段提供一些附加信息，用于扩展包含在 DHCP 报文中的数据。DHCP 选项主要由 RFC 2132 "DHCP Options and BOOTP Vendor Extension（DHCP 选项和 BOOTP 供应商扩展）"定义。

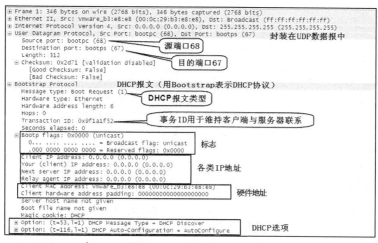

图 9-4　DHCP 报文解码分析

1. DHCP 选项格式

DHCP 选项格式与 RFC 1497 "BOOTP Vendor Information Extensions" 规定的 BOOTP "供应商扩展" 相同。选项可以是固定长度或可变长度，所有的选项都以一个 8 位字节标记（代码）开始，这个标记用来唯一标识该选项。

不带数据的固定长度选项就只由一个标记构成，而且只有选项 0 和 255 是固定长度，格式如下。

标记
0

标记
255

填充（Pad）选项标记为 0，整个选项的长度是 1 字节，用于保证后续字段按字边界对齐。结束（End）是最后一个选项，标记为 255，整个选项的长度也是 1 字节，标志 DHCP 选项的结束。

其他选项都是可变长度的，包括 3 个部分：标记（1 字节）、长度（1 字节）和选项值（可变长度），格式如下。

标记	长度	选项值

其中长度值是指选项值的长度，不包含标记和长度值本身，因而不是整个选项的长度。

例如，子网掩码选项的标记是 1，长度是 4 字节，格式如下。

标记	长度	子网掩码			
1	4	m1	m2	m3	m4

对每个选项进行编码（数字标记）的好处是便于 DHCP 客户端正确接收，即使它不能识别某个选项，因为所有的 DHCP 客户端程序都完全遵循 RFC 规范。

2. DHCP 选项列表

DHCP 选项非常多，完整列表可以在 IANA Web 网站上查看（http://www.iana.org/assignments/bootp-dhcp-parameters）。表 9-1 列出其中主要的选项。数据长度以字节为单位，N 表示可变长度。除了 RFC 2132 规定的选项外，其他一些 RFC 文档规定了一些新的 DHCP 选项。

表 9-1　　　　　　　　　　　　　　　主要的 DHCP 选项

标　记	名　称	数据长度	含　义	RFC 文档
0	Pad	0		RFC2132
1	Subnet Mask	4	子网掩码值	RFC2132
2	Time Offset	4	来自 UTC，以秒为单位的时间偏移量	RFC2132

续表

标 记	名 称	数据长度	含 义	RFC 文档
3	Router	N	路由器（默认网关）地址	RFC2132
4	Time Server	N	时间服务器地址	RFC2132
5	Name Server	N	IEN-116 服务器地址	RFC2132
6	Domain Server	N	DNS 服务器地址	RFC2132
7	Log Server	N	日志服务器地址	RFC2132
9	LPR Server	N	打印服务器地址	RFC2132
11	RLP Server	N	RLP（资源定位）服务器地址	RFC2132
12	Hostname	N	主机名称字符串	RFC2132
13	Boot File Size	2	引导文件大小（以 512 字节块为单位）	RFC2132
15	Domain Name	N	客户端 DNS 域名	RFC2132
16	Swap Server	N	交换服务器地址	RFC2132
17	Root Path	N	根磁盘路径名	RFC2132
18	Extension File	N	更多 BOOTP 信息的路径名	RFC2132
19	Forward On/Off	1	启用/禁用 IP 转发	RFC2132
20	SrcRte On/Off	1	启用/禁用源路由	RFC2132
22	Max DG Assembly	2	数据报重组最大长度	RFC2132
23	Default IP TTL	1	默认 IP 生存时间	RFC2132
24	MTU Timeout	4	路径 MTU 老化超时	RFC2132
25	MTU Plateau	N	路径 MTU 平台表	RFC2132
26	MTU Interface	2	接口 MTU 大小	RFC2132
27	MTU Subnet	1	所有子网都是本地子网	RFC2132
28	Broadcast Address	4	广播地址	RFC2132
29	Mask Discovery	1	执行掩码发现	RFC2132
30	Mask Supplier	1	向其他提供掩码	RFC2132
31	Router Discovery	1	执行路由器发现	RFC2132
32	Router Request	4	路由器请求地址	RFC2132
33	Static Route	4	静态路由表	RFC2132
34	Trailers	1	尾部封装	RFC2132
35	ARP Timeout	4	ARP 缓存超时	RFC2132
36	Ethernet	1	以太网封装	RFC2132
37	Default TCP TTL	1	默认 TCP 生存时间	RFC2132
38	Keepalive Time	4	TCP 保持活动时间间隔	RFC2132
39	Keepalive Data	N	TCP 保持活动无用数据	RFC2132
40	NIS Domain	N	NIS 域名	RFC2132
41	NIS Servers	N	NIS 服务器地址	RFC2132
42	NIS Servers	N	NTP 服务器地址	RFC2132

续表

标　记	名　　称	数据长度	含　　义	RFC 文档
43	Vendor Specific	N	供应商专用信息	RFC2132
44	NETBIOS Name Srv	N	NETBIOS 名称服务器	RFC2132
45	NETBIOS Dist Srv	N	NETBIOS 数据报分发	RFC2132
46	NETBIOS Node Type	1	NETBIOS 节点类型	RFC2132
47	NETBIOS Scope	N	NETBIOS 范围	RFC2132
48	X Window Font	N	X Window 字体服务器	RFC2132
49	X Window Manager	N	X Window 显示管理器	RFC2132
50	Address Request	4	请求的 IP 地址	RFC2132
51	Address Time	4	IP 地址租用时间	RFC2132
52	Overload	1	覆盖 "sname 或 "file" 字段	RFC2132
53	DHCP Msg Type	1	DHCP 报文类型	RFC2132
54	DHCP Server Id	4	DHCP 服务器标识符	RFC2132
55	Parameter List	N	参数请求列表	RFC2132
56	DHCP Message	N	DHCP 错误消息	RFC2132
57	DHCP Max Msg Size	2	DHCP 报文最大长度	RFC2132
58	Renewal Time	4	DHCP 更新时间（T1）	RFC2132
59	Rebinding Time	4	DHCP 重新绑定时间	RFC2132
60	Class Id	N	类标识符	RFC2132
61	Client Id	N	客户端标识符	RFC2132
66	Server-Name	N	TFTP 服务器名称	RFC2132
67	Bootfile-Name	N	引导文件名	RFC2132
68	Home-Agent-Addrs	N	宿主代理地址	RFC2132
69	SMTP-Server	N	SMTP 邮件服务器地址	RFC2132
70	POP3-Server	N	PO3 邮件服务器地址	RFC2132
71	NNTP-Server	N	新闻服务器地址	RFC2132
72	WWW-Server	N	WWW 服务器地址	RFC2132
73	Finger-Server	N	Finger 服务器地址	RFC2132
74	IRC-Server	N	IRC 服务器地址	RFC2132
77	User-Class	N	用户类信息	RFC3004
78	Directory Agent	N	目录代理信息	RFC2610
79	Service Scope	N	服务器定位代理范围	RFC2610
81	Client FQDN	N	客户端全称域名	RFC4702
82	Relay Agent Information	N	中继代理信息	RFC4174
90	Authentication	N	认证	RFC3118
93	Client System	N	客户端系统架构	RFC4578
94	Client NDI	N	客户端网络设备接口	RFC4578

续表

标 记	名 称	数据长度	含 义	RFC 文档
95	LDAP	N	LDAP 协议	RFC3679
97	UUID/GUID	N	基于 UUID/GUID 的客户端标识符	RFC4578
98	User-Auth	N	开放组的用户认证	RFC2485
116	Auto-Config	N	DHCP 自动配置	RFC2563
117	Name Service Search	N	名称服务搜索	RFC2937
118	Subnet Selection Option	N	子网选择选项	RFC3011
119	Domain Search	N	DNS 域名搜索列表	RFC3397
120	SIP Servers DHCP Option	N	SIP 服务器 DHCP 选项	RFC3361
121	Classless Static Route Option	N	无类静态路由选项	RFC3442
224-254	保留（私用）			
255	End	0		RFC2132

3. DHCP 选项 53（DHCP 报文类型）

各种 DHCP 请求和应答报文的具体类型定义在 DHCP 选项 53 中，这一选项必须在每个 DHCP 数据包中存在。该选项标记为 53，数据长度为 1 字节，RFC 2132 规定了常见的 8 种报文类型（值 1~8），具体见表 9-2。

表 9-2   DHCP 报文类型

选 项 值	报文类型	说 明
1	DHCPDISCOVER	客户端广播以定位可用的 DHCP 服务器
2	DHCPOFFER	服务器发送给客户端，提供配置参数以应答 DHCPDISCOVER
3	DHCPREQUEST	客户端发送给服务器，可能的用途有：① 请求由一个服务器提供的参数，拒绝其他服务器提供参数；② 确认原来分配 IP 地址的正当性（如系统重新启动之后）；③ 对一个特定 IP 地址的租约延期
4	DHCPDECLINE	客户端发送给服务器指明 IP 已经被占用
5	DHCPACK	服务器发送给客户端，带有配置参数，包括所请求的 IP 地址
6	DHCPNAK	服务器发送给客户端，指明客户端的 IP 地址不正确（如客户端已经移到新的子网）或者租约已过期
7	DHCPRELEASE	客户端发送给服务器让出 IP 地址并取消该地址相应的租约
8	DHCPINFORM	客户端发送给服务器，仅请求局域网配置参数，客户端已经配置有 IP 地址

另外 RFC 3203 "DHCP reconfigure extension" 规定了 DHCPFORCERENEW（强制更新）报文类型（选项值为 9）；RFC 4388 "Dynamic Host Configuration Protocol (DHCP) Leasequery" 又规定了 4 种 DHCP 报文类型：DHCPLEASEQUERY（租约查询）、DHCPLEASEUNASSIGNED（租约未指派）、DHCPLEASEUNKNOWN（租约未知）和 DHCPLEASEACTIVE（租约激活），选址值分别为 10～13。

4. 验证分析 DHCP 选项

从抓取的 DHCP 数据包中，可以进一步验证分析 DHCP 选项格式和内容。DHCP 报文中的选项如图 9-5 所示，每一个选项中的 "t" 表示标记，"l" 数据长度。标记为 53 的选项是最重要的选项，如前所述，每一个 DHCP 数据包中都含有该选项，DHCP 报文格式就是由该选项决定的。其他选项项目在不同的 DHCP 软件实现中不尽相同，但一般包括租约期限子网掩码（1）、（51）、更新时间（58）、重新绑定时间（59）等，至于默认网关（3）、DNS 服务器（6）等一般由 DHCP 服务器设置来决定。

值得一提的是，客户端标识符选项（61）用来显式地将客户端标识符传送给 DHCP 服务器，这是针对 BOOTP 报文中"客户端硬件地址"字段既作为 BOOTP 转发数据的硬件地址又作为用户信息的情况而进行的改进。DHCP 服务器使用这个选项值来惟一地识别 DHCP 客户端，客户端一旦在一个 DHCP 报文中使用了这个选项，后续与此客户端相关的的 DHCP 报文中的该选项必须和首次使用时的保持一致，便于服务器正确地辨识客户端。

如图 9-6 所示，将 DHCP 选项展开进一步解码分析各选项的详细内容。其中"option"给出选项标记和名称；"length"给出选项值（数据）长度；"value"给出具体的选项值。

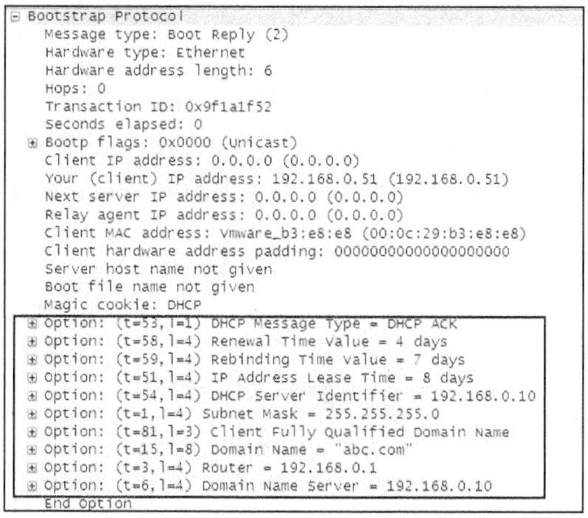

图 9-5　DHCP 报文中的选项

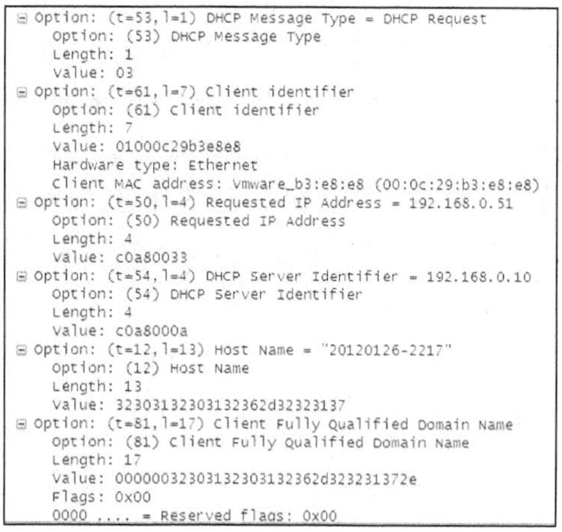

图 9-6　DHCP 选项解码分析

9.3　DHCP 运行机制

DHCP 基于客户 / 服务器模式，客户端与服务器之间需要不断地进行交互，获取新的租约（IP 地址及有关的 TCP/IP 配置），更新租约或延长现有租约。下面主要参照 RFC 2131 具体介绍 DHCP 的运行机制。

9.3.1　客户端与服务器交互以分配 IP 地址

DHCP 客户端请求并获得租约（IP 地址及有关的 TCP/IP 配置），需要经历一个与 DHCP 服务器的协商过程，如图 9-7 所示，包括 4 个阶段：发现、提供、选择和确认。

1. 分配 IP 地址的客户端与服务器交互过程

只要符合下列情形之一，DHCP 客户端就要向 DHCP 服务器请求新的 IP 地址租约。

- 首次以 DHCP 客户端身份启动。
- 从静态 IP 地址配置转向使用 DHCP。
- 租用的 IP 地址已被 DHCP 服务器收回，并提供给其他客户端使用。

● 自行释放已租用的 IP 地址，要求使用一个新地址。

DHCP 服务器在向客户端提供 IP 地址的同时，也可提供其他 TCP/IP 配置参数。客户端与服务器交互过程如图 9-8 所示，具体说明如下。

（1）客户端在本地子网中广播 DHCPDISCOVER 报文，寻找网络中的 DHCP 服务器。这称为发现阶段。

由于既不知道自己的 IP 地址，也不知道 DHCP 服务器的 IP 地址，客户端只能将 DHCPDISCOVER 报文向广播地址 255.255.255.255 发送，其源地址为 0.0.0.0。DHCPDISCOVER 报文提供有客户端的 MAC 地址和计算机名，便于 DHCP 服务器确定是哪个客户端发送的请求，该报文还可能包括 IP 地址和租约期限的建议值。BOOTP 中继代理也可将该报文转发到不在这个网段的 DHCP 服务器。

（2）网络中所有接收到 DHCPDISCOVER 报文的 DHCP 服务器都会以 DHCPOFFER 报文响应客户端，DHCPOFFER 提供一个可用的 IP 地址（填写在"你的 IP 地址"字段）和由 DHCP 选项字段设置的其他 TCP/IP 配置参数。这称为提供阶段。

服务器无需要保留已经分配的地址，虽然这样可能想起来更有效率。因为未保留已经分配的地址，分配 IP 地址时服务器应当设法确认所提供的 IP 地址未被其他客户端使用，例如，服务器可通过 ICMP 回应请求探测 IP 地址。服务器的实现应当让网络管理员能够禁止探测新分配的地址。如有必要，服务器可通过 BOOTP 中继代理将 DHCPOFFER 报文传输给客户端。

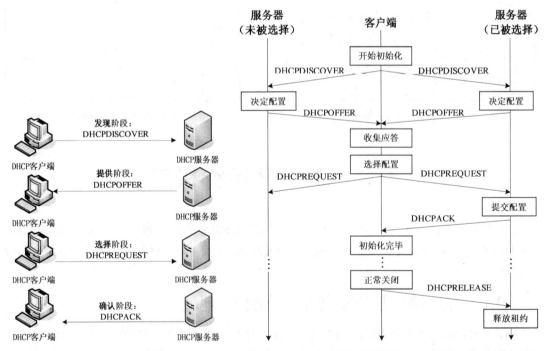

图 9-7　请求租约过程　　　　图 9-8　DHCP 客户端与服务器交互过程（分配新的 IP 地址）

（3）客户端收到来自一个或多个服务器的 DHCPOFFER 报文，根据 DHCPOFFER 报文所提供的配置参数来选择一个服务器，再向该服务器广播 DHCPREQUEST 报文，该报文包含它要接受的 IP 地址和 TCP/IP 配置参数。这称为选择阶段。

客户端之所以要以广播方式回答，是因为要通知所有服务器它将选择某一 DHCP 服务器所提供的 IP 地址。DHCPREQUEST 报文必须包括"服务器标识符"选项以指示所选择的服务器，可能还包括其他选项以定义所需配置参数。"请求的 IP 地址"选项必须设置为服务器发来的 DHCPOFFER 报文中"你的 IP 地址"字段值。DHCPREQUEST 报文可以通过 DHCP/BOOTP 中继代理广播和转发到其他网段。

如果客户端在规定时间内没有收到来自任何服务器的 DHCPDISCOVER 报文，它将再次发送 DHCPDISCOVER 报文。

（4）若干服务器会收到来自客户端的 DHCPREQUEST 报文。那些在 DHCPREQUEST 报文中未被选中的服务器使用该报文确认客户端已经拒绝服务器所提供的地址。只有那台被选中的服务器将确认客户端绑定信息并存储起来，然后回应一个包含有请求客户端配置参数的 DHCPACK 报文。这称为确认阶段。

客户端标识符（或硬件地址）与指派的 IP 地址组合起来形成一个针对客户端租约的唯一标识符，被客户端和服务器用来识别 DHCP 报文中用到的租约。

DHCPACK 报文中的任何配置参数不应与之前的 DHCPOFFER 报文中发生冲突，此时服务器不应检查所提供的 IP 地址。DHCPAC 报文中"你的 IP 地址"字段填写所选择的 IP 地址。如果所选择的服务器不能满足 DHCPREQUEST 报文的要求（如所请求的 IP 地址已经被分配），服务器也应当回应一个 DHCPNAK 报文。

服务器可以将 DHCPOFFER 报文中那些已提供给客户端的地址标记为不可用，也可以不设置。如果没有收到来自客户端的 DHCPREQUEST 报文，服务器应当将在 DHCPOFFER 报文中提供给客户端的地址标记为可用。

（5）客户端收到包括配置参数的 DHCPACK 报文，应当对此参数执行最后一次检查（如用 ARP 检查已分配的地址），确认与其他网络节点没有地址冲突，记录 DHCPACK 报文中指定的租约期限。这样就完成了 IP 地址分配及 TCP/IP 参数配置。

如果客户端探测到地址已被使用，必须向服务器发送 DHCPDECLINE 报文并重新开始配置过程。为避免一旦发生循环造成网络流量过大，客户端应当等待等待一段时间（10 秒）后才能重新开始配置过程。如果客户端收到 DHCPNAK 报文，也要重新开始配置。

如果超时而又没有收到 DHCPACK 或 DHCPNAK 报文，客户端需要再次发送 DHCPREQUEST 报文。客户端重新发送 DHCPREQUEST 应有足够的次数，以提供充分的机会联系服务器，而不导致客户端在放弃之前等待太长时间。例如，在重新初始化之前重发 4 次，总共有 60 秒的延迟。如果重新发送后还是没有收到 DHCPACK 或 DHCPNAK，客户端要返回初始化状态，并通知用户初始化过程失败，正在重新开始。

（6）客户端可以通过给服务器发送 DHCPRELEASE 报文来取消租约，让出 IP 地址的租约。客户端通过 DHCPRELEASE 报文中的客户端标识符（或硬件地址）和 IP 地址来识别释放的租约。如果客户端获取租约时使用客户端标识符，在取消租约的 DHCPRELEASE 报文中必须使用相同的客户端标识符。

2. 验证分析 IP 地址获取过程

这里使用 Wireshark 抓取 DHCP 客户端获取新的 IP 租约的过程中的一系列数据包，来验证分析通过客户端与服务器的交互过程，以及它们之间传送的 DHCP 报文。

相关的数据包列表如图 9-9 所示，从中可以看出涉及到两台 DHCP 服务器，一台服务器 IP 地址为 192.168.0.10，另一台 IP 地址为 192.168.0.1，相关的 DHCP 报文的事务 ID 与客户端发出的 DHCPDISCOVER 中的事务 ID 相同，表明都是围绕客户端的同一个租约请求进行的信息交互。

```
No.   Time       Source              Destination       Protocol   Length  Info
  1 0.000000    0.0.0.0             255.255.255.255    DHCP       346 DHCP Discover  - Transaction ID 0x9f1a1f52
  2 0.001267    192.168.0.10        255.255.255.255    DHCP       342 DHCP Offer     - Transaction ID 0x9f1a1f52
  3 0.001818    0.0.0.0             255.255.255.255    DHCP       369 DHCP Request   - Transaction ID 0x9f1a1f52
  4 0.002656    192.168.0.10        255.255.255.255    DHCP       343 DHCP ACK       - Transaction ID 0x9f1a1f52
  5 0.007354    Tp-LinkT_84:7d      Broadcast          ARP         60 who has 192.168.0.50?  Tell 192.168.0.1
  6 0.017749    Vmware_b3:e8:e      Broadcast          ARP         42 Gratuitous ARP for 192.168.0.51 (Request)
  7 0.067001    Vmware_b3:e8:e      Broadcast          ARP         42 Gratuitous ARP for 192.168.0.51 (Request)
  8 0.499928    192.168.0.1         192.168.0.50       DHCP       590 DHCP Offer     - Transaction ID 0x9f1a1f52
  9 0.500757    192.168.0.1         255.255.255.255    DHCP       590 DHCP NAK       - Transaction ID 0x9f1a1f52
 10 1.068108    Vmware_b3:e8:e      Broadcast          ARP         42 Gratuitous ARP for 192.168.0.51 (Request)
 11 2.118044    Vmware_b3:e8:e      Broadcast          ARP         42 who has 192.168.0.1?  Tell 192.168.0.51
 12 2.118654    Tp-LinkT_84:7d      Vmware_b3:e8:e8    ARP         60 192.168.0.1 is at 00:1d:0f:84:7d:7c
```

图 9-9　DHCP 数据包列表（获取租约）

序号为 1~4 的数据包显示获取 IP 租约的 4 个阶段，每个阶段有一个相应的报文。将这些数据包展开进行解码分析。

序号为 1 的数据包是客户端发送的一个 DHCPDISCOVER 报文，其协议树详细内容如图 9-10 所示，可以分层分析。从 IP 协议来看，这是一个广播数据包，源地址为 0.0.0.0，目标地址为 255.255.255.255。从 UDP 协议来看，UDP 首部包含了源端口 68 和目的端口 67，说明 DHCP 使用 UCP 协议传送信息，客户端在端口 68 发送信息，服务器接收信息的是端口 67。从 DHCP 协议来看，该报文类型是 DHCPDISCOVER（选项 53 中指定）；其事务 ID（Transaction ID）是一个随机数，后续的报文都是通过这个 ID 来维持服务器和客户端之间的联系；由于还没有 IP 地址，客户端 IP 地址为 0.0.0.0；报文中还包含了客户端 MAC 地址、客户端标识符（选项 61）、主机名（选项 12）等信息。

```
⊞ Internet Protocol Version 4, Src: 0.0.0.0 (0.0.0.0), Dst: 255.255.255.255 (255.255.255.255)
⊞ User Datagram Protocol, Src Port: bootpc (68), Dst Port: bootps (67)
⊟ Bootstrap Protocol
    Message type: Boot Request (1)
    Hardware type: Ethernet
    Hardware address length: 6
    Hops: 0
    Transaction ID: 0x9f1a1f52
    Seconds elapsed: 0
  ⊞ Bootp flags: 0x0000 (Unicast)
    Client IP address: 0.0.0.0 (0.0.0.0)
    Your (client) IP address: 0.0.0.0 (0.0.0.0)
    Next server IP address: 0.0.0.0 (0.0.0.0)
    Relay agent IP address: 0.0.0.0 (0.0.0.0)
    Client MAC address: Vmware_b3:e8:e8 (00:0c:29:b3:e8:e8)
    Client hardware address padding: 00000000000000000000
    Server host name not given
    Boot file name not given
    Magic cookie: DHCP
  ⊞ Option: (t=53,l=1) DHCP Message Type = DHCP Discover
  ⊞ Option: (t=116,l=1) DHCP Auto-Configuration = AutoConfigure
  ⊞ Option: (t=61,l=7) Client identifier
  ⊞ Option: (t=50,l=4) Requested IP Address = 111.111.111.111
  ⊞ Option: (t=12,l=13) Host Name = "20120126-2217"
  ⊞ Option: (t=60,l=8) Vendor class identifier = "MSFT 5.0"
  ⊞ Option: (t=55,l=11) Parameter Request List
  ⊞ Option: (t=43,l=2) Vendor-Specific Information
    End Option
```

图 9-10　DHCPDISCOVER 报文（发现阶段）

序号为 2 的数据包是服务器收到 DHCPDISCOVER 报文返回给客户端的 DHCPOFFER 报文，其协议树详细内容如图 9-11 所示。从 IP 协议来看，源地址为服务器 IP，目标地址仍然为 255.255.255.255，但例中并不是广播发送报文。由于"标志"字段（Bootp flags）中广播位没有置位（最高位为 0），而且网关 IP 地址（Relay agent IP address）和客户端 IP 地址（Client IP address）字段值均为 0，服务器单播 DHCPOFFER 到"客户端硬件地址"（Client MAC address）和"你的 IP 地址"字段所表示的地址。"你的 IP 地址"字段值是服务器准备提供给客户端的 IP 地址，DHCP 选项部分包括由服务器端随 IP 地址一起发给客户端的子网掩码（选项 1）、默认网关（选项 3）、租约时间（选项 51、58、59）和 DNS 服务器地址（选项 6）。选项 53 指明该报文类型是 DHCPOFFER，选项 54 提供服务器标识符（服务器的 IP 地址）。

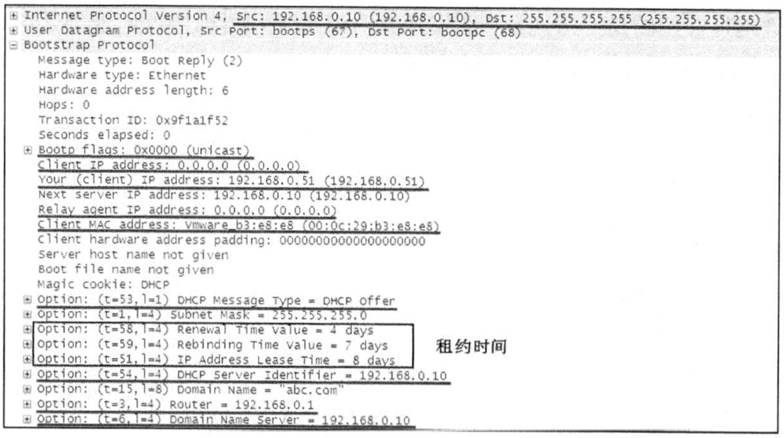

```
⊕ Internet Protocol Version 4, Src: 192.168.0.10 (192.168.0.10), Dst: 255.255.255.255 (255.255.255.255)
⊕ User Datagram Protocol, Src Port: bootps (67), Dst Port: bootpc (68)
⊟ Bootstrap Protocol
    Message type: Boot Reply (2)
    Hardware type: Ethernet
    Hardware address length: 6
    Hops: 0
    Transaction ID: 0x9f1a1f52
    Seconds elapsed: 0
⊕ Bootp flags: 0x0000 (Unicast)
    Client IP address: 0.0.0.0 (0.0.0.0)
    Your (client) IP address: 192.168.0.51 (192.168.0.51)
    Next server IP address: 192.168.0.10 (192.168.0.10)
    Relay agent IP address: 0.0.0.0 (0.0.0.0)
    Client MAC address: Vmware_b3:e8:e8 (00:0c:29:b3:e8:e8)
    Client hardware address padding: 00000000000000000000
    Server host name not given
    Boot file name not given
    Magic cookie: DHCP
⊕ Option: (t=53,l=1) DHCP Message Type = DHCP offer
⊕ Option: (t=1,l=4) Subnet Mask = 255.255.255.0
⊕ Option: (t=58,l=4) Renewal Time Value = 4 days         租约时间
⊕ Option: (t=59,l=4) Rebinding Time Value = 7 days
⊕ Option: (t=51,l=4) IP Address Lease Time = 8 days
⊕ Option: (t=54,l=4) DHCP Server Identifier = 192.168.0.10
⊕ Option: (t=15,l=8) Domain Name = "abc.com"
⊕ Option: (t=3,l=4) Router = 192.168.0.1
⊕ Option: (t=6,l=4) Domain Name Server = 192.168.0.10
```

图 9-11　DHCPOFFER 报文（提供阶段）

序号为 3 的数据包是客户端收到 DHCPOFFER 报文发送给服务器的 DHCPREQUEST 报文，其协议树详细内容如图 9-12 所示。从 IP 协议来看，源地址仍然为 0.0.0.0（还没有 IP 地址），目标地址仍然为 255.255.255.255，因为要通知所有服务器它要选择的 DHCP 服务器。客户端通过选项 54（DHCP Server Identifier）选择提供租约的 DHCP 服务器的 IP 地址，通过选项 50（Requested IP Address）向服务器请求获得该 IP 地址。选项 53 指明该报文类型是 DHCPREQUEST。

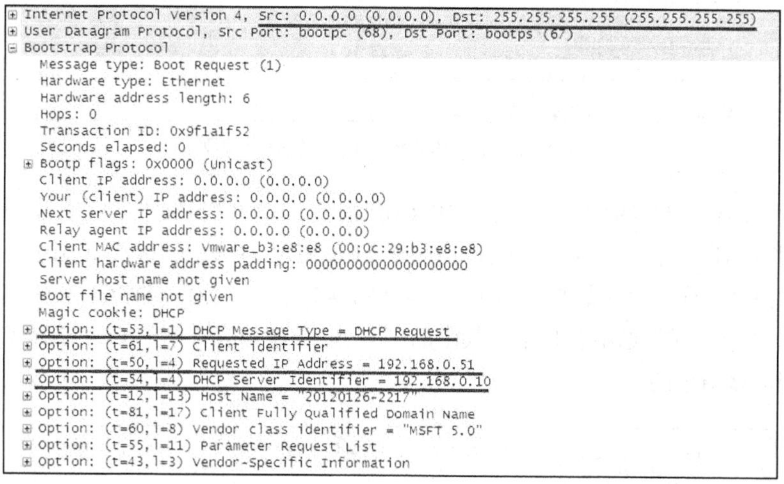

```
⊕ Internet Protocol Version 4, Src: 0.0.0.0 (0.0.0.0), Dst: 255.255.255.255 (255.255.255.255)
⊕ User Datagram Protocol, Src Port: bootpc (68), Dst Port: bootps (67)
⊟ Bootstrap Protocol
    Message type: Boot Request (1)
    Hardware type: Ethernet
    Hardware address length: 6
    Hops: 0
    Transaction ID: 0x9f1a1f52
    Seconds elapsed: 0
⊕ Bootp flags: 0x0000 (Unicast)
    Client IP address: 0.0.0.0 (0.0.0.0)
    Your (client) IP address: 0.0.0.0 (0.0.0.0)
    Next server IP address: 0.0.0.0 (0.0.0.0)
    Relay agent IP address: 0.0.0.0 (0.0.0.0)
    Client MAC address: Vmware_b3:e8:e8 (00:0c:29:b3:e8:e8)
    Client hardware address padding: 00000000000000000000
    Server host name not given
    Boot file name not given
    Magic cookie: DHCP
⊕ Option: (t=53,l=1) DHCP Message Type = DHCP Request
⊕ Option: (t=61,l=7) Client identifier
⊕ Option: (t=50,l=4) Requested IP Address = 192.168.0.51
⊕ Option: (t=54,l=4) DHCP Server Identifier = 192.168.0.10
⊕ Option: (t=12,l=13) Host Name = "20120126-2217"
⊕ Option: (t=81,l=17) Client Fully Qualified Domain Name
⊕ Option: (t=60,l=8) Vendor class identifier = "MSFT 5.0"
⊕ Option: (t=55,l=11) Parameter Request List
⊕ Option: (t=43,l=3) Vendor-Specific Information
```

图 9-12　DHCPREQUEST 报文（选择阶段）

序号为 4 的数据包是服务器响应 DHCPREQUEST 报文发送给客户端的 DHCPACK 报文，其协议树详细内容如图 9-13 所示。源 IP 地址为服务器 IP，目标 IP 地址仍然为 255.255.255.255，但例中并不是广播发送报文，原因与序号为 2 的数据包一样。"客户端硬件地址"（Client MAC address）是发出请求的客户端物理地址。"你的 IP 地址"字段值是服务器最终提供给客户端的 IP 地址，DHCP 选项部分还包括由服务器提供的其他 TCP/IP 配置参数以及租约时间。选项 53 指明该报文类型是 DHCPACK。

客户端收到 DHCPACK 报文，启用 IP 地址之前还要执行最后一次检查，发送 ARP 请求报文检测网络中是否已有其他节点使用了从 DHCP 服务器分配的 IP 地址，如果没有主机响应这个 ARP 请求，则正式启用 IP 地址。序号为 6 的数据包就是用于地址重复检测的 ARP 报文（称为 GARP），解码分析如图 9-14 所示。ARP 报文中有提示[Is gratuitous: True]；其发送方硬件地址是客户端 MAC

地址，目标硬件地址使用的是广播地址；而发送方协议地址和目标协议地址都是该客户端的 IP 地址，这就表明要检测该 IP 地址是否有其他主机在使用。

```
⊞ Internet Protocol Version 4, Src: 192.168.0.10 (192.168.0.10), Dst: 255.255.255.255 (255.255.255.255)
⊞ User Datagram Protocol, Src Port: bootps (67), Dst Port: bootpc (68)
⊟ Bootstrap Protocol
    Message type: Boot Reply (2)
    Hardware type: Ethernet
    Hardware address length: 6
    Hops: 0
    Transaction ID: 0x9f1a1f52
    Seconds elapsed: 0
  ⊞ Bootp flags: 0x0000 (Unicast)
    Client IP address: 0.0.0.0 (0.0.0.0)
    Your (client) IP address: 192.168.0.51 (192.168.0.51)
    Next server IP address: 0.0.0.0 (0.0.0.0)
    Relay agent IP address: 0.0.0.0 (0.0.0.0)
    Client MAC address: Vmware_b3:e8:e8 (00:0c:29:b3:e8:e8)
    Client hardware address padding: 00000000000000000000
    Server host name not given
    Boot file name not given
    Magic cookie: DHCP
  ⊞ Option: (t=53,l=1) DHCP Message Type = DHCP ACK
  ⊞ Option: (t=58,l=4) Renewal Time Value = 4 days
  ⊞ Option: (t=59,l=4) Rebinding Time Value = 7 days
  ⊞ Option: (t=51,l=4) IP Address Lease Time = 8 days
  ⊞ Option: (t=54,l=4) DHCP Server Identifier = 192.168.0.10
  ⊞ Option: (t=1,l=4) Subnet Mask = 255.255.255.0
  ⊞ Option: (t=81,l=3) Client Fully Qualified Domain Name
  ⊞ Option: (t=15,l=8) Domain Name = "abc.com"
  ⊞ Option: (t=3,l=4) Router = 192.168.0.1
  ⊞ Option: (t=6,l=4) Domain Name Server = 192.168.0.10
```

图 9-13　DHCPACK 报文（确认阶段）

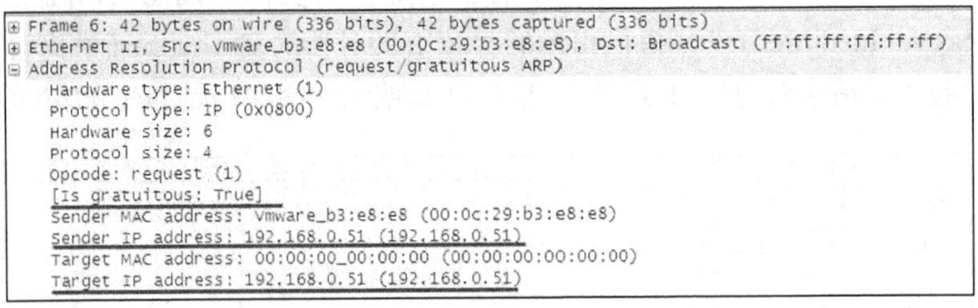

```
⊞ Frame 6: 42 bytes on wire (336 bits), 42 bytes captured (336 bits)
⊞ Ethernet II, Src: Vmware_b3:e8:e8 (00:0c:29:b3:e8:e8), Dst: Broadcast (ff:ff:ff:ff:ff:ff)
⊟ Address Resolution Protocol (request/gratuitous ARP)
    Hardware type: Ethernet (1)
    Protocol type: IP (0x0800)
    Hardware size: 6
    Protocol size: 4
    Opcode: request (1)
    [Is gratuitous: True]
    Sender MAC address: Vmware_b3:e8:e8 (00:0c:29:b3:e8:e8)
    Sender IP address: 192.168.0.51 (192.168.0.51)
    Target MAC address: 00:00:00_00:00:00 (00:00:00:00:00:00)
    Target IP address: 192.168.0.51 (192.168.0.51)
```

图 9-14　用于检查地址重复的 ARP 报文

实验环境中还有一台 DHCP 服务器（IP 地址为 192.168.0.1，例中实际上是一台支持 DHCP 服务的宽带路由器）也收到了客户端发送的 DHCPDISCOVER 报文，并向客户端回应了 DHCPOFFER 报文（序号为 8 的数据包），内容如图 9-15 所示。由于 DHCP 具体实现有点差别，这里明确以 IP 单播方式发送给客户端。其中的事务 ID 与序号为 1 中的 DHCPDISCOVER 中的相同，说明是回应该请求的。

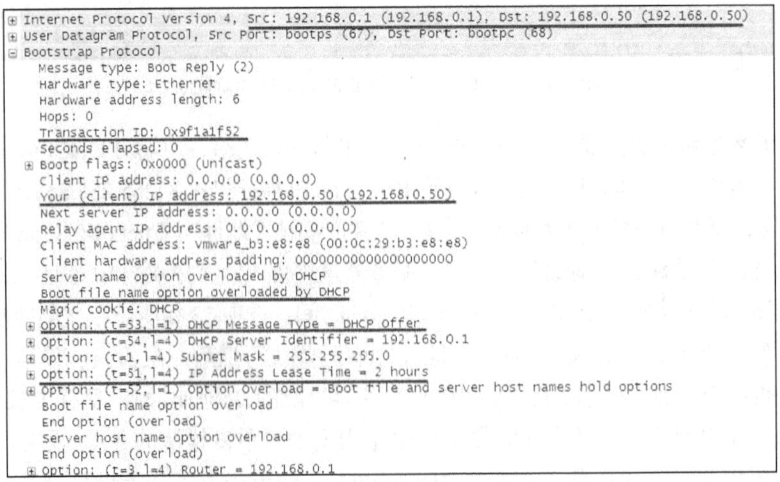

```
⊞ Internet Protocol Version 4, Src: 192.168.0.1 (192.168.0.1), Dst: 192.168.0.50 (192.168.0.50)
⊞ User Datagram Protocol, Src Port: bootps (67), Dst Port: bootpc (68)
⊟ Bootstrap Protocol
    Message type: Boot Reply (2)
    Hardware type: Ethernet
    Hardware address length: 6
    Hops: 0
    Transaction ID: 0x9f1a1f52
    Seconds elapsed: 0
  ⊞ Bootp flags: 0x0000 (Unicast)
    Client IP address: 0.0.0.0 (0.0.0.0)
    Your (client) IP address: 192.168.0.50 (192.168.0.50)
    Next server IP address: 0.0.0.0 (0.0.0.0)
    Relay agent IP address: 0.0.0.0 (0.0.0.0)
    Client MAC address: Vmware_b3:e8:e8 (00:0c:29:b3:e8:e8)
    Client hardware address padding: 00000000000000000000
    Server name option overloaded by DHCP
    Boot file name option overloaded by DHCP
    Magic cookie: DHCP
  ⊞ Option: (t=53,l=1) DHCP Message Type = DHCP Offer
  ⊞ Option: (t=54,l=4) DHCP Server Identifier = 192.168.0.1
  ⊞ Option: (t=1,l=4) Subnet Mask = 255.255.255.0
  ⊞ Option: (t=51,l=4) IP Address Lease Time = 2 hours
  ⊞ Option: (t=52,l=1) Option Overload = Boot file and server host names hold options
    Boot file name option overload
    End Option (overload)
    Server host name option overload
    End Option (overload)
  ⊞ Option: (t=3,l=4) Router = 192.168.0.1
```

图 9-15　DHCPOFFER 报文（另一服务器提供）

由于客户端发送的 DHCPREQUEST 报文没有选择该 DHCP 服务器，服务器只好发送 DHCPNAK 报文（序号为 9 的数据包）以确认租约无效，内容如图 9-16 所示。目标 IP 地址为 255.255..255.255，说明是以广播方式发送。根据 RFC 2131 规定，当网关 IP 地址为 0 时，服务器将任何 DHCPNAK 报文都广播到 0xffffffff。选项 53 指明该报文类型是 DHCPNAK。

```
⊞ Internet Protocol Version 4, Src: 192.168.0.1 (192.168.0.1), Dst: 255.255.255.255 (255.255.255.255)
⊞ User Datagram Protocol, Src Port: bootps (67), Dst Port: bootpc (68)
⊟ Bootstrap Protocol
    Message type: Boot Reply (2)
    Hardware type: Ethernet
    Hardware address length: 6
    Hops: 0
    Transaction ID: 0x9f1a1f52
    Seconds elapsed: 0
  ⊞ Bootp flags: 0x8000 (Broadcast)
    Client IP address: 0.0.0.0 (0.0.0.0)
    Your (client) IP address: 0.0.0.0 (0.0.0.0)
    Next server IP address: 0.0.0.0 (0.0.0.0)
    Relay agent IP address: 0.0.0.0 (0.0.0.0)
    Client MAC address: vmware_b3:e8:e8 (00:0c:29:b3:e8:e8)
    Client hardware address padding: 00000000000000000000
    Server host name: ⊠
    Boot file name: ⊠
    Magic cookie: DHCP
  ⊟ Option: (t=53,l=1) DHCP Message Type = DHCP NAK
    Option: (53) DHCP Message Type
    Length: 1
    Value: 06
    End Option
```

图 9-16   DHCPNAK 报文（另一服务器确认）

9.3.2   客户端与服务器交互以重用原来分配的地址

如果客户端愿意重用原来分配的 IP 地址，可以省略前述步骤。重用原来 IP 地址的客户端与服务器交互过程如图 9-17 所示，具体说明如下。

1. 请求重用 IP 地址的客户端与服务器交互过程

已经获得 IP 地址的 DHCP 客户端每次启动时，不再需要发送 DHCPDISCOVER，而是直接发送包含上一次所分配的 IP 地址的 DHCPREQUEST，请求续租原来的 IP 地址。

（1）客户端在本地子网中广播 DHCPREQUEST 报文。在"请求的 IP 地址"选项中包括客户端 IP 地址。因为客户端还没有收到 IP 地址，一定不能填写"客户端 IP 地址"字段。BOOTP 中继代理将这个报文发送到不在同一子网内的主机上。如果客户端当时申请租用地址的时候使用了"客户端标识符"（选项），在这个 DHCPREQUEST 报文中也必须使用相同的"客户端标识符"（选项），以证明自己的"老客户"身份。

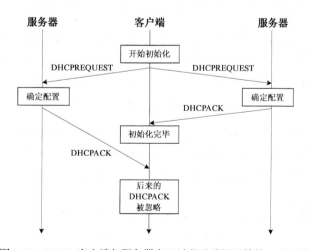

图 9-17   DHCP 客户端与服务器交互过程（重用以前的 IP 地址）

（2）已经知道客户端配置参数的 DHCP 服务器将回应客户端一个 DHCPACK 报文。服务器不负责检查该 IP 地址是否已经使用，这些工作需要客户端自己完成，可以响应 ICMP Echo 请求报文。

如果地址无效（如客户端已经从该子网移出），服务器应当回应一个 DHCPNAK 报文。如果服务器不能保证信息的准确性，它干脆什么都不返回。例如，如果一个服务器接收到一个应该属于别的服务器管理的 IP 地址，它就不返回 DHCPNAK。

如果 DHCPREQUEST 报文中的的 "giaddr"（网关 IP 地址）字段值为 0，说明客户端与服务器处于同一子网。服务器必须广播 DHCPNAK 报文到 0xffffffff，因为客户端可能没有正确的 IP 地址或子网掩码，可能不会应答 ARP 请求。否则，服务器必须将 DHCPNAK 报文发送 BOOTP 中继代理的 IP 地址（按照 "giaddr" 字段记录的地址）。中继代理接着会将服务器发送的 DHCPNAK 发送给客户端，即使客户端此时已经移到新的子网中。

（3）客户端收到带有配置参数的 DHCPACK 报文，对参数执行最后的检查，记录 DHCPACK 报文中指定的租期。指定的租用时间由该报文中的 "客户端标识符" 或 "客户端硬件地址" 识别，这样就完成了配置。

如果客户端检测到地址冲突，必须以 DHCPDECLINE 报文通知服务器并重新开始请求 IP 地址。如果客户端接收到 DHCPNAK 报文，就不能再使用当前地址了，它必须重新开始配置过程以获得新的 IP 地址。如果客户端既没收到 DHCPACK 又没收到 DHCPNAK，必须重新发送 DHCPREQUEST 报文以进行配置。客户端应该在一定时间内再次发送 DHCPREQUEST 请求。IP 地址没有过期时，如果客户既没有收到 DHCPACK 又没收到 DHCPNAK，客户端可以继续使用这个地址及相应参数。

（4）客户端可以通过给服务器发送 DHCPRELEASE 报文来取消 IP 地址租约。客户端通过 DHCPRELEASE 报文中的客户端标识符（或硬件地址）和 IP 地址来识别释放的租约。

注意在客户端从本地获得 IP 地址的情形下，在正常关机过程中不会正常让出租用的 IP 地址。只有在客户端明确需要让出租约的情况下（如客户端转移到其他子网），才会发送 DHCPRELEASE 报文。

2. 验证分析请求重用 IP 地址过程

可以重启 DHCP 客户端，利用 Wireshark（在服务器或网络中其他主机上运行）抓取 DHCP 客户端请求重用原来 IP 地址的数据包。相关的数据包列表如图 9-18 所示，从中可以看出主要涉及到两个数据包，其中的事务 ID 已经不同于原先申请新 IP 地址时的事务 ID。

No.	Time	Source	Destination	Protocol	Length	Info	
220	6992.67916	0.0.0.0	255.255.255.255	DHCP	363	DHCP Request	Transaction ID 0xce9e262d
221	6992.68348	192.168.0.10	255.255.255.255	DHCP	343	DHCP ACK	Transaction ID 0xce9e262d
222	6992.70230	Vmware_b3:e8:e8	Broadcast	ARP	60	Gratuitous ARP for 192.168.0.51 (Request)	
223	6992.80344	Vmware_b3:e8:e8	Broadcast	ARP	60	Gratuitous ARP for 192.168.0.51 (Request)	
224	6993.80610	Vmware_b3:e8:e8	Broadcast	ARP	60	Gratuitous ARP for 192.168.0.51 (Request)	

图 9-18　DHCP 数据包列表（重用原来的 IP 地址）

序号为 220 的数据包是客户端在本地子网中所广播的 DHCPREQUEST 报文，其协议树详细内容如图 9-19 所示。客户端的目的是确认原来获得的地址和参数，选项 50 是 "请求的 IP 地址"，其中包括客户端原来获得的 IP 地址，选项 61 提供 "客户端标识符" 证明 "老客户" 身份，而 "客户端 IP 地址" 字段值为 0。

序号为 221 的数据包是服务器回应的 DHCPACK 报文，其协议树详细内容如图 9-20 所示。服务器同意客户端继续使用原来的的 IP 地址。

```
■ Bootstrap Protocol
    Message type: Boot Request (1)
    Hardware type: Ethernet
    Hardware address length: 6
    Hops: 0
    Transaction ID: 0xce9e262d
    Seconds elapsed: 0
⊞ Bootp flags: 0x0000 (Unicast)
    Client IP address: 0.0.0.0 (0.0.0.0)
    Your (client) IP address: 0.0.0.0 (0.0.0.0)
    Next server IP address: 0.0.0.0 (0.0.0.0)
    Relay agent IP address: 0.0.0.0 (0.0.0.0)
    Client MAC address: Vmware_b3:e8:e8 (00:0c:29:b3:e8:e8)
    Client hardware address padding: 00000000000000000000
    Server host name not given
    Boot file name not given
    Magic cookie: DHCP
⊞ Option: (t=53,l=1) DHCP Message Type = DHCP Request
⊟ Option: (t=61,l=7) Client identifier
      Option: (61) Client identifier
      Length: 7
      Value: 01000c29b3e8e8
      Hardware type: Ethernet
      Client MAC address: Vmware_b3:e8:e8 (00:0c:29:b3:e8:e8)
⊞ Option: (t=50,l=4) Requested IP Address = 192.168.0.51
⊞ Option: (t=12,l=13) Host Name = "20120126-2217"
⊞ Option: (t=81,l=17) Client Fully Qualified Domain Name
⊞ Option: (t=60,l=8) Vendor class identifier = "MSFT 5.0"
⊞ Option: (t=55,l=11) Parameter Request List
```

图 9-19　DHCPREQUEST 报文（重用原来 IP 地址）

```
■ Bootstrap Protocol
    Message type: Boot Reply (2)
    Hardware type: Ethernet
    Hardware address length: 6
    Hops: 0
    Transaction ID: 0xce9e262d
    Seconds elapsed: 0
⊞ Bootp flags: 0x0000 (Unicast)
    Client IP address: 0.0.0.0 (0.0.0.0)
    Your (client) IP address: 192.168.0.51 (192.168.0.51)
    Next server IP address: 0.0.0.0 (0.0.0.0)
    Relay agent IP address: 0.0.0.0 (0.0.0.0)
    Client MAC address: Vmware_b3:e8:e8 (00:0c:29:b3:e8:e8)
    Client hardware address padding: 00000000000000000000
    Server host name not given
    Boot file name not given
    Magic cookie: DHCP
⊟ Option: (t=53,l=1) DHCP Message Type = DHCP ACK
      Option: (53) DHCP Message Type
      Length: 1
      value: 05
⊞ Option: (t=58,l=4) Renewal Time Value = 2 minutes
⊞ Option: (t=59,l=4) Rebinding Time Value = 3 minutes, 30 seconds
⊞ Option: (t=51,l=4) IP Address Lease Time = 4 minutes
⊞ Option: (t=54,l=4) DHCP Server Identifier = 192.168.0.10
⊞ Option: (t=1,l=4) Subnet Mask = 255.255.255.0
⊞ Option: (t=81,l=3) Client Fully Qualified Domain Name
⊞ Option: (t=15,l=8) Domain Name = "abc.com"
⊞ Option: (t=3,l=4) Router = 192.168.0.1
```

图 9-20　DHCPACK 报文（重用原来 IP 地址）

客户端获得服务器同意使用原来的 IP 地址后，还要使用 GARP 检查该 IP 地址是否已经使用，图 9-18 中序号 222~224 的数据包就是完成这项任务。

9.3.3　DHCP 租约更新

当租用时间达到租约期限的一半时，DHCP 客户端将向 DHCP 服务器发送一条 DHCPREQUEST 报文自动尝试续订租约。如果 DHCP 服务器允许，则将续订租约并向客户端发送包含新期限和一些更新设置参数的 DHCPACK 报文。客户端收到确认报文就自动更新配置。如果服务器没有任何回应，则客户端还可继续使用当前的租约。当租用时间达到租约期限的 87.5% 时，DHCP 客户端再次广播 DHCPREQUEST，向网络中的服务器请求租约。此时 DHCP 客户端会接受由任何 DHCP 服务器提供的租约。

1. 租约期限与更新时间

客户端获得某一 IP 地址的租约有一个固定期限，也可能是不限时间的。以秒为单位来表示租期，值 0xffffffff 代表无限限。因为客户端和服务器可能没有同步时钟，DHCP 报文中使用的时间需要转换为客户端本地时钟的时间。一个无符号的 32 位数用来表示相对时间,范围可从 0 到大约 100 年,对于实际使用的 DHCP 已经足够用了。

客户端维护两个计时器 T1(Renewal Time,更新时间)和 T2(Rebinding Time,重现绑定时间),以指定客户端试图延长租期的时间。T1 是客户端进入更新状态,试图联系向客户端发送最初地址的 DHCP 服务器的时间。T2 是客户端进入重新绑定状态试图联系任何服务器的时间。T1 必须早于 T2,T2 必须早于过期时间。为避免使用同步时钟,T1 和 T2 都是用相对时间来表示。T1 和 T2 可以由服务器通过选项来配置。T1 默认值定义为租期的一半(0.5 × 租期);T2 默认定义为 0.875 ×租期。图 9-21 示意了租约期限、T1、T2 之间的关系。

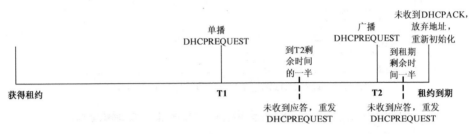

图 9-21　DHCP 租约期限与 T1、T2

2. 租约更新过程

当到达 T1(更新时间)时,客户端转入更新状态(RENEWING),通过单播方式给服务器发送一个 DHCPREQUEST 报文以延长租约。DHCPREQUEST 报文中的"客户端 IP 地址"字段中填入当前的 IP 地址。记录 DHCPREQUEST 发出的本地时间以计算租约过期时间。该报文中不必包括服务器标识符信息。

如果 DHCPACK 报文中的事务 ID 与客户端的 DHCPREQUEST 报文中的事务 ID 不匹配,该 DHCPACK 报文将被放弃。客户端收到来自服务器的 DHCPACK 时,计算租约过期时间,合计客户端发送 DHCPREQUEST 的时间和 DHCPACK 报文中租约过期时间。已成功获得 IP 地址的客户端进入绑定状态,继续网络处理。

在到达 T2(重新绑定)时间之前如果没有收到 DHCPACK 报文,客户端转入重新绑定状态(REBINDING),通过广播方式发送 DHCPREQUEST 报文以延长租约。DHCPREQUEST 报文中的"客户端 IP 地址"字段中填入当前的 IP 地址,不必包括服务器标识符信息。

客户端可以在到达 T1 之前更新或延长租约。服务器可以根据管理员的设置延长租期。服务器应当返回 T1 和 T2,它们的值应当从原始值调整,以计算租期剩下的时间。

在更新或重新绑定状态下,如果客户端未收到对于其 DHCPREQUEST 报文的应答,应当等候当时到 T2 之前剩余时间的一半(在更新状态)和剩余租期的一半(在重新绑定状态),最少 60 秒之后在重发 DHCPREQUEST 报文。

客户端收到 DHCPACK 之前租约过期,则进入初始化状态(INIT),必须立即停止任何网络处理,像客户端未初始化一样请求网络初始化参数。如果随后收到 DHCPACK 报文并分配原来使用过的地址,应当继续网络业务。如果分配一个新地址,一定不要继续使用原来的地址。

在 Windows 环境下,ipconfig 命令同时提供 renew 选项,可以手动发出更新现有地址租约的请求。

3. 验证分析租约更新过程

可以在 DHCP 服务器上将租约期限值设置为较短的值,这样就可使用 Wireshark 轻松抓取 DHCP

客户端更新租用的数据包。服务器为客户端提供租约时，会通过选项指定租约期限、T1 和 T2 时间，如图 9-22 所示，例中分别为 Option: (t=51,l=4) IP Address Lease Time = 4 minutes、Option: (t=58,l=4) Renewal Time Value = 2 minutes、Option: (t=59,l=4) Rebinding Time Value = 3 minutes, 30 seconds。

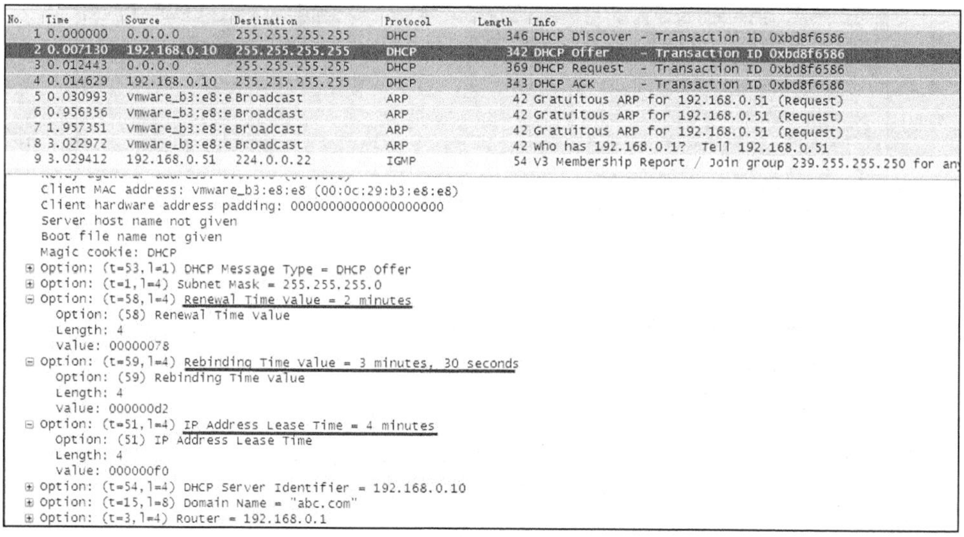

图 9-22　DHCP 选项配置租约期限与 T1、T2 时间

当到达租期一半，即开始更新租约。相关的数据包列表如图 9-23 所示，从中可以看出涉及两个数据包，其中的事务 ID 已经不同于原先申请新 IP 地址时的事务 ID。

序号为 29 的数据包是客户端主动发送给服务器的 DHCPREQUEST 报文，其协议树详细内容如图 9-24 所示。从 IP 协议来看，源地址是客户端目前的 IP 地址，目标地址是当初提供该 IP 地址租约的 DHCP 服务器的 IP 地址，这说明直接发送给该服务器请求更新。此时客户端处于更新状态并正确配置了 IP 地址，可以在"客户端 IP 地址"字段中填充当前的 IP 地址。

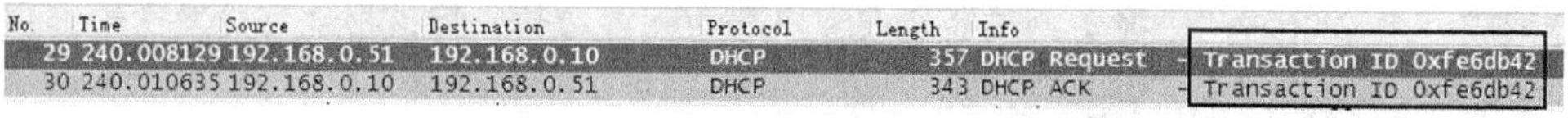

图 9-23　DHCP 数据包列表（更新租约）

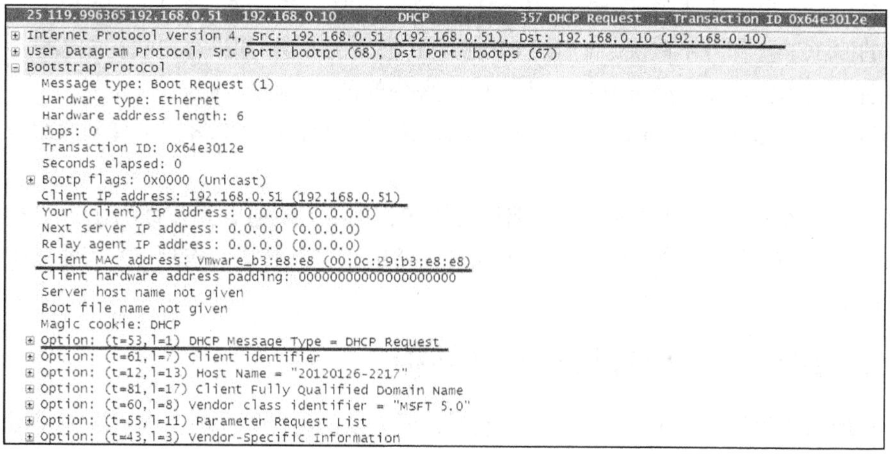

图 9-24　DHCPREQUEST 报文（更新租约）

序号为 30 的数据包是服务器回应的 DHCPACK 报文，其协议树详细内容如图 9-25 所示。从 IP 协议来看，目标地址是请求更新租约的客户端 IP 地址。服务器同意客户端继续使用原来的的 IP 地址。

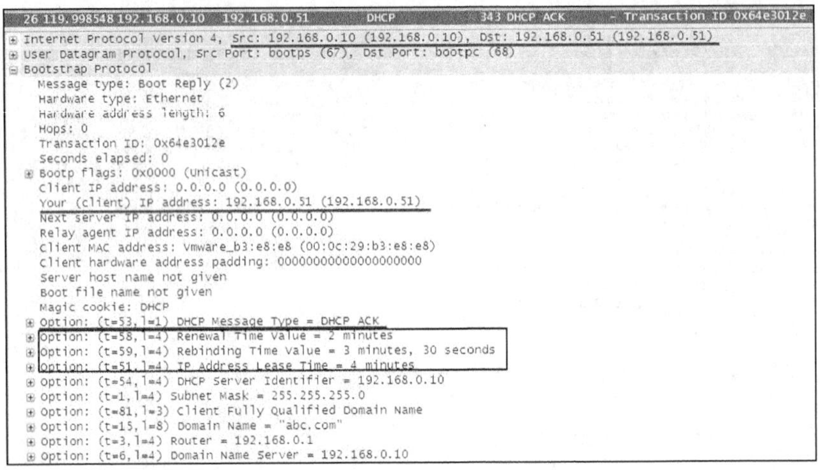

图 9-25　DHCPACK 报文（更新租约）

9.3.4　使用其他方式配置的 IP 地址获得配置参数

如果客户端已经通过一些其他方式获得 IP 地址（如手工配置），可以使用 DHCPINFORM 请求报文来获得其他的 TCP/IP 配置参数。收到 DHCPINFORM 报文的服务器使用本地配置参数构造 DHCPACK 报文，这适合那些没有分配新地址、检查已有绑定、填充"你的 IP 地址"或包括租用时间参数的客户端。服务器应当单播发送 DHCPACK 回应 DHCPINFORM 报文中"客户端 IP 地址"字段所给出的 IP 地址。

服务器应对 DHCPINFORM 报文中的 IP 地址进行一致性检查，但一定不要检查现有的租约。服务器形成一个 DHCPACK 报文，包括请求客户端的配置参数，将该报文直接发送给客户端。

9.3.5　DHCP 租约释放

如果客户端不再需要使用已分配的 IP 地址，可以向服务器发送一个 DHCPRELEASE 报文。注意正确的 DHCP 操作并不取决于 DHCPRELEASE 报文的发送。如果客户端在能够联系到 DHCP 服务器之前，租约已过期，必须立即停止使用原来分配的 IP 地址。

在 Windows 环境下，ipconfig 命令提供 release 选项，强制 DHCP 客户端释放由服务器分配的 IP 地址。

注意无论什么时候，只要 DHCP 客户端释放其 IP 地址租用，随后就自动启动 DHCP 发现过程。

图 9-26 是客户端发送给服务器的 DHCRELEASE 报文的解码。选项 53 表明该报文类型为 DHCRELEASE。

9.3.6　DHCP 客户端状态及其转换

每当本地网络参数发生改变（如系统启动时，或者从网络断开）时，客户端都使用 DHCP 来重新获取或验证它的 IP 地址和网络参数。如果知道以前的 IP 地址，又不能联系本地 DHCP 服务器，客户端可以继续使用该地址直至租约过期。如果在联系到 DHCP 服务器之前租期已过，客户端必须立即停止使用该 IP 地址，并向本地用户通知有关问题。

```
⊞ Internet Protocol Version 4, Src: 192.168.0.51 (192.168.0.51), Dst: 192.168.0.10 (192.168.0.10)
⊞ User Datagram Protocol, Src Port: bootpc (68), Dst Port: bootps (67)
⊟ Bootstrap Protocol
    Message type: Boot Request (1)
    Hardware type: Ethernet
    Hardware address length: 6
    Hops: 0
    Transaction ID: 0x53ca5da4
    Seconds elapsed: 0
  ⊞ Bootp flags: 0x0000 (Unicast)
    Client IP address: 192.168.0.51 (192.168.0.51)
    Your (client) IP address: 0.0.0.0 (0.0.0.0)
    Next server IP address: 0.0.0.0 (0.0.0.0)
    Relay agent IP address: 0.0.0.0 (0.0.0.0)
    Client MAC address: Vmware_b3:e8:e8 (00:0c:29:b3:e8:e8)
    Client hardware address padding: 00000000000000000000
    Server host name not given
    Boot file name not given
    Magic cookie: DHCP
  ⊟ Option: (t=53,l=1) DHCP Message Type = DHCP Release
      Option: (53) DHCP Message Type
      Length: 1
      value: 07
  ⊞ Option: (t=54,l=4) DHCP Server Identifier = 192.168.0.10
  ⊞ Option: (t=61,l=7) Client identifier
    End Option
    Padding
```

图 9-26　DHCRELEASE 报文（释放租约）

DHCP 客户端的状态转换图如图 9-27 所示。客户端可以收到来自服务器的 DHCPOFFER、DHCPACK 或 DHCPNAK 报文。

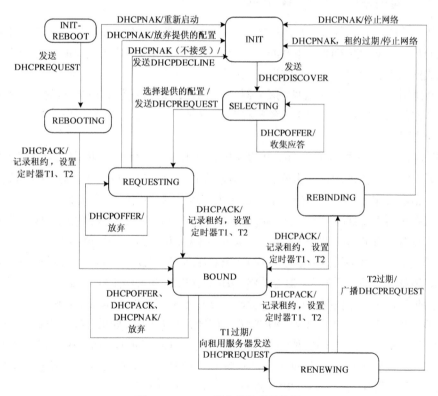

图 9-27　DHCP 客户端状态转换图

当 DHCP 客户端还没有获取 IP 地址时处于初始化状态（INIT），产生一个 DHCPDISCOVER 报文并在网络中广播，然后转移到选择状态（SELECTING）。能够提供 DHCP 服务的服务器用

DHCPOFFER 报文回应客户端。客户端从 DHCP 服务器收集 DHCPOFFER 报文，每个 DHCPOFFER 报文都提供了用于客户端的 IP 地址及其他配置信息。客户端必须选择其中一个应答，并向提供该应答的服务器发送 DHCPREQUEST 报文，并进入请求状态（REQUESTING）。为了确认已接受请求并开始租用，服务器发出一个 DHCPACK 报文。客户端收到 DHCPACK 报文，初始化设置，再转到已绑定状态（BOUND），此时客户端可开始使用分配的 IP 地址。

如果 DHCP 客户端已经拥有服务器分配的 IP 地址，一开始就进入初始化——重启状态（INIT-REBOOT），并广播 DHCPREQUEST 报文（其中含有已有的 IP 地址），进入到重新启动状态（REBOOTING）。一旦收到来自服务器的与请求相匹配的 DHCPACK 报文，就初始化并进入绑定状态。

在绑定状态下，客户端在租约到期之前可以使用这个 IP 地址。当到达租期的 50%时，客户端就发送另一个 DHCPREQUEST 报文请求更新，进入更新状态（RENEWING）。在绑定状态下客户端可以取消租约，并进入到初始化状态。

在更新状态下，客户端收到更新租约的 DHCPACK 后将计时器复位，然后回到绑定状态；或者到达租期的 87.5%时自动进入重新绑定状态（REBINDING）。

在重新绑定状态下，如果收到 DHCPNAK 或租期已到，则回到初始化状态，并尝试请求另一个 IP 地址；如果收到 DHCPACK，则进入到绑定状态，并把计时器复位。

9.3.7　构造和发送 DHCP 报文

DHCP 客户端和服务器都是通过向报文中固定格式部分填充字段，并在可变长选项区域附加带有标记的数据项来构造 DHCP 报文的。选项区域包括开头 4 个字节的"magic cookie"（魔块），然后是正式的选项，而最后必须以结束选项结尾。

DHCP 使用 UCP 协议传送信息，服务器接收 DHCP 报文的是端口 67，而客户端在端口 68 接收来自服务器的 DHCP 报文。如果服务器有多个 IP 地址（多宿主），它可以使用其中任何一个来传送 DHCP 报文。

"服务器标识符"字段用来在 DHCP 报文中识别 DHCP 服务器，也用作客户端发送给服务器的目标地址。拥有多个 IP 地址的服务器必须能够在任一地址接受报文并识别其中的服务器。为适应网络实际情况，服务器必须选择一个地址作为"服务器标识符"，以接收客户端发送的报文。

客户端在获得 IP 地址之前，它广播的 DHCP 报文的 IP 首部中的源地址应该设置为 0。

如果来自客户端的 DHCP 报文中的"giaddr"（网关 IP 地址）字段值不为 0，服务器就会将返回的报文发送给拥有该字段指示地址的 BOOTP 中继代理。如果"giaddr"字段值为 0，而"ciaddr"（客户端 IP 地址）字段值不为 0，服务器将 DHCPOFFER 和 DHCPACK 发给"ciaddr"字段指示的地址。如果这两个字段值都为 0，而"标志"字段中的广播位（broadcast bit）置位（最高位设置为 1），服务器将 DHCPOFFER 和 DHCPACK 广播到 0xffffffff。如果广播位未置位（最高位设置为 0），而"giaddr"和"ciaddr"值都为 0，服务器将 DHCPOFFER 和 DHCPACK 单播到客户端硬件地址和"yiaddr"（你的 IP 地址）字段所指示的 IP 地址。无论发生何种情况，只要"giaddr"字段值为 0，服务器都应该将 DHCPNAK 报文广播到 0xffffffff。

正常情况下，DHCP 服务器和 BOOTP 中继代理试图使用单播方式将 DHCPOFFER、DHCPACK 和 DHCPNAK 报文直接发送到客户端。IP 首部中的 IP 目的地址设置为"你的 IP 的地址"字段值，而链路层目的地址设置为"客户端硬件地址"字段值。但是有些客户端不能接收这样的单播 IP 数据报，除非已配置有有效的 IP 地址。对于这样的客户端，应当在发出 DHCPDISCOVER 或

DHCPREQUEST 报文时，将其中"标志"字段中的广播位置位。广播位指示 DHCP 服务器和 BOOTP 中继代理将发送给客户端的任何报文在客户端所在子网中广播。那些不用协议软件配置就能接收单播 IP 数据报的客户端应当将广播位清零（最高位设置为 0）。

　　将报文直接发送或转发给 DHCP 客户端的 DHCP 服务器或 BOOTP 中继代理（不是在"giaddr"字段中定义的中继代理）应当检查"标志"字段中的广播位。如果置位，DHCP 报文应当作为 IP 广播发送，将 IP 广播地址（0xffffffff）作为目标 IP 地址，链路层广播地址作为链路层目的地址。如果广播位清零，DHCP 报文应当作为 IP 单播发送，将"yiaddr"（你的 IP 地址）字段中的 IP 地址和"chaddr"（客户端硬件地址）字段中的链路层地址作为目标地址。如果单播不行，报文可作为 IP 广播发送到 IP 广播地址和链路层广播地址。

9.3.8　DHCP 中继代理

　　如果 DHCP 服务器与客户端位于不同的网段，路由器本身会阻断 LAN 广播，这就需要配置 DHCP 中继代理，使 DHCP 请求能够从一个网段传递到另一个网段。未部署 DHCP 服务器的网段中的客户端发出 DHCP 请求时，DHCP 中继代理就会像 DHCP 服务器一样接收广播，然后向另一网段的 DHCP 服务器发出请求，进而获得 IP 地址。DHCP 中继代理兼容 BOOTP。

　　DHCP 中继代理服务器可以直接由路由器或交换机（支持 DHCP/BOOTP 中继代理功能）实现，也可通过 DHCP 中继代理软件来实现。图 9-28 示意了一个简单的 DHCP 中继代理方案。

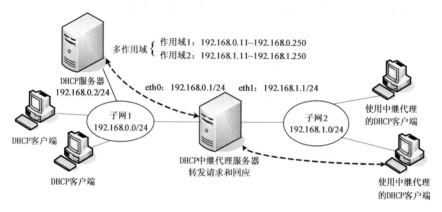

图 9-28　DHCP 中继代理示例

　　客户端通过中继代理获得 IP 地址租约的过程简介如下。

　　（1）子网 2 中的客户端广播 DHCPDISCOVER 报文。要使该报文被 DHCP 中继代理转发，必须将其中的"跳数"（HOPS）字段值设置为 0。

　　（2）DHCP 中继代理服务器接收到这个报文后，检查包含在这个报文中的网关 IP 地址。如果该网关 IP 地址为 0，则用中继代理的 IP 地址替它，然后将其转发到 DHCP 服务器所在的子网 1 中。

　　DHCP 报文中的"网关 IP 地址"字段表示中继代理的 IP 地址，该字段用在通过中继代理启动时指定中继代理服务器的 IP 地址。

　　（3）子网 1 中的 DHCP 服务器收到这个报文后，开始检查该报文中的网关 IP 地址是否包含在 DHCP 服务器所负责的地址范围（DHCP 作用域）内。如果 DHCP 服务器管理多个 DHCP 地址范围，则报文中的网关 IP 地址用来确定从哪个 DHCP 地址范围中挑选 IP 地址并提供给客户。

　　（4）DHCP 服务器将它所提供的 IP 地址租约放入 DHCPOFFER 报文，直接发送到中继代理。

（5）中继代理将这个报文利用广播方式转发给 DHCP 客户端。

（6）接下来的 DHCP 客户端与服务器交互与上述过程类似。

9.4 习　　题

1. DHCP 对 BOOTP 有哪些改进？

2. DHCP 分配地址有哪 3 种方式？

3. 简述标志字段中广播位的作用。

4. 简述 DHCP 选项的功能和格式。

5. 简述通过 DHCP 分配 IP 地址的过程。

6. 简述重用原来分配的 IP 地址的过程。

7. 简述租约期限与更新时间和重新绑定时间之间的关系。

8. 简述 DHCP 租约更新过程。

9. 简述 DHCP 客户端状态转换过程。

10. DHCP 中继代理用在什么场合？

11. 使用 Wireshark 工具抓取数据包，验证通过 DHCP 获取 IP 地址的过程。

12. 使用 Wireshark 工具抓取数据包，验证更新 DHCP 租约。

第 10 章
应用层协议

虽然 TCP 协议与 IP 协议在 TCP/IP 协议簇中具有举足轻重的地位,但是应用层直接与用户打交道,离开了应用层协议,TCP/IP 无法发挥作用。应用层协议总是与某种类型的服务相关联,各种网络服务都要依赖这些协议。目前应用层协议多达数百种,每一种协议都有一个相应的服务,这些协议都在相应的 RFC 文档中定义。前面两章已经介绍了两种用于基本网络服务的 DHCP 与 DNS 协议,本章主要介绍构成基本网络应用环境的常用协议,包括 Telnet、FTP、SMTP/POP/IMAP、HTTP。还有一个比较重要的应用层协议 SNMP 用于网络管理,将在下一章介绍。

10.1   应用层协议概述

应用层位于 OSI 参考模型的最高层,是计算机网络与最终用户之间的接口,其任务不是为上层提供服务,而是为最终用户提供服务。在 TCP/IP 模型中,3 个高层简化为 1 个应用层。应用层由若干面向用户提供服务的应用程序和支持应用程序的通信组件组成,应用层的具体内容就是规定应用程序或进程在通信时所遵循的协议。

10.1.1   应用层协议的工作机制

每个应用层协议旨在解决某一类应用问题,具体是通过位于不同主机中的多个进程之间的通信和协同工作来实现的。TCP/IP 采用客户/服务器模式使两个应用进程之间能够通信。客户是主叫方,可与多个服务器进行通信。服务器是一种专门用来提供某种服务的程序,可同时处理多个远程客户的请求。

客户与服务器通信关系的建立如图 10-1 所示,客户首先发起连接建立请求,而服务器接受连接建立请求;客户与服务器的通信关系一旦建立,通信就可以是双向的,客户和服务器都可以发送和接收信息。

Internet 的核心是服务,为用户提供多种方式的服务,来满足 Internet 用户的多种需求。Internet 本身就是一个庞大的客户/服务器体系,每一种服务都需要通过相应的客户来访问。这里的客户指软件,即通过客户软件来使用 Internet 提供的服务资源。Internet 客户/服务器体系如图 10-2 所示。

通常出现在应用层协议中的报文类型称为请求/应答报文。一般来说,客户端使用请求报文(Request Message)请求服务,服务器使用应答报文(Reply Message)对这些报文作出回答。

有时客户与服务器的角色也可以改变。所有主机都能够相互担当客户端和服务器的角色,这是一种典型的对等(Peer-to-Peer)模式,简称 P2P。无论采用什么应用层协议,基于 P2P 模式的服务依然利用请求和应答报文在主机之间传送其服务请求和相应应答。

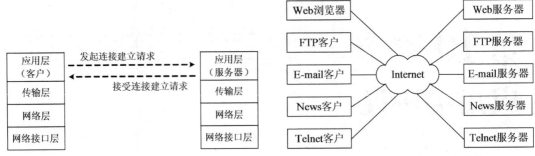

图 10-1 客户与服务器通信关系的建立   图 10-2 Internet 客户 / 服务器体系

每一种应用层协议都要规范报文的结构和用于侦听服务请求的公认端口。具体的应用层协议所提供的服务往往不能满足用户的所有需要，因此协议的制定者往往为用户提供对协议进行扩展的手段，便于二次开发。

10.1.2 应用层协议的种类

TCP/IP 应用层的协议可以分为以下两大类。

- 支撑协议：这是为应用提供服务的协议，主要包括 DNS（域名服务系统）、DHCP（动态主机配置协议）、SNMP（简单网络管理）等。
- 应用协议：实现具体应用业务的协议，主要包括 HTTP（超文本传输协议）、FTP（文件传输协议）、SMTP（简单邮件传输协议）和 Telnet（远程登录）等。这些协议也是本章要重点讲解的内容。

10.2 Telnet 协议

Telnet 是 Telecommunication Network Protocol 的缩写，作为一种著名的、历史较长的 Internet 协议，旨在让用户能够登录到一台远程主机并建立远程会话，执行各种操作，就像直接在远程计算机上工作一样。Telnet 主要由 RFC 854 "Telnet Protocol Specification" 和 RFC 855 "Telnet Option Specifications" 定义，还有一些其他 RFC 文档进行补充和扩展。

10.2.1 Telnet 概述

Telnet 协议提供了双向的、面向字符（8 位数据）的通信方式。最初它被用作终端与面向终端的进程之间通信的标准，后来它也用于终端间的点对点通信，以及在分布式环境下进程间的通信。Telnet 工作在 TCP/IP 模型的应用层，其下层传输协议是 TCP，是面向连接的协议。

Telnet 基于客户/服务器模式，在本地系统运行 Telnet 客户进程，而在远程主机则运行 Telnet 服务器进程。Telnet 服务器默认的 TCP 端口为 23。它能够运行在不同操作系统的主机之间。

Telnet 基于 3 个主要设想：网络虚拟终端（Net Virtual Terminal, NVT）概念、选项协商（Option Negotiation）原则以及终端与进程的对称性。为适应计算机和操作系统之间的差异，Telnet 定义了所谓的网络虚拟终端，包括键盘和打印机，分别对应于普通终端的键盘和显示器。NVT 并不能解决通信中所有的问题，Telnet 又定义了自己的一些控制命令让客户端和服务器可以协商使用更多的终端功能。虽然实现 Telnet 的应用程序有服务器和客户端之分，但使用 Telnet 协议进行通信的双方是完全对称的，就此而言是不分服务器和客户端的。

Internet 发展初期，许多用户采用 Telnet 方式来访问 Internet，将自己的计算机连接到高性能的大型计算机上，作为大型计算机上的一个远程仿真终端，使其具有与大型计算机本地终端相同的计算能力。一般将 Telnet 译为远程登录。

目前，Telnet 已经不再流行了，主要是因为个人计算机的性能越来越高，而且 Telnet 服务安全性差。但是 Telnet 能够实现远程登录和远程交互式计算，在有些场合还能派上用场，如网络设备配置与测试、服务器远程控制与管理、网络服务测试等。

10.2.2　Telnet 工作机制

Telnet 通过客户进程和服务器进程之间的选项协商机制，确定通信双方可以提供的功能，其工作机制如图 10-3 所示。

终端用户通过键盘输入的数据将提交给操作系统的终端驱动进程，由终端驱动进程将用户输入的数据交给 Telnet 客户进程，Telnet 客户进程负责将收到的数据传送给 TCP，由 TCP 负责在客户端和服务器之间建立 TCP 连接，然后将数据通过 TCP 连接传送给服务器，服务器的 TCP 层将收到的数据传送到相应的 Telnet 服务器进程。

由于 Telnet 服务器进程只是应用层程序，不能直接处理来自客户端的数据，一些执行命令只能通过服务器的操作系统来完成，因此，Telnet 服务器进程将收到的客户端数据通过所谓的"伪终端驱动"送到服务器的应用进程，同时，Telnet 服务器进程也接收服务器内核要回送给客户端的结果，然后再把这些结果通过 TCP 连接传送给 Telnet 客户进程。

伪终端驱动可以解释为 Telnet 服务器进程到操作系统内核的接口，负责在 Telnet 服务器进程和应用进程之间传送数据，目的是让终端用户与直接用本机终端输入命令并执行一样。

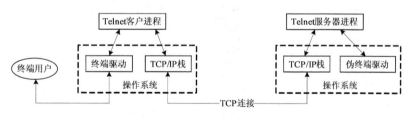

图 10-3　Telnet 工作机制

10.2.3　网络虚拟终端

Telnet 可以运行在不同的操作系统之间，不同操作系统之间使用的命令及其格式不同。网络虚拟终端（NVT）是为 Telnet 适应异构环境而提出的概念。NVT 定义了数据和命令在 Internet 上的传输方式，如图 10-4 所示。当客户端发送数据时，客户软件将来自终端用户的键盘输入数据转换为 NVT 格式发送到服务器，服务器软件将收到的数据从 NVT 格式转换为远程系统需要的格式；当服务器返回数据时，远程服务器将数据从远程服务器的格式转换为 NVT 格式发送给客户端，客户端将接收到的 NVT 格式数据再转换为本地的格式。

数据离开客户端或服务器之后就转换为 NVT 字符集进行传输。NVT 字符集分为数据字符集和远程控制字符集两种类型。当传输数据时，NVT 就用数据字符集即 NVT ASCII。它是个 8 位字符集，其中最高位是 0，其他低 7 位和 US ASCII 码一致，行结束处用两个字符 CR（回车）和 LF（换行）表示序列结束，用\r\n 表示。单独的一个 CR 也是以两个字符序列来表示，它们是 CR 和紧接着的 NUL（字节 0），用\r\n 表示。

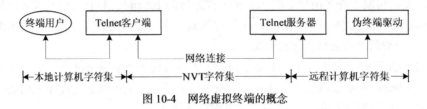

图 10-4　网络虚拟终端的概念

当传输控制命令时，NVT 就使用 NVT 远程控制字符集。它也是一个 8 位字符集，最高位是 1，最常用的远程控制字符集见表 10-1。

表 10-1　　　　　　　　　　　　　　　　NVT 远程控制字符集

字　　符	十 进 制	二 进 制	含　　义
EOF	236	11101100	文件结束
EOR	239	11101111	记录结束
SE	240	11110000	子选项结束
NOP	241	11110001	无操作
DM	242	11110010	数据标记
BRK	243	11110011	断开
IP	244	11110111	中断进程
AO	245	11110101	异常终止输出
AYT	246	11110110	对方是否还在运行
EC	247	11110111	擦除最后一个字符
EL	248	11111000	擦除行
GA	249	11111001	前进
SB	250	11111010	子选项开始
WILL	251	11111011	同意激活选项
WONT	252	11111100	拒绝激活选项
DO	253	11111101	认可选项请求
DONT	254	11111110	拒绝选项请求
IAC	255	11111111	解释（下一个字符）为控制字符

表 10-1 中有个 GA 命令指示远程计算机（服务器）如何给本地计算机（客户端）发送信号，告诉对方现在是给用户传递控制指令的时间。当用户需要获得对终端的控制时，它应该并且只能在这段时间传递。这样，就可以区分发送的是数据字符还是远程控制字符。

10.2.4　选项协商

Telnet 进行连接的双方首先进行选项协商，协商 Telnet 工作的一些环境、工作方式等，选项协商是对称的，也就是说任何一方都可以主动发送选项协商请求给对方。

1．选项协商命令格式

选项协商需要 3 字节：第 1 个字节是 IAC，第 2 个字节是控制字符（WILL、DO、WONT 或 DONT 中的一个），最后一个字节是选项代码，指明要激活或禁止的选项。

IAC 是一个 NVT 远程控制字符，用于指示下一个字符为控制字符。收到 IAC 字符时，它的下一个或几个字符将被解释为命令，但是如果收到两个连续的 IAC 字符，则要丢弃第 1 个，而将第 2 个解释为数据。

2．选项协商请求

控制字符（WILL、DO、WONT、DONT）用于请求激活（允许）或禁止选项，具体含义说明如下。

- WILL：发送方本身将激活选项。
- DO：发送方请求接收方激活选项。
- WONT：发送方本身要禁止选项。
- DONT：发送方请求接收方禁止选项。

Telnet 协议规定对于激活选项请求有权同意或不同意，而对于禁止选项请求必须同意。这样，上述 4 种请求就会组合出 6 种情形，具体说明见表 10-2。

表 10-2　　　　　　　　　　　　　　　选项协商的 6 种情形

	发送方	方　向	接收方	说　明
1	WILL	→ ←	DO	发送方希望激活选项 接收方同意
2	WILL	→ ←	DONT	发送方希望激活选项 接收方不同意
3	DO	→ ←	WILL	发送方希望接收方激活选项 接收方同意
4	DO	→ ←	WONT	发送方希望接收方激活选项 接收方不同意
5	WONT	→ ←	DONT	发送方希望禁止选项 接收方必须同意
6	DONT	→ ←	WONT	发送方希望接收方禁止选项 接收方必须同意

3．Telnet 选项

目前有 40 多个选项可用于协商，每个选项使用代码表示，常用的选项见表 10-3。

表 10-3　　　　　　　　　　　　　　　常用的 Telnet 选项

选　项	代　码	说　明
传输二进制	0	使用 8 位二进制传输
回送（Echo）	1	将接收到的字符返回给发送者
抑制 GA	3	不在数据后发送 Go Ahead（前进）信号
状态	5	请求远程系统选项的状态（允许或禁止）
时间标志	6	请求插入时间标志，该时间之前的所有数据将被处理

续表

选 项	代 码	说 明
终端类型	24	交换终端类型信息，便于服务器确定终端类型
记录结束	25	结束数据发送
终端速率	32	设置终端速率
行方式	34	客户端切换到行方式

4．Telnet 子选项协商

有些 Telnet 选项不是仅仅用激活或禁止就能够表达的。例如，终端类型的协商需要附加字符串来表明终端的类型，终端速率需要附加数字来表明终端的速率，这就需要用到子选项协商。Telnet 子选项协商命令格式如下。

IAC	SB	选项代码	参数	IAC	SE

其中 SB 和 SE 分别是表示子选项开始和结束的 NVT 字符。

RFC 1091 "Telnet Terminal-Type Option" 定义了终端类型的子选项协商机制。这里以终端类型选项为例介绍其子选项协商机制。

（1）与选项协商一样，客户进程发送 3 个字节的字符序列请求。例如，终端类型选项请求字符串为<IAC,WILL,24>，其中 24 是终端类型选项的代码。

（2）如果服务器进程同意客户端使用该选项，那么返回 3 个字节的响应数据<IAC,DO,24>。

（3）为询问客户进程的终端类型，服务器进程再发送字符串<IAC,SB,24,1,IAC,SE.>。其中 SB 是子选项开始标志；选项代码 24 表示终端类型选项的子选项；参数 1 表示要求发送终端类型；SE 是子选项结束标志。

（4）如果终端类型是 mypc，客户进程的响应命令将是<IAC,SB,24,0,'M', 'Y', 'P', 'C',IAC,SB>。其中参数 0 表示客户响应的终端类型。

10.2.5　Telnet 操作方式

Telnet 服务器进程和客户进程有以下 4 种操作方式。

1．半双工

用户输入的每个字符回送到屏幕，但整个一行完成之前客户端并不发送它，在将整个一行发送给服务器后，客户端在接收来自用户输入的一个新行之前，要等待来自服务器的 GA 命令。它不能充分发挥目前大量使用的支持全双工通信的终端功能。这是 Telnet 的默认方式，不过现在已经很少使用了。

2．一次一字符方式

用户输入一个字符，发送给服务器，服务器确认收到的字符，将该字符回送，除非服务器进程端的应用程序禁用回送功能，客户端确认收到回送的字符。要进入这种方式，只要激活服务器进程的 SUPPRESS GO AHEAD（抑制 GA）选项和 ECHO（回送）选项。这种方式的缺点很明显，当网络速度很慢，并且网络流量比较大时回送的速度也会很慢。RFC 857 定义了 ECHO 选项，RFC 858 定义了 SUPPRESS GO AHEAD 选项。

3．一次一行方式

该方式通常称为准行方式（Kludgelinemode），是遵照 RFC 858 实现的。如果要实现带远程回送的一次一字符方式，ECHO 选项和 SUPPRESS GO AHEAD 选项必须同时有效。准行方式采用这种方式来表示当两个选项的其中之一无效时，Telnet 就是工作在一次一行方式。

4. 行方式

行方式也是通过客户进程和服务器进程进行协商而确定的，它纠正了准行方式的所有缺陷。行方式工作在全双工状态下，行编辑（回送、字符擦除、行擦除等）由客户端来完成。这种方式在 RFC 1184 中定义，目前比较新的 Telnet 实现支持这种方式。

10.2.6　Telnet 用户接口命令

前述 NVT 远程控制字符（参见表 10-1）实际上就是 Telnet 协议中的命令。但是操作系统要定义一套基于用户接口的友好命令，便于用户访问远程系统的资源和服务。表 10-4 列出了 Telnet 用户接口命令集。这些友好命令实际上要转换为 NVT 远程控制字符。而在实际应用中，往往将这些 Telnet 接口命令直接称为 Telnet 命令。

表 10-4　　　　　　　　　　　　　　　　Telnet 用户接口命令

命　　令	说　　明
CLOSE	关闭与远程主机的连接
DISPLAY	显示特定的操作
ENVIRON	修改（添加）环境变量
HELP	显示帮助助信息
LOGOUT	强行退出远程用户进程并关闭连接
MODE	询问服务器模式
OPEN	打开与远程主机的连接
QUIT	关闭会话并退出 Telnet
SEND	传输特定的协议字符
SET	设置操作参数
SLC	设置本地特殊字符的描述
STATUS	显示当前状态信息
TOGGLE	激活操作
UNSET	取消操作
Z	挂起 Telnet
![Command]	执行特定的 Shell 命令。如果没有给出命令类型，则指打开 Shell

10.2.7　验证分析 Telnet 通信过程

这里以通过 Telnet 客户端（Windows XP 内置）访问 Telnet 服务器（Windows Server 2003 内置）为例，抓取从打开连接直到用户登录到 Telnet 服务器的一系列数据包。

首先客户端与服务器进行 TCP 三次握手。如图 10-5 所示，从 TCP 连接过程可以看到，客户端 192.168.0.30 使用随机端口 1530 连接 Telnet 服务器的端口 23。

建立 TCP 连接之后，服务器主动发起选项协商，列出要求接收方（客户端）激活的选项（DO）和发送方自己希望激活的选项（WILL），如图 10-6 所示。

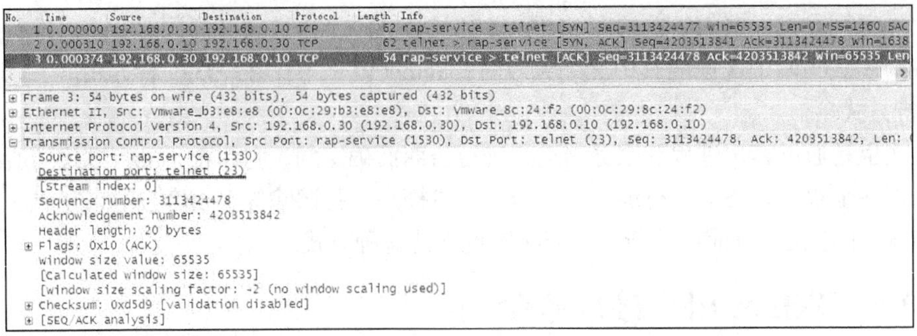

```
No.  Time      Source          Destination      Protocol  Length  Info
  1 0.000000 192.168.0.30  192.168.0.10   TCP           62 rap-service > telnet [SYN] Seq=3113424477 Win=65535 Len=0 MSS=1460.SAC
  2 0.000310 192.168.0.10  192.168.0.30   TCP           62 telnet > rap-service [SYN, ACK] Seq=4203513841 Ack=3113424478 Win=1638
  3 0.000374 192.168.0.30  192.168.0.10   TCP           54 rap-service > telnet [ACK] Seq=3113424478 Ack=4203513842 Win=65535 Len
```
```
⊞ Frame 3: 54 bytes on wire (432 bits), 54 bytes captured (432 bits)
⊞ Ethernet II, Src: Vmware_b3:e8:e8 (00:0c:29:b3:e8:e8), Dst: Vmware_8c:24:f2 (00:0c:29:8c:24:f2)
⊞ Internet Protocol Version 4, Src: 192.168.0.30 (192.168.0.30), Dst: 192.168.0.10 (192.168.0.10)
⊟ Transmission Control Protocol, Src Port: rap-service (1530), Dst Port: telnet (23), Seq: 3113424478, Ack: 4203513842, Len: 0
     Source port: rap-service (1530)
     Destination port: telnet (23)
     [Stream index: 0]
     Sequence number: 3113424478
     Acknowledgement number: 4203513842
     Header length: 20 bytes
   ⊞ Flags: 0x10 (ACK)
     Window size value: 65535
     [Calculated window size: 65535]
     [window size scaling factor: -2 (no window scaling used)]
   ⊞ Checksum: 0xd5d9 [validation disabled]
   ⊞ [SEQ/ACK analysis]
```

图 10-5　TCP 三次握手建立连接

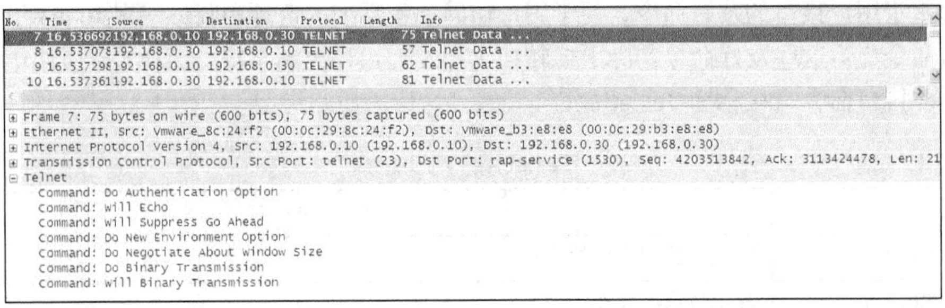

```
No.  Time         Source        Destination      Protocol  Length  Info
  7 16.536692 192.168.0.10  192.168.0.30   TELNET        75 Telnet Data ...
  8 16.537078 192.168.0.30  192.168.0.10   TELNET        57 Telnet Data ...
  9 16.537298 192.168.0.10  192.168.0.30   TELNET        62 Telnet Data ...
 10 16.537361 192.168.0.30  192.168.0.10   TELNET        81 Telnet Data ...
```
```
⊞ Frame 7: 75 bytes on wire (600 bits), 75 bytes captured (600 bits)
⊞ Ethernet II, Src: Vmware_8c:24:f2 (00:0c:29:8c:24:f2), Dst: Vmware_b3:e8:e8 (00:0c:29:b3:e8:e8)
⊞ Internet Protocol Version 4, Src: 192.168.0.10 (192.168.0.10), Dst: 192.168.0.30 (192.168.0.30)
⊞ Transmission Control Protocol, Src Port: telnet (23), Dst Port: rap-service (1530), Seq: 4203513842, Ack: 3113424478, Len: 21
⊟ Telnet
     Command: Do Authentication Option
     Command: Will Echo
     Command: Will Suppress Go Ahead
     Command: Do New Environment Option
     Command: Do Negotiate About Window Size
     Command: Do Binary Transmission
     Command: Will Binary Transmission
```

图 10-6　服务器发起选项协商

接着客户端回应服务器的选项协商，首先同意激活认证（Authentication）选项，如图 10-7 所示。

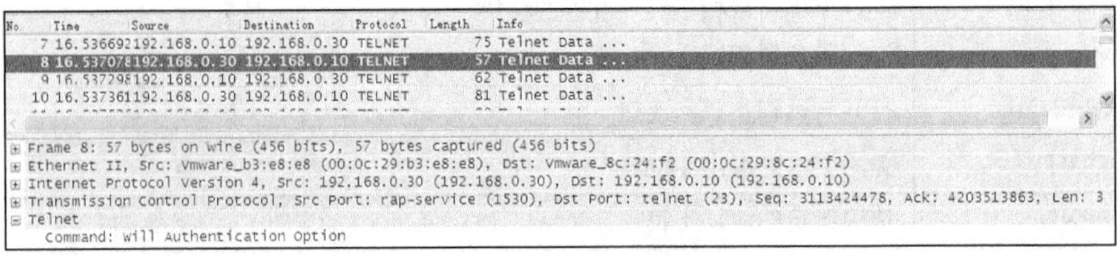

```
No.  Time         Source        Destination      Protocol  Length  Info
  7 16.536692 192.168.0.10  192.168.0.30   TELNET        75 Telnet Data ...
  8 16.537078 192.168.0.30  192.168.0.10   TELNET        57 Telnet Data ...
  9 16.537298 192.168.0.10  192.168.0.30   TELNET        62 Telnet Data ...
 10 16.537361 192.168.0.30  192.168.0.10   TELNET        81 Telnet Data ...
```
```
⊞ Frame 8: 57 bytes on wire (456 bits), 57 bytes captured (456 bits)
⊞ Ethernet II, Src: Vmware_b3:e8:e8 (00:0c:29:b3:e8:e8), Dst: Vmware_8c:24:f2 (00:0c:29:8c:24:f2)
⊞ Internet Protocol Version 4, Src: 192.168.0.30 (192.168.0.30), Dst: 192.168.0.10 (192.168.0.10)
⊞ Transmission Control Protocol, Src Port: rap-service (1530), Dst Port: telnet (23), Seq: 3113424478, Ack: 4203513863, Len: 3
⊟ Telnet
     Command: Will Authentication Option
```

图 10-7　客户端同意激活认证选项

由于认证选项还需要进一步提供参数，服务器就此再进行子选项协商，提出一些有关认证的
具体参数，如图 10-8 所示。

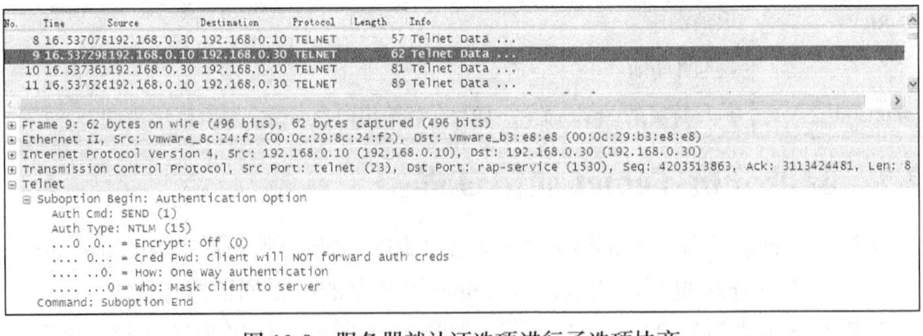

```
No.  Time         Source        Destination      Protocol  Length  Info
  8 16.537078 192.168.0.30  192.168.0.10   TELNET        57 Telnet Data ...
  9 16.537298 192.168.0.10  192.168.0.30   TELNET        62 Telnet Data ...
 10 16.537361 192.168.0.30  192.168.0.10   TELNET        81 Telnet Data ...
 11 16.537526 192.168.0.10  192.168.0.30   TELNET        89 Telnet Data ...
```
```
⊞ Frame 9: 62 bytes on wire (496 bits), 62 bytes captured (496 bits)
⊞ Ethernet II, Src: Vmware_8c:24:f2 (00:0c:29:8c:24:f2), Dst: Vmware_b3:e8:e8 (00:0c:29:b3:e8:e8)
⊞ Internet Protocol Version 4, Src: 192.168.0.10 (192.168.0.10), Dst: 192.168.0.30 (192.168.0.30)
⊞ Transmission Control Protocol, Src Port: telnet (23), Dst Port: rap-service (1530), Seq: 4203513863, Ack: 3113424481, Len: 8
⊟ Telnet
   ⊟ Suboption Begin: Authentication Option
        Auth Cmd: SEND (1)
        Auth Type: NTLM (15)
        ...0 .0.. = Encrypt: Off (0)
        .... 0... = Cred Fwd: Client will NOT forward auth creds
        .... ..0. = How: One way authentication
        .... ...0 = Who: Mask client to server
     Command: Suboption End
```

图 10-8　服务器就认证选项进行子选项协商

客户端又向服务器主动发起一些选项协商，如图 10-9 所示，这里希望服务器激活回送（Echo）、
抑制 GA（Suppress Go Ahead）、二进制传输（Binary Transmission）等选项，自己激活窗口大小协
商（含有子选项）。回送和抑制 GA 的激活将使 Telnet 进入一次一字符操作方式。

```
No.    Time      Source         Destination    Protocol  Length  Info
     8 16.537078 192.168.0.30   192.168.0.10   TELNET       57   Telnet Data ...
     9 16.537291 192.168.0.10   192.168.0.30   TELNET       62   Telnet Data ...
    10 16.537361 192.168.0.30   192.168.0.10   TELNET       81   Telnet Data ...
    11 16.537512 192.168.0.10   192.168.0.30   TELNET       89   Telnet Data ...

⊞ Frame 10: 81 bytes on wire (648 bits), 81 bytes captured (648 bits)
⊞ Ethernet II, Src: Vmware_b3:e8:e8 (00:0c:29:b3:e8:e8), Dst: Vmware_8c:24:f2 (00:0c:29:8c:24:f2)
⊞ Internet Protocol Version 4, Src: 192.168.0.30 (192.168.0.30), Dst: 192.168.0.10 (192.168.0.10)
⊞ Transmission Control Protocol, Src Port: rap-service (1530), Dst Port: telnet (23), Seq: 3113424481, Ack: 4203513871, Len: 27
⊟ Telnet
     Command: Do Echo
     Command: Do Suppress Go Ahead
     Command: will New Environment Option
     Command: will Negotiate About window Size
   ⊟ Suboption Begin: Negotiate About window Size
       width: 80
       Height: 24
     Command: Suboption End
     Command: will Binary Transmission
     Command: Do Binary Transmission
```

图 10-9 客户端发起选项协商

经过几个其他协商步骤之后，客户端回应服务器关于认证的子选项协商，结果如图 10-10 所示。

```
No.    Time      Source         Destination    Protocol  Length  Info
    11 16.537512 192.168.0.10   192.168.0.30   TELNET       89   Telnet Data ...
    12 16.684124 192.168.0.10   192.168.0.30   TCP          54   rap-service > telnet [ACK] Seq=3113424508 Ack=4203513906 Win=65471 Le
    13 23.688871 192.168.0.30   192.168.0.10   TELNET      111   Telnet Data ...
    14 23.689471 192.168.0.10   192.168.0.30   TELNET      207   Telnet Data ...
    15 23.689561 192.168.0.30   192.168.0.10   TELNET       99   Telnet Data ...

⊞ Frame 13: 111 bytes on wire (888 bits), 111 bytes captured (888 bits)
⊞ Ethernet II, Src: Vmware_b3:e8:e8 (00:0c:29:b3:e8:e8), Dst: Vmware_8c:24:f2 (00:0c:29:8c:24:f2)
⊞ Internet Protocol Version 4, Src: 192.168.0.30 (192.168.0.30), Dst: 192.168.0.10 (192.168.0.10)
⊞ Transmission Control Protocol, Src Port: rap-service (1530), Dst Port: telnet (23), Seq: 3113424508, Ack: 4203513906, Len: 57
⊟ Telnet
   ⊟ Suboption Begin: Authentication Option
       Auth Cmd: IS (0)
       Auth Type: NTLM (15)
       ...0 .0.. = Encrypt: Off (0)
       .... 0... = Cred Fwd: Client will NOT forward auth creds
       .... ..0. = How: One way authentication
       .... ...0 = who: Mask client to server
     Command: Auth (0)
     Command: Suboption End
```

图 10-10 客户端回应认证子选项协商

再经过若干协商步骤之后，双方选项协商完成，开始传输数据。这里是服务器向客户端发送数据，提示用户登录，如图 10-11 所示。

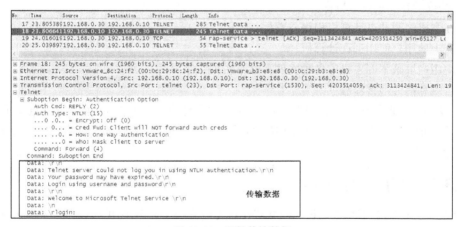

图 10-11 开始传输数据

客户端收到服务器传来的数据后，根据服务器提示由用户输入用户名，如图 10-12 所示，这里采用的一次一字符方式，仅传送一个字符。

由于支持回送选项，服务器将客户端发来的字符回送给客户端，如图 10-13 所示。

当然，除了输入数据之外，客户端还可以执行 Telnet 用户接口命令。无论是 Telnet 用户接口命令，还是执行结果，都是以数据形式在客户端与服务器之间传送。

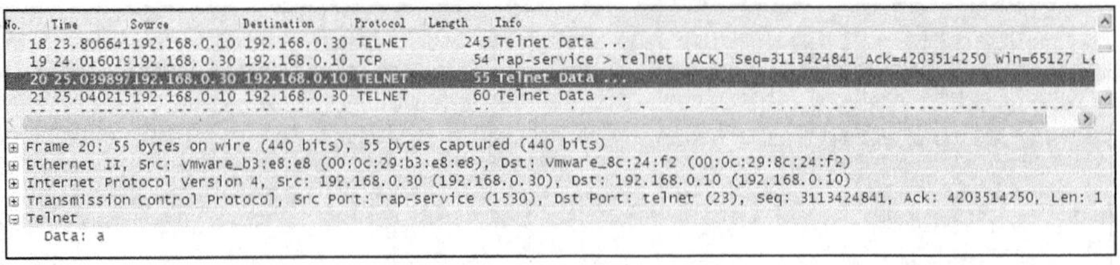

图 10-12　客户端输入数据

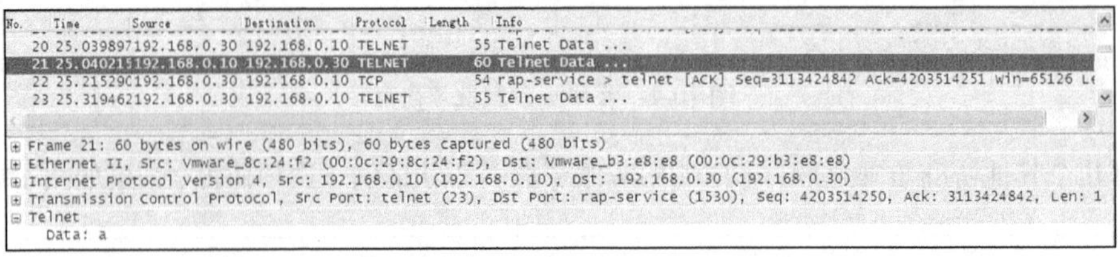

图 10-13　服务器回送数据

10.3　FTP 协议

FTP 全称 FILE TRANSFER PROTOCOL，可译为文件传输协议，主要用于不同类型的计算机之间传输文件。用户连接到 FTP 服务器，可以进行文件或目录的复制、移动、创建和删除等操作。FTP 工作在 TCP/IP 模型的应用层，其下层传输协议是 TCP，是面向连接的协议，为数据传输提供可靠的保证。FTP 由 RFC 959 "FILE TRANSFER PROTOCOL (FTP)" 定义，还有一些其他 RFC 文档进行补充和扩展。

FTP 协议旨在实现以下目标。

* 在主机之间共享计算机程序或数据；
* 让本地用户使用远程计算机；
* 向用户屏蔽不同主机中各种文件存储系统的细节差异；
* 可靠和高效地传输数据。

FTP 提供了在面向连接的传输层（TCP）上传送文件的一种方法。虽然许多 FTP 功能能够被 HTTP 等应用取代，但是由于 FTP 使用不同的端口进行上载和下载，传输效率高，因此仍然是广为使用的网络服务。

10.3.1　FTP 工作过程

FTP 基于客户/服务器模式运行。FTP 工作过程就是一个利用 TCP 建立 FTP 会话并传输文件的过程。如图 10-14 所示，与一般的应用层协议不同，一个 FTP 会话中需要两个独立的网络连接（控制连接与数据连接），FTP 服务器需要监听两个端口（控制端口与数据端口）。

FTP 是一个交互式会话系统，客户端每次调用 TCP，都会与服务器建立一个会话，该会话以控制连接来维持，直至退出 FTP。控制端口默认为 TCP 21，用来发送和接收 FTP 的控制信息，一旦建立 FTP 会话，该端口在整个会话期间始终保持打开状态。

FTP 控制连接建立之后，再通过数据连接传输文件。客户端每提出一个数据传输请求，服务器就会与客户建立一个数据连接，进行实际的数据传输。一旦数据传输结束，数据连接相继关闭，但控制连接依然保持，客户端可以继续发送命令。最后，客户端可以撤销控制连接，也可以直接退出 FTP 会话。数据端口默认为 TCP 20，用来发送和接收 FTP 数据，只有在传输数据时才打开，一旦传输结束就断开。

在控制连接或数据连接中，FTP 客户端动态分配自己的 TCP 端口。

图 10-14　FTP 双重连接

FTP 数据连接可分为主动模式（Active Mode）和被动模式（Passive Mode）。FTP 服务器端或 FTP 客户端都可设置这两种模式。究竟采用何种模式，最终取决于客户端的设置。

1. 主动模式

主动模式又称标准模式，一般情况下都使用这种模式，如图 10-15 所示。

（1）FTP 客户端打开一个动态选择的端口（1024 以上）向 FTP 服务器的控制端口（默认 TCP 21）发起连接，经过 TCP 的 3 次握手之后，建立控制连接。

（2）客户端接着在控制连接上发出 PORT 指令向服务器通知自己所用的临时数据端口。

（3）服务器接到该指令后，使用固定的数据端口（默认 TCP 20）与客户端的数据端口建立数据连接，并开始传输数据。

在这个过程中，由 FTP 服务器发起到 FTP 客户端的数据连接，所以称其为主动模式。由于客户端使用 PORT 指令联系服务器，又称为 PORT 模式。

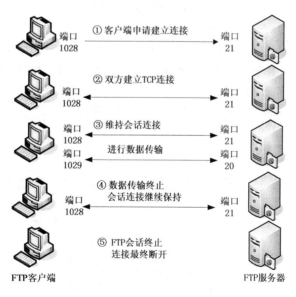

图 10-15　FTP 连接主动模式

2. 被动模式

被动模式的工作过程如图 10-16 所示。

（1）采用与主动模式相同的方式建立控制连接。

（2）FTP 客户端在控制连接上向 FTP 服务器发出 PASV 指令请求进入被动模式。

（3）服务器接到该指令后，打开一个空闲的端口（1024 以上）监听数据连接，并进行应答，将该端口通知给客户端，然后等待客户端与其建立连接。

（4）客户端发出数据连接命令后，FTP 服务器立即使用该端口连接客户端并传输数据。

在这个过程中，由 FTP 客户端发起到 FTP 服务器的数据连接，所以称其为被动模式。由于客户端使用 PASV 指令联系服务器，又称为 PASV 模式。

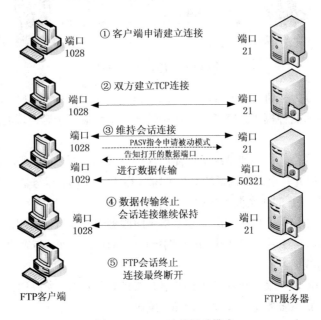

图 10-16　FTP 连接被动模式

 　采用被动模式，FTP 服务器每次用于数据连接的端口都不同，是动态分配的。采用主动模式，FTP 服务器每次用于数据连接的端口都相同，是固定的。如果在 FTP 客户端与服务器之间部署有防火墙，采用不同的 FTP 连接模式，防火墙的配置也不一样。客户端从外网访问内网 FTP 服务器时，一般采用被动模式。

10.3.2　FTP 模型

了解 FTP 模型对于进一步理解 FTP 运行机制非常重要。FTP 模型如图 10-17 所示。

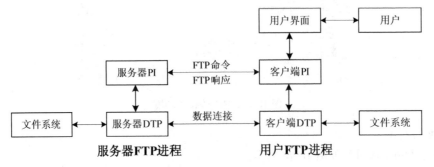

图 10-17　FTP 模型

在讲解该模型之前，有必要先介绍几个重要术语。

- PI（protocol interpreter）：协议解析器。服务器 PI 在"监听"端口（L）监听用户 PI 的连接请求并建立控制连接。它从用户 PI 接收标准的 FTP 命令，发送响应并管理服务器 DTP。用户 PI 使用"用户"端口（U）建立到服务器 FTP 进程的控制连接，并在文件传输时管理用户 DTP。

- DTP（data transfer process）：数据传输进程，用以建立并管理数据连接。服务器 DTP 通常在"主动"状态下用"监听"的数据端口建立数据连接。它建立传输和存储参数，并在服务器 PI 的命令下传输数据。服务器端 DTP 也可以用于"被动"模式，而不是主动在数据端口建立连接。用户 DTP 在数据端口"监听"服务器 FTP 进程的连接。

- FTP 命令（FTP commands）：用户 FTP 到服务器 FTP 的控制信息流由一些命令集合组成。

- 响应（reply）：由服务器发给用户的对 FTP 命令的应答。

- 控制连接（control connection）：用户 PI 与服务器 PI 用来交换命令和响应的信息路径。这个连接遵守 Telnet 协议。

- 数据连接（data connection）：用规定的模式和类型进行数据传输的全双向连接。传输路径可能是服务器 DTP 与用户 DTP 之间或两个服务器 DTP 之间。

- 服务器 FTP 进程（server-FTP process）：由服务器 PI 和服务器 DTP 组成，与用户 FTP 进程或另一个服务器 FTP 进程配合实现文件传输功能。

- 用户 FTP 进程（user-FTP process）：包括协议解析器、数据传输进程和用户界面，它们共同与服务器 FTP 进程配合完成文件传输功能。

- 用户界面：FTP 客户端程序。

控制连接由用户 PI 发起。首先由用户 PI 产生标准 FTP 命令通过控制连接传输到服务器进程。标准响应由服务器 PI 通过数据连接发送到用户 PI 作为命令的回应。

FTP 命令指定数据连接参数（端口、传输模式、表示类型以及结构）和文件系统操作类型（存储、检索、删除等）。用户 DTP 则应在指定的数据端口"监听"，服务器用相应的参数发起数据连接并传送数据。用户 FTP 进程要保证指定的端口处在"监听"下。数据连接可能同时用于发送和接收数据。

另一种情形是用户可能要在两台远程主机间传送文件。用户分别与两台服务器建立控制连接，并安排两台服务器间的数据连接。这种情况下，控制信息传送到用户 PI，但数据在两台服务器之间传送。这种 FTP 服务器——服务器交互模型如图 10-18 所示。

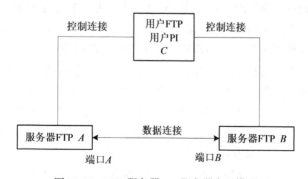

图 10-18　FTP 服务器——服务器交互模型

协议规定在数据传输进程中控制连接必须一直打开。当 FTP 服务使用完以后，用户应该要求服务器关闭控制连接。当没有发送关闭命令但控制连接事实已经关闭的情况下，服务器也可能终止数据传送。

10.3.3 数据传输

实现 FTP 文件传输的两台计算机可能使用不同的操作系统、不同的字符集、不同的文件结构，以及不同的文件格式，这就要求 FTP 客户端与 FTP 服务器必须能够兼容异构，使彼此进行正常通信。对于控制连接上的通信来说，兼容性不是问题。FTP 使用如 Telnet 或 SMTP 之类的方法在控制连接上通信，客户端与服务器之间传输的是 FTP 命令和响应。每一条命令或响应都是一个短行，命令或响应以 NVT ASCII 码形式传送，要求在每行结尾（也就是在每个命令和每个响应之后）都要返回 CRLF（回车/换行）字符对作为行结束符。

文件只能通过数据连接传输。数据连接上的通信要考虑兼容性问题，考虑要进行传送的数据类型、数据结构以及传输方式。例如，两个系统的数据存储形式不同，经常需要对数据形式转换。又例如，传输二进制数据时，不同主机有不同的字长度。这要求用户可以选择数据表示形式和传输功能。可以通过一些命令来制定文件通信的相关属性，例如，指定传输模式（MODE）命令，定义数据表示方式的结构（STRU）。

1. 数据类型与数据结构

FTP 能够在数据连接上传送下列数据类型的文件。

* ASCII 类型：这是传送文本文件的默认格式。每一个字符使用 NVT ASCII 进行编码。发送端将数据从内部表示格式转换成标准的 8 位 NVT ASCII 格式，而接收端再将数据从标准格式转变成自己的内部格式。用 NVT ASCII 码传输的每行都带有一个回车符（CR），其后是一个换行符（LF），用于确定一行的结束。

* EBCDIC 文件：这种类型用来在使用 EBCDIC 编码的主机间高效地传输。它是作为 ASCII 的另一种方法在主机间传送数据的数据类型。传输时，数制被表示为 8 位的 EBCDIC 字符。EBCDIC 与 ASCII 类型的区别仅仅是字符码的不同。

* 图像类型：又称为二进制类型，传送的数据被看作连续的二进制位。数据以 8 位连续字节流传输，接收端必须将数据存储为连续位。目的是为了高效地存储和检索文件，以及传输二进制文件。

* 本地类型：数据以参数 Byte size 指定的逻辑字节长度传输。逻辑字节长度不一定要和传输字节长度一样。如果字节长度不同，那么逻辑字节将忽略传输字节边界连续打包，并在最后做必要的填充。当数据到达接收方时，将以独立的方式被转换为特定主机的逻辑字节长度。该方式用于在具有不同字节大小的主机间传输二进制文件，每字节的位数由发送方指定。对使用 8 位字节的系统来说，本地文件以 8 位字节传输就等同于图像文件传输。

ASCII 或 EBCDIC 类型支持第二个可选的参数，用于一种纵向的文件格式控制，也就是定义可打印性。非打印（默认选择）文件中不含有垂直格式信息（垂直格式信息被编码到文件中，用来指示一个新页的开始等）；TELNET 格式控制文件含有向打印机解释的远程登录垂直格式控制。

由于表示类型不同，FTP 允许文件具有指定的结构。FTP 中定义了以下 3 种文件结构。

* 文件结构（默认）：这种文件没有结构。它是连续的字节流。
* 记录结构：这种文件划分为一些记录。这只能用于文本文件。
* 页面结构：这种文件划分为一些页面，每一个页面有页面号和页面首部。页面可以随机地或顺序地进行存取。

2. 传输模式

FTP 传输数据时还要考虑选择合适的传输模式，有以下 3 种传输模式。

- 流模式：这是默认模式。数据以字节流传输，对表示类型没有限制，可以使用记录结构。如果数据是简单的字节流（文件结构），就不需要文件结束符。在这种情况下的文件结束就是由发送方来关闭数据连接。如果数据划分为记录（记录结构），则每一个记录有 1 字节的记录结束符（EOR），而在文件的结束处有文件结束符（EOF）。

- 块模式：文件以连续的带有首部的数据块来传输。首部包括一个计数字段和描述码。计数字段指示数据块整个长度，由此可以算出下一数据块的开始位置（没有填充位）。描述码定义文件最后一块（EOF），记录最后一块（EOR），重新开始标记或者有疑问的数据。最后的描述码不是 FTP 差错控制的一部分。记录结构可以在这种模式下使用，而且可以用任何表示类型。

- 压缩模式：如果文件很大，数据可进行压缩。此模式下有 3 种信息要发送：常规数据，以字节串发送；压缩数据，包括复本或填充；控制信息，以两字节的转义字符传送。压缩模式适用于在传输大数据时以较小的 CPU 代价换来一定的网络带宽。

3. 数据连接建立与管理

传输数据的机制包括在指定端口建立数据连接和选择传输参数。用户和服务器 DTP 都有默认端口号。用户进程默认的数据端口与控制连接端口（U）相同。服务器进程的默认端口与控制连接的端口紧挨（L-1）。

传输字节长度是 8 位字节。此字节长度只与实际传输数据有关，而与主机文件系统的数据表示无关。

被动数据传输进程（可能是用户 DTP 或另一服务器 DTP）应该在发送传输请求命令之前在数据端口"监听"。FTP 请求命令决定数据传输方向。服务器在接到传输请求后将初始化到指定端口的连接。当连接建立后，数据将在两端 DTP 之间传输，同时服务器 PI 向用户 PI 发送确认的响应。

每个 FTP 实现必须支持默认数据端口的实现，只有用户 PI 可以使用变化的非默认端口。用户可能会用 PORT 命令指定一个其他的数据端口。

维护数据连接（连接建立与关闭）通常是服务器的职责。用户 DTP 在需要关闭连接以指示文件结束的传输模式下发送数据则是个例外。服务器必须在以下情形关闭数据连接。

（1）服务器在需要关闭连接以指示文件结束的传输模式下发送数据。

（2）服务器收到来自用户的 ABORT 命令。

（3）用户使用命令改变端口设置。

（4）控制连接合法关闭或由于其他原因关闭。

（5）发生了不可恢复的错误。

其他情况下服务器可选择关闭，这样做服务器必须用 250 或 226 号响应通知用户进程。

用户 PI 可以使用 PORT 命令指定非默认用户数端口，也可以请求服务器用 PASV 命令指定非默认数据端口。连接由一对地址指定，上面两种操作之一都会得到一个不同的连接，仍然允许使用两个命令在两端指定新的端口。

当使用流模式传输数据时，文件结束必须由关闭连接来指示。如果一个会话中有多个文件传输，由于 TCP 为了保证传输可靠要保持连接记录一段时间，可能带来不能立即重新打开连接的问题。针对这个问题有两种解决方案，一是协商一个非默认端口，二是使用另一种传输模式。流传输模式有先天的不可靠性，不能确定连接是否过早地关闭。其他的传输模式不用关闭连接来指示文件结束。他们使用 FTP 编码来确定文件结束。因此使用这些模式可以在多文件传输时保持使用同一个数据连接。

4. 文件传输

从用户 PI 到服务器 PI 的传输通道是作为一个从用户到标准服务器端口的 TCP 连接建立的。用户 PI 负责发送 FTP 命令并解析接收到的响应；服务器 PI 解析命令，发送响应以及控制 DTP 方向，以建立数据连接并传送数据。如果数据传输者（被动传输进程）的另一端是用户 DTP，则用户 DTP 由用户 FTP 主机的内部协议控制；如果另一端是另一个服务器 DTP，则这个服务器 DTP 由用户 PI 通过发送命令来控制。

10.3.4　FTP 命令

FTP 使用直接跟随在 FTP 报文首部后面的一系列命令。这些命令被接收方协议解析器接收和处理。这里只介绍 RFC 959 定义的基本 FTP 命令。另外 RFC 2228、2640 和 2273 文档中也定义了一些扩展的 FTP 命令。

1. 访问控制命令

访问控制命令用于用户接入到 FTP 服务器，具体命令见表 10-5。

表 10-5　　　　　　　　　　　　　　　访问控制命令

命　令	参　数	说　明
USER	用户标识符	提供用户信息，通常是控制连接建立后从用户端发送的第一条命令
PASS	用户密码	提供用户密码，紧跟在 USER 命令之后
ACCT	用户账户	提供用户账户，这个命令不需要和 USER 命令相关，某些站点可能需要一个账户用来登录
CWD		改变工作目录
CDUP		切换到父目录
SMNT	路径名	结构装载。允许用户在不改变用户和账户信息的情况下装载一个不同的文件系统数据结构
REIN		重新初始化，除允许当前正在传输过程完成外，终止一个用户，刷新所有 I/O 和账户信息
QUIT		注销。终止一个用户，如果没有文件正在传输，服务器将关闭控制连接；如果有文件正在传输，连接会保持并等待响应，之后服务器将关闭连接

如果用户进程要以不同的用户名传输文件，而不想关闭然后再重建立连接，应该使用 REIN 而不是 QUIT。另外，控制连接的意外关闭将会导致服务器产生等同于 ABOR 和 QUIT 命令的操作。

2. 传输参数命令

所有的数据传输参数都有默认值，只有在默认值需要改变的时候才需要用命令去指定传送数据传输参数。这些命令可以在 FTP 服务请求前以任何顺序执行。具体命令见表 10-6。

表 10-6　　　　　　　　　　　　　　　传输参数命令

命　令	参　数	说　明
PORT	IP 地址和端口号	指定数据连接时的主机数据端口。该命令语法格式为：PORT h1,h2,h3,h4,p1,p2。地址信息被分解为每 8 位一个段，每个段都作为十进制数（用字符串表示）传送

续表

命　令	参　数	说　明
PASV	用户密码	进入被动模式。请求服务器 DTP 在一个数据端口上"监听"并等待连接而不是在收到传输命令后主动发起连接
TYPE	类型编码	指定数据表示类型。类型编码有：A（ASCII）、E（EBCDIC）、I（图像）、N（非打印）、T（Telnet）、C（ASA）
STRU	文件结构编码	指定文件结构。文件结构编码有：F（文件）、R（记录）、P（页面）
MODE	传输模式编码	指定传输模式。相应编码有：S（流）、B（块）、C（压缩）

3. FTP 服务命令

FTP 服务命令定义用户请求传送文件或者文件系统的功能。FTP 服务命令的参数一般是一个路径名，其语法必须符合服务器站点的惯例。建议默认参数使用最后一个设备、目录或文件名，或者本地用户的默认标准。具体命令见表 10-7。

表 10-7　　　　　　　　　　　　　　　FTP 服务命令

命　令	参　数	说　明
RETR	路径名	文件从服务器 DTP 传送到用户 DTP 或另一服务器 DTP
STOR	路径名	服务器 DTP 接受经过数据连接传送的数据并将这些数据存储为服务器端的一个文件
STOU	路径名	类似于 STOR 命令，但会在当前目录下创建一个名称唯一的文件
APPE	路径名	类似于 STOR 命令，但如果指定的文件已经存在，则数据会附加到文件的后面
ALLO	路径名	在服务器上为文件分配存储空间
REST	位置标记	重新开始。参数指定需要重新开始传输的文件的位置标记。这个命令不会引起文件的传输，只是忽略文件中指定标记点前的数据
RNER	路径名	指定需要重新命名的文件的原始路径名
RNTO	路径名	指定需要重新命名的文件的新路径名
ABOR		让服务器放弃先前的 FTP 服务命令和相关的传输的数据
DELE	路径名	在服务器端删除指定的文件
RMD	路径名	在服务器端删除指定路径下的目录
MKD	路径名	在指定的路径下新建一个目录
PWD		显示当前目录名
LIST	路径名	列出指定目录下的文件列表或指定文件的信息
NLIST	路径名	从服务器端传送目录名称列表到用户端
SITE		指定文件结构。文件结构编码有：F（文件）、R（记录）、P（页面）
SYST		返回服务器端操作系统的类型
STAT	路径名	返回当前状态
HELP		获取帮助信息
NOOP		空操作，不指定任何操作，只是要求服务器返回 OK 响应

RNER 命令后面必须紧跟 RNTO 命令，REST 命令必须紧跟中断服务命令（如 STOR 或 RETR），其他命令可以按任意顺序。服务器应当总是使用数据连接来发送服务命令响应，只有少数特定的

信息响应除外。

10.3.5　FTP 响应

FTP 命令的响应用来确保在文件传输过程中的请求和正在执行的操作保持一致，保证用户进程总是可以得到服务器的状态信息。每一个命令必须产生至少一个响应，也可能产生多个响应；多重响应必须可以简单区分。另外，对于有一定顺序的命令组合，如 USER、PASS 和 ACCT，响应表示一种中间状态，说明前面的命令是成功的。顺序组合中出现任何错误都会导致从头开始执行整个命令序列。

1. FTP 响应的格式

FTP 响应由 3 位数字组成（以 3 个数字字符传递），后面跟着一些文本。数字用来自动判断当前的状态，文本内容提供给用户。3 位数字应该包含足够的信息，使用户 PI 不需要检查文本内容就可以决定将其忽略或返回给用户。注意文本内容可能是与特定服务器相关的，每一个响应的文本内容很可能不同。

响应包含的 3 位数字，后面跟着空格，然后是一行文本，以 Telnet 行末符结尾。有可能出现文本长度大于一行的情况。多行响应的格式如下。

123-第 1 行

第 2 行

234 以数字开始的行

123 最后一行

其中第 1 行以正常的响应代码开始，接连字符 "-" 后面跟着文本。最后一行需要以相同的代码开始，后面跟空格分隔的可选文本，然后是 Telnet 行末符。

3 位数字的每一位都有特定的意义。允许用户进程将复杂的响应进行简化。

第 1 位数字标识了响应的状态，简单的用户进程可以通过检查第 1 位数字，决定它的下一步处理，如重试、放弃等。目前 5 个值的功能简介如下。

- 1yz（预备状态）：请求的操作已经启动。在处理新的命令之前希望得到响应。
- 2yz（完成状态）：请求操作成功完成，一个新的请求可以开始。
- 3yz（中间状态）：命令被接受，但是请求操作暂时未被执行，等待收到进一步的信息。
- 4yz（暂时拒绝状态）：命令没有被接受，请求操作没有发生，但是这个错误状态是暂时的，操作可以被再次请求。
- 5yz（永久拒绝状态）：命令不被接受，请求操作不会发生。

用户进程如果要知道大概是发生了什么错误，如文件系统错误、语法错误，可以通过检查第 2 位数字来完成。第 2 位数字的功能如下。

- x0z（语法）：指出语法错误。
- x1z（信息）：对于请求信息的响应，如对状态或帮助的请求。
- x2z（连接）：关于控制连接和数据连接的响应。
- x3z（认证和账户）：对登录过程和账户处理的响应。
- x4z：目前还未使用。
- x5z（文件系统）：请求传输时服务器文件系统的状态或其他文件系统操作状态。

第 3 位数字指示信息顺序是否有误，例如，RNTO 前没有 RNFR 命令。它为第 2 位数字指定的状态提供了更详细的意义。

2. FTP 响应代码

这里只介绍 RFC 959 定义的基本 FTP 响应代码，具体介绍见表 10-8。

表 10-8　　　　　　　　　　　　　　　　FTP 响应代码

代　　码	说　　明
110	重新开始标记响应
120	服务器将在 nnn 分钟内就绪
125	指连接已打开，传输开始
150	文件状态 OK，即将打开数据连接
200	命令 OK
202	命令没有实现，对本站没有必要
211	系统状态，或者系统帮助响应
212	目录状态
213	文件状态
214	帮助信息
215	名称系统类型。名称是来自 Assigned Numbers 文档列表中的官方系统名称
220	为新用户的服务准备好
221	服务关闭控制链接。如果合适就注销
225	数据连接打开，没有传输在进行
226	关闭数据连接。请求文件操作成功
227	进入被动模式。服务器发送其 IP 地址和端口号
230	用户已登录，继续处理
250	请求文件操作 OK，完成
331	PATHNAME 已创建
332	需要登录账户
350	请求文件操作挂起，需要进一步的信息
421	服务不可用，关闭控制连接。如果服务器知道它必须关闭，应该以此作为任何命令的响应代码
425	不能打开数据连接
426	连接关闭，传输终止
450	请求文件操作未采取，文件不可用（如文件忙）
451	请求操作终止，正在处理本地错误
452	请求操作未执行。系统存储空间不足
500	语法错误，命令不能识别
501	参数或变量语法错误
502	命令没有实现
503	命令顺序问题
504	命令没有实现参数
530	未登录
532	需要存储文件的账户

代　　码	说　　明
550	请求的操作没有执行。文件不可用（如没有找到文件，没有访问权限）
551	请求操作终止，未知页面类型
552	请求文件操作终止。超出存储分配空间（当前的路径或者数据集）
555	请求操作未执行。文件名不允许

10.3.6　验证分析 FTP 通信过程

为便于实验，这里使用 Serv-U 架设了一个 FTP 服务器（例中 IP 为 192.168.0.10），客户端（例中 IP 为 192.168.0.30）使用 CuteFTP 软件，目的是验证 FTP 主动模式和被动模式的通信过程。这两种模式可以在客户端选择，在 CuteFTP 软件中是通过选择数据连接类型（Data connection type）来确定的。如图 10-19 所示，"USE PORT"表示主动模式，"USE PASV"表示被动模式，默认是被动模式。

图 10-19　选择数据连接类型

1. 验证主动模式 FTP 的通信过程

首先将设置改为主动模式，从用户登录到下载文件的完整过程中抓取一系列数据包进行分析。CuteFTP 软件本身的图形界面中的"连接状态与命令"窗格中会显示整个过程。这个过程描述很直观。首先连接到 FTP 服务器，提供用户名和密码，登录成功后自动切换到用户主目录，并显示其中的文件列表，此时也涉及服务器将文件列表数据传输给客户端。然后用户请求下载文件，服务器将该文件传送给客户端，直到下载完毕。每次传输数据时，客户端都要执行 PORT 命令联系服务器。注意其中有一个 FEAT 命令，它是用来请求 FTP 服务器列出它的所有扩展命令与扩展功能的。

接下来对数据包进行分析，进一步验证 FTP 通信。由于抓取的数据包较多，这里按顺序分成 3 个部分介绍。第 1 部分如图 10-20 所示，数据包序列反映的大致过程如下。

（1）序号为 1~3 的数据包表示客户端与服务器进行 TCP 三次握手，建立基于 TCP 的控制连接。

（2）序号为 4 的数据包表示服务器发出响应，提示用户已经准备好。

（3）序号为 5~8 的数据包表示客户端与服务器进行交互（请求与响应），完成认证，用户成功登录到 FTP 服务器。

（4）序号为 9 和 10 的数据包表示客户端请求显示当前目录（PWD 命令），服务器进行响应，指出当前目录为"/"。

（5）序号为 11 和 12 的数据包表示客户端通过 FEAT 命令获取请求服务器的扩展功能，服务器进行响应，列出其扩展功能。

（6）序号为 13 和 14 的数据包表示客户端请求将传输模式设置为"Z"（传输过程中自动压缩和解压缩，这是一种扩展的传输模式），服务器响应表示请求成功。

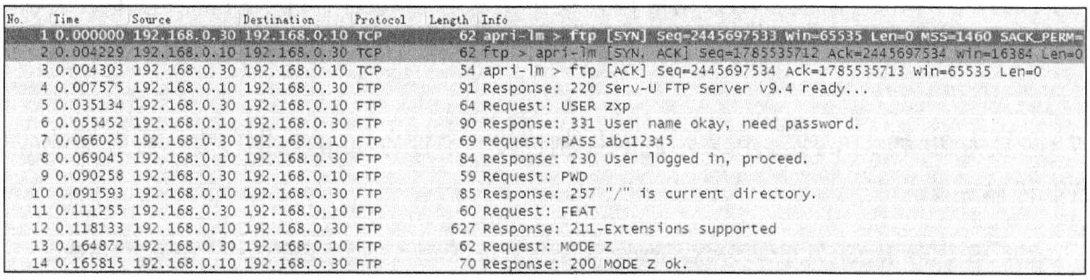

```
No.   Time     Source        Destination   Protocol  Length Info
 1 0.000000 192.168.0.30 192.168.0.10 TCP        62 apri-lm > ftp [SYN] Seq=2445697533 Win=65535 Len=0 MSS=1460 SACK_PERM=
 2 0.004229 192.168.0.10 192.168.0.30 TCP        62 ftp > apri-lm [SYN, ACK] Seq=1785535712 Ack=2445697534 Win=16384 Len=0
 3 0.004303 192.168.0.30 192.168.0.10 TCP        54 apri-lm > ftp [ACK] Seq=2445697534 Ack=1785535713 Win=65535 Len=0
 4 0.007575 192.168.0.10 192.168.0.30 FTP        91 Response: 220 Serv-U FTP Server v9.4 ready...
 5 0.035134 192.168.0.30 192.168.0.10 FTP        64 Request: USER zxp
 6 0.055452 192.168.0.10 192.168.0.30 FTP        90 Response: 331 User name okay, need password.
 7 0.066025 192.168.0.30 192.168.0.10 FTP        69 Request: PASS abc12345
 8 0.069045 192.168.0.10 192.168.0.30 FTP        84 Response: 230 User logged in, proceed.
 9 0.090258 192.168.0.30 192.168.0.10 FTP        59 Request: PWD
10 0.091593 192.168.0.10 192.168.0.30 FTP        85 Response: 257 "/" is current directory.
11 0.111255 192.168.0.30 192.168.0.10 FTP        60 Request: FEAT
12 0.118133 192.168.0.10 192.168.0.30 FTP       627 Response: 211-Extensions supported
13 0.164872 192.168.0.30 192.168.0.10 FTP        62 Request: MODE Z
14 0.165815 192.168.0.10 192.168.0.30 FTP        70 Response: 200 MODE Z ok.
```

图 10-20　主动模式 FTP 通信过程（第 1 部分）

第 2 部分如图 10-21 所示，数据包序列反映的大致过程如下。

（1）序号为 15 和 16 的数据包表示客户端与服务器确定文件的位置标记。

（2）序号为 17 和 18 的数据包表示客户端发出 PORT 命令向服务器通知自己所用的临时数据端口，表示进入主动模式传输数据。服务器响应表示命令成功。

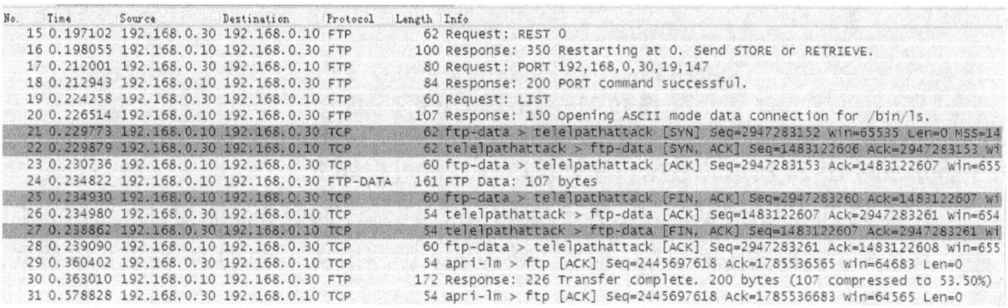

```
No.   Time     Source        Destination   Protocol  Length Info
15 0.197102 192.168.0.30 192.168.0.10 FTP        62 Request: REST 0
16 0.198055 192.168.0.10 192.168.0.30 FTP       100 Response: 350 Restarting at 0. Send STORE or RETRIEVE.
17 0.212001 192.168.0.30 192.168.0.10 FTP        80 Request: PORT 192,168,0,30,19,147
18 0.212943 192.168.0.10 192.168.0.30 FTP        84 Response: 200 PORT command successful.
19 0.224258 192.168.0.30 192.168.0.10 FTP        60 Request: LIST
20 0.226514 192.168.0.10 192.168.0.30 FTP       107 Response: 150 Opening ASCII mode data connection for /bin/ls.
21 0.229773 192.168.0.10 192.168.0.30 TCP        62 ftp-data > telelpathattack [SYN] Seq=2947283152 Win=65535 Len=0 MSS=14
22 0.229879 192.168.0.30 192.168.0.10 TCP        62 telelpathattack > ftp-data [SYN, ACK] Seq=1483122606 Ack=2947283153 Wi
23 0.230736 192.168.0.10 192.168.0.30 TCP        60 ftp-data > telelpathattack [ACK] Seq=2947283153 Ack=1483122607 Win=655
24 0.234822 192.168.0.10 192.168.0.30 FTP-DATA  161 FTP Data: 107 bytes
25 0.234930 192.168.0.10 192.168.0.30 TCP        60 ftp-data > telelpathattack [FIN, ACK] Seq=2947283260 Ack=1483122607 Wi
26 0.234980 192.168.0.30 192.168.0.10 TCP        54 telelpathattack > ftp-data [ACK] Seq=1483122607 Ack=2947283261 Win=654
27 0.238862 192.168.0.30 192.168.0.10 TCP        54 telelpathattack > ftp-data [FIN, ACK] Seq=1483122607 Ack=2947283261 Wi
28 0.239090 192.168.0.10 192.168.0.30 TCP        60 ftp-data > telelpathattack [ACK] Seq=2947283261 Ack=1483122608 Win=655
29 0.360402 192.168.0.30 192.168.0.10 TCP        54 apri-lm > ftp [ACK] Seq=2445697618 Ack=1785536565 Win=64683 Len=0
30 0.363010 192.168.0.10 192.168.0.30 FTP       172 Response: 226 Transfer complete. 200 bytes (107 compressed to 53.50%)
31 0.578828 192.168.0.30 192.168.0.10 TCP        54 apri-lm > ftp [ACK] Seq=2445697618 Ack=1785536683 Win=64565 Len=0
```

图 10-21　主动模式 FTP 通信过程（第 2 部分）

展开序号为 17 的数据包可以查看客户端命令的详细内容，如图 10-22 所示。其中 FTP 报文部分列出了 PORT 命令参数，包括客户端 IP 和临时端口。

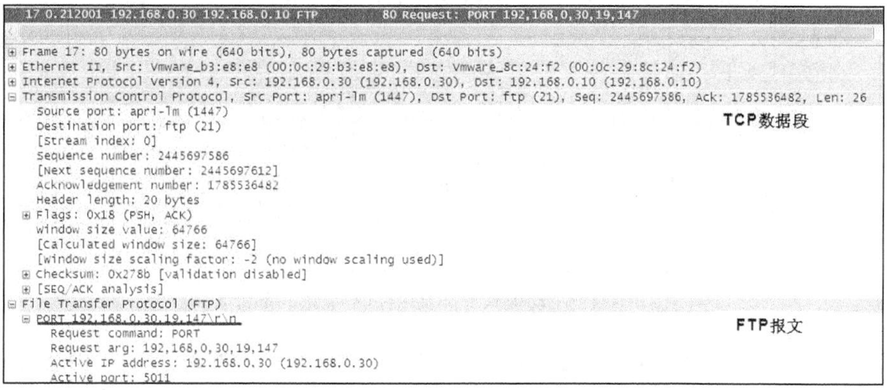

```
17 0.212001 192.168.0.30 192.168.0.10 FTP        80 Request: PORT 192,168,0,30,19,147
⊞ Frame 17: 80 bytes on wire (640 bits), 80 bytes captured (640 bits)
⊞ Ethernet II, Src: Vmware_b3:e8:e8 (00:0c:29:b3:e8:e8), Dst: Vmware_8c:24:f2 (00:0c:29:8c:24:f2)
⊞ Internet Protocol Version 4, Src: 192.168.0.30 (192.168.0.30), Dst: 192.168.0.10 (192.168.0.10)
⊟ Transmission Control Protocol, Src Port: apri-lm (1447), Dst Port: ftp (21), Seq: 2445697586, Ack: 1785536482, Len: 26
    Source port: apri-lm (1447)                                                         TCP数据段
    Destination port: ftp (21)
    [Stream index: 0]
    Sequence number: 2445697586
    [Next sequence number: 2445697612]
    Acknowledgement number: 1785536482
    Header length: 20 bytes
  ⊞ Flags: 0x18 (PSH, ACK)
    window size value: 64766
    [Calculated window size: 64766]
    [window size scaling factor: -2 (no window scaling used)]
  ⊞ Checksum: 0x278b [validation disabled]
  ⊞ [SEQ/ACK analysis]
⊟ File Transfer Protocol (FTP)
  ⊟ PORT 192,168,0,30,19,147\r\n                                                        FTP报文
      Request command: PORT
      Request arg: 192,168,0,30,19,147
      Active IP address: 192.168.0.30 (192.168.0.30)
      Active port: 5011
```

图 10-22　客户端命令报文分析

（3）序号为 19 和 20 的数据包表示客户端请求列出目录与文件，服务器响应表示已准备好，将以 ASCII 模式打开数据连接。

展开序号为 20 的数据包可以查看服务器响应的详细内容，如图 10-23 所示。其中 FTP 报文部分包括响应代码和参数。

（4）序号为 21~23 的数据包表示表示客户端与服务器进行 TCP 三次握手，建立基于 TCP 的数据连接。

（5）序号为 24 的数据包表示数据传输，这里是服务器将当前目录列表信息传送给客户端。

（6）序号为 25~28 的数据包表示客户端与服务器进行 TCP 四次握手，关闭基于 TCP 的数据连接。

（7）序号为 29 和 31 的数据包表示回到控制连接，序号为 30 的数据包表示服务器响应告知客户端数据传输完毕。

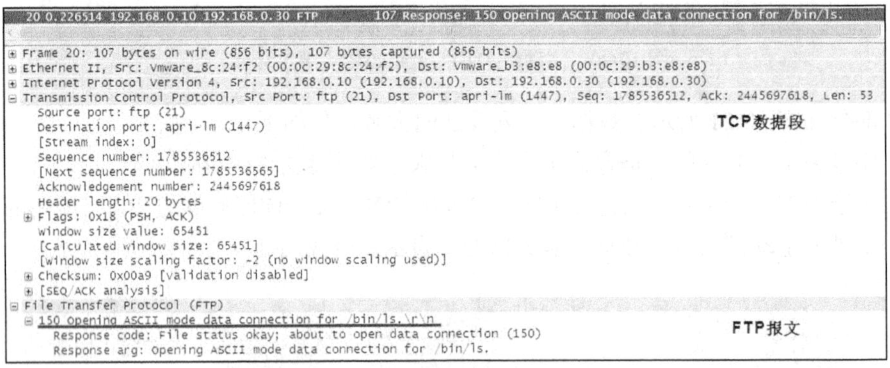

图 10-23　服务器响应报文分析

第 3 部分如图 10-24 所示，数据包序列反映的大致过程如下。

（1）序号为 32 和 33 的数据包表示客户端发出 PORT 命令向服务器通知自己所用的临时数据端口，表示要进入主动模式传输数据。服务器响应表示命令成功。此时用户要求传输数据，该例中是要求下载文件。

（2）序号为 34 的数据包表示客户端请求读取指定文件，将该文件从服务器传送到客户端。

（3）序号为 34~43 的数据包表示客户端与服务器进行 TCP 三次握手建立基于 TCP 的数据连接，然后开始正式数据传输，最后客户端与服务器进行 TCP 四次握手，关闭基于 TCP 的数据连接。序号为 37 的数据包表示服务器将以二进制模式打开数据连接。

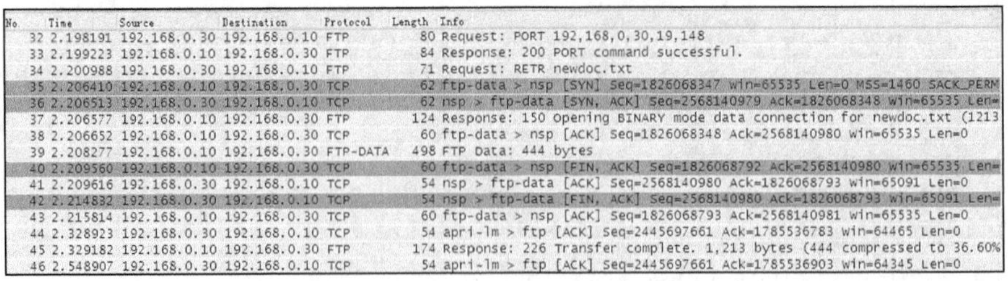

图 10-24　主动模式 FTP 通信过程（第 3 部分）

这里重点分析一下数据传输的 FTP 报文。展开序号为 39 的数据包，如图 10-25 所示。协议名称标记为 FTP-DATA，TCP 数据段中显示 FTP 服务器端口为 20，此时使用的是数据连接。FTP

报文部分显示传输的具体数据内容。

（4）序号为 44 和 46 的数据包表示回到控制连接，序号为 45 的数据包表示服务器响应告知客户端数据传输完毕。

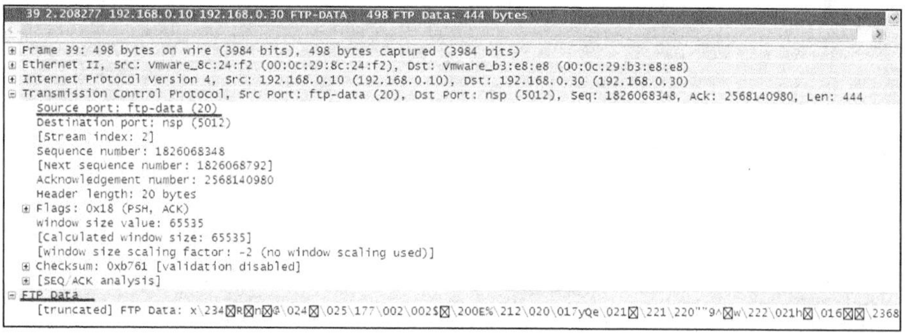

图 10-25　FTP 数据传输报文分析

2. 验证被动模式 FTP 的通信过程

首先将设置改为被动模式，从用户登录到下载文件的完整过程中抓取一系列数据包进行分析，整个过程与主动模式相同。只是为便于分析数据传输，将要下载的文件的大小改大了。CuteFTP 软件本身的图形界面中的"连接状态与命令"窗格中会显示整个过程，这个过程描述很直观，与主动模式基本相同，不同的是每次传输数据时，客户端都要执行 PASV 命令联系服务器。

接下来对数据包进行分析，进一步验证 FTP 通信。由于抓取的数据包较多，这里按顺序分成两个部分介绍。第 1 部分如图 10-26 所示，数据包序列反映登录成功后自动切换到用户主目录，并显示其中的文件列表。具体分析可参见上述主动模式的相应解释，这里重点介绍一下 PASV 命令。序号为 18 和 19 的数据包表示客户端发出 PASV 指令请求进入被动模式，服务器接到该指令后，打开一个空闲的端口监听数据连接，并将该端口通知给客户端，然后等待客户端与其建立连接。

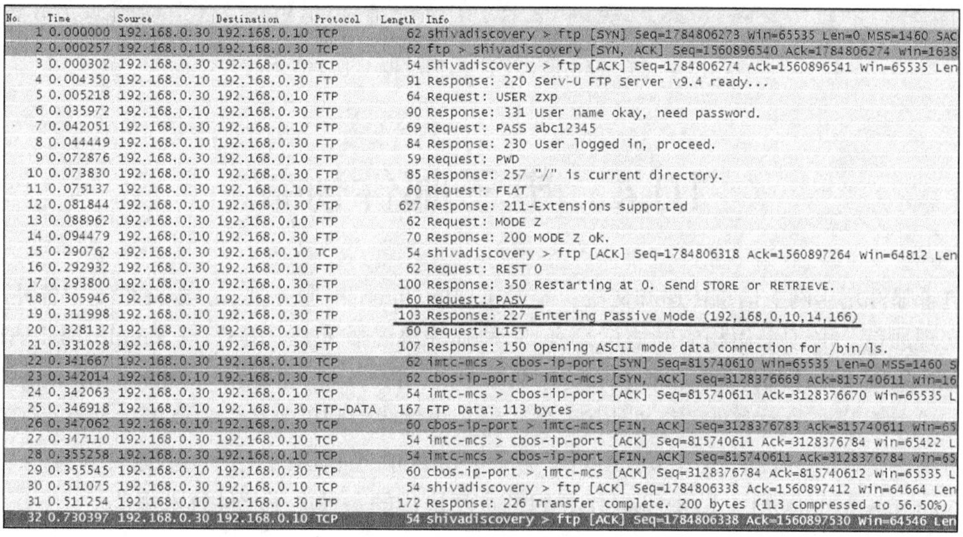

图 10-26　被动模式 FTP 通信过程（第 1 部分）

展开序号为 19 的数据包可以查看服务器响应 PASV 命令的详细内容，如图 10-27 所示。其中 FTP 报文部分列出了响应代码和参数，以及被动模式服务器的 IP 和端口。

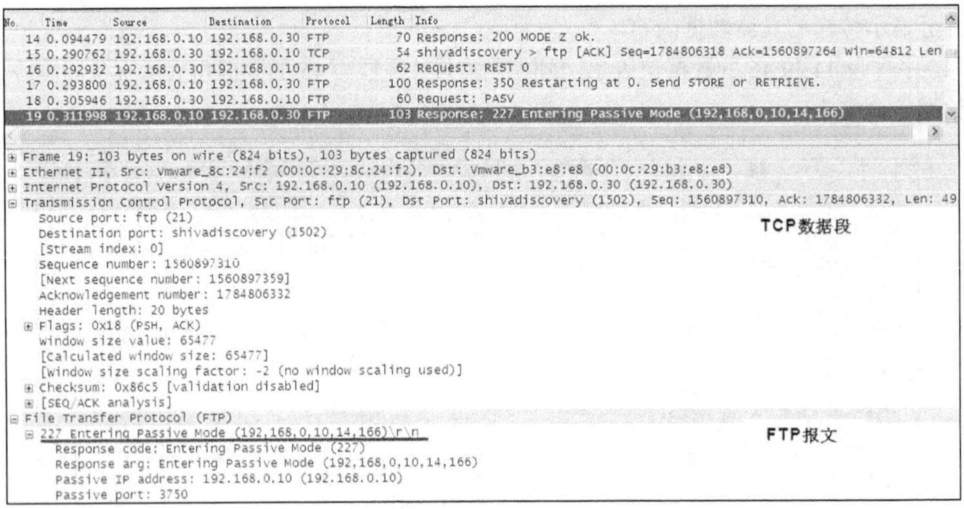

```
No.  Time       Source        Destination   Protocol  Length  Info
     14 0.094479 192.168.0.10  192.168.0.30  FTP        70  Response: 200 MODE Z ok.
     15 0.290762 192.168.0.30  192.168.0.10  TCP        54  shivadiscovery > ftp [ACK] Seq=1784806318 Ack=1560897264 Win=64812 Len
     16 0.292932 192.168.0.30  192.168.0.10  FTP        62  Request: REST 0
     17 0.293800 192.168.0.10  192.168.0.30  FTP       100  Response: 350 Restarting at 0. Send STORE or RETRIEVE.
     18 0.305946 192.168.0.30  192.168.0.10  FTP        60  Request: PASV
     19 0.311998 192.168.0.10  192.168.0.30  FTP       103  Response: 227 Entering Passive Mode (192,168,0,10,14,166)
```
```
⊕ Frame 19: 103 bytes on wire (824 bits), 103 bytes captured (824 bits)
⊕ Ethernet II, Src: Vmware_8c:24:f2 (00:0c:29:8c:24:f2), Dst: Vmware_b3:e8:e8 (00:0c:29:b3:e8:e8)
⊕ Internet Protocol Version 4, Src: 192.168.0.10 (192.168.0.10), Dst: 192.168.0.30 (192.168.0.30)
⊟ Transmission Control Protocol, Src Port: ftp (21), Dst Port: shivadiscovery (1502), Seq: 1560897310, Ack: 1784806332, Len: 49          TCP数据段
      Source port: ftp (21)
      Destination port: shivadiscovery (1502)
      [Stream index: 0]
      Sequence number: 1560897310
      [Next sequence number: 1560897359]
      Acknowledgement number: 1784806332
      Header length: 20 bytes
    ⊕ Flags: 0x18 (PSH, ACK)
      window size value: 65477
      [Calculated window size: 65477]
      [Window size scaling factor: -2 (no window scaling used)]
    ⊕ Checksum: 0x86c5 [validation disabled]
    ⊕ [SEQ/ACK analysis]
⊟ File Transfer Protocol (FTP)
  ⊟ 227 Entering Passive Mode (192,168,0,10,14,166)\r\n                                          FTP报文
      Response code: Entering Passive Mode (227)
      Response arg: Entering Passive Mode (192,168,0,10,14,166)
      Passive IP address: 192.168.0.10 (192.168.0.10)
      Passive port: 3750
```

图 10-27　服务器对 PASV 命令的响应

第 2 部分如图 10-28 所示，数据包序列反映用户请求下载文件，服务器将该文件传送给客户端，直到下载完毕。具体分析可参见上述主动模式的相应解释，这里应关注一下数据传输。由于下载的文件大小增大了，数据要分片传输，序号为 40 和 41 的数据包的协议名称标记为 FTP-DATA，显然该文件分成两个 TCP 数据段传输。

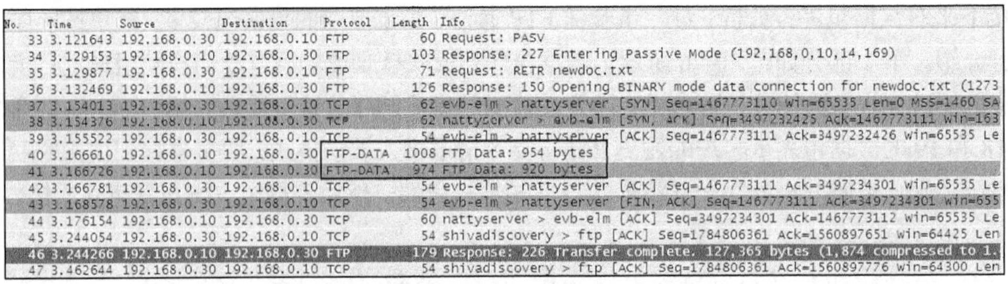

```
No.  Time       Source        Destination   Protocol   Length  Info
     33 3.121643 192.168.0.30  192.168.0.10  FTP         60  Request: PASV
     34 3.129153 192.168.0.10  192.168.0.30  FTP        103  Response: 227 Entering Passive Mode (192,168,0,10,14,169)
     35 3.129877 192.168.0.30  192.168.0.10  FTP         71  Request: RETR newdoc.txt
     36 3.132469 192.168.0.10  192.168.0.30  FTP        126  Response: 150 Opening BINARY mode data connection for newdoc.txt (1273
     37 3.154013 192.168.0.30  192.168.0.10  TCP         62  evb-elm > nattyserver [SYN] Seq=1467773110 Win=65535 Len=0 MSS=1460 SA
     38 3.154376 192.168.0.10  192.168.0.30  TCP         62  nattyserver > evb-elm [SYN, ACK] Seq=3497232425 Ack=1467773111 Win=163
     39 3.155522 192.168.0.30  192.168.0.10  TCP         54  evb-elm > nattyserver [ACK] Seq=1467773111 Ack=3497232426 Win=65535 Le
     40 3.166610 192.168.0.10  192.168.0.30  FTP-DATA  1008  FTP Data: 954 bytes
     41 3.166726 192.168.0.10  192.168.0.30  FTP-DATA   974  FTP Data: 920 bytes
     42 3.166781 192.168.0.30  192.168.0.10  TCP         54  evb-elm > nattyserver [ACK] Seq=1467773111 Ack=3497234301 Win=65535 Le
     43 3.168578 192.168.0.10  192.168.0.30  TCP         54  nattyserver > evb-elm [FIN, ACK] Seq=3497234301 Ack=1467773111 Win=655
     44 3.176154 192.168.0.30  192.168.0.10  TCP         60  nattyserver > evb-elm [ACK] Seq=3497234301 Ack=1467773112 Win=65535 Le
     45 3.244054 192.168.0.30  192.168.0.10  TCP         54  shivadiscovery > ftp [ACK] Seq=1784806361 Ack=1560897651 Win=64425 Len
     46 3.244266 192.168.0.10  192.168.0.30  FTP        179  Response: 226 Transfer complete. 127,365 bytes (1,874 compressed to 1.
     47 3.462644 192.168.0.30  192.168.0.10  TCP         54  shivadiscovery > ftp [ACK] Seq=1560897776 Win=64300 Len
```

图 10-28　被动模式 FTP 通信过程（第 2 部分）

10.4　电子邮件协议

电子邮件用于网上信息传递和交流，是最重要的 Internet 服务之一。邮件系统中各种角色之间要实现通信，必须采用相应的协议，有 3 种邮件协议最重要，SMTP（Simple Mail Transfer Protocol）是用于传递邮件的标准协议，POP（Post Office Protocol）和 IMAP（Internet Message Access Protocol）都是用于收取邮件的标准协议。通常一台提供收发邮件服务的邮件服务器至少需要两个邮件协议，一个是 SMTP，用于发送邮件；另一个是 POP 或 IMAP，用于接收邮件。另外，MIME（Multipurpose Internet Mail Extensions）是目前广泛应用的一种电子邮件技术规范。

10.4.1　电子邮件系统

电子邮件服务通过电子邮件系统来实现。与传统的邮政邮件服务类似，电子邮件系统由电子邮局系统和电子邮件发送与接收系统组成。电子邮件发送与接收系统就像遍及千家万户的传统邮

箱，发送者和接收者通过它发送和接收邮件，实际上是运行在计算机上的邮件客户端程序。电子邮局与传统邮局类似，在发送者和接收者之间起着桥梁作用，实际是运行在服务器上的邮件服务器程序。电子邮件的一般处理流程与传统邮件有相似之处，如图 10-29 所示。

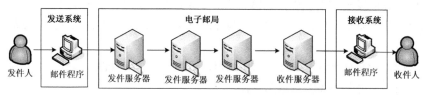

图 10-29　电子邮件系统示意图

1. 电子邮件系统组件

从逻辑结构上看，完整的电子邮件系统至少包括以下几个组件，它们各自担任不同的角色。

（1）MUA（邮件用户代理）。

MUA（Mail User Agent）是邮件客户端程序，用户通过它与邮件服务器打交道。MUA 为用户提供收发邮件接口，负责从邮件服务器接收邮件，并提供用户浏览与编写邮件的功能，还负责将邮件发往邮件服务器。

（2）MTA（邮件传输代理）。

MTA（Mail Transfer Agent）是负责接收、发送邮件的服务器端程序。它为用户提供邮件发送服务，接收其他邮件服务器转来的邮件。MTA 决定邮件的递送路径，如果目的地是本地主机，它将邮件直接发送到本地邮箱或者委托给本地的 MDA（邮件投递代理）投递；如果目的地是远程邮件主机，它将与远程主机建立连接，并将邮件传递给目的主机。

（3）MDA（邮件投递代理）。

MDA（Mail Delivery Agent）是负责邮件本地投递的程序。MDA 从 MTA 接收邮件并进行适当的本地投递，可以投递给一个本地用户（邮箱）、一个邮件列表、一个文件，甚至是一个程序。有些 MDA 程序还提供邮件过滤功能、自动分类和处理功能等。MDA 通常与 MTA 一同运行，一些邮件服务器将 MTA 和 MDA 集成在一起。如果将 MTA 与 MDA 分别实现，则可以降低 MTA 程序的复杂性。

（4）MAA（邮件访问代理）。

许多用户邮箱并不是时时在线的，因而邮件投递程序不可能将邮件直接投递给用户主机，这就需要 MAA（Mail Access Agent）来代理收取用户邮件。MAA 也就是收件服务器（POP/IMAP 服务器），让用户连接到系统邮件库以收取邮件。

邮件系统采用开放式标准，MTA、MDA、MAA、MUA 等角色可以由许多不同的软件来实现，分布在不同的主机、不同的系统上运行。每一种角色有许多不同的软件可供选择。

2. 电子邮件传送机制

如图 10-30 所示，MUA、MTA 与 MDA 模块贯穿电子邮件传送的全过程。一封邮件从发件人到收件人所经历的处理流程，具体说明如下。

图 10-30　电子邮件传送过程

（1）发件人利用 MUA 将邮件通过 SMTP 提交到 MTA。

（2）MTA 收到 MUA 的发信请求，决定是否受理。如果受理，继续下面的操作。

（3）MTA 判断收件人是不是本地账户（内部账户）。如果是本地账户，交由 MDA 投送到该账户的邮箱中，完成发送过程，跳转到第 5 步。如果不是本地账户，执行下一步骤。

（4）如果收件人是远程用户，MTA 根据其邮件中继（Relay）设置来决定如何转送邮件。有以下两种处理方式。

- 如果该邮件符合中继传递条件，就将邮件传递到下一个 MTA，这个 MTA 还可将邮件继续往下传递，直到该邮件不需要中继为止。

- 如果该邮件无需中继传递，MTA 将根据 DNS 设置，查找收件人邮件地址中域名对应的 MX（邮件交换器）记录，从中找出目的 MTA，将该邮件直接传送到该 MTA。

MTA 之间的邮件传递也使用 SMTP。

（5）终点站 MTA 将收到的邮件交给其 MDA 处理，由 MDA 将邮件投递到收件人的邮箱中。

邮箱用于保存邮件，可能是文件夹的形式，也可能是专门存储电子邮件的特殊数据库。邮件被存入邮箱后，等待收件人收取。

（6）收件人利用 MUA（客户端）通过 POP/IMAP 连接到邮箱所在的服务器，经过身份验证后，可以收取和阅读邮箱中的邮件。让用户能从邮箱取走邮件的是 POP 或 IMAP 服务器软件，并非当初收下邮件的 SMTP 服务器，它们的角色是分离的。

3. 电子邮件格式

最早定义 Internet 邮件信息格式的标准是 RFC 822，最新的标准是 RFC 2822。RFC 2822 不仅定义邮件信息本身的格式，也规范邮件地址在邮件标头中的格式。

（1）邮件地址格式。

一个简单的邮件地址大致可分成 3 部分：本地部分、分隔符"@"和域部分，典型的格式为"邮箱名@邮件服务器域名"。"@"左边的本地部分通常是用户的账户名称，也可以是代表另一个地址的别名。@右边的域部分通常是邮件服务器的网络域名。域（邮件域）是邮件服务器的基本管理单位，邮件服务以域为基础，每个邮箱对应一个用户，用户是邮件域的成员。

（2）邮件信息格式。

一封信可分成两大部分：首部（Header）与主体（Body）。下面是一个简单的例子。

```
#  首部部分
from:zxp@abc.com
to:zjs@abc.com
subject:TEST MAIL
#  主体部分
This is a test mail
```

首部又称邮件头，用于提供邮件的传递信息。它含有许多特定名称的字段，其中最重要的关键字是"to:"，它指定一个或多个收件人的邮件地址。还包括一些比较重要的关键字，如"subject:"指定邮件主题，"cc:"指定抄送的邮件地址，"from:"指定发件人邮件地址等。这些字段有一个共同特点，那就是名称之后都有一个冒号，后跟字段的具体内容。一个标头字段的内容可以跨越多行，开头为空格符的文本行，逻辑上都属于前一行的延伸。

主体又称正文或邮件体，用于提供邮件具体内容。首部与主体之间以一个空白行为分界。原则上，邮件主体的格式是没有限制的。不过邮件主体只能包含 ASCII 字符，图像、中文字符之类的二进制数据，必须事先以特殊编码法转换成 ASCII 字符，才可以编出符合标准的邮件。如果要夹带文件，必须以 MIME 或其他编码标准，将文件转换成可传输的字符。

10.4.2　MIME 规范

RFC 822 与 RFC 2822 文档定义了简单的 ASCII 编码的邮件格式，但是仅仅传输简单文本的邮件显然是不够的。邮件内容如果要包括网页、二进制文件、声音和动画等，则需要一种新的扩展的邮件格式——MIME。MIME 英文全称 Multipurpose Internet Mail Extensions，通常译为多用途 Internet 邮件扩展，是目前广泛应用的一种电子邮件技术规范，基本内容由 RFC 2045-2049 定义，另外 RFC 2231、RFC 2387、RFC 4288、RFC 4289 等也对 MIME 进行补充和扩展。MIME 提供了一种可以在邮件中附加多种不同编码文件的方法，而且成为 HTTP 协议标准的一个部分。

1．MIME 邮件结构

MIME 邮件由邮件首部（邮件头）和邮件主体（正文）两大部分组成。邮件首部包含了发件人、收件人、主题、时间、MIME 版本、邮件内容类型等重要信息。邮件主体包含邮件的内容，其类型由邮件首部"Content-Type"（内容类型）字段指明。邮件主体可分为多个段，每个段又包含段首部和段主体两部分，这两部分之间也以空行分隔。这里给出一个简单的例子加以说明。

```
……                        //邮件首部开始
From: zhong@ab.com
To: wang@xyz.com>
Subject:test mime
MIME-Version: 1.0                         //MIME 版本
Content-Type: multipart/mixed;            //内容类型
boundary=----007ABC                       //分段所用的字符串（由系统定义）
……                                        //邮件主体开始
----007ABC                                //第 1 段开始
Content-Type: text/plain; charset=GB2312  //第 1 段内容类型
Content-Transfer-Encoding: quoted-printable  //第 1 段内容传输编码
……
----007ABC                                //第 2 段开始
Content-Type: image/jpeg                  //第 2 段内容类型
Content-Transfer-Encoding: base64         //第 2 段内容传输编码
……
```

在 MIME 报文中以 boundary 定义的分段符表示分段的开始和结束。由于复合类型是可以嵌套使用的，因此邮件中可能会有多个 boundary。

MIME 定义了以下 5 个 MIME 邮件首部字段，将这些字段加入到原始邮件的首部中对邮件首部进行扩展。

- MIME-Version：定义 MIME 的版本，防止用户使用不兼容的 MIME 版本误译 MIME 信息。
- Content-Description：内容描述，这是可选的字段，提供关于此邮件内容的说明性信息，如是否为图像、音频或视频。
- Contentld：邮件标识符，也是可选的字段。
- Content-Transfer-Encoding：内容传输编码，表明在传送时邮件的主体（正文）部分是如何编码的。
- Content-Type：说明邮件主体使用的数据类型。

为适应任意数据类型的表示，每个 MIME 邮件都包含告知收件人内容类型和内容传输编码的信息。下面重点介绍这两个 MIME 首部字段。

2. MIME 内容类型

Content-Type 字段定义邮件主体所使用的数据类型。MIME 规定该字段必须含有两个标识符，即类型（type）和子类型（subtype），中间用符号"/"分开。有些子类型还可包括其他参数。语法格式如下。

```
Content-Type: <type/subtype; parameters>
```

MIME 共有 7 个类型和 15 种子类型，具体介绍见表 10-9。

表 10-9   MIME 内容类型

类 型	子 类 型	说 明
Text（文本）	Plain（纯文本）	无格式文本
	Richtext（富文本）	有少量格式命令的文本，如 HTML
Image（图像）	GIF	GIF 格式的图像
	JPEG	JPEG 格式的图像
Audio（音频）	Basic	可听见的声音（8kHz 的单通道声音）
Video（视频）	Mpeg	MPEG 格式的视频
Application（应用）	Octet-stream（字节流）	不间断字节序列，一般的二进制数据
	Postscript	Postscript 可打印文档格式
Message（邮件）	RFC 822	MIME RFC 822 邮件，主体是封装的报文
	Partial（部分）	为传输将邮件分割，这是邮件的一部分
	External-body	邮件必须从网上获取，主体是另一报文的引用
Multipart（分段）	Mixed（混合）	按规定顺序的几个独立部分（分段）
	Alternative（可替换）	不同格式的同一邮件
	Parallel（并行）	必须同时读取的几个部分（分段）
	Digest（摘要）	每个部分（分段）是一个完整的 RFC 822 邮件

除了标准类型和子类型，MIME 允许发件人和收件人自定义内容类型。但为避免可能出现的名字冲突，要求为自定义的内容类型选择的名字要以字符串"x-"打头。虽然以"x-"打头的类型和子类型未向 IANA 正式注册，但是大多数已经约定俗成了，如 application/x-zip-compressed 表示 ZIP 文件类型。Windows 系统中注册表的"HKEY_CLASSES_ROOT\MIME\Database\Content Type"节点下列举除 multipart 之外大部分已知的内容类型（Content-Type）。

Multipart 类型可以说是 MIME 的精髓。它表示邮件主体是由多个部分（段）组成的，子类型说明这些部分（段）之间的关系。

- multipart/mixed：表示多个部分是混合的，主要指正文与附件的关系，也就是邮件带有附件。采用这种子类型使用户能够在单个邮件中附上文本、图形和声音等附件。
- multipart/alternative：表示主体由两个部分组成，可以选择其中的任意一个。主要作用是在正文同时有 TEXT 格式和 HTML 格式时，可以从中选择一个来显示，支持 HTML 格式的邮件客户端软件一般会显示其 HTML 正文，而不支持的则会显示其 TEXT 正文。
- multipart/parallel：表示主体包含有可以同时显示的各个部分，例如，图像和声音部分必须一起播放。

- multipart/digest：表示一个邮件主体含有一组其他邮件（报文）。一个主体部分的默认内容类型从 text/plain 改为 message/rfc822，这允许更多可读格式以提高兼容性。

3. MIME 内容传输编码

这个首部字段定义如何将邮件主体进行编码传输，语法格式为：Content-Transfer-Encoding: <mechanism>

目前 MIME 可以传输 5 种编码格式，具体说明见表 10-10。

表 10-10　　　　　　　　　　　　　MIME 内容传输编码

编码类型	说　　明
7 位	这是 7 位 NVT ASCII 编码，也是默认格式。虽然不需要特殊的信息，但行的长度不能超过 1000 字符，即短行格式
8 位	这是 8 位编码。非 ASCII 字符可以发送，但行长度仍不能超过 1000 字符
Base64	当要发送的数据是由字节组成且最高位不一定是 0 时，Base64 可将这种类型的数据转换为可打印字符，然后就可以作为 ASCII 字符或邮件传送机制支持的任何类型的字符集发送出去
引用可打印（quoted-printable）	当数据由大部分 ASCII 字符和一小部分非 ASCII 字符组成时，则可以使用这种编码。其中 ASCII 字符按原样发送，非 ASCII 字符则用 3 个字符发送，第 1 个字符是等于号，后两个字符是用十六进制表示的字节
二进制（Binary）	这是 8 位编码。非 ASCII 字符可以发送，但行的长度可以超过 1000 字符，不限长度。这里 MIME 并不进行任何编码

注意应尽量使用 Base64 和引用可打印类型。由于 8 位编码和二进制编码都要求 SMTP 协议必须能够传输相应类型，因此不推荐这两种类型。

10.4.3　SMTP 协议

SMTP 通常译为简单邮件传输协议。它基于客户/服务器模式，需要 TCP 提供可靠的数据流。SMTP 服务器默认监听 TCP 25 端口。规范 SMTP 协议的最新 RFC 文档是 RFC 5321 "Simple Mail Transfer Protocol"，它淘汰了 RFC 2821。SMTP 是一个相对简单的基于文本的协议。MIME 规范使得二进制文件能够通过 SMTP 来传输。目前大多数 SMTP 软件实现都支持 8 位 MIME 扩展，从而使二进制文件的传输变得几乎和纯文本一样简单。

1. SMTP 通信模型

SMTP 通信的基本模型如图 10-31 所示。

图 10-31　SMTP 通信模型

当 SMTP 客户端有邮件要传送时，与 SMTP 服务器建立一个双向的传输通道。SMTP 客户端负责将邮件信息传送到一个或多个 SMTP 服务器，如果失败则给出报告。

SMTP 服务器可能是最终目的地，也可能是中间的中继（收到邮件之后作为 SMTP 客户端继续传送邮件）或网关（使用 SMTP 之外的其他协议进一步传送邮件）。SMTP 命令由 SMTP 客户端产生，发送到 SMTP 服务器。SMTP 响应由 SMTP 服务器发送给 SMTP 客户端，对命令做出回应。

也就是说，邮件传输者可以出现在起始 SMTP 发送方与最终的 SMTP 接收方之间建立的连接上，或者出现在通过中间系统的一系列跃点上。

一旦传输通道建立和初始握手完成，SMTP 客户端正常初始化邮件事务。这样的事务包括一系列命令，以定义邮件的发送方和目的地，以及邮件内容（包括首部或其他结构）本身的传递。

当同一个邮件发送到多个收件人时，SMTP 协议支持对同一个目的主机（或中继主机）上的所有收件人只传递一个副本。

服务器使用响应回应每个命令，响应可以指示命令被接受，另外的命令被期待，或者存在临时或永久性的错误。定义发件人或收件人的命令可以包括服务器许可的 SMTP 服务扩展。

一旦邮件发送完毕，客户端可以请求连接关闭，或者初始化另一个邮件事务。另外，SMTP 客户端可以使用到 SMTP 服务器的一个连接提供辅助性服务，如邮件地址验证、邮递列表订户地址检索。

当发件方主机和接收方主机连接到同一传输服务，邮件从一台主机到另一台主机传输。如果没有连接到同一传输服务，传输通过一个或多个中继 SMTP 服务器。

2. SMTP 命令

SMTP 命令定义邮件传输或由用户请求的邮件系统功能。SMTP 命令是以<CRLF>结尾的字符串，如果跟随参数则以<SP>结尾。邮件事务涉及多个数据对象，这些对象作为不同命令的参数。

反向路径（Reverse-Path）是 MAIL 命令的参数。该路径便于服务器返回错误信息，不仅包括邮箱，而且包括主机和源邮箱的反向路由，其中的第 1 个主机就是发送此命令的主机。

转发路径（Forward-Path）是 RCPT 命令的参数。该路径不仅包括邮箱，而且包括主机和目的邮箱的路由表，在其中的第 1 个主机就是接收命令的主机。

邮件数据内容是 DATA 命令的参数。

有些命令（RSET、DATA、QUIT）不允许有参数。

表 10-11 列出了主要的 SMTP 命令。

表 10-11 SMTP 命令

命　令	参　数	说　明
EHLO 或 HELO	SMTP 客户端全称域名	发件方（SMTP 客户端）问候 SMTP 服务器，提供自己的名称或地址，以向服务器标识自己的身份。客户端应当通过 EHLO 命令来发起 SMTP 服务，如果服务器支持 SMTP 服务扩展，将给出成功、失败或错误的回应；如果不支持 SMTP 服务扩展，服务器将产生一个错误响应。语法："EHLO" SP Domain CRLF 或"HELO" SP Domain CRLF
MAIL	发件人邮件地址	用来发起邮件事务，让邮件数据传送到 SMTP 服务器，SMTP 服务器依次将邮件数据投递到一个或多个邮箱，或者传送到另一个系统。语法："MAIL FROM:" ("<>" / Reverse-Path) [SP Mail-parameters] CRLF
RCPT	收件人邮件地址	用来标识邮件数据的收件人，可以指定多个收件人。语法："RCPT TO:" ("<Postmaster@" domain ">" / "<Postmaster>" / Forward-Path) [SP Rcpt-parameters] CRLF
DATA	邮件主体（正文）	将该命令之后的数据作为要发送的数据。数据加入到缓冲区中，以单独一行是<CRLF>.<CRLF>的行结束数据。结束行对于接收方同时意味着立即开始缓冲区内的数据传送，传送结束后清空缓冲区。如果传送被接收，服务器回复 OK。语法："DATA" CRLF

续表

命　令	参　数	说　明
RSET		指定当前邮件事务终止，连接将被复位。所存储的收件人、发件人和待传送的数据都必须清除，接收放必须回复 OK。语法："RSET" CRLF
VRFY	收件人名称	用于验证指定的用户或邮箱是否存在。语格式："VRFY" SP String CRLF
EXPN	邮递清单	验证给定的邮递清单是否存在，如果存在则返回其成员。语法："EXPN" SP String CRLF
HELP	命令名	提供给定命令的帮助信息。语法："HELP" [SP String] CRLF
NOOP		不影响任何参数，只是要求接收方回复 OK，不会影响缓冲区的数据。语法："NOOP" [SP String] CRLF
QUIT		指定接收方回复 OK，关闭传输通道。语法："QUIT" CRLF

3．SMTP 响应

SMTP 命令的响应用于确保邮件传输过程中的请求与操作的同步，让 SMTP 客户端总是知道 SMTP 服务器的状态。每个命令必须正好产生一个响应。

与 FTP 响应类似，SMTP 响应也由 3 位数字组成（以 3 个数字字符传递），后面跟着一些文本。数字用来自动判断当前的状态，文本内容提供给用户。3 位数字的每一位都有特定的意义。第 1 位数字指示响应的良好、不良或未完成。简单的 SMTP 客户端，或者收到意外的代码客户端可以通过检查第 1 位数字决定它的下一步处理。SMTP 客户端如果要知道大概是发生了什么错误，比如邮件系统错误，命令语法错误，可以通过检查第 2 位数字来完成。第 3 位数字为第 2 位数字指定的状态提供了更详细的意义。

表 10-12 列出了 SMTP 响应代码。

表 10-12　　　　　　　　　　　　　　SMTP 响应代码

代　码	说　明
211	系统状态或系统帮助应答
214	帮助信息
220	<域>服务就绪
221	<域>服务关闭传输通道
250	请求邮件操作 OK，完成
251	用户不是本地的，将转发到<转发路径>
252	不能验证用户，但接收邮件并试图投递
354	开始输入邮件，以<CRLF>.<CRLF>结束
421	<域>服务不可用，关闭传输通道
450	请求的邮箱操作未采用，邮箱不可用（如邮箱忙）
451	请求操作终止，正在处理本地错误
452	请求操作未执行。系统存储空间不足
500	语法错误，命令不能识别
501	参数或变量语法错误
502	命令没有实现
503	命令顺序问题

代　码	说　明
504	命令没有实现参数
550	请求操作没有执行。邮箱不可用（如没有找到邮箱，没有访问权限）
551	用户不是本地的，请尝试转发到<转发路径>
552	请求邮件操作终止。超出存储分配空间
553	请求邮件操作未执行，邮箱名不允许
554	事务失败

4. SMTP 通信过程

完整的 SMTP 通信过程包括连接建立、邮件传送、连接释放 3 个阶段，每一阶段都涉及一组命令和响应。

第一阶段是连接建立。

不管发送方和接收方的邮件服务器的距离有多远，也不管在邮件的传送过程中要经过多少个路由器，SMTP 连接是在发送主机的 SMTP 客户端和接收主机的 SMTP 服务器之间建立的。SMTP 服务器的公认端口是 25。SMTP 客户端每隔一段时间对邮件缓存进行一次扫描，如果发现有邮件，就与 SMTP 服务器的的公认端口 25 建立 TCP 连接。

在 TCP 连接建立之后，执行以下步骤。

（1）SMTP 服务器发送代码为 220 的响应给客户端，表示服务器已经准备好接收邮件。

（2）SMTP 客户端向 SMTP 服务器发送 HELO 命令，并附上自己的域名来标识自己的身份。注意在 TCP 连接建立阶段客户端与服务器双方是通过 IP 地址来识别彼此身份的。

（3）SMTP 服务器如果能够接收邮件，则发送代码为 250 的响应，表示请求邮件操作已完成，已准备好接收。

如果服务器没有准备好，就发送代码 421（服务不可用）。

第二阶段是邮件发送。

在 SMTP 客户与服务器之间建立连接后，发件人就可以给收件人发送邮件。具体执行以下步骤。

（1）SMTP 客户端发送 MAIL 命令给 SMTP 服务器，提供发件人的邮件地址（邮箱与域名），目的是为服务器提供返回差错或报告时的返回邮件地址。

（2）SMTP 服务器返回代码为 250（或其他适当代码）的响应。

如果服务器已准备好接收邮件，则响应代码为 250。否则返回其他代码以指出原因。例如，451 表示处理本地错误，452 表示存储空间不足，500 表示未能识别的命令等。

（3）SMTP 客户端发送 RCPT 命令给服务器，提供收件人的邮件地址。

（4）SMTP 服务器返回代码为 250（或其他适当代码）的响应。

如果将同一个邮件发送给多个收件人，则要重复第 3 步和第 4 步。针对每个收件人发送一个 RCPT 命令，每一个命令都会从 SMTP 服务器返回相应的响应。例如，250 表示请求邮件操作已完成，所指定的邮箱在接收方的系统中；而 550 表示不存在此邮箱。

（5）SMTP 客户端发送 DATA 命令给服务器，表示开始传输邮件数据。

（6）SMTP 服务器返回代码为 354 或其他适当代码的响应。

354 表示开始邮件输入。如果不能接收邮件，则代码为 421。

（7）SMTP 客户端用连续的行发送邮件的内容。每一行以两字符的行结束标记（CRLF）终止。

整个邮件以仅有一个点的行结束。

（8）SMTP 服务器返回代码为 250（或其他适当代码）的响应。此处 250 表示邮件已收到。

第三阶段是连接终止。邮件传送成功后，客户端就终止连接。具体执行以下步骤。

（1）SMTP 客户端应发送 QUIT 命令给服务器，表示客户端邮件发送完毕。

（2）SMTP 服务器返回代码为 211 或其他适当代码的响应。

（3）SMTP 客户端再发出关闭 TCP 连接的命令，待 SMTP 服务器回应之后，关闭 SMTP 连接。

5. 使用 SMTP 命令发送邮件

可以使用 telnet 工具连接到邮件服务器，使用 SMTP 命令发送邮件，下面进行示范。

```
telnet mail.abc.com 25 #与服务器 25 端口建立 TCP 连接，成功返回 220 应答码
Trying 192.168.0.10...
Connected to mail.abc.com (192.168.0.10).
Escape character is '^]'.
220 localhost.localdomain ESMTP Sendmail 9.13.8/9.13.8; Mon, 21 May 2012 14:24:02 +0800
HELO mail.abc.com  # 发送 HELO 命令向服务器标识发件人的身份，成功会返回 250 应答码
250 localhost.localdomain Hello linuxsrv1.abc.com [192.168.0.10], pleased to meet you
MAIL FROM:zxp@abc.com  #使用 MAIL FROM:命令给服务器传送发件人地址，成功后收到 250 应答码
250 2.1.0 zxp@abc.com... Sender ok
RCPT TO:zjs@abc.com  # 使用 RCPT TO:命令传送收件人地址，成功将返回 250 应答码
250 2.1.5 zjs@abc.com... Recipient ok
DATA  # 发送 DATA 命令准备邮件内容，返回 354 应答码表示准备接收，可在下一行开始输入邮件内容
354 Enter mail, end with "." on a line by itself
from:zxp@abc.com
to:zjs@abc.com
subject:TEST MAIL
This is a test mail
.              # 在新行中键入圆点字符，然后回车，结束邮件内容的输入
250 2.0.0 o0B6O2hU007961 Message accepted for delivery #返回 250 应答码，开始传送邮件
QUIT  # 使用 QUIT 命令退出通信过程，相应的用户将会收到该邮件
221 2.0.0 localhost.localdomain closing connection
Connection closed by foreign host.
```

6. ESMTP

ESMTP（Extended SMTP）是对标准 SMTP 协议进行的扩展。它与 SMTP 服务的区别主要在于使用 SMTP 发送邮件不需要验证用户账户，而用 ESMTP 发送邮件时，服务器会要求用户提供用户名和密码以便验证身份。在所有的验证机制中，信息全部采用 Base64 编码。验证之后的邮件发送过程与 SMTP 方式没有区别。

如果用户想使用 ESMTP 提供的新命令，则在初次与服务器交互时，发送的命令应该是 EHLO 而不是 HELO。EHLO 命令是扩展 SMTP 命令集中的一个命令，支持 SMTP 服务扩展的客户端应该以 EHLO 命令开始 SMTP 会话，而不是通常的 HELO 命令。如果服务器也支持，那就返回确认响应，如果不支持就返回失败响应。

10.4.4　POP 协议

SMTP 用于发送邮件，而 POP 用于从邮件服务器接收邮件。POP 通常译为邮局协议，最初公布于 1982 年的 RFC 918 中，现在使用的是它的第 3 个版本 POP3（归档在 RFC 1939），并且已成为 Internet 标准，大多数邮件服务器都支持 POP3。它基于客户/服务器模式，需要 TCP 提供可靠

的数据流，POP3 服务器默认监听 TCP 110 端口。

1. POP3 工作方式

POP3 用一种比较简单的方法来访问存储于服务器上的邮件，即工作站可以从服务器上取得邮件，而服务器为它暂时保存邮件。POP3 对邮件有两种处理方式，一种是删除方式，在每一次读取邮件后就把它从邮箱中删除；另一种是保存方式，就是在读取邮件后仍然在邮箱中保存这个邮件。

2. POP3 通信过程

POP 采用客户/服务器模式，完整的 POP 通信过程如下。

（1）客户端建立到服务器的 TCP 连接。

（2）客户端使用 USER 和 PASS 命令向服务器提交用户身份验证信息。

（3）验证通过后，客户端使用 LIST 命令获取邮件列表信息，并使用 RETR 命令从邮箱接收邮件到客户端。每接收一封邮件，可使用 DELE 命令将服务器上的该邮件设置为删除状态。

（4）客户端发送 QUIT 命令，服务器将删除状态的邮件删除并关闭 TCP 连接。

3. POP3 会话状态

POP3 会话在整个生命周期中有 3 个不同的状态。

一旦 TCP 连接被打开，就进入"确认"状态，大多数现有的 POP3 客户端与服务器采用 ASCII 明文发送用户名和口令给服务器进行身份确认，客户端必须向 POP3 服务器确认自己是其客户。

一旦确认成功，服务器就获取与客户邮件相关的资源，此时进入"操作"状态。

在"操作"状态中，客户端提出服务，当用户发出 QUIT 命令时，进入"更新"状态，删除那些有删除标记的邮件。

在"更新"状态中，POP3 服务器释放在"操作"状态中取得的资源，并发送信息，终止连接。

4. POP3 命令及响应

POP3 也使用客户/服务器的工作方式。在接收邮件的用户 PC 中必须运行 POP 客户程序，而在 ISP 的邮件服务器中则运行 POP 服务器程序。

POP3 命令由一组命令和一些参数组成。所有命令以一个<CRLF>（回车/换行）对结束。命令和参数由可以打印的 ASCII 字符组成，它们之间由空格分隔。命令一般是 3 个字母或 4 个字母，每个参数可以长达 40 个字符。

POP3 响应由一个状态码和一个可能跟有附加信息的命令组成。所有响应也是由<CRLF>对结束。目前有两种状态码，"确定"（"+OK"）和"否定"（"-ERR"）。

对于特定命令的响应是由许多字符组成的。在发送第一行响应和一个<CRLF>对之后，可以发送任何的附加信息行，每行由<CRLF>对结束。当所有信息发送结束时，发送最后一行，包括一个结束字符（十进制码 46，也就是"."）和一个<CRLF>对。

POP3 用 12 个命令来使得客户端计算机向远程服务器发送执行指令，而服务器则返回给客户端计算机状态码，状态码分别是"确定"（OK）和"失败"（ERR）。POP3 所有命令以及服务器的响应的状态均以一个<CRLF>对结束。POP3 所有的命令及用法如表 10-13 所示。

表 10-13　　　　　　　　　　POP3 命令

命　令	参　数	状　态	说　明
USER	用户名	确认	为用户身份确认提供用户名
PASS	密码	确认	为用户身份确认提供用户密码

续表

命　　令	参　数	状　态	说　　明
APOP	名称、摘要	确认	指定邮箱的字符串和 MD5 摘要字符串
STAT	邮件编号	操作	请求服务器发回关于邮箱的统计资料，如邮件总数和总字节数
UIDL	[邮件编号]	操作	返回邮件的唯一标识符，POP3 会话的每个标识符都将是唯一的
LIST	[邮件编号]	操作	返回邮件数量和每个邮件的大小
RETR	邮件编号	操作	返回由参数标识的邮件的全部文本
DELE	邮件编号	操作	服务器将由参数标识的邮件标记为删除，由 QUIT 命令执行
REST		操作	服务器将重置所有标记为删除的邮件，用于撤销 DELE 命令
TOP	邮件编号 n	操作	服务器将返回由参数标识的邮件前 n 行内容，n 必须是正整数
NOOP		操作	服务器返回一个肯定的响应
QUIT		更新	结束会话

5. 使用 PO3 命令收取邮件

可以使用 telnet 工具连接到邮件服务器，使用 POP3 命令收取邮件。

```
telnet mail.abc.com 110          # 与服务器 110 端口建立一个 TCP 连接
Trying 192.168.0.10...
Connected to mail.abc.com (192.168.0.10).
Escape character is '^]'.
+OK Dovecot ready.               # 连接成功
USER zjs                         #发送 USER 命令向服务器传送收件人账户
+OK
PASS ABC123                      # 使用 PASS 命令给服务器传送发件人账户的密码
+OK Logged in.                   # 登录成功
LIST                   #使用 LIST 命令请求服务器返回邮件数量和每份邮件的大小。一个圆点的行表示结束
+OK 1 messages:
1 406
.
RETR 1                   # 发送 RETR 命令请求服务器返回指定邮件的内容，后面的参数表示邮件序号
+OK 406 octets
#邮件内容省略
#执行 QUIT 命令退出通信过程
```

10.4.5　IMAP 协议

IMAP 全称 Internet Message Access Protocol，通常译为 Internet 邮件访问协议，是用于用户收取邮件的另一种标准协议。它基于客户/服务器模式，需要 TCP 提供可靠的数据流。IMAP 服务器默认监听 TCP 143 端口。IMAP4 主要由 RFC 3501 "INTERNET MESSAGE ACCESS PROTOCOL - VERSION 4rev1" 定义。虽然目前已有 RFC 4466、4469、4551、5032 等一系列文件对 RFC 3501 进行更新和完善，但是目前多数具体的软件实现以 RFC 3501 为主，这里主要以 RFC 3501 为基础讲解 IMAP4。

1. IMAP 工作方式

IMAP 有以下 3 种工作方式。

● 离线工作方式：与 POP3 相同，这是一种异步交互。客户软件将邮件存储在本地硬盘上来

进行读取和撰写邮件的工作。当需要发送和接收邮件时，用户才连接服务器。

- 在线工作方式：用户在线访问的邮件存储在邮件服务器上，主要是由位置固定的用户使用，一般在局域网等高速连接下进行。

- 断开连接工作方式：客户软件将用户选定的邮件复制或缓存到本地磁盘上，而原始副本则保留在邮件服务器上。用户可以自己处理缓存的邮件，当以后用户重新连接邮件服务器时，这些邮件可与服务器进行再同步。目前该特性主要由邮件服务器实现，客户软件支持这种方式的不同。

目前有些 POP3 服务器也提供在线工作方式，但是性能还是不及 IMAP4。

2. IMAP 交互通信

一次 IMAP 连接包括客户端与服务器的网络连接的建立、服务器的初始欢迎，以及客户端与服务器的交互。客户端与服务器的交互由客户端命令、服务器数据和服务器的完成结果响应组成。

传送于客户端和服务器间的所有交互都是以行的形式，即以一个<CRLF>（回车/换行）对为结束标志的字符串。一个 IMAP4 客户端或者服务器的协议接收者要么读取一行，要么读取已知数量的字节序列。

（1）客户端的协议发送者和服务器的协议接收者。

客户端通过命令发起操作。每个客户端命令以一个称为"标签"的标识符（典型的是由字母和数字构成的短字符串，如 A0001，A0002）作为前缀。举例如下。

C: A023 LOGOUT

客户端为每个命令生成不同的"标签"。服务器端的协议接收者从客户端读取命令行，解析该命令行及其参数，并向客户端传送服务器数据及一个服务器命令完成结果的响应。

（2）服务器的协议发送者和客户端的协议接收者。

由服务器传送至客户端的数据和那些没有指示命令完成的状态响应，用符号"*"作为前缀，称为未加标签的响应（Untagged Responses）。举例如下。

S: * BYE IMAP4rev1 Server logging out

服务器数据可以作为客户端命令的结果发送，也可由服务器单方面发送，这两种情形的服务器数据在语法上没有区别。

服务器完成结果响应表示操作的成功或者失败。它具有与发起操作的客户端命令一样的标签。举例如下。

S: A023 OK LOGOUT completed

然而，如果有多个命令在处理，服务器完成响应的标签识别该响应应用的命令。

客户端的协议接收者从服务器读取一条响应行。它可以根据响应的第 1 个标记（可以是标签，一个"*"，或者一个"+"）对响应进行处理。客户端必须一直准备着接收任何服务器响应，包括非请求的服务器数据。服务器数据应当存储下来，以便客户端可以参照它存储的副本，而不是发送命令至服务器去请求数据。某些服务器数据必须存储起来。

3. IMAP 连接状态与流程图

一旦客户端和服务器间的连接建立，一个 IMAP4 连接就会处于 4 种状态中的某一种。初始状态在服务器的欢迎中识别。大多数命令只有在特定的状态中才是有效的。当连接处于不适当的状态时，客户端尝试一个不适当的命令引发协议错误，服务器将以一个 BAD 或者 NO（取决于服务器的实现）命令完成结果响应。4 种状态简介如下。

- 未认证状态（Not Authenticated State）：

在未认证状态下，大多数命令在得到许可前，客户端必须提供认证凭证。除非连接已经预认证，当一个连接启动时就自动进入未认证状态。这种状态下不能对数据进行操作，例如，查看邮箱，或某封邮件等。

- 认证状态（Authenticated State）

在认证状态下，客户端已经认证，在影响邮件的命令被许可之前，必须选择一个邮箱访问。当一个预认证的连接启动时，或者可接受的认证凭证已提供时，或者选择一个邮箱发生错误之后，或者一个成功的 CLOSE 命令执行后，就自动进入认证状态。此状态下才能对数据进行操作。

- 选中状态（Selected State）

在选中状态下，一个邮箱被选中访问。当一个邮箱被成功选中时，就进入这个状态。此状态下可以对数据直接操作，例如，选择一封邮件，将一封邮件设置已读等。

- 注销状态（Logout State）

在注销状态下，连接正在被终止。一个客户端请求（通过 LOGOUT 命令）或者客户端、服务器的单方面操作，都会导致进入这个状态。

如果客户端请求注销状态，服务器在关闭连接前必须对 LOGOUT 命令发送一个未加标签的 BYE 响应和一个加标签的 OK 响应。客户端在关闭连接前必须读取这个 LOGOUT 命令的带标签的 OK 响应。

如果不发送一个包含原因的未加标签的 BYE 响应，一个服务器不能单方面关闭连接。一个客户端也不应单方面关闭连接，而应当发出一个 LOGOUT 命令。如果服务器发现客户端单方面关闭了连接，服务器可以不进行 BYE 响应而简单地关闭连接。

IMAP 连接状态转换如图 10-32 所示，具体说明如下。

（1）未经预认证的连接（OK 欢迎）。

（2）预认证的连接（PREAUTH 欢迎）。

（3）被拒绝的连接（BYE 欢迎）。

（4）成功执行的 LOGIN 或者 AUTHENTICATE 命令。

（5）成功执行的 SELECT 或者 EXAMINE 命令。

（6）CLOSE 命令或者失败的 SELECT、EXAMINE 命令。

（7）LOGOUT 命令，服务器关闭或者连接已关闭。

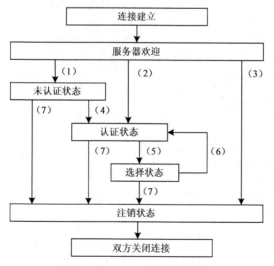

图 10-32　IMAP 状态转换流程图

4. IMAP 客户端命令

与 POP3 相比，IMAP4 客户端命令较为丰富，可以实现的功能包括创建、删除及重命名邮箱，检查新邮件，永久删除邮件，设置和清除标记，解析、检索邮件格式，以及获取邮件属性、文本内容。邮件需要通过由邮件序号（Message Sequence Numbers）或唯一标识符（Unique Identifiers）这样的数字来访问。

许多命令都带参数，一些命令会导致特定的服务器响应返回，还有可能将服务器数据作为任意命令的一个结果传送。只有成功执行的、改变状态的命令才会改变一个连接的状态。被拒绝的命令（BAD 响应）、失败命令（NO 响应）一般不会改变邮箱的连接状态，SELECT 和 EXAMINE 命令则是例外。

表 10-14 依据 RFC 3501 列出了大部分 IMAP 命令，并进行了解释。

表 10-14　　　　　　　　　　　　　　　　IMAP 命令

命　　令	参　　数	状　　态	说　　明
CAPABILITY		任何	请求返回 IMAP 服务器支持的功能列表
NOOP		任何	什么也不做，服务器返回一个肯定的响应。可防止因长时间处于不活动状态而导致连接中断
LOGOUT		任何	通知服务器关闭连接
AUTHENTICATE	认证机制	未认证	向服务器指明认证机制
LOGIN	用户名与密码	未认证	向服务器标识用户身份，对用户执行明文密码验证
SELECT	邮箱名	已认证	选择要访问邮件的邮箱
EXAMINE	邮箱名	已认证	等同于 SELECT 命令，但是所选择的邮箱处于只读状态
CREATE	邮箱名	已认证	创建指定名称的新邮箱。邮箱名称通常是带路径的文件夹全名
DELETE	邮箱名	已认证	永久删除指定名称的邮箱。当邮箱被删除后，其中的邮件也不复存在
RENAME	现邮箱名，新邮箱名	已认证	修改邮箱名称
SUBSCRIBE	邮箱名	已认证	订阅指定的邮箱地址
UNSUBSCRIBE	邮箱名	已认证	取消订阅
LIST	路径名，邮箱名模板	已认证	列出邮箱中已有的文件夹。第 2 个参数表示希望显示的邮箱名，可使用通配符*
LSUB	路径名，邮箱名模板	已认证	返回订阅的邮箱地址列表
STATUS	邮箱名，状态数据项目列表	已认证	返回指定邮箱的当前状态
APPEND	邮箱名，可选的标志、日期/时间参数，邮件文本	已认证	上传一个新邮件到指定的邮箱中，根据参数提供新邮件的属性、日期/时间、邮件文本内容
CHECK		选中	检查当前服务器状态，如磁盘，内存等
CLOSE		选中	结束对当前邮箱的访问，关闭邮箱。该邮箱中所有标志为 DELETED 的邮件永久删除，然后从选中状态返回到未认证状态

命　　令	参　　数	状　　态	说　　明
EXPUNGE		选中	在不关闭邮箱的情况下永久删除所有的标志为 DELETED 的邮件
SEARCH	可选的字符集，搜索条件	选中	根据搜索条件在邮箱中搜索邮件，然后显示匹配的邮件序号。搜索条件参数用于明确查询的关键字和值，查询关键字有数十种，如 ALL、BODY
FETCH	邮件集合，邮件数据项目列表	选中	在邮箱中检索与邮件相关数据，并显示出来
STORE	邮件集合，邮件数据项目，项目值	选中	修改指定邮件的属性，如设置邮箱已读、删除状态等
COPY	邮件集合，邮箱名	选中	将指定的邮件复制到邮箱
UID	命令名，命令参数	选中	与 FETCH、COPY、STORE 命令或者 SEARCH 命令一起使用，它允许这些命令使用邮件的 UID 号而不是在邮箱中的编号。UID 号是唯一标识邮件系统中邮件的 32 位证书

5. IMAP 服务器响应

IMAP 服务器响应有 3 种形式：状态响应、服务器数据和命令延续请求。下面分别介绍。

（1）状态响应（Status Responses）

状态响应是 OK、NO、BAD、PREAUTH 和 BYE。OK、NO 和 BAD 可以是带标签的或者不带标签的。PREAUTH 和 BYE 始终是不带标签的。

它们的内容包括可选的响应码（Response Code）和可读文本。一个响应码由一个位于[]中的原语形式的数据组成，后面可能跟着一个空格和参数。举例如下。

S: * OK [ALERT] System shutdown in 10 minutes

响应码为客户端软件，包含其他信息或者状态码，而不只是 OK/NO/BAD 的情况。当出现一个已经定义的、客户端基于该额外信息可采用的操作时可以指定响应码。目前已定义的响应码有 ALERT、BADCHARSET、CAPABILITY、PARSE、PERMANENTFLAGS 等。

可读文本主要用来描述具体的情形。

下面对几种状态响应进行简单说明。

● OK 响应：指示来自服务器的一个邮件。带标签时，它指明关联命令的成功完成；不带标签时指明一个纯信息的邮件。信息的类型可能通过一个响应码来指明。

● NO 响应：指示来自服务器的一个操作错误。带标签时，它指明相关命令没有成功完成；不带标签时给出一个警告，命令仍然可成功完成。

● BAD 响应：指示来自服务器的一个错误。带标签时，它报告一个协议级的错误，标签指明导致该错误的命令；不带标签时指明关联命令不能确定的一个协议级错误，也指明内部服务器失败。

● PREAUTH 响应：这是连接启动时三种可能欢迎中的一种，指明连接已经通过外部手段认证，因而不需要 LOGIN 命令。

● BYE 响应：指示该服务器准备关闭连接。

（2）服务器和邮箱状态（Server and Mailbox Status）

此类响应都是不带标签的，表示服务器和邮箱的状态数据是如何从服务器传送至客户端的。其中多数响应与客户端的命令具有相同的名字。

- CAPABILITY 响应：作为 CAPABILITY 命令的一个结果，其内容一个用空格分隔的、服务器支持的功能列表，称为 Capability 列表。
- LIST 响应：作为 LIST 命令的一个结果，返回符合 LIST 描述的一个单独的名称。内容包括名称属性、层级分隔符和名称。一个单独的 LIST 命令可能会有多个 LIST 响应。
- LSUB 响应：作为 LSUB 命令的一个结果，返回符合 LSUB 描述的一个单独的名称。内容包括名称属性、层级分隔符和名称。一个单独的 LSUB 命令可以有多个 LSUB 响应。
- STATUS 响应：作为一个 STATUS 命令的一个结果，返回符合 STATUS 描述和请求的邮箱状态信息的邮箱名。内容包括名称和状态组合列表。
- SEARCH 响应：作为 SEARCH 或 UID SEARCH 命令的一个结果。内容是若干个数字，这些数字指向那些符合检索标准的邮件。对于 SEARCH 命令，结果是邮件序号；对于 UID SEARCH，结果是唯一标识符。每个数字由一个空格分开。
- FLAGS 响应：作为一个 SELECT 或者 EXAMINE 命令的一个结果，内容是带括号的标志列表，用于确定适用于该邮箱的标志。举例如下。

```
S: * FLAGS (/Answered /Flagged /Deleted /Seen /Draft)
```

（3）邮箱大小（Mailbox Size）

此类响应都是不带标签的，表示邮箱大小的改变是如何从服务器传送至客户端的。它们没有内容，后面紧跟"*"符号的数字表示邮件数量。

- EXISTS 响应：报告邮箱中的邮箱数量。它作为 SELECT 或 EXAMINE 命令的结果，如果邮箱大小改变（如新邮件）也会返回该响应。
- RECENT 响应：报告带有/Recent 标记位的邮件的数量。它也是作为 SELECT 或 EXAMINE 命令的结果，如果邮箱大小改变也会返回该响应。

（4）邮件状态（Message Status）

此类响应都是不带标签的，表示邮件数据是如何从服务器传送至客户端的，常常作为相同名称的命令的结果。后面紧跟"*"符号的数字表示邮件序号。

- EXPUNGE 响应：报告指定序列号的邮件已被从邮箱中永久删除。
- FETCH 响应：返回给客户端的关于一个邮件的数据，这些数据是数据项及其值的数据对，用括号括起。这个响应可以作为 FETCH 或 STORE 命令的结果，也可以作为单方面的服务器决定（如标志更新）的结果。

（5）命令延续请求（Command Continuation Request）

此响应由一个"+"符号而不是一个标签指示，表示服务器准备好接收来自客户端的一个命令的延续。其剩余部分是一行文本。

该响应用于 AUTHENTICATE 命令以传送服务器数据至客户端，请求额外的客户端数据，使用于命令的一个参数是文本的情况。

命令延续请求不允许客户端发送文本字节，除非服务器指出希望这样。这允许服务器在逐行处理的规则下处理命令及拒绝错误。命令的剩余部分包括终止一个命令的<CRLF>对，放在文本字节后面。如果有任何另外的命令参数，那么文本字节后面跟着的是一个空格和那些参数。

6. IMAP 与 POP 的区别

IMAP 和 POP 都以客户/服务器方式工作。要接收的邮件都存储在邮件服务器上，用户使用邮件客户软件连接到邮件服务器上，先进行身份验证，验证登录名和密码，然后才获得访问邮箱的权限。

两者最主要的区别就是它们检索邮件的方式不同。使用 POP 时，邮件驻留在服务器中，一旦接收邮件，邮件就从服务器上下载到用户计算机上。如果通过多个客户端收取邮件，邮件会分散存放，不便于统一管理。用户可以离线阅读邮件，这种方式适合不能总是保持网络连接的用户。

IMAP 让所有邮件都留在服务器上，用户在读取邮件之前必须先联机，联机之后可在远程进行任何控制管理操作，就像所有邮件都在客户端一样。由于邮件集中存放在服务器上，用户无论在那里都可看到同样的邮件内容，这样便于实现邮件归档和共享。这种方式要求用户必须与服务器保持网络连接才可读取邮件内容。

与 POP 相比，IMAP 功能更强、更有灵活性。使用 IMAP 也可以离线阅读（与 POP 一样），而且可以拥有多个邮箱，甚至可以只下载邮件的标题。但是它的应用远没有 POP3 普及。

10.5　HTTP 协议

HTTP 全称 Hypertext Transfer Protocol，可译为超文本传输协议，是一种通用的、无状态（Stateless）的、与传输数据无关的应用层协议。除了应用于 WWW（World Wide Web，万维网）服务器与 Web 浏览器之间的超文本传输外，它也可以应用于像名称服务器和分布对象管理系统这样的系统。HTTP 是一种用于分布式、协同式、超媒体信息系统的应用层协议。WWW 已成为最重要的 Internet 服务，HTTP 也是最重要的应用层协议。

1990 年 WWW 全球信息服务刚起步时，HTTP 就得到了应用。它的第一个版本 HTTP 0.9 是一种为 Internet 原始数据传输服务的简单协议。RFC 1945 "Hypertext Transfer Protocol -- HTTP/1.0"定义的 HTTP 1.0 进一步完善了该协议，允许报文以类似 MIME 的格式传送。但是 HTTP 1.0 没有充分考虑到分层代理、缓存的作用以及对稳定连接和虚拟主机的需求。由 RFC 2616 "Hypertext Transfer Protocol -- HTTP/1.1"定义的新版本 HTTP 1.1 解决了 HTTP 1.0 的问题，要求更为严格，以确保各项功都能得到可靠实现。

10.5.1　HTTP 运行机制

HTTP 协议基于请求/响应（Request/Response）模式实现，相当于客户/服务器模式。它为客户/服务器通信提供了握手方式及报文传送格式，支持客户端（浏览器）与服务器之间的通信。客户端与服务器之间的 HTTP 交互过程如图 10-33 所示。

图 10-33　HTTP 通信过程

（1）客户端首先要与服务器建立 TCP 连接。

HTTP 服务器运行在某一个端口（公认端口号为 80）上进行侦听，等待连接请求。客户端打开一个套接字向服务器发出连接请求。打开一个套接字就是建立一个虚拟文件，便于进行网络的输入和输出。客户端完成建立虚拟文件任务后便等于打开一次连接。向文件上写完数据后，便通过网络向外传送数据。

（2）客户端向服务器发送 HTTP 请求报文。

与服务器建立连接后，客户端通过连接发送一个请求报文给服务器。请求报文包括请求方法、URI（统一资源标识符）和协议版本号，以及一个类 MIME（MIME-like）消息。这个类 MIME 消息又包括请求修饰符、客户端信息和可能的报文主体内容。

（3）服务器向客户端发送 HTTP 响应报文。

接到客户端的请求之后，服务器返回响应报文。响应报文提供一个状态行和一个类 MIME 消息。状态行包含报文的协议版本和成功、出错的状态码，类 MIME 消息包含服务器信息、实体元信息，以及可能的实体内容。

（4）关闭 HTTP 连接。

当 HTTP 服务器响应了客户端的请求之后便关闭连接，直到收到下一个请求才重新建立连接。但是，如果客户端支持 HTTP 1.0 且能够保持激活的 HTTP，则客户端将维持这个连接，而不是创建另一个新的会话。

如果客户端与服务器任何一方关闭连接，不管事务处理成功与否以及完成与否，都将关闭连接。

10.5.2　HTTP 通信方式

在介绍 HTTP 通信方式之前，介绍几个重要的专业术语。

- 资源（Resource）：一种网络数据对象或服务，可以用 URI 指定。资源可以有多种表现形式，如多种语言、数据格式、不同大小和分辨率等。
- 用户代理（User Agent）：简称 UA，是初始化请求的客户端程序。常见的 UA 有浏览器、编辑器、蜘蛛（网络穿越机器人），或者其他的终端用户工具。
- 服务器（Server）：是用于同意请求端的连接并发送响应的应用程序，代表一种角色。任何给定的程序都有可能既做客户端又做服务器。
- 源服务器（Origin Server）：提供资源的服务器。
- 代理（Proxy）：一种中间程序，既担当客户端的角色也担当服务器的角色。它代表客户端向服务器发送请求。客户端的请求经过代理，会在代理内部得到服务或者经过一定的转换转至其他服务器。来自服务器的响应由代理转发给提出请求的客户端。
- 网关（Gateway）：其实是一个服务器，扮演着代表其他服务器为客户端提供服务的中间人。与代理不同，网关接收请求，就好像提供请求资源的源服务器一样。提出请求的客户端可能觉察不到它正在与网关通信。
- 隧道（Tunnel）：在两个连接之间充当盲目中继（blind relay）的中间程序。虽然隧道可以由 HTTP 请求初始化，但是一旦处于活动状态，隧道就不作为 HTTP 通信的参与者。当两端的中继连接都关闭的时候，隧道不再存在。

任何服务器都可基于每个请求的性质充当源服务器、代理、网关或者隧道等角色之一。

- 缓存（Cache）：程序响应报文的本地存储。缓存是一个子系统，控制报文的存储、取回和删除。缓存里存放可缓存响应，目的是减少对将来同样请求的响应时间和网络带宽消耗。任一客户端或服务器都可能含有缓存，但高速缓存不能被一个充当隧道的服务器使用。

HTTP 通信方式可以分为以下 3 种。

1. 单一连接（Single Connection）

这是最简单的点对点 HTTP 通信方式。大部分的 HTTP 通信是由用户代理发起的，由应用到源服务器上一个资源的请求组成。最简单的情形是，可以经用户代理和源服务器之间的单一连接完成，如图 10-34 所示。

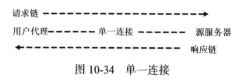

图 10-34　单一连接

2. 中间系统（Intermediary）

HTTP 通信方式更复杂的情形是在请求/响应链中出现一个或多个中间系统。常见的中间系统有代理、网关和隧道 3 种类型。作为一种转发代理（forwarding agent），代理接收绝对 URI 请求，重写全部或部分报文，然后将格式化后的请求发送到 URI 所指定的服务器。网关是一种接收代理（receiving agent），相当于服务器之上的一个层，必要时它会将请求转换成下层服务器的协议。隧道不改变报文而充当两个连接之间的中继点，当通信需要穿越中间系统（如防火墙），甚至当中间系统不能理解报文内容时，可以使用隧道。

具有中间系统的 HTTP 通信方式如图 10-35 所示，整条链的请求或响应将会通过多个单一连接。注意其中每个中间系统可能忙于多路同时通信，图中 B 可以接收来自不同于 A 的许多客户端的请求。

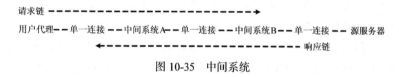

图 10-35　中间系统

3. 缓存（Cache）

任何非隧道的通信成员都可能会采用一个内部缓存来处理请求。如果沿着链的通信成员对请求采用了缓存响应，请求/响应链就会大大缩短。缓存方式的一个最终请求响应链如图 10-36 所示，假定其中中间系统 B 拥有一个来自源服务器（通过中间系统 C）的以前请求过的响应副本，但此响应尚未被用户代理或中间系统 A 缓存。

图 10-36　缓存方式

并不是所有的响应都能有效地缓存，一些请求可能含有修饰符，这些修饰符对缓存操作有特殊的要求。

10.5.3　HTTP 协议的主要特点

HTTP 协议具有以下特点。

* HTTP 是一种非常简单的协议，这就使得 HTTP 服务器程序规模小，与其他协议相比时间

开销较少。它的通信速度很快，可以有效地处理大量请求，因而得到了广泛的使用。在客户端与服务器连接后，HTTP 协议要求客户端必须传送的信息只是请求方法和路径。该协议定义了多种请求方法，但是实际上常用的只是其中的 3 种：GET、HEAD 和 PUSH。

● HTTP 是一种无连接协议。每次连接只处理一个请求，并且客户端接到服务器响应后立即断开连接。使用无连接协议，如果客户端没有发出请求，服务器不会专门等待，也不会在完成一个请求后还保持原来的请求，而是会立即断开这次连接。与保持连接的协议相比，无连接协议既使服务器实现变得比较简单，又能充分利用网上的资源。

● HTTP 是一种无状态的协议。这种无状态性使客户端与服务器连接通信运行速度快，服务器响应也快。但是，无状态协议对事务处理没有记忆，为满足后续事务处理需要前面事务的有关信息的需要，有关信息必须在协议外面保存，这导致每次连接要传送较多的信息。

● HTTP 是基于元数据的协议。HTTP 协议对所有事务处理都加了首部，即在主要数据前面加一部分信息，称之为元数据，即关于信息的数据。用户可以利用元数据进行有条件的请求，或者报告一次事务处理是否成功等。

10.5.4 统一资源标识符

URI 有许多名称，如 WWW 地址、通用文档标识符、通用资源标识符，现在是统一资源定位器（URL）和统一资源名称（URN）的组合。就 HTTP 而言，统一资源标识符只是通过名称、地址或任何其他特征识别资源的格式化字符串。

1．通用语法

URI 的通用语法由 RFC 2396 "Uniform Resource Identifiers(URI)：Generic Syntax" 定义。HTTP 的 URI 有两种表示形式。一种是绝对形式，以一个模式（scheme）名开头，其后是一个冒号。另一种相对形式是相对于已知的 URI。

HTTP 协议不对 URI 的长度作事先的限制，服务器必须能够处理它们资源的 URI，并且应该能够处理无限长度的 URI，这种 URL 可能会在客户端以 GET 形式的请求产生。如果服务器不能处理太长的 URI，服务器应该返回 414 状态码（此状态码代表 Request-URI 太长）。

2．http 的 URL

"http" 模式（http scheme）用于通过 HTTP 协议定位网络资源的位置。语法格式如下。

http_URL = "http:" "//" host [":" port] [abs_path ["?" query]]

● host（主机名）用来指示用户所要访问的服务器（也可用 IP 地址表示）。

● port（端口）指要访问的资源所在的 HTTP 服务器侦听端口。如果端口为空或未给出，就被视为 80。

● abs_path（绝对路径）只从根目录开始的路径名及文件名和扩展名。如果绝对路径没有出现在 URL 里，那么当使用 Request-URI 请求资源时必须给出 "/"。

3．URI 比较匹配

当比较两个 URI 是否匹配时，客户端应该对整个 URI 区分大小写，并且逐字节进行比较。例外的几种情形如下。

● 一个为空或未给定的端口等同于公认端口；

● 主机（host）名的比较不要分大小写；

● 模式（scheme）名的比较必须不区分大小写；

● 一个空绝对路径（abs_path）等同于 "/"。

10.5.5　HTTP 报文

HTTP 报文采用 RFC 822 定义的通用报文格式，如图 10-37 所示，由起始行（start-line）、报文首部（message-header）、一个指示报文首部结束的空行和一个可选的报文主体（message-body）构成。这种报文格式用于传输实体（报文的负载）。

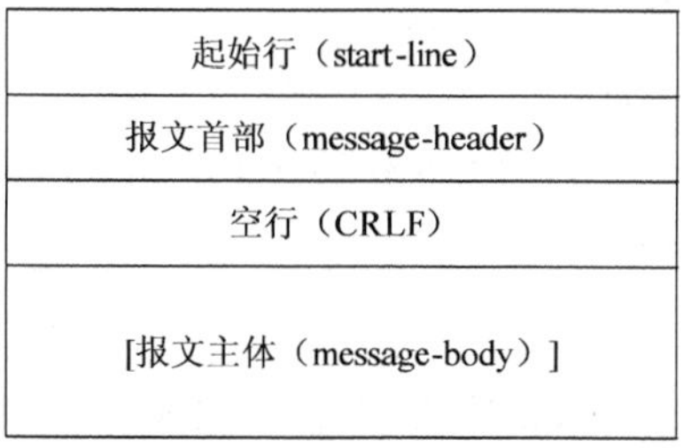

起始行（start-line）
报文首部（message-header）
空行（CRLF）
[报文主体（message-body）]

图 10-37　HTTP 报文结构

首部可以包含零个或多个首部字段，空行也就是一个以 CRLF（回车/换行）对为前缀的没有任何内容的行。服务器应该忽略任意请求行前面的空行。换句话说，如果服务器开始读消息流的时候发现了一个 CRLF 对，它应该忽略这个 CRLF 对。

HTTP 报文包括从客户端到服务器的请求和从服务器到客户端的响应两种类型。请求报文的起始行称为请求行（Request-Line），而响应报文的起始行称为状态行（Status-Line）。

1. 报文首部

HTTP 报文首部包括通用首部（general-header）、请求首部（request-header）、响应首部（response-header）和实体首部（entity-header）。请求报文可以只包含通用首部、请求首部和实体首部。响应报文则只包含通用首部、响应首部和实体首部。

按照 RFC 822 给出的通用格式，每一个首部字段由一个字段名称和字段值对构成，中间用冒号分隔。字段名称不区分大小写，字段值前面可能有任意数量的 LWS（所有的线性空白，包括折叠行的折叠标记，如空格 SP 或水平制表键 HT），但空格是首选的。首部字段可以有多行，行之间需要加空格或水平制表键进行分隔。

不同字段名的首部字段被接收的顺序是不重要的。然而，首先发送通用首部字段，紧接着是请求首部字段或者是响应首部字段，最后是以实体首部结束，这样做是一个好的方法。

如果一个首部字段值被定义成一个以逗号隔开的列表，多个报文首部字段使用同一个字段名可能会出现在一些报文中。要将同名的多个首部字段结合成一个"字段名:字段值"对的形式而不改变报文的语意，可以把每一个后续的字段值加到第一个字段里，每一个字段值用逗号隔开。

通用首部给出了关于报文的通用信息，可以出现在请求报文和响应报文中。这些首部字段并不适合被传输的实体，只能应用于被传输的报文。通用首部字段及其说明见表 10-15。

表 10-15　　　　　　　　　　　　　　　　通用首部字段

字　　段	说　　明
Cache-Control	指明关于高速缓存的信息
Connection	指出连接是否应当关闭
Date	给出当前日期
MIME-version	给出所使用的 MIME 版本

字　　段	说　　明
Pragma	用于包含特定执行指令，这些指令可能应用于请求/响应链中任何接收者
Trailer	指明在以块（chunked）传输编码报文中的尾部用到的首部字段
Transfer-Encoding	指示报文主体的编码转换，以实现在接收方和发送方之间的安全数据传输
Upgrade	指明优先使用的通信协议
Via	显示报文经过的中间节点（代理、网关）
Warning	终止连接（当然它本身并不终止连接），值为1时表示释放连接，表明发送方已经没有数据发送了

2. 报文主体

HTTP 报文主体用来承载请求和响应的实体主体（Entity-Body）。报文主体与实体主体相同，只有应用传输编码时两者才不相同。通用首部字段 Transfer-Encoding 定义传输编码。

传输编码是应用于一个实体的转换编码，目的是能够确保网络安全传输。传输编码不同于内容编码（Content Coding），因为传它是报文的属性而不是实体的属性，可以随着请求/响应链被应用程序添加或删除。

HTTP 报文中何时允许有报文主体，请求和响应的规定是不同的。请求中含有报文主体是由请求报文首部中的 Content-Length（内容长度）或 Transfer-Encoding 字段来指示的。如果请求方法的规则不允许在请求中发送实体主体，请求中不能包含报文主体。一个服务器应该能读取或转发请求中的报文主体；如果请求方法不允许包含一个实体主体定义语法，那么服务器处理这个请求时应该忽略报文主体。

对于响应报文来说，是否包含报文主体取决于请求方法和响应状态码。所有对 HEAD 请求方法的响应报文不能包含报文主体，即使实体首部字段出现在请求中。状态码为 1XX、204 和 304 的响应都不能包括报文主体。所有其他的响应包括报文主体，即使其长度为零。

10.5.6　HTTP 请求

请求是从客户端发送给服务器的报文。请求报文的起始行称为请求行（Request-Line），可以只包含通用首部、请求首部和实体首部。大多数 HTTP 请求报文没有报文主体。

1. 请求行

请求行以一个方法标记开始，后面跟随请求 URI（Request-URI）和协议版本，最后以 CRLF（回车/换行）对结束。各部分以 SP（空格）字符分隔。格式如下。

方法	SP	请求URI	SP	HTTP版本	CRLF

2. 方法

方法是指请求 URI 指定的资源上执行的方法，在请求行中方法标记本身区分大小写。请求的方法见表 10-16。其中最常用的方法 GET、HEAD、POST 被大多数服务器支持。

表 10-16　　　　　　　　　　　　　　　HTTP 方法

方　　法	说　　明
GET	获取由请求 URI 指定的信息。如果请求 URI 涉及一个数据生成过程，那么这个生成的数据应该被作为实体在响应中返回，但这并不是过程的资源文本，除非资源文本恰好是过程的输出

续表

方　　法	说　　明
HEAD	HEAD 与 GET 一致，除了服务器不能在响应中返回报文主体。HEAD 请求响应中 HTTP 首部字段中的元信息应该与 GET 请求响应中的元信息一致。此方法经常用来测试超文本链接的有效性、可访问性以及最近的改变
POST	用于请求源服务器接受包含在请求中的实体作为由请求 URI 指定的资源的一个从属物（类似一个文件从属于一个目录，一条记录从属于一个数据库）。也就是从客户端向服务器传送数据，要求服务器做进一步处理
PUT	请求服务器将包含的实体存储在请求 URI 所指示的资源中。如果请求 URI 指定的的资源已经在源服务器上存在，那么此请求的实体应该被当作修改版本。如果请求 URI 指定的资源不存在，并且此 URI 被用户代理定义为一个新资源，那么源服务器就应该根据请求里的实体创建一个新的资源
DELETE	请求源服务器删除请求 URI 指定的资源
TRACE	用于激发一个远程的、应用层的请求报文回送也就是将到达的请求回送给客户端。该方法用来确保 HTTP 服务器所接收到的数据是正确的。TRACF 的响应是实际的 HTTP 请求，允许对 HTTP 请求进行测试和调试
CONNECT	保留给 SSL 隧道使用
OPTIONS	表示请求由 URI 指定的请求/响应链上可得到的通信选项信息。此方法允许客户端去判定请求资源的选项或需求，或者服务器的能力，而不需要进行资源操作

3. 请求 URI（Request–URI）

请求 URI 是一种用于指定请求的资源的统一资源标识符，格式如下。

```
"*" | absoluteURI | abs_path | authotity
```

这 4 个选项取决于请求的性质。"*"意味着请求不能应用于一个特定的资源，但是能应用于服务器本身，并且只有当使用的方法不能应用于资源时才被允许。举例如下。

```
OPTIONS * HTTP/1.1
```

当向代理提交请求时，绝对 URI（AbsoluteURI）是必不可少的。代理可能再次提交此请求到另一个代理或直接给源服务器。为避免循环请求，代理必须能识别所有的服务器名字，包括任何别名、本地变量、IP 地址。举例如下。

```
GET http://www.w3.org/pub/www/TheProject.html HTTP/1.1
```

authority 部分仅用于 CONNECT 方法。

请求 URI 大多数情况用于指定一个源服务器或网关上的资源。这种情况下，URI 的绝对路径（abs_path）必须用作 Request-URI，并且此 URI（authority）的网络位置必须在 Host 首部字段中指出。例如，客户端希望直接从源服务器获取资源，可能会建立一个 TCP 连接，此连接是特定于主机"www.w3.org"的 80 端口的，就会发送下面的请求。

```
GET  /pub/WWW/TheProject.html HTTP/1.1
Host: http://www.w3.org/
```

接下来是请求的其他部分，注意绝对路径不能为空；如果在源 URI 中没有出现绝对路径，必须给出"/"（服务器根目录）。

4. 请求首部字段（Request Header Fields）

请求首部字段只能出现在请求报文中，作为请求的修饰符，允许客户端传递请求的附加信息和客户端自己的附加信息给服务器，通常是定义客户端的配置和客户端所期望的文档格式。表

10-17 列出了请求首部字段。

表 10-17　　　　　　　　　　　　　　　请求首部字段

首部字段	含　义
Accept	客户端能够接受的媒体格式
Accept-charset	客户端能够处理的字符集
Accept-encoding	客户端能够处理的编码方案
Accept-language	客户端能够接受的语言
Authorization	客户端具有何种准许
From	用户的电子邮件地址
Host	客户端的主机和端口号
If-modified-since	只有当比指明日期更加新时才发送这个文档
If-match	只有当与给定标记匹配时才发送这个文档
If-not-match	只有当与给定标记不匹配时才发送这个文档
If-range	只有发送缺少的那部分文档
If-unmodified-since	若在指明日期之后未改变，则发送文档
Referrer	指明被链接的文档的 URL
User-went	标志客户程序

10.5.7　HTTP 响应

收到客户端的 HTTP 请求报文之后，服务器进行处理，然后发出一个 HTTP 响应报文。响应报文的起始行称为状态行（Status-Line），只包含通用首部、响应首部和实体首部。大多数响应报文都带有实体数据。

1. 状态行

响应报文的第一行是状态行，由协议版本、数字形式的状态码（Status-Code）和相关的状态描述短语（Reason-Phrase）组成，各部分间用 SP（空格）隔开，除了最后的 CRLF（回车/换行）外，中间不允许有回车换行。格式如下。

HTTP版本	SP	状态码	SP	状态描述短语	CRLF

2. 状态码与描述短语

状态码是针对请求的由 3 位十进制数组成的结果码，其中第 1 位数字定义了响应的类别，而其他两位数字则与分类无关，是自动形成的。第 1 位数字定义以下类别。

- 100~199 表示信息，请求收到继续处理。其中绝大多数未使用，留作将来使用。
- 200~299 表示成功，服务器对客户端发出请求的接收、理解和处理已成功完成。
- 300~399 表示重定向，为完成请求所要求采取的操作，客户端需要重新提出请求。
- 400~499 表示客户端错，请求中有语法错或请求不能被执行。
- 500~599 表示服务器错，服务器错误地执行一个明显正确的请求。

状态描述短语是对状态码的文本描述，而且描述码可以由用户定义的。例如，202 表示服务器已经接受请求，但处理尚未完成。

RFC 2616 定义的状态码与对应的描述短语见表 10-18。

表 10-18　　　　　　　　　　　　　　　　　　　状态码与描述短语

状 态 码	描述短语	说　　明
100	Continue（继续）	请求的开始部分已经收到，客户端可以继续它的请求
101	Switching Protocols（转换协议）	服务器同意客户端的请求，切换到在首部更新（Upgrade）字段中定义的协议
200	OK	请求成功，响应返回的信息依赖于请求所用的方法，例如，使用 GET 方法，则将请求的资源的相应实体包含在响应报文中返回给客户端
201	Created（已创建）	请求已得到服务器满足并且创建了一个新的资源。新创建的资源的 URI 在响应报文的实体部分返回，该资源具体的 URI 在首部 Location 字段中定义
202	Accepted（接受）	请求已经被接受处理，但是还没有处理完毕。请求有可能最终没被处理完，因为当处理发生时服务器可能会拒绝处理该请求
203	Non-Authoritative　Information（非权威信息）	响应报文中实体首部中的元信息对源服务器来说没有意义，这些元信息来自本地或第三方的响应副本
204	No Content（无内容）	服务器已经满足请求但不必返回一个实体，可能只返回更新的元信息
205	Reset Content（重置内容）	服务器已经满足请求，用户代理应该重置引起请求被发送的文档视图
206	Partial Content（部分内容）	服务器已经满足对资源的部分 GET 请求。请求必须包含一个 Range 首部字段用于指出所需的范围，也有可能包含一个 If-Range 首部字段使之成为一个条件请求
300	Multiple Choices（多项选择）	请求的资源匹配一组表达式，每个表达式有特定地址和代理驱动协商信息
301	Moved Permanently（永久移走）	请求资源被指派一个新的永久 URI，将来任何对此资源的引用都会使用此 URI
302	Found（已找到）	请求的资源暂时指向一个不同的 URI。因为重定向可能会偶尔被改变，客户端应该继续将此请求 URI 用于将来的请求。如果 302 响应对应的请求方法不是 GET 或者 HEAD，那么客户端在获得用户许可之前是不能自动进行重定向的，因为这有可能会改变请求的条件
303	See Other（参见其他）	请求的响应被指向一个不同的 URI，但是应该用 GET 方法获得那个资源客户端，必须使用 GET 方法来获取新位置的资源。不能缓存 303 响应，但是可以缓存第二次请求的响应
304	Not Modified（未修改）	如果客户端执行了有条件 GET 请求并且被允许访问，但是文档还没有被修改，应当返回此状态码
305	Use Proxy（使用代理服务）	请求资源必须通过 Location 字段指定的代理服务器访问
307	Temporary Redirect（临时重定向）	同 303 一样，对于非 GET 和 HEAD 请求不能自动重定向。与 302 相比，后续请求资源的方法是使用与当前交互相同的方法而不是全部使用 GET
400	Bad Request（坏的请求）	由于语法错误，请求不能被服务器理解。如果不加以修改的，客户端不应重复该请求

状 态 码	描述短语	说　　明
401	Unauthorized（未授权）	请求要求用户认证。响应报文必须包含一个 WWW-Authenticate 字段提供用于请求资源的询问。客户端会以一个 Authorization 字段重复此请求
403	Forbidden（禁止）	服务器理解此请求，但拒绝满足此请求
404	Not Found（未找到）	服务器没有找到任何可以匹配请求 URI 的资源
405	Method Not Allowed（方法不被允许）	对于由请求 URI 标识的资源来说，请求行中的方法不被允许。响应必须包含一个 Allow 首部字段以此请求资源有效的方法列表
406	Not Acceptable（不可接受）	服务器不能产生让客户端可以接受的响应
407	Proxy Authentication Required（要求代理认证）	此状态码和 401 相似，但是指明客户端必须首先利用代理服务器对自己认证
408	Request Timeout（请求超时）	客户端在服务器等待的期间不能产生请求。客户端可能在以后会重复此请求
409	Conflict（冲突）	与资源的当前状态冲突，请求不能完成
410	Gone（已丢失）	请求的资源不可以再从服务器获取，并且也不知道转发地址
411	Length Required（要求长度）	服务器拒绝没有指定内容长度的请求。如果在请求报文中添加一个包含报文主体长度的有效 Content-Length 首部字段，客户端可以重复请求
412	Precondition Failed（先决条件失败）	一个或多个请求首部字段中的先决条件失败。此响应代码允许客户端将先决条件放到当前资源元信息中，阻止请求方法用于其他资源
413	Request Entity Too Large（请求实体太大）	服务器拒绝处理请求，因为请求实体太大以致服务器不愿或不能处理。服务器可能关闭此连接以防止客户端继续请求
414	Request-URI Too Long（URI 太长）	服务器拒绝为请求服务，因为此请求 URI 太长以致于服务器不能解释
415	Unsupported Media Type（不支持的媒体类型）	服务器拒绝为请求服务，因为请求的实体的格式不能被请求资源的请求方法支持
416	Requested Range Not Satisfiable（不能满足请求中的 Rang 头）	请求包含一个 Range 请求首部字段，此字段中 range-specifier 值与所选择资源的当前的 extent 值不匹配，并且请求没有包含一个 If-Range 请求首部字段
417	Expectation Failed（期望值失败）	Expect 请求首部字段指定的期望不能被服务器满足，或者如果服务器是代理服务器，服务器有不确定的理由确定请求不能被下一站的服务器满足
500	Internal Server Error（内部服务器错误）	服务器遇到了一个阻止服务器满足此请求的意外条件
501	Not Implemented（未实现）	服务器不能支持满足请求的功能需求。当服务器不能识别请求方法并且不能支持它请求的资源的时候，这个响应很合适
502	Bad Gateway（坏的网关）	服务器作为网关或代理服务器时，收到来自上游服务器的一个无效响应并试图满足客户端请求
503	Service Unavailable（服务不可用）	由于服务器暂时的过载或维护，服务器不能处理请求。此条件将会在一些延时后会改善，能够被客户端重新请求。延时长度可以在 Retry-After 首部字段中指定

续表

状 态 码	描述短语	说　　明
504	Gateway Timeout（网关超时）	服务器作为网关或代理服务器时，未收到来自由 URL 指定的上游服务器及时响应，或者为完成请求而需要访问的一些其他辅助性服务器（如 DNS）
505	HTTP Version Not Supported（HTTP 版本不支持）	服务器不能支持或拒绝支持请求报文中所用的 HTTP 协议版本

HTTP 状态码是可扩展的。HTTP 应用程序并不需要理解所有已注册状态码的含义，但是必须了解由第 1 位数字指定的状态码的类型，任何未被识别的响应应看作是该类型的 x00 状态，有一个例外就是未被识别的响应不能缓存。例如，如果客户端收到一个未被识别的状态码 431，则可以安全地假定请求有错，并且它会对待此响应就像它接收了一个状态码是 400 的响应。

3. 响应首部字段（Response Header Fields）

响应首部字段允许服务器传送响应的附加信息，这些信息不能放在状态行里。这些首部字段给出关于服务器和进一步访问由请求 URI 指定的资源的信息。表 10-19 列出响应首部字段。

表 10-19　　　　　　　　　　　　　　响应首部字段

首部字段	说　　明
Accept-Range	服务器指明它对客户的范围请求
Age	表示发送者对响应（或重验证）在源服务器上产生以来的时间估计
Etag	提供请求对应变量的当前实体标签。实体标签可用于比较来自同一资源的不同实体
Location	用于为完成请求或识别一个新资源，使接收者能重定向于由它指示的 URI 而不是请求 URI
Proxy-Authenticate	必须包含在 407 响应中，由一个 challenge 和 parameters 组成，challenge 指明认证方案，而 parameters 应用于此请求 URI 的代理
Retry-After	用于一个 503 响应，向请求端指明服务不可得的时长；用于 3XX（重定向）响应，指明用户代理再次提交已重定向请求之前的最小等待时间
Server	包含源服务器用于处理请求的软件信息
WWW-Authenticate	必须包含在 401 响应中，字段值至少应该包含一个指明认证方案的 callenge 和适用于请求 URI 的参数

10.5.8　实体（Entity）

如果不被请求方法或响应状态码所限制，请求和响应报文都可以传输实体。实体包括实体首部字段（Entity-Header Field）和实体主体（Entity-Body），而有些响应只包括实体首部字段。客户端或服务器都可以是实体的发送者或接收者。

1. 实体首部字段

实体首部字段定义关于实体主体的元信息，在没有主体的情况下定义请求资源的元信息。虽然它主要出现在响应报文中，但是某些包含主体的请求报文（如 POST 或 PUT 方法）也使用这种类型的首部。表 10-20 列出了实体首部字段。

表 10-20　　　　　　　　　　　　　　实体首部字段

首部字段	说　　明
Allow	列出了请求 URI 指定资源所支持的几种方法，目的是严格地让接收者知道资源所适合的方法

首部字段	说　明
Content-Encoding	对媒体类型的修饰，其值表明对实体主体采用何种内容编码，从而可知采用何种解码机制以获取 Content-Type 首部字段中指出的媒体类型
Content-Language	描述实体面向用户的自然语言。注意这不一定等同于实体主体中用到的所有语言
Content-Length	按十进制或八位字节数指明发给接收者的实体主体的大小，或在使用 HEAD 方法的情况下，指明请求为 GET 方法时应该发送的实体主体的大小
Content-Location	当实体的访问位置和请求 URI 不同时为报文中的实体提供对应资源的位置
Content-MD5	含有实体主体的 MD5 摘要，旨在给一个端对端报文的实体主体提供完整性检测
Content-Range	与部分实体主体一起发送，用于指明部分实体主体在完整实体主体里哪一部分被采用
Content-Type	指明发给接收者的实体主体的媒体类型，或在 HEAD 方法中指明请求为 GET 时将发送的媒体类型
Expires	给出当内容可能改变的日期和时间
Last-Modified	指明变量（Variant）被源服务器所确信的最后修改的日期和时间

2. 实体主体

HTTP 请求或响应发送的实体主体的格式与编码方式应由实体的首部字段决定。只有当报文主体存在时实体主体才存在。实体主体通过解码 Transfer-Encoding 从报文主体获得，Transfer-Encoding 用于确保报文的安全和传输的合适。

当报文包含实体主体时，主体的数据类型由实体首部字段 Content-Type 和 Content-Encoding 决定。这些字段定义了一个两层的、按顺序的编码模型。

```
Entity-body: =Content-Encoding（Content-Type（data））
```

Content-Type 指定下层数据的媒体类型。Content-Encoding 可能被用来指定附加的应用于数据的内容编码，经常用于数据压缩的目的，内容编码是请求资源的属性。

任何包含实体主体的 HTTP/1.1 报文都应包括 Content-Type 首部字段以定义实体主体的媒体类型。如果只有媒体类型没有通过 Content-Type 指定时，接收者可能会尝试猜测媒体类型，这通过观察实体主体的内容或者通过观察 URI 指定资源的扩展名。如果媒体类型仍然不知道，接收者应该将其类型看作 application/octec-stream。

报文的实体主体长度指的是报文主体在被应用于传输编码之前的长度。

10.5.9　持续连接

在版本 1.1 以前的 HTTP 只能实现非持续连接，每一个请求/响应都要建立一次 TCP 连接。基本步骤如下。

（1）客户端打开 TCP 连接并发送请求。

（2）服务器发送响应并打开连接。

（3）客户端读取数据，直到它遇到文件结束标记，然后关闭连接。

使用这种非持续连接方式，对于在不同文件中的 N 个不同图片，连接必须打开和关闭 N 次。这给服务器造成很大的开销，因为服务器需要 N 个不同的缓存，而每次打开连接时都要使用 TCP 慢启动（Slow Start）过程。

HTTP 1.1 默认的方式是持续连接，服务器在发送响应后，让连接继续为一些请求打开。服务器可以在客户请求时或时限到时关闭这个连接。这种方式具有以下优点。

- 通过建立与关闭较少的 TCP 连接，不仅节省路由器与主机的 CPU 时间，还节省了主机用于 TCP 协议控制块的内存。
- 能在连接上进行流水线请求方式，允许客户端执行多次请求而不用等待每一个请求的响应，并且此时只进行了一个 TCP 连接，从而效率更高。
- 减少网络阻塞，这是由于 TCP 连接后减少了包的数量，并且允许 TCP 有充分的时间去决定网络阻塞的状态。
- 无需在创建 TCP 连接的握手上耗费时间，而使后续请求的等待时间减少。
- 可以在不需要关闭 TCP 连接的情况下报告错误。

10.6　习　　题

1. 简述应用层协议的工作机制。
2. 应用层协议分为哪两大类？
3. 简述 Telnet 工作机制。
4. Telnet 选项协商有什么作用？
5. 简述 FTP 被动工作模式。
6. 简述 FTP 数据传输。
7. 简述 MIME 规范。
8. SMTP 通信过程包括哪几个阶段？
9. 简述 POP3 通信过程与会话状态。
10. IMAP 工作方式有哪几种？
11. 比较 POP 与 IMAP。
12. 简述 HTTP 运行机制。
13. 简述 HTTP 协议的主要特点。
14. 描述 HTTP 报文基本结构。
15. 使用 Wireshark 工具抓取数据包，验证 FTP 通信过程。
16. 使用 Wireshark 工具抓取数据包，验证 HTTP 通信过程。

第11章
SNMP 协议

TCP/IP 网络需要统一的网络管理体系结构和协议进行管理，目前 SNMP（Simple Network Management Protocol，简单网络管理协议）应用最为广泛。SNMP 是专门设计用于 IP 网络管理网络节点的一种标准协议，它是一种应用层协议，主要通过一组 TCP/IP 协议及其所依附的资源来提供网络管理服务。SNMP 有 3 种版本：SNMPv1、SNMPv2 和 SNMPv3。虽然 SNMPv1 仍然是最广泛实现的版本，但是考虑到 SNMPv2 也被广泛应用和 SNMPv3 的安全性，本章兼顾这几个版本。

11.1　SNMP 协议概述

SNMP 基于 TCP/IP 的网络管理标准协议，主要规定了网络设备监管的标准化框架、通信的公共语言、相应的安全和访问控制机制。网络管理员应用 SNMP 协议可以查询设备信息，修改设备参数，监控设备状态，自动发现网络故障，生成网络管理报告等。由于 SNMP 报文种类少、格式简单，且方便解析、易于实现，目前得到广泛应用。

11.1.1　SNMP 网络管理机制

SNMP 管理网络包括被管理设备、网络管理站和网络管理协议等组成部分，如图 11-1 所示。被管理设备包含 SNMP 代理（Agent），是运行 SNMP 服务器程序（代理进程）的网络设备或主机；网络管理站是运行 SNMP 客户程序（管理进程），又称管理器的主机。网络管理正是通过在管理站和代理之间的简单交互来实现的。

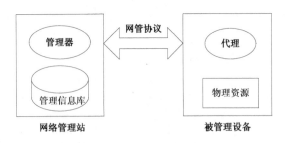

图 11-1　SNMP 管理网络

1. 被管理设备

在 SNMP 管理网络中往往有若干台被管理设备。被管理设备就是一个要被管理的网络节点，可能是服务器、路由器、交换机、集线器、主机或打印机等。每个节点上都运行着一个称为 SNMP 代理（管理代理）的应用进程，用于跟踪监测被管理设备状态。网络管理任务是转交给 SNMP 代理来执行的。SNMP 代理接受来自管理站的请求，验证操作的可执行性，并执行信息处理任务，同时向管理站返回信息。SNMP 代理在自己的管理数据库（简称 MIB）中保存了网络管理信息，提供给管理站使用。

2. 网络管理站

在 SNMP 管理网络中至少需要一个管理工作站，管理站运行着管理器（网络管理软件），可以远程管理所有支持 SNMP 协议的网络设备。管理器是网络管理员和网络管理系统之间的接口，通常是可视化的图形管理界面，便于管理员实施网络管理。管理器能将网络管理员的命令转换成对远程网络设备的监视和控制，同时从网络中所有被管理设备的管理信息库中提取管理信息。当然管理站还拥有数据分析、故障发现等功能。

管理器的网络管理是通过轮询代理来完成的，可以通过 SNMP 操作直接与 SNMP 代理通信，获得即时的设备信息，监视网络状态，接收网络事件警告，对网络设备进行远程配置管理或者操作；还可以通过对数据库的访问获得网络设备的历史数据，以决定网络配置变化等操作（如修改网络设备配置）。

3. 网络管理协议

网络管理协议用来定义代理和管理站之间管理信息传送的规程。其中管理协议的操作是在管理框架下进行的，管理框架定义了和安全相关的认证、授权、访问控制和加密策略等各种安全防护框架。在运行 TCP/IP 协议的互联网环境中，管理协议标准是简单网络管理协议 SNMP，它定义了传送管理信息的协议消息格式及管理站和代理相互之间进行报文传送的规程。SNMP 的实现模型如图 11-2 所示，在 SNMP 管理站内运行管理进程，在每个被管理设备中运行代理进程。管理进程和代理进程利用 SNMP 报文进行通信，而 SNMP 报文又使用 UDP 来传送。

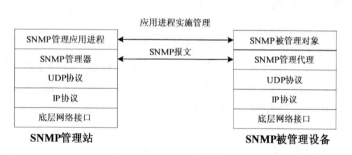

图 11-2　SNMP 实现模型

4. SNMP 轮询与 Trap

网络管理站从被管理设备中收集数据有两种方式：轮询（polling）与基于中断（interrupt-based）。

轮询通常在一定时间间隔内由网络管理站与被管理设备进行通信，代理程序不断地收集数据并记录到一个管理信息库中，管理器定期向代理询问当前的状态或统计信息。这种方式的缺点在于信息的实时性差，不利于实时处理错误。缩短轮询间隔，则容易造成网络拥塞。

采用基于中断的方式，被管理设备出现异常时会主动向管理设备发送消息，实时性很强。然而，这种方式也有不足，一方面产生错误或自陷（陷阱）需要消耗系统资源，另一方面如果自陷信息数据量大，还会影响网络性能。

为此，结合以上两种方式而推出的面向自陷的轮询（trap-directed polling）方式最为有效。管理站轮询在被管理设备中的代理来收集数据，被管理设备中的代理可以在任何时候向管理站报告错误情况，也就是说代理并不需要等到管理站轮询的时候才会报告错误。这种错误情况就是 SNMP 自陷，英文名称为 Trap，也译为陷阱。

理解了 Trap 方式，就能更好地理解 SNMP 运行机制。管理器以轮询方式通过定时向各个设备的 SNMP 代理进程发送查询请求来跟踪各个设备的状态；当设备出现异常事件时，设备代理进程以 Trap 方式主动向管理进程发送自陷信息，报告发生的异常事件。

5. SMI 与 MIB 简介

为完成网络管理任务，除了管理器和代理之外，SNMP 还需要另外两个构件——SMI 与 MIB。SNMP 与 SMI 和 MIB 相互配合实现网络管理。MIB 负责对象信息，SMI 负责进行编码，而 SNMP 对管理器与代理之间传输的信息进行封装，生成已编码的报文。

SMI 全称 Structure of Management Information，可译为管理信息结构，在 RFC 1155 中定义。使用 SNMP 需要有一定规则，尤其是命名对象的规则，SMI 用于定义管理对象的结构和类型，包括 SNMP 框架所用信息的组织、组成和标识。

SMI 只是定义了一些通用规则，并没有定义在一个实体中可以管理多少个对象，或哪个对象使用哪一种类型。为此需要另一个构件 MIB。

MIB 全称 Management Information Base，可译为管理信息库。MIB 在需要被管理的实体中创建了命名对象，它们的值以及它们彼此之间的关系的集合。对每一个被管理的实体，这个协议必须定义对象的数目，必须按照 SMI 定义的规则给这些对象命名，并且还必须使每一个命名的对象和一种类型联系起来。

11.1.2　SNMP 版本

SNMP 目前一共有 3 个主版本，分别为 SNMPv1、SNMPv2 和 SNMPv3。其中 SNMPv2 又分为若干个子版本，其中 SNMPv2c 应用最为广泛。

1. SNMPv1

这是第一个正式的 SNMP 协议版本，在 RFC1155~RFC1158 文档中定义，其提供的网络管理功能有限，SMI 和 MIB 都比较简单，且存在较多安全缺陷。该版本采用了基于团体名称（共同体）的安全机制，将团体名称视为密码在 SNMP 代理和管理器之间明文传递，以进行彼此验证。如果 SNMP 报文携带的团体名称没有得到管理器或代理的认可，该报文将被丢弃。

2. SNMPv2

SNMPv2 的发展要复杂一些，升级的目的是修改初版 SNMP，满足用户和厂商增加安全模块的要求。最早成为提案标准（Proposed Standard）的版本称为 SNMPv2p（SNMPv2 Classic），由于实施过于复杂，在升级成为草案标准（Draft Standard）时，就可管理的模型实现出现了争执，分成 SNMP v2*和 SNMP v2u（基于用户的安全模型）两派，相持不下，最终的 SNMPv2 草案标准由 RFC1901~RFC1908 定义，称为 SNMPv2c（Community-based SNMPv2）。作为 SNMPv2p 的补充，它增加了报文定义，更新了协议操作与数据类型，但与 SNMPv1 的报文非常类似，安全机制延续了 SNMPv1 的基于团体名称的认证方式。目前在用的 SNMPv2 版本就是这个 SNMPv2c。

3. SNMPv3

SNMPv3 是最新的 SNMP 版本，由 RFC3411~ RFC3418 定义。SNMPv3 主要在安全性方面进行了增强，其余部分仍沿用 SNMPv2c 的定义。其安全机制是在 SNMPv2u 和 SNMPv2*基础上进行大量的评议后进行了更新，主要在 4 个方面予以改进：认证（确保用户的有效性）、私密（保证机密性）、授权（限制访问）和远程配置管理能力。

SNMPv3 支持以下两种安全模型。

- 基于用户的安全模型（USM）

引入用户名和组的概念，可以设置认证和加密功能。认证用于验证报文发送方的合法性，避免非法用户的访问；加密则是对管理器和代理之间传输的报文进行加密，以免被窃听。通过认证和加密功能组合，可以提供更高的安全性。

- 基于视图的访问控制模型（VACM）

定义组、安全等级、上下文、MIB 视图、访问策略等 5 个元素，这些元素同时决定用户是否具有访问的权限，只有具有了访问权限的用户才能管理操作对象。在同一个 SNMP 实体上可以定义不同的组，组与 MIB 视图绑定，组内又可以定义多个用户。当使用某个用户名进行访问的时候，只能访问对应的 MIB 视图定义的对象。

　　　　　SNMPv3 可以和 SNMPv2、SNMPv1 一起使用。RFC 3584 中详细说明了这 3 种版本同时共存方面的信息。

11.2　SMI

管理信息被视为被管理对象的集合，存储在称为 MIB 的虚拟信息库中。有关的对象集合在 MIB 模块中定义，这些模块使用 OSI 的抽象语法表示法（Abstract Syntax Notation One，ASN.1）子集表示。SMI 就是要定义保存在 MIB 中的所有对象的格式。可以将它看作是定义被管理网络实体中特定数据的语言，目的是确保网络管理数据的语法和语义明确。最初的 SMI 由 RFC 1902 定义，目前 SMIv2 由 RFC 2578 "Structure of Management Information Version 2 (SMIv2)" 定义。SMI 分成以下 3 个部分。

- 模块定义：用于描述信息模块，使用一个 ASN.1 宏 MODULE-IDENTITY 来简洁地表达一个信息模块的语义。
- 对象定义：用于描述被管理对象，使用一个 ASN.1 宏 OBJECT-TYPE 来简洁地表达被管理对象的语法和语义。
- 通知定义：用于描述主动提供的管理信息，使用一个 ASN.1 宏 NOTIFICATION-TYPE 来简洁地表达一个通知的语法和语义。

以下围绕对象格式介绍 SMI 的相关规定。

11.2.1　对象命名

SMI 要求每一个被管理对象（如某路由器中的某变量、某个变量值等）具有唯一的名字。为了在全局给对象命名，使用对象标识符（OBJECT IDENTIFIER，简称 OID），这是基于树结构的分层次的标识符，如图 11-3 所示，与域名系统的 DNS 树结构类似。

树结构从不命名的根开始。对象标识符从树的顶部开始，顶部没有标识，每一个对象可用 "." 分隔开的整数序列标识（数字标识），也可以使用 "." 分隔开的文本序列来标识（符号标识）。例如，在 SNMP 中 mib-2 对象使用数字标识表示为 1.3.6.1.2.1，而使用符号表示为 iso.org.dod.internet.

mgmt.mib-2。还可以使用数字和符号混合标识，如 iso.org.dod.internet.2.1。

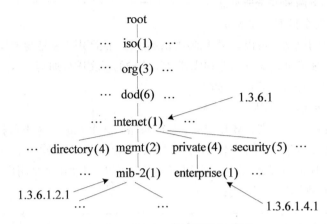

图 11-3　对象标识符树结构示意图

以上使用的是一种绝对路径的对象标识符，从根开始列出所有的路径。还可以使用相对路径的对象标识符，相对于一个节点而不是相对于根，如在 internet（1.3.6.1）节点下的 2.1 表示的对象 mib-2。

SNMP 使用的所有对象都位于 mib-2 对象下面，它们的对象标识符永远从 1.3.6.1.2.1 开始。也就是说，所有被 SNMP 管理的对象都被赋予一个对象标识符，对象标识符从 1.3.6.1.2.1 开始。

11.2.2　数据类型

SNMP 中常用的数据类型有简单类型和结构化类型。

简单类型是原子数据类型。这些类型中一些是直接取自 ASN.1 的，另一些是 SMI 增加的。表 11-1 给出了一些常用的数据类型。

表 11-1　　　　　　　　　　　　　　常用的数据类型

类　　型	长　　度	说　　明
INTEGER	4 字节	常用于表示枚举类型
OCTER STRING	0 个或多个 8 位字节	每个字节值在 0~255 之间，用于约束变量的二进制位串的长度
OBJECT IDENTIFIER	可变	对象标识符，表示对象的名字，用 "·" 分隔的数字表示
NULL		表示相关的变量没有值
IPAddress	4 字节	以网络号表示的 IP 地址，每个字节代表 IP 地址的一个字段
PhysAddress	0 个或多个 8 位字节	采用的是 OCTER STRING 类型，代表物理地址，例如，以太网物理地址为 6 字节长度
Counter	4 字节	非负整数，可从 0 递增到 $2^{32}-1$，达到最大值后归 0
Uauge	4 字节	非负整数，可从 0 递增到 $2^{32}-1$，达到最大值后锁定直到复位
TimeTicks	4 字节	表示时间计数器，以 0.01 秒为单位递增，但是不同的变量可以有不同的递增幅度，在定义这种类型的变量时，必须指定递增幅度

将简单的和结构化的数据类型组合起来就可以构成新的结构化数据类型。SMI 定义了以下两种结构化数据类型。

- SEQUENCE：表示序列，用于列表。一个 SEQUENCE 包括 0 个或多个元素，每一个元素又是另一个 ASN.1 数据类型。它与 C 编程语言中使用的 struct（结构）最相似。
- SEQUENCE OF：是一个向量的定义，用于表格，其所有元素都具有相同的类型。如果每一个元素都具有简单的数据类型（如整型），那么就得到一个简单的向量（一个一维向量）。但是 SNMP 在使用这个数据类型时，其向量中的每一个元素其实是一个 SEQUENCE 结构。它和 C 编程语言中使用的 array（数组）最相似。

11.2.3　编码方法

SMI 使用基本编码规则（BER）将数据编码后在网络上传输。BER 指明了每一块数据都要被编码成三元组格式：标记、长度和值。

1. 标记

标记是定义数据类型的 1 字节字段，由 3 个子字段组成：类（2 位）、格式（1 位）和编号（5 位）。

类子字段定义数据的作用域，包括 4 个类：通用数据类型（00）、应用数据类型（01）、特定上下文数据类型（10）和专用数据类型（11）。通用数据类型是来自 ASN.1 的 INTEGER、OCTET STRING 和 OBJECT IDENTIFIER。应用数据类型是由 SMI 增加的 IPAddress、Counter、Gauge 和 TimeTicks。有 5 种特定上下文数据类型，它的意义随着协议的不同而不同。专用数据类型是特定厂商使用的。

格式子字段指出数据是简单的（0）还是结构化的（1）。

编号子字段将简单的或结构化的数据进一步划分为一些子组。例如，在通用数据类型的简单格式，INTEGER 的值是 2，OCTET STRING 的值是 4 等。

例如，INTEGER 类型的标记是 00000010（十六进制 02），其中 00 表示类，0 表示格式，00010 表示编号；IPAddress 类型的标记是 01000000（十六进制 40），其中 01 表示类，0 表示格式，00000 表示编号。

2. 长度与值

长度字段是 1 字节或多字节。如果它是 1 字节，则最高位必定为 0。其余的 7 位定义数据长度。若大于 1 字节，则第一字节的最高位必定为 1。第一个字节的其余 7 位则定义所需的字节数。

值字段按照在 BER 中定义的规则把数据的值进行编码。

11.3　MIB

MIB 是一个用于设备的可管理对象数据库，每个 SNMP 被管理设备均维护一个 MIB。作为网络管理系统中的重要构件，它由一个系统内的许多被管理对象及其属性组成。网络管理员可以直接或通过管理代理软件来控制这些数据对象，以实现对网络设备的配置和监控。MIB 的编写规则由 SMI 定义，SNMP 的 MIB 对象的定义十分严格，规定对象的数据类型、允许的形式、取值范围和与其他 MIB 对象的关系。

11.3.1 MIB 版本

最初的 MIB（MIB-1）由 RFC 1156 "Management Information Base for Network Management of TCP/IP-based internets" 定义，目前最通行的 MIB 版本 2（简称 MIB-2）由 RFC1213 "Management Information Base for Network Management of TCP/IP-based internets: MIB-II" 定义。RFC 1907 "Management Information Base for Version 2 of the Simple Network Management Protocol（SNMPv2）" 进一步扩展了 MIB-2。

除了 MIB-1 和 MIB-2 外，还有许多不断扩展的 MIB，如 RFC 2011、2012、2013 扩充了 MIB-2，RFC 2515 定义了 ATM MIB、RFC 1759 定义了打印机 MIB、RFC 2465 定义了 IPv6 MIB。还有一些厂商开发自用的 MIB，如 HP 公司自己开发的 MIB 得到了许多可管理设备及管理设备软件包的支持。

提示

MIB 的定义与具体的网络管理协议无关，这对于厂商和用户都有好处。厂商可以在产品中包含 SNMP 代理软件，并保证在定义新的 MIB 项目后该软件仍遵守其标准。用户可以使用同一网络管理客户软件来管理具有不同版本的 MIB 的多个设备。当然，一个没有新 MIB 项目的设备不能提供相关项目的信息。

当前，MIB-2 是最流行的通用 MIB，它得到了大多数 SNMP 托管设备的支持。这里以 RFC 1213 定义的 MIB-2 为例讲解 MIB 的有关知识。

11.3.2 MIB 分组

MIB-1 的节点名为 mib，MIB-2 的节点名为 mib-2，对象标识符为 1.3.6.1.2.1。每个 MIB 定义要管理的对象（项），为便于管理又将对象进行分组（类别）。考虑到实现难度， MIB-1 的对象数为 100 个左右，分为 8 个组。在 MIB-2 中对象数增多，包含 11 个组。最初的 MIB-2 分组见表 11-2，而目前的 MIB-2 所包含的分组已超过 40 个。

表 11-2　　　　　　　　　　　RFC 1213 定义的 MIB 分组

分　　组	对象标识符	含　　义
system	mib-2.1	设备操作系统运转的一些信息，如系统运行时间、计算机名称等
interfaces	mib-2.2	各种网络接口及其通信量，监控接口的开关和收发，以及丢包等
at	mib-2.3	地址转换，如 ARP 映射
ip	mib-2.4	Internet 软件（IP 包统计），包括 IP 路由等方面的 IP 信息
icmp	mib-2.5	ICMP 软件（已收到 ICMP 报文的统计），出错、丢弃等
tcp	mib-2.6	TCP 软件（算法、参数和统计）TCP 连接状态
udp	mib-2.7	UDP 软件（UDP 通信量统计）
egp	mib-2.8	EGP 软件（外部网关协议通信量统计）
cmot	mib-2.9	关于 CMOT 协议保留
transmission	mib-2.10	关于传输介质的管理信息
snmp	mib-2.11	测量被管理设备 snmp 信息包收发

11.3.3 MIB 对象定义

MIB-2 只包括那些被认为是必要的对象，不包括任选的对象。MIB 的每一对象都包含一些信息，下面是 RFC 1213 所定义的 system 组的 sysObjectID 对象。

```
sysLocation OBJECT-TYPE
    SYNTAX  DisplayString (SIZE (0..255))
    ACCESS  read-write
    STATUS  mandatory
    DESCRIPTION
          "The physical location of this node (e.g.,
          `telephone closet, 3rd floor')."
    ::= { system 6 }
```

具体来说包括以下字段。

- 对象类型（OBJECT-TYPE）：就是对象（项）的名称，通常为简单的名字。
- 语法（SYNTAX）：是一个值字段，通常为字符串或整型，并不是所有的 MIB 的项均包含值字段。
- 访问（ACCESS）：用于定义对象的访问权限，通常有以下 4 类：只读、可读/写、只可写和不可访问。
- 状态（STATUS）：标明该对象的状态，有 3 种类型：命令表示被管理的设备必须执行该项、可选表示被管理的设备可以选择执行该项；作废表示不执行。
- 说明（DESCRIPTION）：描述其功能。
- 标识符：给出对象标识符。

以下以 system 组的对象为例介绍具体的对象。system 组提供管理系统的总体信息，支持网络层和传输层的应用，包含多个简单变量。表 11-3 列出了 system 组的变量名称、数据类型和含义，其中 sysDescr、sysContact、sysName 和 sysLocation 用于配置管理，sysObjectID 和 sysUpTime 用于故障管理。

表 11-3　　　　　　　　　　system 组的对象

对象类型	OID	数据类型	访问模式	含　义
sysDescr	system.1	DisplayString[0..255]	只读	关于该设备或实体的描述，如设备类型、硬件特性、操作系统信息等
sysObjectID	system.2	OBJECT IDENTIFIER	只读	设备厂商的授权标识符
sysUpTime	system.3	TimeTicks	只读	从系统（代理）的网络管理部分最后一次重新初始化以来经过的时间量
sysContact	system.4	DisplayString[0..255]	读写	记录其他提供该设备支持的机构和（或）联系人的信息
sysName	system.5	DisplayString[0..255]	读写	设备的名字，可能是官方的主机名或者是分配的管理名字
sysLocation	system.6	DisplayString[0..255]	读写	该设备安装的物理位置
sysServices	system.7	INTEGER (0..127)	只读	该设备提供的服务

注意，MIB-2 中提供了一些文本约定，如 DisplayString ::= OCTET STRING，也就是类型 DisplayString 等同于类型 OCTET STRING，长度为 0 字节或多字节，但每个字节必须是 ASCII 码。

11.3.4 MIB 变量访问

这里以典型的 udp 分组为例说明如何访问不同的变量，在 udp 组有 4 个简单变量和一个表 udpTable（记录序列），如图 11-4 所示。

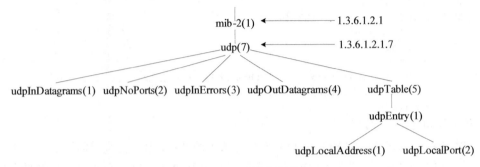

图 11-4 udp 分组树结构

1. 简单变量的访问

访问简单变量可使用其所属分组的 ID 加上该变量的 ID。例如，访问 udpInDatagrams（表示传递给上层协议和应用程序的 UDP 数据报的数量）可使用 1.3.6.1.2.1.7.1；访问 udpNoPorts（接收到没有提供特定应用程序端口的 UDP 数据报的数量）可使用 1.3.6.1.2.1.7.2。这些对象标识符定义的是变量而不是实例，要给出每一个变量的实例，必须添加实例的后缀，而简单变量的实例后缀就是 0。这样，要访问 udpInDatagrams 变量的实例，使用 1.3.6.1.2.1.7.1.0；访问 udpNoPorts 变量的实例，则使用 1.3.6.1.2.1.7.2.0。

2. 表的访问

表存储的是一系列记录，访问要复杂一些。首先要使用表 ID。图 11-4 中 udp 分组只有一个表 udpTable（用于记录 UDP 侦听程序地址和端口信息），其 ID 值为 5，该表标识为 1.3.6.1.2.1.7.5。不过，该表并不是最后一级，不能直接访问，而是要往下经过条目（表项）udpEntry（ID 值为 1），直至实体字段 udpLocalAddress（用于记录 UDP 侦听程序、服务、或应用程序的本地 IP 地址，ID 值为 1）和 udpLocalPort（用于记录该 UDP 侦听程序、服务或应用程序的本地端口号 ID，值为 2），这两个变量的对象标识符分别为 1.3.6.1.2.1.7.5.1.1 和 1.3.6.1.2.1.7.5.1.2。

表有若干条记录，要访问表的特定实例（一行或一条记录），应当给变量 ID 加上索引。图 11-4 中 udpTable 的索引是基于本地地址和本地端口号，每一行或一条记录的索引是这两个值的组合。例如，有一条记录的本地地址和本地端口号分别是 192.168.0.22 和 53，要访问该记录，使用对象标识符加上实例的索引，如 1.3.6.1.2.1.7.5.1.192.168.0.22.53。不同的表的索引方式不一样，有的表的索引是使用一个字段的值，有的则使用两个字段的值。

11.4 SNMP 实现机制与报文分析

作为一个基于请求/响应的协议，SNMP 在 SNMP 代理（客户端进程）和 SNMP 管理器（服务器端进程）之间传输管理消息，实现的主要功能如下。

- 管理器读取代理定义的对象值；

- 管理器将值存储在代理定义的对象中；
- 代理将异常情况的告警报文发送给管理器。

下面主要介绍 SNMP 的协议操作与报文格式。SNMPv2 与 SNMPv1 的实现机制基本一致，SNMPv3 主要是在安全机制上加以改进，SNMPv1 是基础，以下重点介绍 SNMPv1，兼顾 SNMPv2 与 SNMPv3。

11.4.1　SNMP 协议操作

SNMP 为代理与管理器之间传输管理信息提供报文交换，这些报文被封装成 PDU（协议数据单元）。

1. SNMPv1 的 PDU 类型

最初的 SNMP（SNMP v1）定义了以下 5 种 PDU 类型（RFC 1157）。

- GetRequest：PDU 类型为 0，用于读取 MIB 中的一条数据。SNMP 管理器发送该 PDU 从拥有 SNMP 代理的网络设备中检索信息。
- GetNextRequest：PDU 类型为 1，当 SNMP 管理器要读取 MIB 表中一系列数据时使用该 PDU。
- GetResponse：PDU 类型为 2，由代理返回给管理器以便响应 GetRequest 和 GetNext-Request。它包含管理器所请求的变量的值，变量和值可以有多个。
- SetRequest：PDU 类型为 3，SNMP 管理器用来对网络设备进行远程配置。
- Trap：PDU 类型为 4，SNMP 代理用来向 SNMP 管理器发送非请求报文，一般用于描述某一事件的发生。Trap 在 SNMP 中比较独特，由 SNMP 代理主动地发送给 SNMP 管理器。

2. SNMPv1 协议操作

SNMPv1 的上述 5 种 PDU 都是通过相应的命令来发送的。例如，GetRequest-PDU 就是管理器通过 get-request 命令发送给 SNMP 代理的。SNMP 管理器和代理使用这 5 条命令通过 UDP 进行通信。这些命令构成了 SNMP 通信的核心。SNMPv1 协议操作如图 11-5 所示。

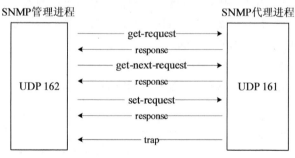

图 11-5　SNMPv1 协议操作

SNMP 所有数据都是通过 UDP 封装，管理进程使用 UDP 162 端口来接收 Trap 报文，代理进程使用 UDP 161 端口来接收 GetRequest、GetNextRequest 和 SetRequest 请求报文。由于收发采用了不同的端口，所以一个系统可以同时运行管理进程和代理进程。

3. SNMPv1 的安全机制

由于 SNMP 交换有关设备当前运行状态和统计的信息，并且提供了修改设备配置的方法，安全问题不能忽视。然而，SNMPv1 仅仅提供了简单的口令系统，这种管理框架并不安全。

SNMP 将团体名称（Community Name，Community 也译为共同体）作为一种简单类型的口令用于 SNMP 从代理对管理站进行认证。如果网络配置成要求验证时，SNMP 从代理将对团体名称和管理站的 IP 地址进行认证。团体名称共有以下 3 种基本类型。

- 只读（Read-Only）团体名称：用于访问 MIB 和读取对象值。

- 读写或控制（Read/Write 或 Control）团体名称：用于修改 MIB 的内容。例如，向路由表中添加一个路由项，或者修改 SNMP 托管设备上的配置参数。

- 警告或陷阱（Alert 或 Trap）团体名称：用于访问 SNMP 管理器上的"陷阱"（Trap）字符串。陷阱设置指明设备允许接收指示任何时候发生特定事件的陷阱。

每一个团体名称通常都有与之关联的不同单词，所提供的访问控制级别取决于在 SNMP 报文中包含了哪一个团体名称。也就是说，可以使用不同的团体名称来为网络管理设置访问权限。

多数厂商通常默认的只读团体名称为"PUBLIC"或"public"，读写团体名称为"PRIVATE"和"private"，这些团体名称又是以明文形式在网络上传送的，显然这种控制方式相当不安全。

4. SNMPv2 的实现机制

SNMPv2 实现机制与 SNMPv1 基本一致，进一步丰富了错误码，增加了 GetBuIkRequest 等协议操作。

与 SNMPv1 一样，SNMPv2 支持管理器与代理之间的请求/响应通信，还支持代理到管理器的非确认通信（即由代理向管理站发送 Trap 报文以报告出现的异常情况）。除此之外，SNMPv2 中提供了一种特有的管理信息访问方式，即管理器和管理器之间的请求/响应通信，可以由一个管理器将有关管理信息告诉另外一个管理器。根据 RFC 1905 文档的定义，SNMP v2 在 SNMP v1 的基础上新增了 3 种 PDU，并修改了 Trap，具体介绍如下。

- GetBuIkRequest：PDU 类型为 5，由管理器发送给代理，用来读取大量的数据。它可用来代替多个 GetRequest 和 GetNextReques。

- InformRequest：PDU 类型为 6，由管理器发送给另一个远程管理器，以便在远程管理器的控制下从代理得到一些变量的值。远程管理器使用 Response-PDU 进行响应。

- Report：PDU 类型为 8，用来在管理器之间报告某些类型的差错。

- SNMPv2Trap：PDU 类型改为 7，由代理发送给管理器，用来报告事件。为与 SNMP v1 的 Trap 进行区别，一般称为 SNMPv2-Trap。

值得一提的是，SNMPv2 将类型为 4 的 PDU 废弃了。

与 SNMPv1 类似，SNMPv2 的 PDU 也是通过相应的命令来发送的，协议操作如图 11-6 所示。

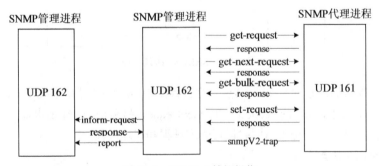

图 11-6　SNMPv2 协议操作

遗憾的是，SNMPv2 仍然继承 SNMPv1 的团体名称控制方式。SNMPv2c（Community-based SNMPv2）就是一种基于团体的 SNMP。

11.4.2　SNMP 的报文格式

SNMP 位于应用层，SNMP 代理和管理站之间传输的数据单元称为 SNMP 报文（SNMP message，又译为 SNMP 消息）。SNMP 使用 UDP 协议作为下层传输协议进行无连接操作。SNMP 报文封装在 UDP 数据报，然后封装在 IP 数据报中，最后封装成数据链路层中的帧。

1. SNMP 报文结构

一个 SNMP（SNMPv1/v2）报文由 3 个部分组成，即公共 SNMP 首部、Get/Set 首部或 Trap 首部，以及变量绑定表（VarBindList）。不包括 Trap 的 SNMP 报文如图 11-7 所示，包括 Trap 的 SNMP 报文如图 11-8 所示。

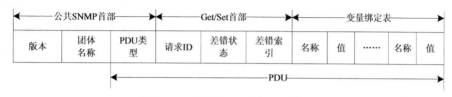

图 11-7　不包括 Trap 的 SNMP 报文

图 11-8　包括 Trap 的 SNMP 报文

也可以将 SNMP 报文划分为两个部分，PDU 类型及其后面字段统称为 PDU（协议数据单元），而将 PDU 类型前面的两个字段统称为 SNMP 首部。

2. 公共 SNMP 首部

公共 SNMP 首部包括以下 3 个字段。

- 版本：指定 SNMP 版本，值为版本号减 1。对于 SNMP（SNMPv1）则应填入 0。
- 团体名称：作为管理进程和代理进程之间的明文口令密码的一个文本字符串，默认值往往是 6 个字符的 "PUBLIC" 或 "public"。
- PDU 类型：值为表示该 PDU 类型的数字。例如，GetRequest 类型的值为 3。

3. Get/Set 首部

Get/Set 首部主要有以下字段。

- 请求 ID（Request ID）：由管理进程设置的一个整数值，实际上是一个序号。由管理器在请求 PDU 中使用它，而代理在响应 PDU 中也要返回该请求 ID，从而使响应和请求相匹配，以便于管理进程识别返回的响应报文对应哪一个请求报文。
- 差错状态（Error Status）：由代理进程在响应 PDU 中设置的一个整数（取值范围 0~5），用来给出代理报告的差错类型。表 11-4 给出了各种差错状态的含义。
- 差错索引（Error Index）：当出现 noSuchName、badValue 或 ReadOnly 差错时，由代理进程在响应时设置的一个整数，用于指明有差错的变量在变量列表中的偏移量，便于管理器确认是哪个变量引起了该差错。

表 11-4 差错状态

状态值	名 称	含 义
0	noError	无差错
1	tooBig	响应太大无法放入一个 SNMP 报文
2	noSuchName	操作的变量不存在
3	badValue	要存储的值无效
4	readOnly	不能修改这个只读值
5	genErr	其他差错

SNMPv2/v3 中的 GetBulkRequest 比较特殊，该请求 PDU 中使用非转发器（Non-repeaters）字段替换差错状态字段，其差错状态字段为空；使用最大重复（Max-repetition）字段替换差错索引字段，其差错索引字段为空。

4. Trap 首部

Trap 首部主要有以下字段。

- 企业（Enterprise）：产生 Trap 报文的网络设备的对象标识符。
- Trap 类型：该字段正式名称是 Generi-Trap，共有 7 种类型（0~6），表 11-5 给予了说明。当类型为 2、3 和 5 时，报文后面变量部分的第一个变量应标识相应的接口。

表 11-5 Trap 类型

Trap 类型	名 称	含 义
0	coldStart	代理完成初始化
1	warmStart	代理完成重新初始化
2	linkDown	接口从工作状态转变为故障状态
3	Linkup	接口从故障状态转变为工作状态
4	authenticationFailure	代理从 SNMP 管理进程接收到无效团体的报文
5	egpNeighborLoss	EGP 路由器进入故障状态
6	enterpriseSpecific	"特定代码"所指明的代理自定义事件

- 特定代码（Specific-Code）：若 trap 类型为 6，则指明代理自定义的事件，否则为 0。
- 时间戳（Timestamp）：指明自代理进程初始化到 trap 报告的事件发生所经历的时间。

5. 变量绑定表

变量绑定表是管理器要读取或设置的一组具有相应值的变量，包含一个或多个变量的名称及其对应的值。在 GetRequest PDU 和 GetNextRequest PDU 中它的值为空，也就是忽略变量的值。在 Trap PDU 中，它给出了与某个特定 PDU 有关的变量和值。

11.4.3 SNMP 实现机制

SNMPv2 与 SNMPv1 的实现机制基本一致，下面举例说明。

例如，管理器要获取被管理设备 MIB 节点 sysName（系统名称）的值，使用 "public" 为只读团体名称，交互过程如下：

（1）管理器给代理发送 GetRequest 请求，请求报文中含有团体名称（Community）字段"public"，PDU 中的变量绑定提供对象名 sysName.0（1.3.6.1.2.1.5.0），值为 NULL。

（2）代理收到请求后，给管理器返回响应以说明是否获取成功。如果获取成功，则 Response PDU 中的变量绑定提供的变量值含有设备的名称；如果获取失败，则在错误状态（Error Status）字段中附上出错的原因，在错误索引（Error Index）字段中提供出错的位置信息。

又比如，管理器要设置被管理设备 MIB 节点 sysName 的值为 Devtest，使用 private 为可写团体名称，交互过程如下。

（1）管理器给代理发送 SetRequest 请求，请求报文中团体名称字段为"private"，PDU 中变量绑定提供对象名 sysName.01.3.6.1.2.1.5.0，值为 Devtest。

（2）代理给管理器返回响应，说明是否设置成功。如果成功，则 Response PDU 里变量绑定中提供的变量值为设备的新名字；如果设置失败，则在错误状态字段中附上出错的原因，在错误索引字段中提供出错的位置信息。

最后再介绍一个 Trap 操作例子。某设备某端口网线断开，代理发送名称为 linkDown 的 Trap 报文给管理器，其团体名称字段值为"public"，PDU 中含有企业（enterprise）字段、Trap 类型字段（如值为 linkDown），在变量绑定中附带接口相关信息。

11.4.4　验证分析 SNMP 报文格式

目前市场上可网管型的交换机、路由器都支持 SNMP 代理，为便于实验，这里以 Windows Server 2003 服务器为例。管理控制台一般使用 Windows 计算机，这里选用 Windows XP 运行 SNMP 管理程序。实验用的两台计算机也可以运行 Windows XP、Windows 7 等，而使用 VMware 虚拟机环境更为方便。首先要建立实验平台，然后使用协议分析工具 Wireshark 抓取 SNMP 请求/响应报文与 Trap 报文的数据包，再分析验证。

1. 配置 SNMP 代理

（1）在 Windows 计算机上通过"添加/删除 Windows 组件"安装 SNMP 协议。

（2）选择"管理工具">"服务"命令，打开服务管理对话框，双击"SNMP Service"打开相应的属性对话框。

（3）切换到"安全"选项卡，如图 11-9 所示。在"接受团体名称"区域添加一个团体名称（这里为 test），指定团体权限为"只读"。

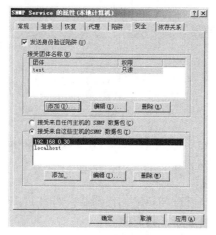

图 11-9　设置 SNMP 团体名称和安全选项

（4）默认选中"接受来自任何主机的 SNMP 数据包"单选钮，接受来自任何计算机的 SNMP 查询。这里选中"接受来自这些主机的 SNMP 数据包"单选钮，将运行 SNMP 管理程序（控制台）的 IP 地址加入到下面的列表中。

（5）切换到"代理"选项卡，如图 11-10 所示，选中"服务"区域的所有复选框。

（6）单击"确定"按钮，然后重新启动 SNMP Service 服务。

2. 配置并运行 SNMP 管理程序

网络厂商提供的网管软件都支持 SNMP，选用一款安装部署快捷方便、使用容易的通用流量监视软件 PRTG（Paessler Router Traffic Grapher），它可以从支持 SNMP 代理的设备和计算机获取流量数据或其他数据。当然，实验中也可选用其他 SNMP 管理程序，如 MRTG（Multi Router Traffic Grapher）。

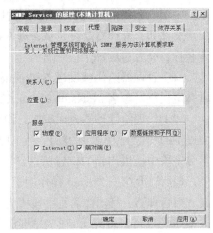

图 11-10　设置 SNMP 代理

（1）下载并安装 PRTG。可以从 http://www.paessler.com/ 下载 PRTG 最新版本。

（2）运行 PRTG Enterprise Console 程序。

（3）添加一个设备（要监测的目标设备或计算机），如图 11-11 所示，定义目标设备的名称和 IP 地址；如图 11-12 所示，设置 SNMP 选项，这里选择 SNMP 版本为 SNMPv2c，团体名称设置与上述 SNMP 代理的设置一致。

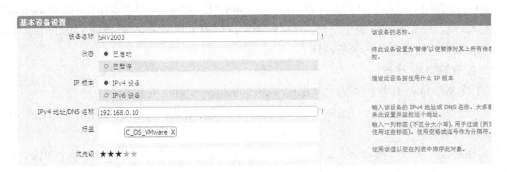

图 11-11　设备基本设置

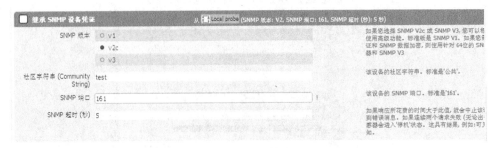

图 11-12　SNMP 设备凭证设置

（4）在该设备下面添加一个支持 SNMP 的传感器，如图 11-13 所示，这里定义的传感器通过 SNMP 协议监测目标设备的系统正常运行时间。

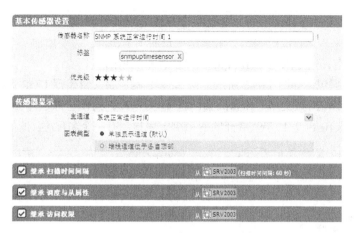

图 11-13　使用 SNMP 的传感器设置

3．验证分析 SNMP 请求/响应报文

接下来使用 Wireshark 抓取 SNMP 请求/响应数据包，在两台中的任意一台都可以抓取。抓取过程中不要使用混杂模式，抓取过滤器可选择 "No Broadcast and no Multicast" 以过滤掉不必要的数据包。

这里给出抓取的数据包列表，如图 11-14 所示，其中第 1 个是管理程序发给代理程序的 get-request 请求包，第 2 个是代理程序返回给管理程序的 get-response 响应包。

No.	Time	Source	Destination	Protocol	Length	Info
1	0.000000	192.168.0.30	192.168.0.10	SNMP	81	get-request 1.3.6.1.2.1.1.3.0
2	0.001355	192.168.0.10	192.168.0.30	SNMP	84	get-response 1.3.6.1.2.1.1.3.0

图 11-14　SNMP 请求/响应数据包列表

展开第 1 个数据包，如图 11-15 所示。该 SNMP 请求报文封装到 UDP 数据报中传输，目的端口号是 161。在 SNMP 报文中，SNMP 版本显示为 v2c，团体名称为 test；PDU 类型为 0（get-request），请求 ID 为 13709。

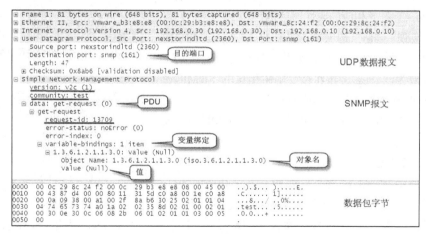

图 11-15　SNMP 请求数据包细节

展开的变量绑定表显示有一个名称/值对，由于涉及 MIB，这里重点讲解一下。例中对象名为 1.3.6.1.2.1.1.3.0，这是一个 MIB-2 节点（前 5 位 1.3.6.1.2）；第 6 位 1 表示属于 system 组；第 8 位

3 表示是该组下面的 sysUpTime 变量，这是一个只读的简单变量，数据类型为 TimeTicks，表示从 SNMP 代理启动以来所运行的时间量，由于是变量而不是实例，需要增加一个实例后缀，所以最后一位是 0。值为空，这是因为 GetRequest PDU 忽略变量的值。

展开第 2 个数据包，如图 11-16 所示。该 SNMP 响应报文封装到 UDP 数据报中传输，源端口号是 161。在 SNMP 报文中，SNMP 版本显示为 v2c，团体名称也是 test；PDU 类型为 2（get-response），请求 ID 也是 13709；展开的变量绑定表显示有一个名称/值，值的类型为 TimeTicks。

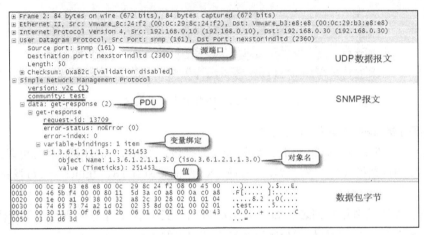

图 11-16　SNMP 响应数据包细节

4. 配置 SNMP Trap

交换机上的 SNMP agent 会产生很多种类的 trap 信息，如启动（start）、接口（interface）、RMON（远程监控）等。可以在交换机上配置 SNMP trap 来指定一台或多台 trap 接收站（trap receiver），并指定哪些种类的 trap 信息会发送到这些接收站。

Windows Server 2003 或 Windows XP 支持基本 SNMP Trap、SNMPv1 Trap 报文。

（1）在 Windows 计算机上打开服务管理对话框，双击"SNMP Service"打开相应的属性对话框。

（2）切换到"陷阱"选项卡，如图 11-17 所示。在"接受团体名称"区域添加一个团体名称（这里为 traptest），指定团体权限为"只读"，再将接受陷阱信息的 SNMP 管理计算机的 IP 地址加入在"陷阱目标"列表中。

（3）单击"确定"按钮，然后重新启动 SNMP Service 服务。

5. 验证分析 SNMP Trap 报文

接下来使用 Wireshark 抓取 SNMP 请求/响应数据包，

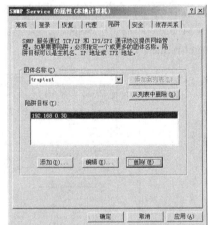

图 11-17　SNMP 陷阱配置

在两台中的任意一台都可以抓取。开始捕获之后，重新启动上述 SNMP Service 服务。

这里给出抓取的数据包列表，如图 11-18 所示，其中有 3 个代理程序发给管理程序的 Trap 数据包。

展开第 1 个数据包，如图 11-19 所示。该 SNMP 请求报文封装到 UDP 数据报中传输，目的端口号是 162。在 SNMP 报文中，SNMP 版本显示为 version-1，团体名称为 traptest；PDU 类型为

trap（4），其中分别给出了企业 OID 标识（enterprise）、代理地址（agent-addr）、Trap 类型（generic-trap）、特定代码（specific-trap）、时间戳（time-stamp）和变量绑定（variable-bindings）。

No.	Time	Source	Destination	Protocol	Length	Info
1	0.000000	192.168.0.10	192.168.0.30	SNMP	90	trap iso.3.6.1.4.1.311.1.1.3.1.3
2	2.095310	192.168.0.30	192.168.0.30	SNMP	81	get-request 1.3.6.1.2.1.1.3.0
3	2.097477	192.168.0.10	192.168.0.30	SNMP	83	get-response 1.3.6.1.2.1.1.3.0
4	3.871788	192.168.0.10	192.168.0.30	SNMP	108	trap iso.3.6.1.4.1.311.1.1.3.1.3 1.3.6.1.2.1.2.2.1.1.1
5	3.872030	192.168.0.10	192.168.0.30	SNMP	112	trap iso.3.6.1.4.1.311.1.1.3.1.3 1.3.6.1.2.1.2.2.1.1.65539

图 11-18　SNMP Trap 数据包列表

这里企业标识 OID 也涉及 MIB，重点讲解一下。例中对象名为 1.3.6.1.4.1.311.1.1.3.1.3，这是一个 SMI 节点，前 6 位 1.3.6.1.4.1 表示企业类；后面表示具体厂商和设备的编号。

Trap 类型为 0，表示类型为 coldStart，即代理完成初始化（冷启动）。

展开第 4 个数据包，如图 11-20 所示。与第一个包不同的是，Trap 类型为 3，表示类型为 linkup，即接口从故障状态转变为工作状态。当类型为 3 时，报文后面变量部分的第一个变量应标识相应的接口，例中接口 OID 为 1.3.6.1.2.1.2.2.1.1.1，这是一个 MIB 节点。

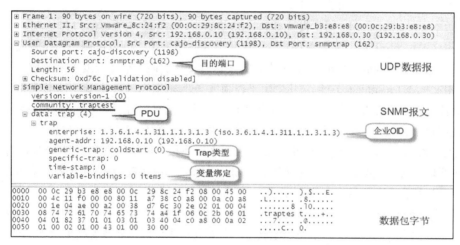

图 11-19　SNMP Trap 数据包细节（一）

图 11-20　SNMP Trap 数据包细节（二）

11.4.5 SNMPv3 报文结构与实现机制

SNMPv1 和 SNMPv2 都不能算是安全的协议,而 SNMPv3 与它们的主要区别就是增强了安全性。

1. SNMPv3 报文结构

SNMPv3 修改了以前版本的报文格式,但是 PDU 部分的格式同 SNMPv2c 是保持一致的。SNMPv3 报文结构如图 11-21 所示,前 6 项构成 SNMPv3 首部(报文头),后面的上下文引擎 ID、上下文名称与 PDU 构成 SNMPv3 数据部分(报文体)。整个 SNMPv3 报文可以使用认证机制,并对其数据部分进行加密。

图 11-21　SNMPv3 报文结构

SNMPv3 报文主要字段介绍如下。

- 版本(msgVersion):用于设置 SNMP 协议版本,SNMPv3 版本值为 3。
- 报文 ID(msgID):报文序列号,用在两个 SNMP 实体之间以协调请求与响应。
- 最大长度(msgMaxSize):表示由报文发送者支持的最大报文长度(字节数)。
- 报文标志(msgFlags):包含几个用于控制报文处理的位,每一位定义安全类型,如保密、授权或其他信息。标志占一个字节,但只有最低的 3 个位有效,如 0x0 表示不认证不加密,0x1 表示认证不加密,0x3 表示认证加密,0x4 表示发送 Report PDU 等。
- 安全模型(msgSecurityModel):指明发送者产生报文所用的安全模型和接收者执行报文安全处理所用的安全模型。0 表示任何模型,1 表示采用 SNMPv1 安全模型,2 表示采用 SNMPv2c 安全模型,3 表示采用 SNMPv3 安全模型。
- 安全参数(msgSecurityParameters):用于发送和接收 SNMP 引擎中的安全模型模块之间的通信,其数据内容和格式由安全模型定义。它包括几个子字段,具体说明见表 11-6。其中关于权威引擎的介绍参见下一小节。

表 11-6　　　　　　　　　　　　　安全参数子字段

字　段	含　义
权威引擎 ID(AuthoritativeEngineID)	用于 SNMP 实体的识别、认证和加密
权威引擎启动(AuthoritativeEngineBoots)	表示从初次配置时开始,SNMP 引擎已经初始化或重新初始化的次数
权威引擎时间(AuthoritativeEngineTime)	用于时间窗判断
用户名(UserName)	管理进程和代理进程配置的用户名必须保持一致
认证参数(AuthenticationParameters)	认证运算时所需的密钥。如果没有使用认证则为空
加密参数(PrivacyParameters)	加密运算时所用到的参数

- 上下文引擎 ID(contextEngineID):在管理域中唯一识别 SNMP 实体,该实体可能通过一个特定的上下文名称(contextName)实现一个上下文的实例。
- 上下文名称(contextName):结合上下文引擎 ID 字段识别与包含在报文 PDU 部分中的管理信息关联的特定上下文。它在 SNMP 实体中是唯一的,由上下文引擎 ID 指定,可以实现在 PDU

中引用管理对象。

- 数据（data）：包含 PDU。PDU 包含 PDU 类型以决定输入的 SNMP 报文的类型。

2. SNMPv3 权威引擎

SNMPv3 实体可以是一个运行在被管理设备上的管理代理进程，也可以是一个管理进程。基于用户的安全模型使用 SNMP 引擎 ID（snmpEngineID）来标识 SNMPv3 实体。

为防范报文重发、延迟和重定向，SNMPv3 定义了权威 SNMP 引擎，由参与通信的 SNMP 引擎中选择一个充当权威引擎。当 SNMP 操作（如 Get、Set、Inform）需要响应报文时，则接收报文并产生响应的 SNMP 引擎（目的）就是权威引擎。当 SNMP 操作不需要响应报文（如 SNMPv2-Trap、Response 或 Report）时，则发送报文的 SNMP 引擎（源）就是权威引擎。

非权威引擎与权威引擎之间相互通信必须共享用户的认证密钥和加密密钥。为安全起见，非权威引擎不需保存密钥，只是在权威引擎中预存密钥。非权威引擎上的密钥在需要时由操作用户输入口令临时生成，权威引擎中则需要预先根据用户口令生成并保存密钥，整个网络上仅此一份。权威引挚上的这个密钥称为本地化密钥。用户保存的只是口令，权威引擎保存的是用户的本地化密钥，在权威引擎上的密钥还有一个本地化过程。

一个 SNMP 引擎与另一个 SNMP 引擎通信之前必须先获得对方的引擎 ID。非权威引擎向权威引擎发送一个请求报文，权威引擎收到该请求后在响应报文 Report PDU 中写入本地的 SNMP 引擎 ID。如果需要建立可信任的通信，非权威引擎还要与权威引擎建立时间同步，具体通过向权威引擎发送认证请求报文实现，权威引擎在响应报文中写入本地引擎的最新权威引擎启动（snmpEngineBoots）和权威引擎时间（snmpEngineTime）变量值。

3. SNMPv3 实现机制

与 SNMPv1 和 SNMPv2 相比，SNMPv3 操作的实现机制的主要不同在于新增加了认证和加解密的处理。以下以 SNMPv3 使用认证和加密方式执行 GetRequest 操作为例来描述其实现机制，过程如下。

（1）管理器向代理发送不带任何认证和加密参数的 GetRequest 请求，将报文标志（Flags）字段设置为 0x4，以获取上下文引擎 ID、上下文名称、权威引擎 ID、权威引擎启动、权威引擎时间等相关参数值。

（2）代理收到该请求报文，向管理器返回 Report 报文，并附上上述相关参数的值。

（3）管理器给代理发送 GetRequest 请求，报文中将版本字段值设为 3，将获取到的上述相关参数值写入相应字段，在 PDU 变量绑定中提供变量值为 sysName.0，并根据认证算法计算出认证参数，使用加密算法计算出加密参数，还要对 PDU 数据进行加密。

（4）代理收到报文后，先对其进行认证，认证通过后再对 PDU 数据进行解密。解密成功后，则获取 sysName.0 对象的值，并将 Response PDU 变量绑定中提供字段的值为设备的名字。如果认证、解密失败或者获取参数值失败，则在错误状态字段中附上出错的原因，在错误索引字段中提供出错的位置信息。最后对 PDU 进行加密，设置上下文引擎 ID、上下文名称、权威引擎 ID、权威引擎启动、权威引擎时间、认证参数、加密参数等参数，再返回响应报文。

11.5　习　　题

1. SNMP 管理网络包括哪几个组成部分?

2．简述 Trap 方式。

3．SNMP 协议有哪几种版本？

4．简述 SMI 对象命名方法。

5．MIB 对象定义包括哪些字段？

6．简述 SMI 与 MIB 之间的关系。

7．SNMPv1/v2 有哪些 PDU 类型？

8．简述 SNMPv1 的协议操作。

9．简述 SNMPv1 的安全机制。

10．简述 SNMPv1/v2 报文结构。

11．简述 SNMPv3 报文结构。

12．搭建一个实验环境，使用 Wireshark 工具抓取 SNMP 数据包，验证分析 SNMP 报文结构。

第12章
网络安全协议

Internet 面临许多安全性威胁，破坏的手段从窥探和其他被动性的攻击到更恶意和更棘手的攻击，如身份欺骗和拒绝服务。为解决各种威胁与攻击，构建安全的网络体系，出现了众多的网络安全技术和方案。安全这个题目很大，涉及面非常广，本章主要介绍 TCP/IP 协议体系中典型的网络安全协议，包括网络层的 IPSec 和传输层的 SSL/TLS。

12.1　网络安全基础

在具体介绍安全协议之前，首先简单介绍一下以密码学为基础的网络安全基础知识。这里不涉及复杂的数学问题，而是主要讲解有关概念及其应用。

12.1.1　网络信息安全需求

网络通信的信息安全需求主要包括以下 4 个方面。

- 信息保密——即信息传输的机密性（保密性），防止未授权用户访问，内容不会被未授权的第三方所知。例如，通常要防止敏感信息和数据在网络传输过程中被非法用户截取。
- 身份验证——确认对方的身份，也称为认证。例如，非法用户可能伪造、假冒合法实体（用户或系统）的用户身份，传统的用户名和口令认证方式的安全性很弱，需要强有力的身份验证措施。
- 抗否认——信息的不可抵赖性，确保发送方不能否认已发送的信息，要承担相应的责任。例如，交易合同电子文件一经数字签名，如果要否认，则已签名的记录可作为仲裁依据。
- 完整性控制——保证信息传输时不被修改、破坏，不能被未授权的第三方篡改或伪造。例如，敏感、机密信息和数据在传输过程中有可能被恶意篡改。破坏信息的完整性是影响信息安全的常用手段。

12.1.2　密码学

密码学（Cryptology）是网络安全基础的基础，主要解决加密（Encrypt）和解密（Decrypt）问题。现代密码学模拟传统的加解密方法，用数学算法来实现，整个系统如图 12-1 所示。转换之前的原始报文叫做明文（Plaintext），转换之后的报文叫做密文（Ciphertext）。先用加密算法将明文转换为密文，再用解密算法把密文转换为明文。发送方使用加密算法将要发送的信息加密之后再通过网络发送，接收方收到密文之后，使用解密算法将其恢复为明文。

加密和解密算法统称密码算法（Cryptography Algorithm），简称为密码（Cipher）。而密钥（Secret

Key）就是作为密码算法中要运算的一个数值。将一个消息加密为密文，需要加密算法和加密密钥；将密文解密，需要解密算法和解密密钥。在现代密码学中，加密和解密算法都是公开的，任何人都可以得到，而密钥是秘密的，需要受到保护。

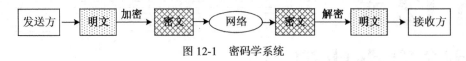

图 12-1　密码学系统

所有密码学算法都可以划分为两大类：对称密钥密码学算法（共享密钥）和非对称密钥密码学算法（公钥）。

1. 对称密钥密码学

双方使用相同的密钥。发送方使用一个密钥和加密算法对数据进行加密，接收方使用同样的密钥和相应的解密算法对数据进行解密，如图 12-2 所示。

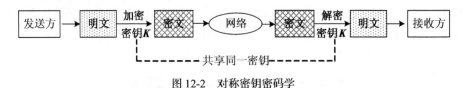

图 12-2　对称密钥密码学

对数据的加密和解密都使用相同的密钥，双方必须共同保守密钥，防止密钥泄漏。这里的密钥就是私钥，解密算法是加密的逆算法。

传统密码使用一个字符或符号作为加密和解密的单元，而现代密码使用分组（Block，又译为块）作为加密和解密的单元，将明文分成块然后依次加密，目前有两种通用的对称密码算法。

● DES：全称 Data Encryption Standard，可以译为数据加密标准。由 IBM 设计，被美国政府采纳作为非军事和非机密用途的加密标准。这种算法使用一个 56 位密钥对 64 位的明文进行加密。明文经过 19 个不同的复杂过程后变成 64 位密文。

● 3DES：三重 DES。56 位密钥太短导致 DES 算法的安全性不是很高，为此推出了改进的多重 DES，通过多个密钥来进行重复的加密运算，目的是为了加长密钥，当然还要保持新的数据分组与原来的 DES 的数据分组兼容。目前比较广泛使用的就是三重 DES，它使用三个 DES 块和两个 56 位密钥，加密块使用 DES 的加密——解密——加密组合，而解密块使用 DES 的解密——加密——解密组合。

2. 非对称密钥密码学

非对称密码学通常称公钥密码学。如图 12-3 所示，它采用密钥对（一个用于加密的公钥和一个用于解密的私钥）对信息进行加密和解密，加密和解密所用的密钥是不同的。

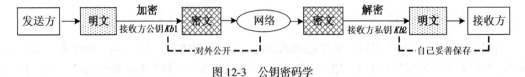

图 12-3　公钥密码学

公钥向他人公开，任何人都可获得公钥；私钥则由自己保存。当发送方要向接收方发送信息时，利用接收方的公钥对信息加密，接收方收到发送方传送的密文后，利用自己的私钥进行解密还原。

RSA 是最常用的公钥算法，其名称来自于发明人 Rivest、Shamir 和 Adleman 的姓氏。它能够抵抗到目前为止已知的所有密码攻击，已被 ISO 推荐为公钥数据加密标准。RSA 算法基于一个十分简单的数论事实：将两个大素数相乘十分容易，但想要对其乘积进行因式分解却极其困难，因此可以将乘积公开作为加密密钥。RSA 的不足有两点，一是受到素数产生技术的限制，产生密钥比较麻烦，二是分组长度太大，使运算代价很高。目前，SET（Secure Electronic Transaction）协议中要求认证中心（CA）采用 2048 比特的密钥，其他实体使用 1024 比特的密钥。

3. 两种密码学的比较

对称密钥密码学实现简单，运行效率高，但不足之处也很明显。一是用于网络传输数据加密存在安全隐患，需要将密钥通过网络通知接收者，第三方在截获加密数据的同时，只需再截取相应密钥即可将数据解密使用或非法篡改。二是不利于大规模部署，每对发送者与接收者之间都要使用一个密钥。

公钥密码学既可以防止数据发送方的事后否认，又可以防止他人仿冒或者蓄意破坏，可实现保密、认证、抗否认和完整性控制等安全要求，而且对于大规模应用来说实现起来很容易。它最大的缺点就是算法的复杂性，使用很长的密钥计算密文需要很长的时间。另一个缺点就是一个实体和它的公钥的关联必须被验证，只有使用认证中心（CA）才比较好解决。

　　对称密钥算法通常用于较长的报文，而公钥密码学对短报文更加有效。在实际应用中，通常将这两种算法结合起来。例如，公钥加密技术经常用来交换对称加密的密钥，使得对称加密能继续用于数据加密。另外，对称密钥、密钥交换这两个术语可以互换使用。

12.1.3　保密

保密是最基本的安全服务，目的是实现发送方和接收方都需要的机密性，所发送的数据只能让特定的接收方知道。其他人即使获得信息，也无法获知具体内容，因为已经加密。

最简单的保密方法是使用对称加密。发送方和接收方之间用一个双方共享私钥对信息加密和解密，可参见图 12-2。这种加密方式又称单密钥加密或私钥加密。

使用非对称加密（公钥密码学）技术对信息加密也可以达到保密的目的。发送方使用对方（接收方）的公钥加密信息，接收方使用自己的私钥解密，可参见图 12-3。私钥由接收方自己保存，而公钥要公开出来。使用这种公钥加密，需要公钥的拥有者必须经过认证。

12.1.4　数字签名

对于信息安全来说，除了保密性外，还需要 3 种安全服务：认证、完整性和抗否认。报文认证（Message Authentication，也译为报文鉴别）表示接收方需要认可发送方的身份，不是假冒者发送该报文。报文完整性（Message Intergrity）表示到达接收方的数据必须和发送出的数据完全一样。在传输过程中，报文内容必须没有任何改变，不管是偶然的还是恶意的。抗否认（Non-Repudiation）表示接收方必须能够证明所收到的报文是来自特定的发送方，发送方不能否认自己发送了该报文。使用数字签名方法可以实现这 3 种安全服务。对电子文档的数字签名与传统文件签署相似。有两种方式可选择，一是对整个文档签名，二是对文档摘要签名。

　　本章提到 message 这个术语的地方很多，它是网络中交换与传输的数据单元，即站点一次性要发送的数据块，包含了将要发送的完整的数据信息，它也是一种网络传输的单位。通常将 message 译为报文或消息，这两个译法互换使用，如消息认证等同于报文认证，报文完整性等同于消息完整性。

1. 对整个文档签名

使用公钥加密可以对整个文档签名。如图 12-4 所示，发送方使用自己的私钥对报文加密实现签名，相当于盖上自己的私章；接收方使用发送方的公钥进行解密，相当于验证发送方的签名。私有密钥用来进行加密，而公钥用来进行解密。

图 12-4　文档签名与验证

文档的数字签名可以提供完整性、认证和抗否认服务。如果有人截获了这个报文，并部分地或整个地改变它，那么这个解密后的报文就会变得不可读，这就实现了完整性。

如果有人冒名发送报文，必须用自己的私钥进行加密（签名），接收方使用发送方的公钥解密的报文是不可读的，这就实现了报文源认证。

要提供抗否认服务，还需一个可信的第三方支持，由第三方保存接收的报文。如果发送方否认发送了报文，接收方可以向可信的第三方提交发送方的私钥和公钥对保存的报文加密和解密的结果，这就产生与保存的报文一样的副本。

2. 对文档摘要签名

如果报文很长，用公钥对整个报文加密就非常低效，解决的方案是让发送方对文档的摘要而不是整个文档进行签名。发送方生成文档的一个摘要，然后对它签名；接收方验证这个摘要上的签名。

要生成报文摘要，就需要使用散列函数（Hash）。散列函数从可变长度的报文生成固定长度的摘要。散列函数不仅具有单向性（由报文生成报文摘要，但不能由报文摘要还原为报文），而且还具有无碰撞性（对于不同的报文不会产生两个相同的报文摘要）。

对文档摘要签名与验证的过程如图 12-5 所示。发送方使用散列函数对要发送的文档生成摘要，然后使用自己的私钥对摘要进行加密（签名），并将加密后的摘要附加在原始报文后面发送给接收方。接收方收到附加已加密摘要的报文，将报文和摘要分开，并使用同样的散列函数对原始报文生成了第 2 个摘要，使用发送方的公钥对已加密摘要进行解密；然后对这两个摘要进行比较，如果相同，则验证通过。

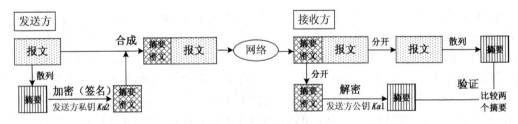

图 12-5　文档摘要签名与验证

由于散列算法具有一对一的特性，没有两个报文能够生成同样的摘要，摘要与报文一一对应，通过摘要签名同样能够实现报文完整性、源认证和抗否认。

3. 报文摘要算法

目前最常用的报文摘要算法有以下两种。

- MD5：全称 Message-Digest Algorithm 5，可译为报文摘要算法第 5 版。摘要生成基本过程是：以 512 位分组来处理输入的报文；每一分组又被划分为 16 个 32 位子分组；经过一系列的处理后，输出 4 个 32 位分组放在 4 个链接变量中；将 4 个链接变量进行级联，生成一个 128 位散列值。MD5 可处理的报文最大长度不限，产生的是一个 128 位的报文摘要。
- SHA：全称 Secure Hash Algorithm，可译为安全杂凑算法。这是美国国家标准与技术研究所（NIST）发布的国家标准 FIPS PUB 180，2008 年更新到 FIPS PUB 180-3。其中规定了 SHA-1、SHA-224、SHA-256、SHA-384 和 SHA-512 这几种单向散列算法，前 3 种适用于长度不超过 2^{64} 位的报文，后两种适用于长度不超过 2^{128} 位的报文。SHA 产生的是一个 160 位的报文摘要。

12.1.5　身份认证

认证（Authentication）又称为身份验证鉴别、确认，目的是让一个实体向另一个实体证明自己的身份。实体可以是一个人、一个机构、一个客户端程序或服务器程序。上述报文认证中，对每一个单个的报文都要验证发送方的身份；而在身份认证中，在整个持续时间内身份只需被验证一次。身份认证可用于保护真实性。

采用对称密钥进行认证有多种方法可供选择。

最简单的方法是发送方直接使用双方共享的私钥将其身份和口令在加密的报文中发送给接收方。这种方法存在较为明显的安全隐患。第三方虽然不知道密钥，不能直接破译口令或数据，但是可以截获该身份认证报文和数据报文，并存储起来，以后再重新发送给接收方，而接收方无法知道这是前一个报文的重播，也就无法区分新的报文和重复的报文，这就是重播攻击。

为了防止重播攻击，可以在认证方法中增加一个随机数（Nonce），这个数是任意的或非重复的值。这样，认证分为 3 个步骤实现：（1）发送方使用明文发送其身份信息给接收方；（2）接收方用明文发送一个随机数询问发送方；（3）发送方响应该报文，使用对称密钥加密后把这个随机数发回给接收方。因为随机数只能一次有效，第三方无法重播该报文。

还有一种方法是双向认证，也分为 3 个步骤实现：（1）发送方发送自己的身份和一个随机数询问接收方；（2）接收方响应发送方的询问，发送一个随机数询问发送方；（3）发送方响应接收方的询问。

使用公钥密码学认证一个实体。A 可以用其私钥加密报文，同时让 B 使用 A 的公钥对这个报文进行解密来认证 A。这种方法会遭受“中间人”攻击，更好的办法是使用公钥认证，请参见 12.1.7 节的有关介绍。

12.1.6　对称密钥分配与管理

对称密钥要求通信双方使用同一个私钥，一旦参与通信的人非常多，需要的密钥数量就非常惊人。另外，通信的双方需要安全地获取共享密钥。

1. 会话密钥与 Diffie–Hellman 算法

会话密钥是网络通信经常使用的一种对称密钥交换方法。这是一种动态的对称密钥方案，为每一个会话产生一个对称密钥，在会话结束时就销毁该密钥，通信双方都不需要记住密钥。会话密钥就是一种临时密钥。安全通信中的密钥交换多采用这种方法。

目前主要使用 Diffie-Hellman 算法来实现会话密钥。Diffie-Hellman 简称 DH，是一种确保共享密钥安全穿越不安全网络的方法，需要安全通信的双方可以用这个方法确定对称密钥，然后可以用这个密钥进行加密和解密。

简单介绍一下 DH 算法的工作机制。A、B 双方约定 2 个大整数 n 和 g，其中 $1<g<n$，这两个整数无需保密，然后执行以下过程。

（1）A 随机选择一个大整数 x（保密）并计算 $X=gx \bmod n$。

（2）B 随机选择一个大整数 y（保密），并计算 $Y=gy \bmod n$。

（3）A 将 X 发送给 B，B 将 Y 发送给 A。

（4）A 计算 $K=Yx \bmod n$。

（5）B 计算 $K=Xy \bmod n$。

K 即是双方共享的密钥。

第三方在网络上只能监听到 X 和 Y，但无法通过 X 和 Y 计算出 x 和 y，因此也就无法计算出共享密钥 K。

DH 是一种建立密钥的方法，只能用于密钥的交换；而不是加密方法，不能进行报文的加密和解密。通信双方确定要用的密钥后，要使用其他对称密钥操作加密算法对报文进行加密和解密。

由于 DH 算法本身限于密钥交换的用途，被许多商用产品用作密钥交换技术。目前流行的密钥协商协议都使用了 DH，基本上可以看成是 DH 的扩展。

然而，DH 也存在许多不足。它没有提供双方身份的任何信息，而且计算密集，因此容易遭受阻塞性攻击。这种算法还容易遭受"中间人"攻击，第三方 C 在与 A 通信时扮演 B，与 B 通信时扮演 A，A 和 B 都与 C 协商了一个密钥，然后 C 就可以监听和传递通信流量。

2. 密钥分配中心（KDC）

采用 DH 算法时，由于有明文发送的信息，可以被任何入侵者截获。另外双方的任何私人通信都必须使用对称密钥进行加密，这就会产生恶性循环。在双方之间确立一个对称密钥之前，双方就需要有一个对称密钥，解决的方法是要有一个可信的第三方，即通信双方都信任的一方，这就是密钥分配中心（Key Distribution Center，KDC）。

为减少密钥的数量，每人要与 KDC 建立一个共享密钥，密钥是在 KDC 和每个成员之间建立的。A 有一把与 KDC 之间的密钥，称为 KA；B 有一把与 KDC 之间的密钥，称为 KB 等。A 要与 B 实现保密通信，最简单的实现过程如下。

（1）A 向 KDC 发送一个请求，表明需要一个与 B 之间的会话密钥。

（2）KDC 将 A 的请求通知 B。

（3）如果 B 同意，就在双方之间创建一个会话密钥。

（4）A 与 B 使用该会话密钥交换数据。

这种方法容易遭受重播攻击，在第 3 步可以保存截获的报文用于重播。为了安全，可以采用更好的方案，如 Needham-Schroeder 协议和 Otway-Rees 协议。

12.1.7　公钥认证与 PKI

在公钥密码体系中，每一个人对外都要公开一个公钥，并隐藏一个私钥。解决好公钥认证的通行方案是部署公钥基础结构（Public Key Infrastructure，PKI）。作为一种基础设施，PKI 由公钥技术、数字证书、证书颁发机构（简称 CA，也称认证机构）和关于公钥的安全策略等共同组成，用于保证网络通信和网上交易的安全。PKI 的主要目的是通过自动管理密钥和数字证书，为用户建立起一个安全的网络环境，使用户可以在多种应用环境下方便地使用加密和数字签名技术来实现安全应用。

1. 数字证书与 X.509

数字证书也称为数字 ID，是 PKI 的一种密钥管理媒介。实际上，它是一种权威性的电子文档，由一对密钥（公钥和私钥）及用户信息等数据共同组成，在网络中充当一种身份证，用于证明某一实体（如组织机构、用户、服务器、设备和应用程序）的身份，公告该实体拥有的公钥的合法性。例如，服务器身份证书用于在网络中标识服务器的身份，确保与其他服务器或用户通信的安全性。

数字证书的格式一般采用 X.509 国际标准，便于纳入 X.500 目录检索服务体系。X.509 证书由用户公钥和用户标识符组成，还包括版本号、证书序列号、CA 标识符、签名算法标识、签发者名称和证书有效期等信息。

数字证书采用公钥密码机制，即利用一对互相匹配的密钥进行加密、解密。

数字证书是由权威公正的第三方机构即认证中心签发的，以数字证书为核心的加密技术可以对网络上传输的信息进行加密和解密、数字签名和签名验证，确保网上传递信息的机密性、完整性，以及交易实体身份的真实性，签名信息的不可否认性，从而保障网络应用的安全性。

2. 证书颁发机构

需要建立一个各方都信任的机构，负责数字证书的发放和管理，以保证数字证书的真实可靠，这个机构就是证书颁发机构（简称 CA），也叫认证中心。CA 在 PKI 中提供安全证书服务，因而 PKI 又被称为 PKI-CA 体系。作为 PKI 的核心，CA 主要用于证书颁发、证书更新、证书吊销、证书和证书吊销列表（CRL）的公布、证书状态的在线查询、证书认证等。

在大型组织或安全网络体系内，CA 通常建立多个层次的证书颁发机构。分层证书颁发体系如图 12-6 所示。根 CA 是证书颁发体系中第一个证书颁发机构，是所有信任的起源。根 CA 给自己颁发由自己签字的证书，即创建自签名的证书。根 CA 以下各层次统称为从属 CA。每个从属 CA 的证书都由其上一级 CA（父 CA）签发，下级 CA 不一定要与上级 CA 联机。从属 CA 为其下级 CA 颁发证书，也可直接为最终用户颁发证书。从最底层的用户证书到为其颁发证书的 CA 的身份证书，再到上级 CA 的身份证书，最后到根 CA 自身的证书，构成一个逐级认证的证书链。

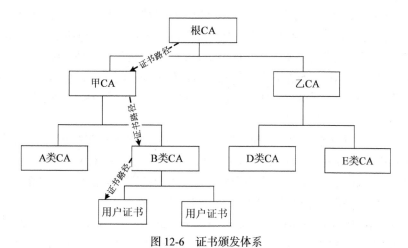

图 12-6　证书颁发体系

12.1.8　网络安全协议标准

网络安全通常分层实施，层次不同提供的安全性也不同。TCP/IP 在网络层、传输层和应用层都提供有网络安全协议，以支持安全服务。这里简单介绍一下 TCP/IP 安全的主要协议标准。

IP 不仅要向应用程序提供服务，而且要对其他协议（如 ICMP、OSPF）提供服务，因而网络层的安全实现非常复杂。IP 层主要提供虚拟专用网络（VPN）服务，安全协议是 IPSec（Internet 协议安全）。IPSec 通过保证端对端安全性而主动保护专用网络和公共网络上的通信。

传输层的安全实现更复杂，为避免修改传输层，在传输层上附加了一个安全功能子层提供安全套接服务。SSL/TLS 是一种建立在传输层协议之上的安全协议标准，用来在客户端和服务器之间建立安全的 TCP 连接。

应用层的每一种应用都负责提供安全，安全实现最为简单，只需考虑考虑客户端和服务器两个实体，因而应用层的安全协议标准比较多。S-HTTP（安全超文本传输协议）依靠密钥对的加密保障 Web 站点间的交易信息传输的安全性，容易与 HTTP 的应用进行集成。S/MIME 对 MIME 在安全性能方面进行了扩展和增强，除了用于保护电子邮件外，还可以用于其他利用 MIME 进行传输的协议（如 HTTP）。PGP 是一种基于公钥体系的加密技术，个人使用很广泛。SET（安全电子交易协议）是目前公认的信用卡网上交易的国际标准。

虽然物理层和数据链路层的安全也很重要，但是这些并不属于 TCP/IP 协议体系。

12.2　IPSec 协议

IPSec 是 Internet 协议安全（Internet Protocol Security）的英文简称，是 Internet 工程任务组（IETF）IPSec 工作组开发的工业标准。它主要定义了 IP 数据包格式和相关基础结构，旨在为网络通信提供端对端的身份验证、完整性、反重播和保密性。IPSec 通过保证端对端安全性而主动保护专用网络和公共网络上的通信。

12.2.1　IPSec 概述

据统计，70% 的未被授权访问是企业内部所为，从内部保护数据并使用多种安全机制是深入防卫的基础。在解决网络安全问题时，考虑物理安全性、防火墙和增强密码等事项是至关重要的。然而，这些措施对于防止来自企业内部的攻击却无能为力。现实情况是，许多应用程序以纯文本方式传输数据和密码，当这些数据和密码信息通过通信电缆传输时，很容易被内部用户捕获。这样就要求提供强有力的安全措施，而 IPSec 就是一种好的解决方案。IPSec 既能防止外部人员的攻击，又能阻止来自内部人员的攻击。

IPSec 协议不是一个单独的协议，而是应用于 IP 层上网络数据安全的一整套体系结构，包括 AH（Authentication Header，认证首部）、ESP（Encapsulating Security Payload，封装安全载荷）、IKE（Internet Key Exchange，Internet 密钥交换）和用于网络认证及加密的一些算法等。其中，AH 协议和 ESP 协议用于提供安全服务，IKE 协议用于密钥交换。

IPSec 的体系结构在 RFC 2401 "Security Architecture for the Internet Protocol" 中定义，它使用两个安全协议 AH 和 ESP，以及密钥分配的过程和相关协议来实现其目标。AH 可用来保证数据完整性，提供反重播保护，并且确保主机的身份认证。反重播也称为防止重放，用于确保每个 IP 数据包的唯一性，可确保攻击者截获的数据无法重新使用或重播，从而不能非法建立会话或获取信息。ESP 提供和 AH 相似的功能，另外提供数据机密性保护。AH 或 ESP 本身都不提供实施安全功能的实际的加密算法，而是利用现有的工业标准加密算法和认证算法。在 IPv6 中，AH 和

ESP 都是扩展首部的一部分。

安全关联（Security Association，简称 SA）是 IPSec 中的一个重要概念。一个安全关联表示两个或多个通信实体之间通过了认证，且都能支持相同的加密算法，成功地交换了会话密钥，可以开始利用 IPSec 进行安全通信。IPSec 协议本身没有提供在通信实体间建立安全关联的方法，需要利用 IKE 来实现。IKE 由 RFC 2409 "The Internet Key Exchange (IKE)" 定义，主要规定了通信实体间进行认证、协商加密算法以及生成共享的会话密钥的方法。IKE 为 IPSec 提供自动协商交换密钥、建立安全关联的服务，这样能够简化 IPSec 的使用和管理，从而大大简化了 IPSec 的配置和维护工作。

12.2.2　IPSec 特性

IPSec 提供了两种安全机制：认证和加密。认证机制使 IP 通信的数据接收方能够确认数据发送方的真实身份以及数据在传输过程中是否遭篡改。加密机制通过对数据进行加密运算来保证数据的机密性，以防数据在传输过程中被窃听。IPSec 具有以下特性。

1．端对端安全性

IPSec 基于端对端的模式来保证 IP 数据包的安全性，它在源 IP 和目的 IP 地址之间建立信任和安全机制。这就意味着，只有需要通信的主机才需要 IPSec，而中间设备（最典型的如路由器）无需知道 IPSec。如图 12-7 所示，发送方在发送前对数据进行加密，接收方仅在接收数据后进行解密，验证数据的安全性。IPSec 能够确保对传输数据的保护，但是不能保护存储在磁盘上的数据。

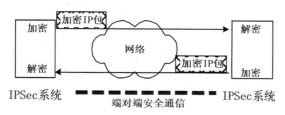

图 12-7　IPSec 端对端安全通信

2．基于网络层的透明保护

IPSec 在网络层（第 3 层）启用高级保护，这对于大多数应用程序、服务和高层协议是透明的，部署 IPSec 不要求对现有应用程序或操作系统进行更改，所有使用 IP 协议进行数据传输的应用系统和服务都可以使用 IPSec。在 TCP/IP 体系结构中，IPSec 处于网络层，这样可为 TCP/IP 协议套件中所有的 IP 和高层协议（如 TCP、UDP、ICMP 以及在 IP 层上发送通信的自定义协议）提供保护。

3．深度防卫

IPSec 提供强大的、基于加密的攻击防御措施，可保护公共环境中的专用数据。所有网络通信都是在数据包级而不是整个通信（即数据包流）级得以保护的。与其他安全措施结合使用，IPSec 可确保对数据进行深度保护，可以有效防范网络攻击。

12.2.3　传输模式与隧道模式

IPSec 有两种模式：传输模式（Transport Mode）和隧道模式（Tunnel Mode）。AH 或 ESP 协议都可用于这两种模式。

1. 传输模式

IPSec 传输模式用于实现端对端安全通信，即源主机和目的主机之间实现完整的端对端通信保护。传输模式可用于保护数据包，此时通信的终点也是加密的终点。传输模式通过 AH 首部或 ESP 首部对 IP 有效载荷（要传输的数据）提供保护。这种模式用于实现计算机之间的安全通信，如内网中的服务器与服务器、客户机与服务器、客户机与客户机之间的网络通信。

2. 隧道模式

IPSec 隧道模式用于实现网关之间的安全通信。在隧道模式中，加密的终点是代表另一个网络提供安全的安全网关。隧道模式通过 AH 或者 ESP 提供对整个 IP 数据包的保护。使用隧道模式时，将通过 AH 首部或 ESP 首部与其他 IP 首部来封装整个 IP 数据包。外部 IP 首部的 IP 地址是隧道终结点，封装的 IP 首部的 IP 地址是最终源地址与目标地址。这种模式用于实现网络之间的安全通信。在网关（路由器）之间建立 IPSec 隧道，使得网关后面的内部专用网络之间能够安全通信，如图 12-8 所示。封装的数据包在网络中的隧道内传输，网关可以是 Internet 与内网间的边界网关，如路由器、防火墙、代理服务器等。另外，即使在专用网络内部，也可使用两个网关来保护网络中不信任的通信。

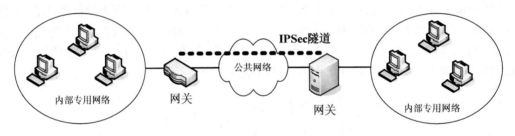

图 12-8　IPSec 隧道

12.2.4　AH 协议

AH 协议提供 3 类安全服务：数据完整性、数据源认证（身份验证）和反重播。AH 协议能够保护通信免受篡改，但是由于不能加密数据，不提供机密性，也就不能防止被窃听，只适用于传输非机密数据。在 IP 首部中使用 IP 协议号 51 来标识 AH。

AH 由 RFC 2402 "IP Authentication Header" 定义，可用于传输模式和隧道模式，在不同的模式下工作机制也不同。

1. AH 工作原理

AH 协议在每一个 IP 数据包上添加一个 AH 首部（认证首部）。此首部包含一个带密钥的散列值，此散列值由整个数据包计算得到，因此对数据的任何更改都将使散列无效，从而对数据提供了完整性保护。例如，主机 A 将数据发送给主机 B，通过签名来防止修改，这样主机 B 对签名进行验证，可以确定是主机 A 发送的数据并且未经修改。

AH 通过密钥的散列来提供传输数据的完整性。目前支持的散列算法包括 HMAC MD5 和 HMAC SHA。MD5 产生一个 128 位的值，而 SHA 产生一个 160 位的值。SHA 通常更安全，但不如 MD5 快。

2. AH 传输模式

在传输模式中，AH 为提供完整性和身份验证而对整个数据包进行签名，如图 12-9 所示，签名就是在 IP 首部（报头）和传输协议（TCP 或 UDP）首部之间放置 AH 首部（报头）。AH 首部位于 IP 数据报首部和传输层协议首部之间。

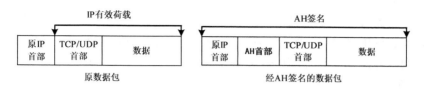

图 12-9   使用 AH 首部进行数据包签名

3. AH 隧道模式

如图 12-10 所示，AH 隧道模式使用 AH 首部与新的外部 IP 首部（隧道 IP 报头）来封装 IP 数据包，并对整个数据包进行签名以求完整性并进行验证。AH 隧道模式不提供隧道内容的保密，只提供更强的完整性和身份验证。AH 签署整个数据包后，一旦隧道的源发出数据包，就不能更改其源和目标地址。

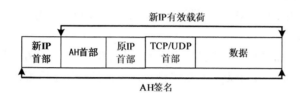

图 12-10   将 AH 签名用于隧道模式

4. AH 首部格式

AH 首部格式的细节如图 12-11 所示，各字段说明如下。

图 12-11   AH 首部组成

- 下一个首部：该字段长度为 8 位，指示 AH 首部之后一个首部的类型，也就是使用 IP 协议号来标识 IP 有效载荷。例如，紧接其后的是 TCP 首部，则该字段值为 6。
- 长度：该字段长度为 8 位，以 32 位字长为单位，指明 AH 首部的长度。
- 保留：该字段长度为 16 位，留作将来使用，目前必须将其置为 0。
- SPI：该字段长度为 32 位，用于标识一个 SA（安全关联）。SPI 即 IKE 协商 SA 时指定的安全参数索引，与目的地址及安全协议（AH 或 ESP）组合使用，以确保通信的正确安全关联。接收方使用该值确定数据包是使用哪一个安全关联标识的。有关 SA 与 SPI 的详细介绍请参见 12.2.6 节。
- 序列号：该字段长度为 32 位，表示报文的编号。在安全关联的生存期内序列号不能重复，从而为安全关联提供反重播保护。
- 认证数据：该字段长度可变，包含完整性校验值，也称为报文验证代码，用来进行报文认证与完整性验证。该字段值实际上是将散列函数应用到整个 IP 数据报的结果。

5. AH 首部添加过程

AH 首部添加过程如下。

（1）将 AH 首部加到 IP 有效载荷上，但认证数据字段要置为 0。

（2）可能需要在 IP 数据部分加入填充，以使总长度为 4 字节的倍数，便于特定散列函数处理。

（3）基于总的分组长度进行散列，在 IP 首部中只有在传输中不发生变化的那些字段才包含在报文摘要的计算中。

（4）将认证数据插入到 AH 首部中。

（5）将协议字段值改为 51，然后再加上 IP 首部。

12.2.5　ESP 协议

ESP 协议提供 4 类安全服务，除了数据完整性、数据源认证和反重播之外，还提供机密性。在 IP 首部中使用 IP 协议号 50 标识 ESP。ESP 由 RFC 2406 "IP Encapsulating Security Payload" 定义，它也可用于传输模式和隧道模式。ESP 是在 AH 已经投入使用后才设计的，虽然能够取代 AH，但考虑到市场现有产品含有 AH，AH 还在继续使用。ESP 可以独立使用，也可与 AH 组合使用。

1. ESP 工作原理

ESP 在每一个数据包的标准 IP 首部后面添加一个 ESP 首部，并在数据包后面追加一个 ESP 尾部。与 AH 协议不同的是，ESP 将需要保护的用户数据进行加密后再封装到 IP 包中，以保证数据的机密性。

ESP 支持的加密算法包括 DES、3DES 和 AES。这些加密算法的安全性由高到低依次是 AES、3DES 和 DES。不过安全性高的加密算法实现机制复杂，运算速度慢。对于普通的安全要求，DES 算法就可以满足需要。ESP 还通过 HMAC MD5 和 HMAC SHA 提供完整性检查。反重播服务的实施方式与 AH 相同。

2. ESP 传输模式

传输模式中的 ESP 不对整个数据包进行签名，只保护 IP 有效载荷，而不保护 IP 首部。例如，主机 A 将数据发送给计算机 B，因为 ESP 提供机密性，所以数据被加密，其他人无法读取这些数据；计算机 B 接收到 A 发送的数据，在验证过程完成后，数据包的数据部分将被解密，并确定是主机 A 发送的数据并且数据未经修改。

ESP 可以对数据包进行签名和加密，为 IP 有效载荷提供保护。如图 12-12 所示，ESP 首部（报头）置于 IP 有效载荷之前，ESP 尾部（报尾）与 ESP 认证尾端置于 IP 有效载荷之后。数据包的签名部分表示数据包的完整性和身份验证签名是在哪里进行的；数据包的加密部分表示哪些信息受到机密性保护。

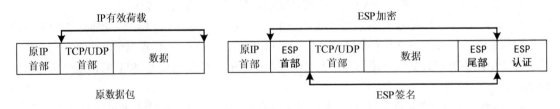

图 12-12　使用 ESP 对数据包进行签名与加密

3. ESP 隧道模式

如图 12-13 所示，ESP 隧道模式采用 ESP 与新的外部 IP 首部（隧道报头）以及 ESP 尾端来封装 IP 数据包。

由于为数据包添加了隧道新 IP 首部，所以会对 ESP 首部之后的所有内容进行签名（ESP 认证尾端除外），原因是这些内容此时已封装在隧道数据包中。原始 IP 首部置于 ESP 首部之后。在加密之前，首先会通过 ESP 尾部附加整个数据包。ESP 首部之后的所有内容都会被加密，ESP 认证尾端除外。然后，将整个 ESP 有效载荷封装在未加密的新的隧道 IP 数据报内。新隧道 IP 首部内的信息只用来路由从源地址到目标地址的数据包。

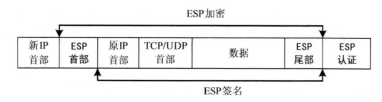

图 12-13　将 ESP 签名和加密用于隧道模式

4. ESP 报文格式

包含有 ESP 首部、尾部和 ESP 验证的 ESP 报文结构如图 12-14 所示。

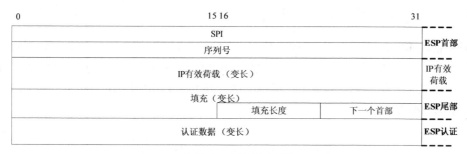

图 12-14　ESP 报文结构

ESP 首部包括 SPI（安全参数索引）和序列号两个字段，其含义及用途与 AH 相同。

IP 有效载荷字段则是受保护的用户数据区，应用模式不同，数据内容也不同。

ESP 尾部包括以下 3 个字段。

● 填充：可变长度字段（0~255 字节），值都是 0 以用作填充。在对数据进行加密处理时需要分组对齐，如果数据没有达到对齐要求，就要进行填充，并用填充长度指示填充的数据量。

● 填充长度：该字段长度 8 位，定义填充的字节数。

如果数据量达到对其要求，就不会设置填充和填充长度字段的值。

● 下一个首部：该字段长度 8 位，指明受保护数据区中的第 1 个首部字段，它与封装前 IP 首部中的协议字段的功能一样。

ESP 认证包含身份验证数据字段，它通过 ESP 首部、有效载荷数据与 ESP 尾部来计算，将认证方案应用到数据报各部分的结果。

注意在 AH 和 ESP 中的认证数据的区别。在 AH 中，IP 首部的一部分是包含在认证数据之中，但在 ESP 中则不是这样。

5. ESP 工作过程

ESP 工作过程如下。

（1）给 IP 有效载荷增加 ESP 尾部。

（2）对 IP 有效载荷和 ESP 尾部进行加密。

（3）增加 ESP 首部。

（4）ESP 首部、有效载荷以及 ESP 尾部都用来生成认证数据。

（5）将认证数据加到 ESP 尾部的末端。

（6）加上 IP 首部，并将协议字段值改为 50。

可以根据实际安全需求同时使用 AH 与 ESP 两种协议或选择使用其中的一种。AH 和 ESP 都可以提供身份验证服务，不过，AH 提供的身份认证服务要强于 ESP。同时使用 AH 和 ESP 时，先对报文进行 ESP 封装，再对报文进行 AH 封装，封装之后的报文从内到外依次是原始 IP 报文、ESP 首部、AH 首部和外部 IP 首部，如图 12-15 所示。

图 12-15　同时使用 AH 与 ESP

12.2.6　安全关联与 IKE 协议

在两端使用 IPSec 通信之前，必须在某些安全性设置方面达成一致，主要是确定认证、完整性和加密算法，这个过程称为安全协商。如图 12-16 所示，为在两端之间进行安全协商，IETF 已经建立了一个安全关联（Security Association，SA）和 Internet 密钥交换（Internet Key Exchange，IKE）方案的标准方法。

图 12-16　IPSec 安全协商

1. 安全关联（SA）

安全关联简称 SA，也译为安全联盟。它存储在每台 IPSec 计算机上的数据库中，是协商密钥、安全协议与安全参数索引（简称 SPI）的组合，它们一起定义用于保护从发送端到接收端的通信安全。SA 是通信实体间对某些要素的约定，例如，使用哪种协议（AH、ESP 还是两者结合使用）、协议的封装模式（传输模式和隧道模式）、加密算法（DES、3DES 和 AES）、特定流中保护数据的共享密钥以及密钥的生存周期等。

SA 是单向的，在两个实体之间的双向通信，至少需要两个 SA 来分别对两个方向的数据流进行安全保护。一个用于入站通信，另一个用于出站通信。

每个 SA 使用唯一的 SPI 索引标识。如果一台主机同时与多台主机进行安全通信，就会存在多个 SA，接收端主机使用 SPI 来决定将使用哪种 SA 处理传入的数据包。

如果两个实体希望同时使用 AH 和 ESP 来进行安全通信，则每个实体都会针对每一种协议来构建一个独立的 SA。

SA 是具有生存周期的，且只对通过 IKE 协商建立的 SA 有效，手工方式建立的 SA 永不老化。IKE 协商建立的 SA 的生存周期有两种定义方式：基于时间的生存周期，定义了一个 SA 从建立到失效的时间；基于流量的生存周期，定义了一个 SA 允许处理的最大流量。

2. SAD 与 SPD

在 IPSec 系统中，所有有效的 SA 有关参数都存放在一个安全关联数据库（Security Association Database，SAD）中。存放在 SAD 中的参数有 SPI 值、目的端 IP、AH 或 ESP、AH 验证算法、AH 验证的加密密钥、ESP 验证算法、ESP 验证的加密密钥、ESP 的加密算法、ESP 的加密密钥、传输（Transport）模式或隧道（Tunnel）模式等。SAD 维护了 IPSec 协议用来保障数据保安全的 SA 记录。每个 SA 都在 SAD 中有一条记录相对应。

IPSec 还需要另一个安全策略数据库（Security Policy Database，SPD）来保存 SA 建立所需的安全需求和策略需求。SPD 存放的实际上是 IPSec 规则，这些规则用来定义哪些流量需要受到 IPSec 保护，以及使用哪种协议和密钥。对于进入或外出的每一个数据包，都可能有 3 种处理方式：丢弃、绕过或应用 IPSec。SPD 提供了便于用户或系统管理员进行维护的管理接口。SPD 与 SAD 之间有接口，可以由它来查找 SAD，从而指定相关的 SA。策略项可以对应相关的一个 SA 或者多个 SA。

3. IKE 及其相关协议

在 IPSec 安全协商中 IKE 扮演重要的角色。IKE 是一种混合型协议，是使用部分 Oakley、部分 SKEME 并结合 ISAKMP 的一种协议，由 RFC 2409 "The Internet Key Exchange (IKE)" 定义，目的是以一种受保护的方式来协商安全关联并提供经过验证的密钥生成材料。

Oakley 描述了一系列称为"模式"的密钥交换，并详述每一种提供的服务，如密钥的完全后继保密（perfect forward secrecy）、身份保护以及认证。IKE 协议使用 Oakley 提供一个多样化、多模式的应用，但并没有实现整个 Oakley 协议，只实现了满足目的所需要的部分协议。IKE 没有声称与整个 Oakley 协议相一致或兼容，也并不依靠 Oakley 协议。

SKEME（Secure Key Exchange Mechanism）描述了一种提供匿名性、抗否认性和快速密钥更新的通用密钥交换技术。IKE 使用 SKEME 提供交换密钥的算法与方式，即通过 DH（Diffe-Hellman）算法进行密钥交换和管理的方式，但它没有实现整个 SKEME 协议，只使用其用于认证的公钥加密的方法和使用随机数交换来快速重建密钥的思路。当然 IKE 协议也并不依靠 SKEME 协议。

ISAKMP 对认证和密钥交换提出了结构框架，但没有具体定义。ISAKMP 被设计用来独立地进行密钥交换，支持多种不同的密钥交换。IKE 协议使用 ISAKMP 来获得经过验证的用于生成密钥和其他安全关联的材料。ISAKMP 只是定义了一个通用的可以被任何密钥交换协议使用的框架，而 IKE 真正定义了一个密钥交换的过程。

4. ISAKMP 协议

显然 ISAKMP 协议对 IKE 协议相当重要。ISAKMP 全称 Internet Security Association Key Management Protocol，可译为 Internet 安全联盟密钥管理协议，由 RFC 2408 定义，主要规定协商、建立、修改和删除 SA（安全关联）的过程和包格式。

不过，ISAKMP 只是提供一个通用的框架，并没有定义具体的 SA 格式。ISAKMP 没有定义任何密钥交换协议的细节，也没有定义任何具体的加密算法、密钥生成技术或者认证机制。这个通用的框架是与密钥交换独立的，可以被不同的密钥交换协议使用。

ISAKMP 报文可以利用 UDP 协议或者 TCP 协议传输，端口都是 500，一般情况下使用 UDP 协议。

ISAKMP 双方交换的内容称为载荷（Payload），ISAKMP 目前定义了 13 种载荷，一个载荷就像积木中的一个"小方块"，这些载荷按照某种规则"叠放"在一起，然后在最前面添加上 ISAKMP 首部，这样就组成了一个 ISAKMP 报文，这些报文按照一定的模式进行交换，从而完成 SA 的协商、修改和删除等功能。

5. IKE 实现机制

IKE 以 ISAKMP 定义的框架为基础,沿用了 Oakley 的密钥交换模式以及 SKEME 的共享和密钥更新技术,还定义了它自己的两种密钥交换方式。

IKE 使用了两个阶段的 ISAKMP,每一阶段通过使用安全协商期间两端达成的加密与验证算法可确保实现保密与认证,分两个阶段来完成这些服务有助于提高密钥交换的速度。第一阶段协商创建一个通信信道(IKE SA),并对该信道进行验证,为双方进一步的 IKE 通信提供机密性、数据完整性以及数据源认证服务。第二阶段使用已建立的 IKE SA 建立 IPsec SA,为数据交换提供 IPSec 服务。

IKE 用于验证参与安全通信的实体身份的方式有以下几种。

- 数字签名(Digital Signature):利用数字证书来表示身份,利用数字签名算法计算出一个签名来验证身份。
- 公开密钥(Public Key Encryption):利用对方的公开密钥加密身份,通过检查对方发来的散列值进行认证。
- 修正公开密钥(Revised Public Key Encryption):对上述方式进行修正。
- 预共享密钥(PreShared Key):双方事先通过某种方式商定好一个双方共享的字符串进行彼此认证。

IKE 目前定义了 4 种模式:主模式(Main Mode)、积极模式(Aggressive Mode)、快速模式(Quick Mode)和新组模式(New Group)。前 3 种模式用于协商 SA,最后一个用于协商 DH(Diffie Hellman)算法所用的组。主模式和积极模式用于第一阶段;快速模式用于第二阶段;新组模式用于在第一个阶段后协商新的组。

接下来详细分析两个阶段有关模式的密钥交换过程。

6. ISAKMP/IKE 第一阶段

第一阶段在 ISAKMP 进程之间建立一个安全并经过认证的信道(连接),建立双向的 ISAKMP(IKE) SA,这是一个双向的过程,源和目标都使用 UDP 500。此阶段需要以下 3 个步骤。

(1)策略协商交换,主要是 SA 建立和 SPI 协商(加密算法、HASH 算法、DH 组、认证)。

(2)DH(Diffie Hellman)算法(密钥交换)。

(3)对等体认证(随机数交换以及身份验证交换)。

完成这 3 个步骤可采用两种模式:主模式与积极模式。

主模式需要执行 3 步双向交换过程,总共需要 6 个数据包。

第 1、2 两个包双方用来协商参数,建立 SA。

第 3、4 两个包互相交换生成密钥的材料(公钥和一些随机数据),一旦密钥材料被交换,将会产生多个不同的密钥(KDH 用于 DH 算法、SKEYID 用于预共享密钥、SKEYIDd 作为第二阶段 2 生成密钥的材料、SKEYIDa 用来实现 ISAKMP 包完整性、SKEYIDe 用来加密 ISAKMP 包)。

第 5、6 两个完成双方认证。使用 SKEYIDe 进行加密,SKEYIDa 进行 HASH 认证,所涉及的算法都是前面两个包协商出来的,在这次交换中还有 ID 交换。

积极模式只需进行 3 次交换以便协商密钥和进行验证,建立管理连接的速度快,但是没有主模式安全,发送的实体信息都是明文的。这种模式仅需要 3 个数据包。

第 1 个包由发送方发送,包括 ISAKMP 首部、SA、DH 组、临时值和身份 ID。

第 2 个包由接收方回应,用选定提议的所有参数和 DH 组进行应答,该报文被验证,但没有加密。

第 3 个包再由发送方发回给接收方，该报文被验证，让接收方能够确定其中的散列值是否与计算得到的散列值相同，进而确定报文是否有问题。

7．ISAKMP/IKE 第二阶段

第二阶段只有一个快速模式，主要有两项任务，一是协商安全参数来保护数据连接，二是周期性地对数据连接更新密钥信息。快速模式交换 3 个报文，这些报文都是使用 IKE 进行保护，将使用第一阶段中导出来的 SKEYIDe 和 SKEYIDa 对所有分组进行加密和验证。

第 1 个报文来自发起方，包括 ISAKMP 首部和 SA 有效载荷。

第 2 个报文由应答方发送给发起方，其中包含选定的提议以及 ISAKMP 首部、临时值和 HASH。

第 3 个报文是发起方使用 HASH 进行验证。这是在传输 IPSec 数据流前验证通信信道的有效性。

12.2.7　IPSec 工作机制

可以通过 IPSec 通信过程来说明其工作机制。启用 IPSec 通信的计算机发出通信请求时，双方通过 IKE 协商存储在其数据库中的安全关联。然后，IPSec 驱动程序应用定义的安全性方法传输数据。这里以两台计算机之间的 IPSec 通信建立为例来说明 IPSec 是如何工作的，如图 12-17 所示。这里假设一个内网中两台计算机各有一个活动的 IPSec 策略。

（1）主机 A 通过应用程序向主机 B 发送一条报文。

（2）主机 A 的 IPSec 驱动程序检查存储的 IP 筛选器列表，确定是否应保护数据包。

（3）IPSec 驱动程序通知 IKE 服务开始安全协商。

（4）主机 B 上的 IKE 服务收到一条请求安全协商的报文。

（5）两台计算机建立一个主模式 SA 与共享主密钥。

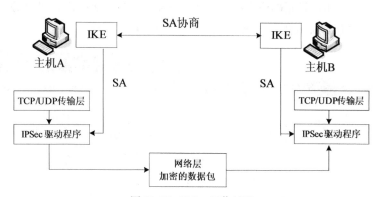

图 12-17　IPSec 工作过程

如果主机 A 与主机 B 已经拥有主模式 SA，并且主密钥 PFS 既未启用，也未使密钥生存期到期，则将跳过第 5 步，两台计算机可以开始建立快速模式 SA。

（6）协商一对快速模式 SA。一个 SA 用于入站，一个 SA 用于出站。这两个 SA 都包含用来保护信息的 SPI 与密钥。

（7）主机 A 上的 IPSec 驱动程序使用出站 SA 来签名数据包，并在必要时加密数据包。

（8）该驱动程序将数据包传送给 IP 层，IP 层将该数据包转发给主机 B。

（9）主机 B 网卡驱动程序接收加密的数据包，再将这些数据包传送给 IPSec 驱动程序。

（10）主机 B 上的 IPSec 驱动程序使用入站 SA 来验证身份验证与完整性，并在必要时解密数据包。

（11）该驱动程序将验证与解密的数据包传送给 TCP/IP 驱动程序，而 TCP/IP 驱动程序再将其传输给主机 B 上的接收应用程序。

12.2.8 验证分析 IPSec 通信

为简便起见，这里抓取两台计算机之间的 IPSec 通信数据包进行验证分析。首先要搭建一个简单的实验环境，然后使用协议分析工具 Wireshark 抓取数据包，再分析验证。

1. 实现两台计算机之间的 IPSec 通信

要实施通信保护的两端都需要 IPSec 配置来设置选项与安全设置。Windows 计算机可以作为 IPSec 端点。实施 IPSec 包括 3 个方面的工作：配置 IPSec 策略、指派 IPSec 策略和启用 IPSec 服务。这里以两台 Windows 计算机（一台 Windows Server 2003、一台 Windows XP）为例。先在一台计算机进行以下配置。

（1）从"管理工具"菜单中选择"本地安全策略管理"命令打开如图 12-18 所示的窗口，右键单击"IP 安全策略，在本地计算机"节点，选择"创建 IP 安全策略"启动 IP 安全策略向导。

默认提供一套预定义的 IPSec 策略。不过所有预定义的策略都是为 Windows 域成员计算机设计的。如果没有部署域，就不要使用这些预定义策略。预定义的策略无需进一步的操作就可以指派。

（2）单击"下一步"按钮，根据提示进行操作，设置策略名称，确定是否激活默认响应规则（这里不激活），完成 IP 安全策略的创建。

IPSec 策略由一个或多个决定 IPSec 行为的规则组成。

（3）进入 IPSec 策略属性设置对话框，"IP 安全规则"列表中列出了现有的规则。默认选中"使用添加向导"复选框，单击"添加"按钮启用安全规则向导，引导管理员逐步完成规则的创建。

（4）根据向导提示依次设置隧道终结点、网络类型（均为默认设置），当出现如图 12-19 所示的对话框时，设置身份验证方法。这里采用最为简单的预共享密钥。

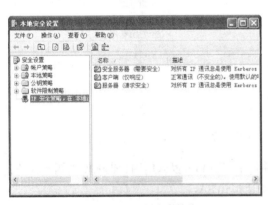

图 12-18　IPSec 安全策略

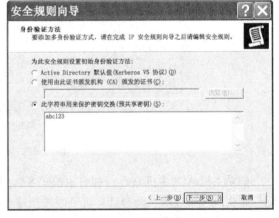

图 12-19　设置身份验证方法

（5）单击"下一步"按钮，出现如图 12-20 所示的对话框，设置 IP 筛选器列表。IP 筛选器定义触发安全协商的条件，决定哪些类型的 IP 数据包将受到保护。有多个筛选器的情况下，应当选中一个作为 IP 安全规则的条件（同时只能选中一个）。这里选中"所有 IP 通信量"。

（6）单击"下一步"按钮，出现如图 12-21 所示的对话框，设置筛选器操作。筛选器操作用来定义对筛选器列表匹配的数据包采取动作的类型，是允许通过，还是阻止，或是协商安全以特定方式通过。对于多个筛选器操作，只能激活一个。这里选中"需要安全"。

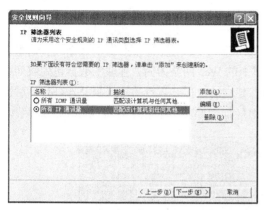

图 12-20　设置 IP 筛选器列表

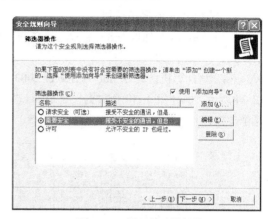

图 12-21　设置筛选器操作

　　单击"编辑"按钮，打开该筛选器操作的属性设置对话框，如图 12-22 所示，在"安全措施"选项卡上面一组按钮中选择操作类型。"许可"表示允许以明文的形式发送或接收数据包；"阻止"表示强制立即丢弃符合筛选器的数据包。选择这两种动作，符合筛选器条件的据据包都不请求安全性；"协商安全"表示为符合筛选器条件的数据包提供安全性。这里选中"协商安全"。

　　对于"协商安全"筛选器操作，协商数据包含 IKE 协商期间使用的一种或多种安全措施（按列出的首选顺序）以及其他 IPSec 设置。每一种安全措施都决定着所使用的安全协议（如 AH 或 ESP）、特定的加密算法和散列算法，以及会话密钥的重新生成设置。要查看或设置某种安全措施，可以单击"编辑"按钮，如图 12-23 所示。

（7）依次单击"确定"按钮，回到"筛选器操作"对话框，单击"下一步"按钮完成安全规则向导。依次单击"确定"按钮，完成 IP 安全策略设置。

　　然后在另一台计算机完成同样的设置，尤其是预共享密钥要相同。

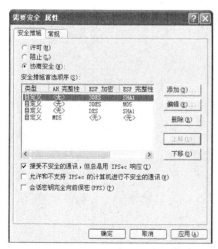

图 12-22　设置筛选器操作属性

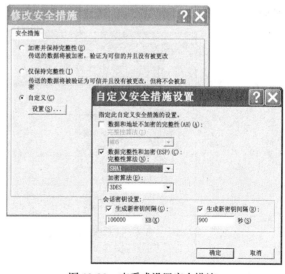

图 12-23　查看或设置安全措施

　　配置相应的 IPSec 策略之后，必须将策略指派给计算机使之生效。在"本地安全策略管理"窗口中右键单击上述新建的策略，选择"指派"命令即可。两台计算机上都要执行这样的操作。这样就使得两台计算机之间的所有 IP 流量都受 IPSec 保护，接下来进行验证。

2. 捕获 IPSec 通信流量

　　使用 Wireshark 抓取 IPSec 数据包，在两台中的任意一台都可以抓取。抓取过程中不要使用混杂模式，抓取过滤器可选择"No Broadcast and no Multicast"以过滤掉不必要的数据包。这里以 Window XP 计算机访问 Windows Server 2003 计算机上的 Web 网站为例，抓取的数据包列表如图 12-24 所示，其中第 1~10 个数据包是 IPSec 安全连接建立的过程，运行的协议是 ISAKMP；后面几个数据包是数据通信，运行的协议是 ESP，由于已经加密处理，这里看不到 HTTP 交互过程。

No.	Time	Source	Destination	Protocol	Length	Info
1	0.000000	192.168.0.30	192.168.0.10	ISAKMP	318	Identity Protection (Main Mode)
2	0.002282	192.168.0.10	192.168.0.30	ISAKMP	190	Identity Protection (Main Mode)
3	0.037101	192.168.0.30	192.168.0.10	ISAKMP	274	Identity Protection (Main Mode)
4	0.076061	192.168.0.10	192.168.0.30	ISAKMP	274	Identity Protection (Main Mode)
5	0.087640	192.168.0.30	192.168.0.10	ISAKMP	110	Identity Protection (Main Mode)
6	0.088412	192.168.0.10	192.168.0.30	ISAKMP	110	Identity Protection (Main Mode)
7	0.109523	192.168.0.30	192.168.0.10	ISAKMP	318	Quick Mode
8	0.112126	192.168.0.10	192.168.0.30	ISAKMP	206	Quick Mode
9	0.113380	192.168.0.30	192.168.0.10	ISAKMP	94	Quick Mode
10	0.116191	192.168.0.10	192.168.0.30	ISAKMP	126	Quick Mode
11	0.124587	192.168.0.30	192.168.0.10	ESP	502	ESP (SPI=0x5b4be42c)
12	0.131203	192.168.0.10	192.168.0.30	ESP	326	ESP (SPI=0xa4ad9f4a)
13	0.223293	192.168.0.30	192.168.0.10	ESP	510	ESP (SPI=0x5b4be42c)
14	0.224347	192.168.0.10	192.168.0.30	ESP	278	ESP (SPI=0xa4ad9f4a)
15	0.374816	192.168.0.30	192.168.0.10	ESP	86	ESP (SPI=0x5b4be42c)

图 12-24　IPSec 通信数据包列表

3. 验证分析 IPSec 安全协商过程

　　从图 12-24 提供的数据包列表中可看出，IPSec 安全协商经过了两个阶段，基于 ISAKMP 协议实现。

　　第一阶段是主模式（Main Mode），通过 3 次交换实现身份保护（Identity Protection），共有 6 个数据包。

　　展开序号为 1 的数据包，如图 12-25 所示，可以发现 ISAKMP 报文是通过 UDP 协议传送的，源和目的端口均为 500，发起方发送的载荷类型是 SA，数目只有 1 个，具体内容是 IKE 策略。其中还提供发起方的 cookie（Initiator cookie），目前应答方 cookie（Responder cookie）还不知道，所以置零。

```
⊞ User Datagram Protocol, Src Port: isakmp (500), Dst Port: isakmp (500)
⊟ Internet Security Association and Key Management Protocol
    Initiator cookie: 8450740dc6b16471
    Responder cookie: 0000000000000000
    Next payload: Security Association (1)
    Version: 1.0
    Exchange type: Identity Protection (Main Mode) (2)
  ⊞ Flags: 0x00
    Message ID: 0x00000000
    Length: 276
  ⊟ Type Payload: Security Association (1)
      Next payload: Vendor ID (13)
      Payload length: 164
      Domain of interpretation: IPSEC (1)
    ⊞ Situation: 00000001
    ⊟ Type Payload: Proposal (2) # 1
        Next payload: NONE / No Next Payload  (0)
        Payload length: 152
        Proposal number: 1
        Protocol ID: ISAKMP (1)
        SPI Size: 0
        Proposal transforms: 4
      ⊟ Type Payload: Transform (3) # 1
          Next payload: Transform (3)
          Payload length: 36
          Transform number: 1
          Transform ID: KEY_IKE (1)
        ⊞ Transform IKE Attribute Type (t=1,l=2) Encryption-Algorithm : 3DES-CBC
        ⊞ Transform IKE Attribute Type (t=2,l=2) Hash-Algorithm : SHA
        ⊞ Transform IKE Attribute Type (t=4,l=2) Group-Description : Alternate 1024-bit MODP group
        ⊞ Transform IKE Attribute Type (t=3,l=2) Authentication-Method : PSK
        ⊞ Transform IKE Attribute Type (t=11,l=2) Life-Type : Seconds
```

图 12-25　主模式第 1 个数据包

展开序号为 2 数据包，如图 12-26 所示，这是由应答方回送的，载荷类型是 SA，数目只有 1 个，具体内容是协商后的 IKE 策略。此时回送的数据包提供有应答方 cookie，后续密钥协商过程都使用双方的 cookie 确认彼此身份。

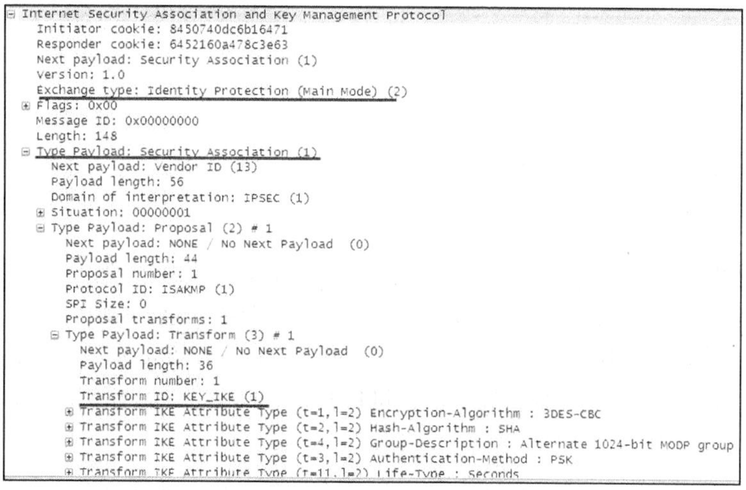

```
Internet Security Association and Key Management Protocol
   Initiator cookie: 8450740dc6b16471
   Responder cookie: 6452160a478c3e63
   Next payload: Security Association (1)
   Version: 1.0
   Exchange type: Identity Protection (Main Mode) (2)
 Flags: 0x00
   Message ID: 0x00000000
   Length: 148
   Type Payload: Security Association (1)
     Next payload: Vendor ID (13)
     Payload length: 56
     Domain of interpretation: IPSEC (1)
   Situation: 00000001
   Type Payload: Proposal (2) # 1
     Next payload: NONE / No Next Payload  (0)
     Payload length: 44
     Proposal number: 1
     Protocol ID: ISAKMP (1)
     SPI Size: 0
     Proposal transforms: 1
     Type Payload: Transform (3) # 1
       Next payload: NONE / No Next Payload  (0)
       Payload length: 36
       Transform number: 1
       Transform ID: KEY_IKE (1)
     Transform IKE Attribute Type (t=1,l=2) Encryption-Algorithm : 3DES-CBC
     Transform IKE Attribute Type (t=2,l=2) Hash-Algorithm : SHA
     Transform IKE Attribute Type (t=4,l=2) Group-Description : Alternate 1024-bit MODP group
     Transform IKE Attribute Type (t=3,l=2) Authentication-Method : PSK
     Transform IKE Attribute Type (t=11,l=2) Life-Type : Seconds
```

图 12-26　主模式第 2 个数据包

这两个数据包通过源地址确认对方合法性，并开始协商 IKE 策略。

展开序号为 3 的数据包，如图 12-27 所示，发起方发起密钥交换（Key Exchange），载荷类型是密钥交换，具体内容是生成 KEY 的材料（公钥和一些随机数据）。第 4 个数据包是由应答方回送的，内容与第 3 个包基本相同。这两个包互相交换生成密钥的材料。

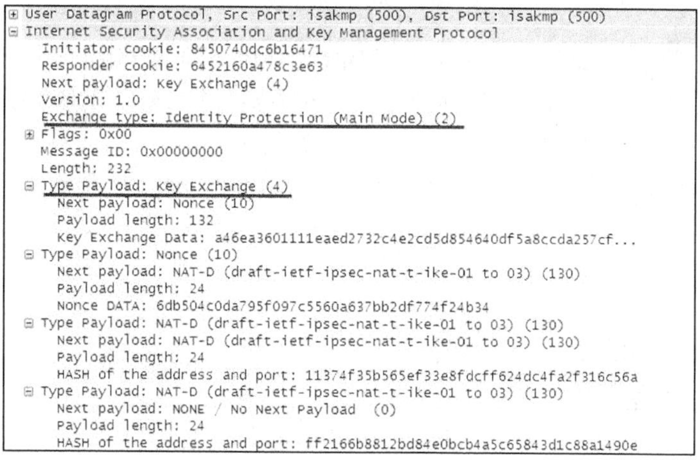

```
 User Datagram Protocol, Src Port: isakmp (500), Dst Port: isakmp (500)
 Internet Security Association and Key Management Protocol
   Initiator cookie: 8450740dc6b16471
   Responder cookie: 6452160a478c3e63
   Next payload: Key Exchange (4)
   Version: 1.0
   Exchange type: Identity Protection (Main Mode) (2)
 Flags: 0x00
   Message ID: 0x00000000
   Length: 232
   Type Payload: Key Exchange (4)
     Next payload: Nonce (10)
     Payload length: 132
     Key Exchange Data: a46ea3601111eaed2732c4e2cd5d854640df5a8ccda257cf...
   Type Payload: Nonce (10)
     Next payload: NAT-D (draft-ietf-ipsec-nat-t-ike-01 to 03) (130)
     Payload length: 24
     Nonce DATA: 6db504c0da795f097c5560a637bb2df774f24b34
   Type Payload: NAT-D (draft-ietf-ipsec-nat-t-ike-01 to 03) (130)
     Next payload: NAT-D (draft-ietf-ipsec-nat-t-ike-01 to 03) (130)
     Payload length: 24
     HASH of the address and port: 11374f35b565ef33e8fdcff624dc4fa2f316c56a
   Type Payload: NAT-D (draft-ietf-ipsec-nat-t-ike-01 to 03) (130)
     Next payload: NONE / No Next Payload  (0)
     Payload length: 24
     HASH of the address and port: ff2166b8812bd84e0bcb4a5c65843d1c88a1490e
```

图 12-27　主模式第 3 个数据包

展开序号为 5 的数据包，如图 12-28 所示，发起方发起身份认证（Identifaction），已经加密，但这里没有认证。第 6 个数据包是由应答方回送的，内容与第 5 个包基本相同。前面 4 个包的交换已经协商好策略和密钥，至此已处于安全环境，这两个包主要是完成身份认证。

第二阶段是快速模式（Quick Mode）。此时交换的报文都是使用 IKE 进行保护的。展开其中一个数据包，如图 12-29 所示，载荷类型是 Hash，由于是加密的数据，所以在这里无法看清具体的内容。例中只有加密，没有使用认证。另外可以看到双方所用的 cookie 与前面主模式提供的保持一致。

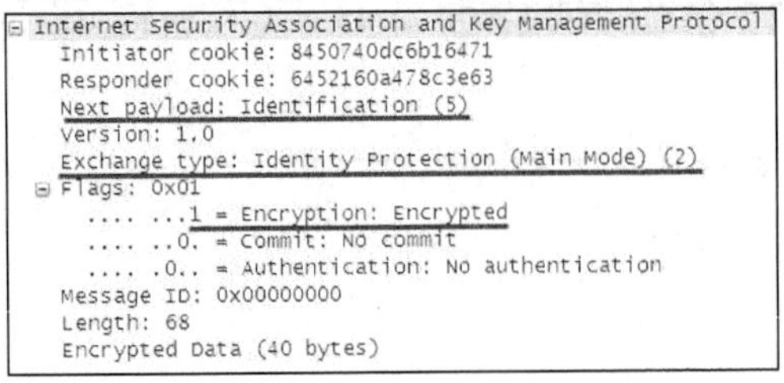

```
Internet Security Association and Key Management Protocol
   Initiator cookie: 8450740dc6b16471
   Responder cookie: 6452160a478c3e63
   Next payload: Identification (5)
   Version: 1.0
   Exchange type: Identity Protection (Main Mode) (2)
 Flags: 0x01
   .... ...1 = Encryption: Encrypted
   .... ..0. = Commit: No commit
   .... .0.. = Authentication: No authentication
   Message ID: 0x00000000
   Length: 68
   Encrypted Data (40 bytes)
```

图 12-28   主模式第 5 个数据包

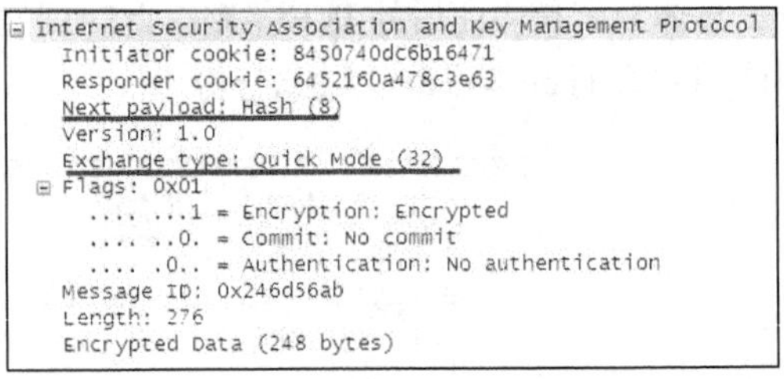

```
Internet Security Association and Key Management Protocol
   Initiator cookie: 8450740dc6b16471
   Responder cookie: 6452160a478c3e63
   Next payload: Hash (8)
   Version: 1.0
   Exchange type: Quick Mode (32)
 Flags: 0x01
   .... ...1 = Encryption: Encrypted
   .... ..0. = Commit: No commit
   .... .0.. = Authentication: No authentication
   Message ID: 0x246d56ab
   Length: 276
   Encrypted Data (248 bytes)
```

图 12-29   快速模式的数据包

4. 验证分析 ESP 报文

从捕获的数据包列表中第 11 个包开始是 HTTP 通信过程，由于加密为 ESP 报文，已经无法看到 HTTP 通信了，全部标识为 ESP 报文。展开其中第 1 个数据包，如图 12-30 所示，可以发现，在 IP 数据报中显示的（上层）协议为 ESP（50），展开 Encapsulating Security Payload，只能看到 ESP 首部所的包括 ESP SPI（安全参数索引）和 ESP Sequence（序列号）两个字段，其他内容已被封装，不可见。

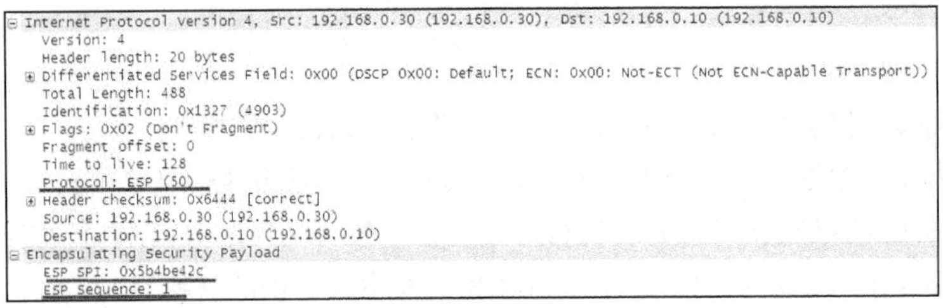

```
Internet Protocol Version 4, Src: 192.168.0.30 (192.168.0.30), Dst: 192.168.0.10 (192.168.0.10)
   Version: 4
   Header length: 20 bytes
 Differentiated Services Field: 0x00 (DSCP 0x00: Default; ECN: 0x00: Not-ECT (Not ECN-Capable Transport))
   Total Length: 488
   Identification: 0x1327 (4903)
 Flags: 0x02 (Don't Fragment)
   Fragment offset: 0
   Time to live: 128
   Protocol: ESP (50)
 Header checksum: 0x6444 [correct]
   Source: 192.168.0.30 (192.168.0.30)
   Destination: 192.168.0.10 (192.168.0.10)
 Encapsulating Security Payload
   ESP SPI: 0x5b4be42c
   ESP Sequence: 1
```

图 12-30   ESP 数据包

再来看第 2 个数据包，如图 12-31 所示，这里给出的 SPI 不同。SPI 用于唯一标识一个 IPSes SA，而 SA 是单向的，在两个实体之间的双向通信，至少需要两个 SA 来分别对两个方向的数据流进行安全保护，一个用于入站通信，另一个用于出站通信。

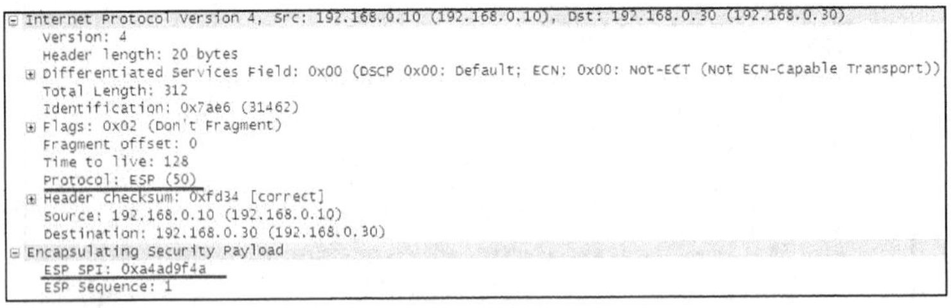

```
Internet Protocol Version 4, Src: 192.168.0.10 (192.168.0.10), Dst: 192.168.0.30 (192.168.0.30)
   Version: 4
   Header length: 20 bytes
 Differentiated Services Field: 0x00 (DSCP 0x00: Default; ECN: 0x00: Not-ECT (Not ECN-Capable Transport))
   Total Length: 312
   Identification: 0x7ae6 (31462)
 Flags: 0x02 (Don't Fragment)
   Fragment offset: 0
   Time to live: 128
   Protocol: ESP (50)
 Header checksum: 0xfd34 [correct]
   Source: 192.168.0.10 (192.168.0.10)
   Destination: 192.168.0.30 (192.168.0.30)
 Encapsulating Security Payload
   ESP SPI: 0xa4ad9f4a
   ESP Sequence: 1
```

图 12-31   ESP 数据包

如果再查看后续的数据包，就会发现 ESP Sequence（序列号）也不同。在 SA 生存期内序列号不能重复，这样就可以提供反重播保护。

12.3   SSL/TLS 协议

SSL/TLS 是一种建立在传输层协议之上的安全协议标准，用来在客户端和服务器之间建立安全的 TCP 连接，向基于 TCP/IP 协议的客户/服务器应用程序提供客户端和服务器的验证、数据完整及信息保密等安全措施。SSL/TLS 对基于 TCP/IP 协议的应用服务是完全透明的。

12.3.1　SSL/TLS 概述

SSL/TLS 协议提供的安全服务有客户和服务器双向身份验证（也可以进行服务器单方面的验证），数据加密保护和数据完整性保护。SSL 协议的主要特性包括保密性、认证和可靠性等。SSL/TLS 的最大优势在于它独立于应用协议，高层协议可以透明地分布在 SSL/TLS 协议上面。

1. SSL/TLS 版本沿革

SSL（Secure Socket Layer）可译为安全套接层协议，最初由 Netscape 公司开发，被广泛应用于 Internet 身份认证以及 Web 安全数据通信。SSL 先后有 3 个版本，分别是 SSL 1.0、SSL 2.0 和 SSL 3.0。1999 年 IETF 将 SSL 进行标准化，形成 RFC 2246 "The TLS Protocol Version 1.0"，将 SSL 改称为 TLS（Transport Layer Security），可译为传输层安全协议。后来在 TLS 1.0 的基础上又推出了 TLS 1.1（RFC 4346）和 TLS 1.2（RFC 5246）两个版本。目前使用最多的还是 TLS 1.0，从技术上讲，TLS 1.0 与 SSL 3.0 的差异非常微小。不过，由于它们所支持的加密算法不同，所以 TLS 1.0 与 SSL 3.0 并不能互操作。本章有关内容主要以 TLS 1.0 为例进行讲解。

2. SSL/TLS 协议组成

SSL/TLS 协议分为两个层次。上层为握手协议，用于服务器与客户端在开始传输数据之前相互认证并交换必要的信息。它包括 3 个子协议：握手协议（Handshake Protocol）用于会话建立，改变密码规约协议（Change Cipher Spec Protocol）用于通知安全参数的建立，告警协议（Alert Protocol）用于向对方发出警告信息。底层为记录协议（Record Protocol），建立在可靠的传输协议 TCP 之上，用于将上层握手协议和应用层数据进行封装。SSL/TLS 协议栈如图 12-32 所示。SSL/TLS 采用 TCP 作为传输协议提供数据的可靠传送和接收。

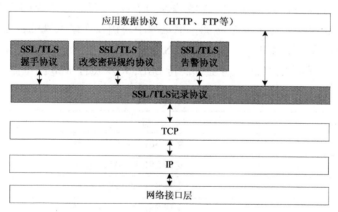

图 12-32　SSL/TLS 协议栈

3. SSL/TLS 工作机制

SSL/TLS 会话是指客户端和服务器之间的一个关联关系。通过握手协议创建会话，它确定了一组密码算法的参数。会话可以被多个连接共享，从而可以避免为每个连接协商新的安全参数而带来昂贵的开销。每个会话都有一个当前状态。SSL/TLS 连接都与一个会话相关联。

SSL 采用公钥和私钥两种加密体制对服务器和客户端的通信提供保密、数据完整和认证。在建立连接过程中采用公钥，在会话过程中使用私钥。SSL 工作机制说明如下。

（1）客户端向服务器提出请求，要求建立安全通信连接。

（2）客户端与服务器进行协商，确定用于保证安全通信的加密算法和强度。

（3)服务器将其服务器证书发送给客户端。该证书包含服务器的公钥,并用证书颁发机构(CA)的私钥加密。

在 SSL 中使用的证书有两种类型，每一种都有自己的格式和用途。客户证书包含关于请求访问站点的客户的个人信息，可在允许其访问站点之前由服务器加以识别。服务器证书包含关于服务器的信息，服务器允许客户在共享敏感信息之前对其加以识别。

（4）客户端使用 CA 的公钥对服务器证书进行解密，获得服务器公钥。客户端产生用于创建会话密钥的信息，并用服务器公钥加密，然后发送到服务器。

（5）服务器首先使用自己的私钥解密该消息，生成会话密钥，然后将其用服务器公钥加密，最后发送给客户端。这样服务器和客户端双方就都拥有了会话密钥。

（6）服务器和客户端使用会话密钥来加密和解密传输的数据。注意，此时它们之间数据传输使用的是对称加密。

4. SSL/TLS 应用

SSL/TLS 协议主要解决以下 3 个关键问题。

- 客户端对服务器的身份确认；
- 服务器对客户的身份确认；
- 在服务器和客户之间建立安全的数据通道。

对于 SSL/TLS 安全来说，客户端认证是可选的，即不强制进行客户端验证。这样虽然背离了安全原则，但是有利于 SSL/TLS 的广泛使用。

目前，SSL/TLS 协议已在 Internet 浏览器和服务器的验证、信息的完整和保密中广泛使用，成为一种事实上的工业标准。除了 Web 应用外，它还被用于 Telnet、FTP 和 NNTP 等网络服务。支持 SSL/TLS 的应用服务的公认 TCP 端口号见表 12-1。不过，最广泛的应用还是用于 Web 安全访问。服务器基于 SSL/TLS 的安全功能，也是利用公钥技术来实现的，通过非对称加密来保证会话密钥在传输过程中不被截取。在 SSL/TLS 会话过程中，所有在客户端和服务器之间传送的数据都是加密的。大多数 Web 服务器都支持 SSL,大多数 Web 浏览器也都支持 SSL/TLS。

表 12-1 支持 SSL/TLS 的服务的公认 TCP 端口号

协 议	说 明	端 口 号
https	支持 SSL 的 HTTP 服务	443
ssmtp	支持 SSL 的 SMTP 服务	465
spop3	支持 SSL 的 PO3P 服务	995
sldap	支持 SSL 的 LDAP 服务	636
snntp	支持 SSL 的 NNTP 服务	465
telnets	支持 SSL 的 Telnet 服务	992
ftps	支持 SSL 的 FTP 服务	990
imaps	支持 SSL 的 IMAP 服务	991

接下来参考 RFC 2246 "The TLS Protocol Version 1.0" 讲解 TLS 协议的主要规定。

12.3.2　TLS 握手协议

TLS 握手协议由 3 个子协议组成，用来协商密钥，协议的大部分内容就是通信双方如何利用它来安全地协商出一份密钥。TLS 握手协议负责协商会话，包括以下项目。

- 会话标识符（session identifier）：由服务器选择任意字节长度的序列，用于标识一个激活的或者重建的会话状态。
- 对等实体证书（peer certificate）：对等实体（通信双方）的 X509v3 证书。
- 压缩算法（compression method）：在加密前用于压缩数据的算法。
- 密码规约（cipher spec）：规定数据加密算法（如 NULL、DES）和 MAC（Message Authentication Codes，报文认证码）算法（如 MD5 或 SHA），也定义像散列表大小这样的密码属性。
- 主密钥（master secret）：在客户端和服务器端共享的 48 字节的密钥。
- 可重组性（is resumable）：指示此会话能否用来初始化新连接的一个标志。

这些项目用来产生由记录层（Record Layer）使用的安全参数，以保护上层的应用数据。

TLS 握手协议提供连接安全性，有以下 3 个特点。

- 身份认证，至少对一方实现认证，也可以是双向认证。
- 协商得到的共享密钥是安全的，中间人不能够知道。
- 协商过程是可靠的。

接下来介绍 3 个子协议。

1. 改变密码规约协议

这个协议用于切换状态，将密码参数设置为当前状态。它由一个在当前连接状态下加密和压缩的单一报文组成，此报文为 1 字节，其值为 1。

客户端和服务器端均发送此协议报文，通知接收方随后的记录都将用新协商出来的密码规约和密钥进行保护。接收此报文后，接收方将通知记录层立即将挂起的读状态复制为当前读状态。在发送完此报文后，发送方立即通知记录层将挂起的写状态复制为当前写状态。改变密码规约协议在握手协商好安全参数之后、校验结束报文之前发送。

2. 告警协议

告警协议用来向另一方通知有差错或可能有差错，告警信息传送报文的严重性和告警描述信息。与其他报文一样，告警协议报文也是加密和压缩过的。

告警协议报文为两字节，格式如下。第 1 个字节为级别（level），目前有两个级别 warning（1）和 fatal（2）；第 2 个字节为情况说明（Alert）。

级别	说明
1字节	1字节

3. 握手协议

TLS 协议中最复杂的部分就是握手协议。这个协议运行在 TLS 记录层的顶端，用来产生会话状态的密码参数。当 TLS 客户端与服务器首次开始通信时，双方协商协议版本，选择密码算法、相互认证对方身份（这是可选的），使用公钥加密技术来产生共享密钥，最终建立会话，或者改变会话状态。握手协议由一系列在客户端和服务器之间交换的报文组成。TLS 握手协议包括以下步骤。

- 交换 Hello 消息，协商算法，交换随机数，检查会话重组。
- 交换必要的密码参数，以便双方协商一个预主密钥。

- 交换证书和相应的密码信息，以便进行双方身份认证。
- 根据预主密钥和交换的随机数产生主密钥。
- 将安全参数提供给 TLS 记录层。
- 允许双方核实对等实体能计算出相同的安全参数，握手在没有受到攻击的情况下建立。

握手协议报文格式如下。

类型	长度	内容
1字节	3字节	*n*字节

12.3.3 TLS 握手流程

握手协议使用若干个报文，它们为服务器认证客户端，为客户端认证服务器，协商加密和散列算法，生成用于数据交换的密码的密钥。握手流程分为两种情况，一种是初始建立会话的完全握手流程，另一种是重用会话的简单流程。

1. 完全握手流程

TLS 客户端与服务器之间完成握手协议，实现安全连接，需要 4 个阶段，如图 12-33 所示。

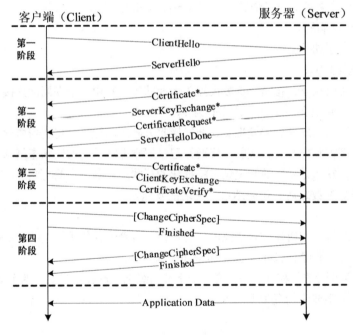

*表示可选或视情而定

图 12-33　完全握手的报文流程

（1）第一阶段：客户端与服务器之间建立安全增强能力。

客户端发送一个 ClientHello 报文，然后等待服务器的响应，服务器必须响应一个 ServerHello 报文，否则将会导致一个致命错误，连接将失败。ClientHello 和 ServerHello 报文用于客户端与服务器之间建立安全增强能力，生成安全参数。

ClientHello 和 ServerHello 建立的属性包括协议版本、会话（Session ID）、密码组和压缩方法。客户端提交的 ClientHello 所包含的密码组（Cipher Suite）是客户支持的密码算法列表（按优先级降序排列），压缩方法是客户支持的压缩方法列表。服务器发送 ServerHello 时，协议版本是客户建议的低版本以及服务器支持的最高版本，密码组是从客户端建议的密码算法中选定的一种算法，压缩方法是从客户支持的压缩方法中选择的一种算法。

ClientHello 和 ServerHello 还要产生和交换两个随机数：ClientHello.random 和 ServerHello.random。随机数是 32 位时间戳加上 28 字节随机序列。

（2）第二阶段：服务器认证。

发送 ServerHello 报文之后，服务器需要对自己认证，服务器可以发送它的证书和公钥，也可以请求客户端的证书。具体有以下几种情况。

● 如果自己要被认证的话，服务器发送自己的证书（Certificate）。Certificate 报文包含一个 X.509 证书，或者一条证书链。除了匿名 DH 之外的密钥交换方法都需要发送 Certificate 报文。

● 服务器发送 ServerKeyExchange（服务器密钥交换）报文（如果要求这样做）。例如，服务器没有自己的证书，或者证书仅用于签名。ServerKeyExchange 报文包含签名，被签名的内容包括两个随机数以及服务器参数。

● 非匿名服务器可以向客户端发送 CertificateRequest 报文请求一个客户端证书，该报文包含整数类型和 CA。服务器已被认证，如果对所选的密码组是合适的，它也可能要求客户端发送客户端证书。

● 服务器发送 ServerHelloDone 报文，指示握手的 Hello 阶段完成，然后等待客户端应答。

（3）第三阶段：客户端认证与密钥交换。

客户端收到 ServerHelloDone 报文后，根据需要检查服务器提供的证书，并判断 ServerHelloDone 的参数是否可以接受，如果都没有问题，发送一个或多个报文给服务器。

如果服务器请求证书，则客户端必须首先发送一个 Certificate 报文。但是客户端实在没有证书，就发送一个 No certificate 警告消息。

客户端接着发送 ClientKeyExchange（客户端密钥交换）报文，其内容取决于 ClientHello 和 ServerHello 之间协商选择的公钥算法。

如果客户端发送了一个具有签名能力的证书，还应发送一个 CertificateVerify 报文以显式验证该证书。此报文包含一个签名，对从第 1 条报文以来的所有握手报文的 HMAC 值用主密钥进行签名。HMAC 是 Hash-based Message Authentication Code 的简称，是一种与密钥相关的散列计算消息认证码。HMAC 运算利用散列算法，以一个密钥和一个报文作为输入，生成一个报文摘要作为输出。

（4）第四阶段：建立密码规约。

最后客户端和服务器发送报文建立密码规约，允许它们使用这些密钥和参数。

客户端发送一个 ChangeCipherSpec（改变密码规约）报文，将挂起的密码规约复制到当前的密码规约中。紧接着客户端立即用新的算法、密钥和密文加密发送一个 Finished（已完成）报文，这个报文可以检查密钥交换和认证过程是否已经成功，其中包括一个校验值，对所有握手以来的报文进行校验。

作为回应，服务器同样发送 ChangeCipherSpec 和 Finished 报文。服务器发送自己的 ChangeCipherSpec，将挂起的密码规约改为当前密码规约，发送使用新的密码规约的 Finished 报文。

至此，握手过程完成，客户端和服务器可以开始交换应用数据（Application Data）。

2．简单握手流程

客户端和服务器决定重建以前的会话或者复制一个已经存在的会话（而不是重新协商新安全

参数），也就是重用已有的 TLS 会话，握手流程就简化了，如图 12-34 所示。

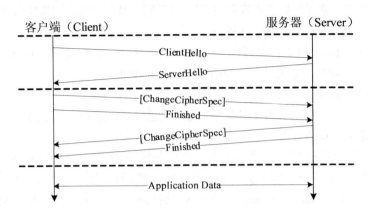

图 12-34　简单握手的报文流程

与上述完全握手相比，简单握手省略了第二、三两个阶段。

客户端使用含有要重用的会话的会话 ID 参数发送 ClientHello 报文。服务器随后检查是否匹配其会话缓存。如果发现匹配，而且服务器希望在指定的会话状态下重建连接，将发送含有同一会话 ID 的 ServerHello 报文。如果服务器没有发现匹配的会话 ID，将产生一个新的会话 ID，客户端和服务器将开始一个完全的 TLS 握手过程。

紧接着客户端和服务器都必须发送 ChangeCipherSpec（改变密码规约）报文，并直接发送 Finished 报文。

一旦重建会话完成，客户端和服务器就可以交换应用数据。

12.3.4　TLS 记录协议

TLS 记录协议可以为不同的高层协议提供基本的安全服务。记录协议首先接收要传输的应用报文，将其进行数据分片，并可选地压缩数据，然后生成 MAC（报文认证码）、加密、添加首部，最后交付给 TCP 传输。该协议收到来自 TCP 层收到的数据后，首先进行解密、验证，然后解压缩、重组，最后再传给高层用户。TLS 记录层协议是一个分层协议。每一层的报文可能包括长度、描述和内容字段。

记录协议将从高层接收的报文进行传输，首先将数据分成可控制的块（block），还可以压缩数据，然后应用 MAC、加密数据，最后将结果交付 TCP 传输。该协议将从 TCP 层收到的数据首先进行解密、验证，然后解压缩、重组，最后再传给高层用户。

1. TLS 连接状态

TLS 连接状态是 TLS 记录协议的操作环境，它定义了压缩算法、加密算法和 MAC 算法。此外这些算法的参数要知道读写两个方向上用于连接的 MAC 密文、块加密密钥和初始化向量（IV）。逻辑上讲，TLS 总是有 4 个连接状态：当前读和写状态、挂起读和写状态。而所有数据都在当前读和写状态下处理。所有挂起状态的安全参数都是由 TLS 握手协议设置，握手协议可以有选择性地将挂起状态转换为当前状态，在这种情形下，适当的当前状态被处理，被挂起状态替换，挂起状态重新初始化为空状态。

将一个未使用安全参数初始化的状态置为当前状态不合法，初始当前状态通常指定未使用加密、压缩或 MAC。

用于 TLS 连接读和写状态的安全参数需要提供以下值来设置。

- 连接端点（connection end）：实体可以是连接中的客户端或服务器。
- 块加密算法（bulk encryption algorithm）：包括算法的密钥大小、密钥保密、是块加密还是流加密、密码的块大小等。
- MAC 算法：包括由 MAC 算法返回的散列大小。
- 压缩算法：用于数据压缩的算法。
- 主密钥（master secret）：连接中两个对等实体共享的 48 字节密文。
- 客户端随机数：由客户端提供的 32 字节的随机值。
- 服务器随机数：由服务器提供的 32 字节的随机值。

一旦设置了安全参数并产生了密钥，连接状态就可以通过使它们成为当前状态来初始化。每处理一个记录，当前状态都要更新。每一个连接状态包含以下要素。

- 压缩状态：压缩算法的当前状态。
- 密码状态：加密算法的当前状态，由用于连接的预定密钥（scheduled key）组成。
- MAC 密文：用于产生上述连接的 MAC 密文。
- 序列号：每一个连接状态都包含一个序列号，分别为读状态和写状态保持。当连接处于激活状态时，序列号必须置 0。序列号类型为 uint64，不超过 $2^{64}-1$。每一个记录序列号自动递增，在挂起连接状态下传输的第一个记录的序列号应为 0。

2. 记录层操作

TLS 协议在记录层完成的操作如图 12-35 所示。记录协议首先从应用层或 TLS 上层 3 个协议接收报文，其次进行一系列处理，最后将得到的结果交付给 TCP 传输；对于来自 TCP 的则进行逆操作，最后提交给高层。

（1）分片（fragmentation）。上层消息的数据被分片成 2^{14} 字节大小或者更小的块。

（2）压缩，这是可选的操作，但必须是无损压缩，如果数据增加的话，则增加部分的长度不超过 1024 字节。

（3）计算报文认证码（MAC），生成报文摘要，附加到上述数据中。

（4）加密。采用 CBC（密文反馈模式），算法由密码规约指定。数据长度不超过 $2^{14}+2048$ 字节，包括加密之后的数据内容、HMAC 值、填充（padding）、填充长度（padding_length）。如果是流密码算法，则不需要填充。

（5）对加密的数据添加记录协议首部，然后交付给 TCP 传输。

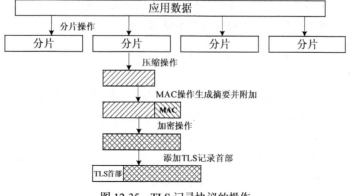

图 12-35　TLS 记录协议的操作

来自上层握手协议的 3 个子协议的某些报文不能被压缩、认证或加密，因为在报文发送时，密码组和参数还没有经过协商。处理这些报文时可以简单地越过这些步骤。

3. 记录层处理结果

最终的 TLS 记录操作结果格式如图 12-36 所示。

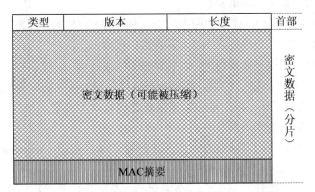

图 12-36　TLS 记录操作结果

首部包括以下 3 个字段。

类型（type）：此字段长度 8 位，指明上层协议类型（ContentType），改变密码规约协议的值为 20，告警协议的值为 21，握手协议的值为 22，应用数据协议的值为 23。

版本（version）：此字段长度 16 位，记录 TLS 协议版本（ProtocolVersion）。

长度（length）：加密后数据的长度（以字节为单位），长度不超过 $2^{14}+2048$ 字节。

主体部分是数据分片（fragment）的密文数据，附带有 MAC 摘要。加密和 MAC 操作将 TLS 处理结果最终变成密文（TLSCiphertext）数据。解密则是一个逆过程计算。记录的 MAC 部分还包括序列号，便于检测丢失、多余或重复的消息。

12.3.5　验证分析 TLS 协议

由于 SSL/TLS 的实现依赖于数字证书，自己搭建相关服务器有一定难度。Internet 上用大量的 SSL/TLS 应用可以访问，为简便起见，以下通过访问 Internet 上的 SSL/TLS 安全站点来捕获相应的流量进行分析验证。

　可搭建服务器来进行实验，如建立自己的证书颁发机构，为 IIS 提供 SSL/TLS 安全访问。有的服务器软件可以颁发自签名证书，快速实现 SSL/TLS 安全服务，如 Serv-U 软件。

1. 捕获 TLS 通信流量

本例使用浏览器访问 https://www.google.com/站点，确保浏览器中启用了 SSL/TLS 功能，如图 12-37 所示。使用 Wireshark 抓取数据包，抓取过程中不要使用混杂模式，抓取过滤器可选择"No Broadcast and no Multicast"以过滤掉不必要的数据包。

抓取的数据包列表如图 12-38 所示，这是一个基于 TLS 的 HTTP 访问过程。数据包太多，这里仅列出了最前面的部分。序号为 1~3 的数据包显示的 DNS 查询过程。序号为 4~8 的数据包显示的是 TCP 连接建立过程，使用的 HTTPS 协议与 HTTP 协议一样也需要通过三次握手建立 TCP

连接。展开其中一个数据包，如图 12-39 所示，可以发现传输层的端口号为 443，这就是 HTTPS 的 TCP 端口号。这个包是第 1 次握手发送的请求包，其中 SYN 置位。

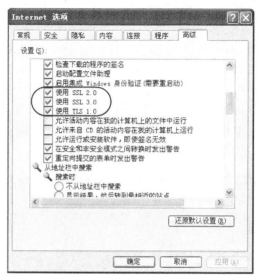

图 12-37　浏览器启用 SSL/TLS

```
No.  Time       Source         Destination    Protocol Length Info
  1 0.000000   192.168.0.30   192.168.0.1    DNS      74  Standard query A www.google.com
  2 0.003364   192.168.0.1    192.168.0.30   DNS      317 Standard query response A 74.125.31.106 A 74.125.31.147 A 74.125.31.
  3 0.003407   192.168.0.1    192.168.0.30   DNS      317 Standard query response A 74.125.31.106 A 74.125.31.147 A 74.125.31.
  4 0.007870   192.168.0.30   74.125.31.106  TCP      62  ewall > https [SYN] Seq=1490824881 Win=65535 Len=0 MSS=1460 SACK_PEF
  5 0.077376   74.125.31.106  192.168.0.30   TCP      62  https > ewall [SYN, ACK] Seq=4063328085 Ack=1490824882 win=62920 Len
  6 0.077467   192.168.0.30   74.125.31.106  TCP      54  ewall > https [ACK] Seq=1490824882 Ack=4063328086 win=65535 Len=0
  7 0.077593   74.125.31.106  192.168.0.30   TCP      54  https > ewall [SYN, ACK] Seq=4063328085 Ack=1490824882 win=62920 Len
  8 0.077617   192.168.0.30   74.125.31.106  TCP      54  [TCP Dup ACK 6#1] ewall > https [ACK] Seq=1490824882 Ack=4063328086
  9 0.078310   192.168.0.30   74.125.31.106  TLSv1    225 Client Hello
 10 0.147300   74.125.31.106  192.168.0.30   TCP      60  https > ewall [ACK] Seq=4063328086 Ack=1490825053 win=63784 Len=0
 11 0.147336   74.125.31.106  192.168.0.30   TCP      60  [TCP Dup ACK 10#1] https > ewall [ACK] Seq=4063328086 Ack=149082505
 12 0.150279   74.125.31.106  192.168.0.30   TLSv1    1484 Server Hello
 13 0.150316   74.125.31.106  192.168.0.30   TLSv1    1484 [TCP Retransmission] Server Hello
 14 0.150359   192.168.0.30   74.125.31.106  TCP      54  ewall > https [ACK] Seq=1490825053 Ack=4063329516 win=65535 Len=0
 15 0.152524   74.125.31.106  192.168.0.30   TLSv1    548 Certificate, Server Key Exchange, Server Hello Done
 16 0.152562   74.125.31.106  192.168.0.30   TCP      548 [TCP Retransmission] [TCP segment of a reassembled PDU]
 17 0.152599   192.168.0.30   74.125.31.106  TCP      54  ewall > https [ACK] Seq=1490825053 Ack=4063330010 win=65041 Len=0
 18 0.165454   192.168.0.30   74.125.31.106  TLSv1    212 Client Key Exchange, Change Cipher Spec, Encrypted Handshake Message
 19 0.235539   192.168.0.30   74.125.31.106  TLSv1    280 Encrypted Handshake Message, Change Cipher Spec, Encrypted Handshake
 20 0.235614   74.125.31.106  192.168.0.30   TLSv1    280 [TCP Retransmission] Encrypted Handshake Message, Change Cipher Spec
 21 0.235663   192.168.0.30   74.125.31.106  TCP      54  ewall > https [ACK] Seq=1490825211 Ack=4063330236 win=64815 Len=0
 22 0.236817   192.168.0.30   74.125.31.106  TLSv1    99  Application Data
 23 0.236978   74.125.31.106  192.168.0.30   TLSv1    107 Application Data
 24 0.237159   74.125.31.106  192.168.0.30   TLSv1    107 [TCP Retransmission] Application Data
 25 0.237192   192.168.0.30   74.125.31.106  TCP      54  ewall > https [ACK] Seq=1490825256 Ack=4063330289 win=64762 Len=0
 26 0.237582   192.168.0.30   74.125.31.106  TLSv1    523 Application Data
 27 0.307311   74.125.31.106  192.168.0.30   TCP      60  https > ewall [ACK] Seq=4063330289 Ack=1490825725 win=63784 Len=0
```

图 12-38　TLS 数据包列表

```
⊞ Frame 4: 62 bytes on wire (496 bits), 62 bytes captured (496 bits)
⊞ Ethernet II, Src: Vmware_b3:e8:e8 (00:0c:29:b3:e8:e8), Dst: 20:dc:e6:d1:9c:fe (20:dc:e6:d1:9c:fe)
⊞ Internet Protocol Version 4, Src: 192.168.0.30 (192.168.0.30), Dst: 74.125.31.106 (74.125.31.106)
⊟ Transmission Control Protocol, Src Port: ewall (1328), Dst Port: https (443), Seq: 1490824881, Len: 0
    Source port: ewall (1328)
    Destination port: https (443)
    [Stream index: 1]
    Sequence number: 1490824881
    Header length: 28 bytes
  ⊞ Flags: 0x02 (SYN)
    Window size value: 65535
    [Calculated window size: 65535]
  ⊞ Checksum: 0xc9f9 [validation disabled]
  ⊟ Options: (8 bytes)
      Maximum segment size: 1460 bytes
      No-Operation (NOP)
      No-Operation (NOP)
      TCP SACK Permitted Option: True
```

图 12-39　HTTPS 数据包

从序号为 9 的数据包开始进入 TLS 握手阶段，直到序号为 22 的数据包开始传输应用数据，说明 TLS 握手已经完成。

2. 验证 TLS 握手过程

从图 12-38 得知，序号为 9~22 的数据包验证了 TLS 完全握手过程。下面展开几个关键数据包（报文），进行详细分析。

序号为 9 的数据包如图 12-40 所示，这里展开 Secure Socket Layer 节点。客户端向服务器发送 Client Hello 报文，使用的是握手协议，握手类型为 Client Hello（1）。其中包含了客户端所支持的各种算法，由于是握手协议，提供的压缩算法为空。同时产生了一个随机数，这个随机数由一个时间戳加上部分随机序列号组成，随后将应用于各种密钥的推导，并可以防止重播攻击。这个报文封装在 TLS 记录层，其内容类型（Content Type）值为 22，版本为 TLS1.0。最后要交付到传输层，由于是 HTTPS 通信，目的端口号为 443。

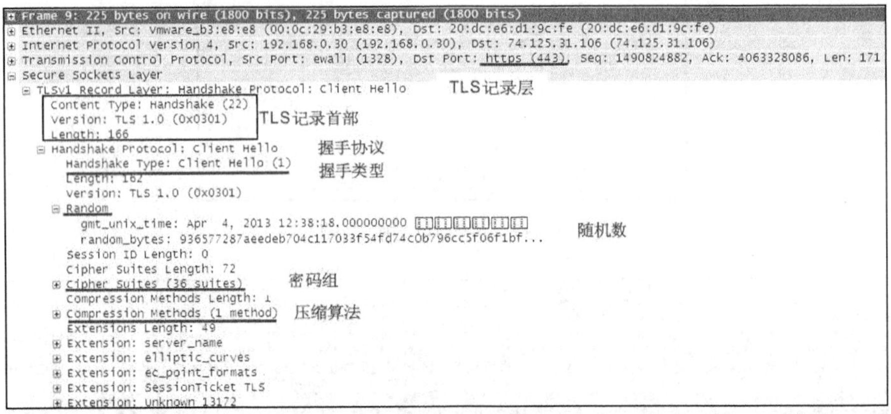

图 12-40　Client Hello 报文

序号为 10 的数据包为对方发过来 ACK 确认报文，序号为 11 的数据包为对方重复发送的 ACK 确认报文。后续此类数据包不再说明。

展开序号为 12 的数据包，如图 12-41 所示。服务器向客户端返回 Server Hello 报文，握手类型为 Server Hello（2），包含了服务器从客户端提供的密码组选择的密码算法 TLS_ECDHE_RSA_WITH_RC4_128_SHA，由于是握手协议，选择压缩算法为空。该报文提供另一个随机数，这个随机数的功能与客户端发送的随机数功能相同。TLS 记录最后要交付到传输层，是 HTTPS 源端口号为 443。

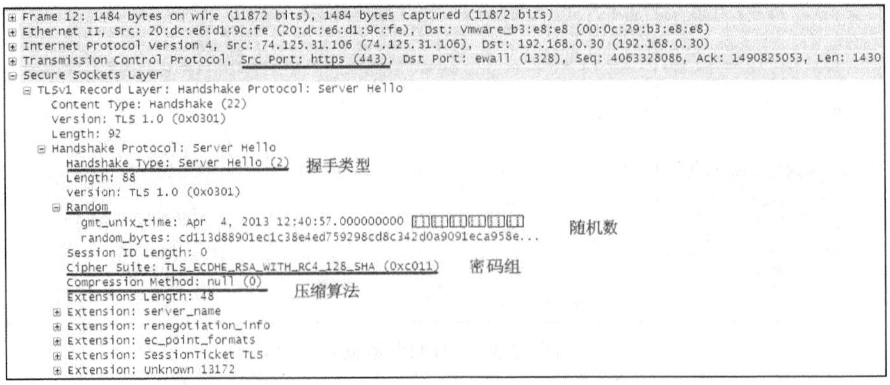

图 12-41　Servert Hello 报文

　　展开序号为 15 的数据包，如图 12-42 所示，这是服务器返回的认证信息，将 3 个握手报文集成到一个数据包发送，每一个分别封装到 TLS 记录层。Certificate 中包含了服务器的证书，以便客户端认证服务器的身份，并从中获取其公钥。Server Key Exchange 提供签名，此过程并没有通过网络进行传输，没有在数据包中体现出来。Server Hello Down 指明本阶段的报文已经发送完成。展开其中的 "certificates" 节点，可以查看有关服务器证书的详细信息，如图 12-43 所示。

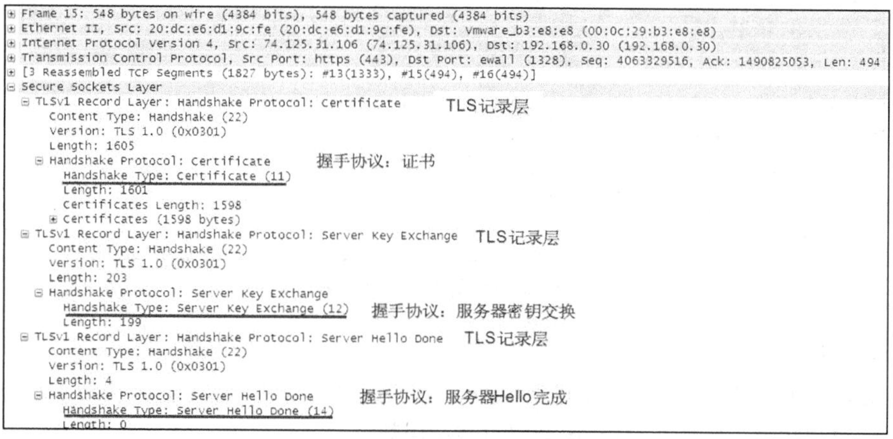

图 12-42　服务器认证报文

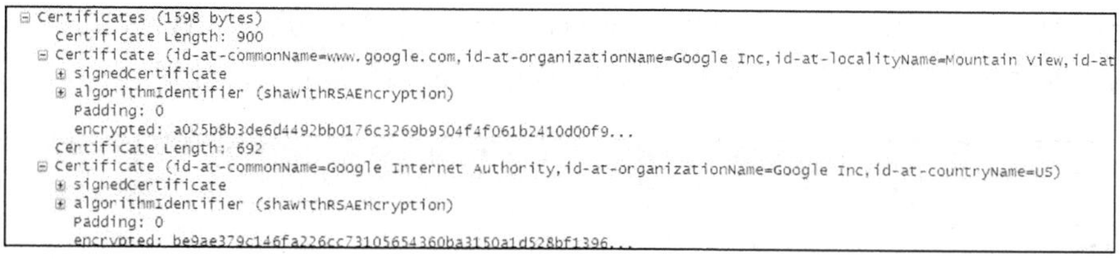

图 12-43　服务器证书信息

　　展开序号为 18 的数据包，如图 12-44 所示，这是客户端向服务器发送的密钥交换和改变密码规约信息，例中将 3 个报文集成到一个数据包发送，每一个分别封装到 TLS 记录层。Client Key Exchange 中包含了客户端生成的预主密钥，并使用服务器的公钥进行加密处理，此过程并没有通过网络进行传输，没有在数据包中体现出来。Change Cipher Spec 通告启用协商好的各项参数，其内容类型（Content Type）值为 20。Encrypted Handshake Message（加密握手报文）就是 Finished 报文，表示客户端用新的算法、密钥和密文加密发送一个报文，检查密钥交换和认证过程是否已经成功。

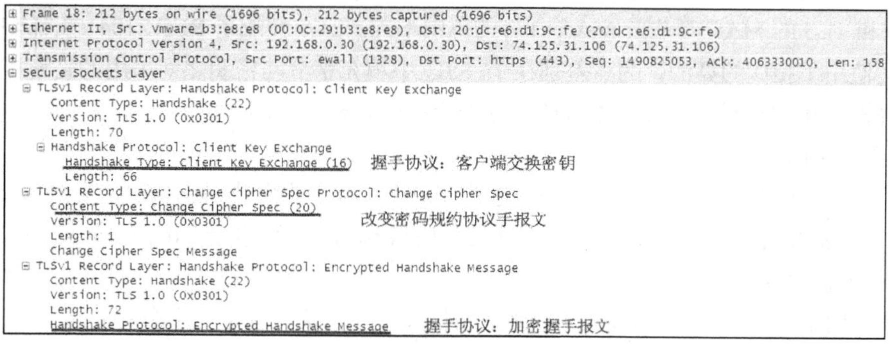

图 12-44　客户端交换密钥与改变密码规约

展开序号为 19 的数据包，如图 12-45 所示，也是 3 个报文集成到一个数据包。作为回应，服务器同样发送 Change Cipher Spec 和 Encrypted Handshake Message（Finished）报文，将挂起的密码规约改为当前密码规约，并使用新的密码规约加密发送报文。

至此，握手过程完成，客户端和服务器可以开始交换应用数据（Application Data）。

```
⊞ Frame 19: 280 bytes on wire (2240 bits), 280 bytes captured (2240 bits)
⊞ Ethernet II, Src: 20:dc:e6:d1:9c:fe (20:dc:e6:d1:9c:fe), Dst: Vmware_b3:e8:e8 (00:0c:29:b3:e8:e8)
⊞ Internet Protocol Version 4, Src: 74.125.31.106 (74.125.31.106), Dst: 192.168.0.30 (192.168.0.30)
⊞ Transmission Control Protocol, Src Port: https (443), Dst Port: ewall (1328), Seq: 4063330010, Ack: 1490825211, Len: 226
⊟ Secure Sockets Layer
  ⊟ TLSv1 Record Layer: Handshake Protocol: Encrypted Handshake Message
      Content Type: Handshake (22)
      Version: TLS 1.0 (0x0301)
      Length: 174
      Handshake Protocol: Encrypted Handshake Message
  ⊟ TLSv1 Record Layer: Change Cipher Spec Protocol: Change Cipher Spec
      Content Type: Change Cipher Spec (20)
      Version: TLS 1.0 (0x0301)
      Length: 1
      Change Cipher Spec Message
  ⊟ TLSv1 Record Layer: Handshake Protocol: Encrypted Handshake Message
      Content Type: Handshake (22)
      Version: TLS 1.0 (0x0301)
      Length: 36
      Handshake Protocol: Encrypted Handshake Message
```

图 12-45　服务器改变密码规约

3. 验证 TLS 记录层结果

前面在展开握手协议数据包时，已经讲解了 TLS 记录层封装上层的握手协议、改变密码规约协议报文。这里再看考察一下 TLS 记录层封装应用数据。

展开序号为 22 的数据包，如图 12-46 所示，这是客户端向服务器发送的应用数据。整个 HTTP 报文封装在 TLS 记录层中，其内容类型（Content Type）值为 23，版本为 TLS 1.0，主体部分是已经加密的应用数据，这些加密数据都是双方使用协商好的参数进行安全处理。

```
⊞ Frame 22: 99 bytes on wire (792 bits), 99 bytes captured (792 bits)
⊞ Ethernet II, Src: Vmware_b3:e8:e8 (00:0c:29:b3:e8:e8), Dst: 20:dc:e6:d1:9c:fe (20:dc:e6:d1:9c:fe)
⊞ Internet Protocol Version 4, Src: 192.168.0.30 (192.168.0.30), Dst: 74.125.31.106 (74.125.31.106)
⊞ Transmission Control Protocol, Src Port: ewall (1328), Dst Port: https (443), Seq: 1490825211, Ack: 4063330236, Len: 45
⊟ Secure Sockets Layer
  ⊟ TLSv1 Record Layer: Application Data Protocol: http          TLS记录层
      Content Type: Application Data (23)          内容类型：应用数据
      Version: TLS 1.0 (0x0301)
      Length: 40
      Encrypted Application Data: be8aeb084411f911ace9681c17004183675448183dc8ebfd...     加密的应用数据
```

图 12-46　应用数据

12.3.6　TLS 与 SSL 的差异

TLS 的主要目标是使 SSL 更安全，并使协议的规范更精确和完善。TLS 1.0 与 SSL 3.0 的差异比较小，但是它们之间并不能互操作，因而有必要了解一下两者的差异。

1. MAC（报文认证码）算法

SSL 和 TLS 的 MAC 算法及 MAC 计算的范围不同。TLS 使用了 RFC 2104 定义的 HMAC 算法。SSL 使用了相似的算法，两者差别在于 SSL 中填充字节与密钥之间采用的是连接运算，而 HMAC 算法采用的是异或运算。不过两者的安全程度是相同的。

2. 告警代码

TLS 支持几乎所有的 SSL 告警代码，还补充定义了很多告警代码，如解密失败（decryption_failed）、记录溢出（record_overflow）、未知 CA（unknown_ca）、拒绝访问（access_denied）等。

3. 伪随机功能（PRF）

TLS 使用了称为 PRF 的伪随机函数将密钥扩展成数据块，这是更安全的方式。在 TLS 中，HMAC 定义 PRF。PRF 使用两种散列算法保证其安全性。如果任一算法暴露了，只要第二种算法未暴露，数据仍然是安全的。

4．填充

用户数据加密之前需要增加填充字节。在 SSL 中，填充后的数据长度要达到密文块长度的最小整数倍。而在 TLS 中，填充后的数据长度可以是密文块长度的任意整数倍（但填充的最大长度为 255 字节），这种方式可以防止基于对报文长度进行分析的攻击。

5．其他不同点

TLS 不支持 Fortezza 密钥交换、加密算法和客户端证书。TLS 与 SSL 在计算主密钥时采用的方式不同。与 SSL 不同，TLS 试图指定必须在 TLS 之间实现交换的证书类型。

12.4　习　　题

1．网络信息安全需求主要有哪几个方面？

2．比较对称密钥密码学与公钥密码学。

3．报文摘要算法有哪几种？

4．简述会话密钥。

5．什么是数字证书？

6．简述 IPSec 的主要特性。

7．简述传输模式与隧道模式。

8．简述 AH 与 ESP 的工作原理。

9．什么是安全关联？它有什么用？

10．简述 ISAKMP/IKE 两个阶段。

11．SSL/TLS 协议由哪些部分组成？

12．简述 SSL/TLS 协议工作机制。

13．简述 TLS 完全握手流程。

14．简述 TLS 记录操作过程。

15．使用 Wireshark 工具抓取数据包，验证 IPSec 安全协商过程。

16．使用 Wireshark 工具抓取数据包，验证 TLS 握手过程。

第13章
IPv6 协议

目前 Internet 是在 IPv4 协议的基础上运行的，随着 Internet 的日益膨胀，需要采用 128 位地址长度的 IPv6 协议来彻底解决 IPv4 地址不足的难题。IPv6 是下一代 Internet 协议采用的核心标准之一，在地址容量、安全性、网络管理、移动性以及服务质量等方面有明显的改进，在视频、移动智能终端、无线网络等领域有广阔的应用前景。本章在概述 IPv6 的基础上，首先讲解 IPv6 寻址架构和数据包格式，然后分析 IPv6 协议体系中的 ICMPv6、邻居发现（ND）、多播侦听者发现（MLD）等其他协议，最后简单介绍 IPv6 路由、名称解析以及从 IPv4 过渡到 IPv6 的解决方案。

13.1 IPv6 概述

IPv6 是 Internet 协议的一个新版本，其设计思想是对 IPv4 加以改进。IPv6 增加了许多新的特性，不仅可以解决 IPv4 目前的地址短缺难题，而且有助于 Internet 摆脱日益复杂、难以管理和控制的局面，使它变得更加稳定、可靠、高效和安全。

13.1.1 IPv4 协议的问题

由于具有简单、易于实现、互操作性好的优势，IPv4 已成为最成功的网络协议之一，是目前广泛部署的 Internet 协议。然而，随着 Internet 的迅猛发展，IPv4 设计的不足也日益明显，主要体现在以下几个方面。

1. IP 地址短缺

IPv4 协议 32 位的 IP 地址标识决定了理论上可以分配 43 亿个 IP 地址，由于采用了分类的地址空间划分和构造方法，可用地址空间比理论值要小得多。随着移动设备和消费类电子设备对 IP 地址的巨大需求，全球有效 IP 地址面临严重短缺的问题。

虽然像 CIDR（无类域间路由）和 NAT（网络地址转换）一类新技术可以改善地址分配和减缓 IP 地址的需求量，一定程度上缓解了地址空间被耗尽的危机，但是这也为 IP 网络增加了复杂性，影响 IP 协议的核心特性。

2. 路由效率不高

IPv4 地址的层次结构缺乏统一的分配和管理，许多 IPv4 地址块分配不连续，不能有效聚合路由，并且多数 IP 地址空间的结构只有 2 级或者 3 级，导致主干路由器中存在大量的路由表项。庞大的路由表增加了路由寻址和存储转发的开销，从而影响 Internet 效率的提高。

3. 复杂的地址配置

IPv4 的地址配置以及其他相关网络参数的配置需要人为地设定或者使用有状态的主机配置协议，这使得接入 Internet 的数字设备在实现上更为复杂，不易进行自动配置和重新编址，无法真正做到即插即用。

4. 缺乏服务质量保证

为追求简单高效，IPv4 遵循尽力而为的传输原则，却使得对 Internet 不断推出的新业务类型缺乏有效的支持，比如实时和多媒体应用，这些应用要求提供一定的服务质量保证，比如带宽、延迟和抖动。

5. 安全性问题

IPv4 协议制定时并没有仔细针对安全性进行设计，因此固有的框架结构并不能保证端到端的安全。所有的数据都以明文形式传输，没有加密，也没有验证，这使得许多需要有安全保障的应用不得不在传输层上实现，甚至在应用层上来确保传输数据的安全性，增加了上层应用的复杂性。

13.1.2　IPv6 协议的新特性

相对于 IPv4，IPv6 做了很多改进，提供了不少新特性，主要体现在以下几个方面。

1. 充足的地址空间

IP 地址长度由 32 位增加到 128 位，可以支持数量多得多的可寻址节点、更多级的地址层次和较为简单的地址自动配置。

2. 提高路由效率

IPv6 可提供远大于 IPv4 的地址空间和网络前缀，因此可以方便地进行网络的层次化部署。分层聚合使全局路由表项数量更少，转发效率更高。

3. 优化数据包结构

IPv6 首部的某些字段被取消或改为选项，以减少数据包处理过程中的开销，并使得 IPv6 首部的带宽开销尽可能低。虽然 IPv6 地址长度是 IPv4 地址的 4 倍，但 IPv6 首部的长度只有 IPv4 首部长度的两倍。IPv6 的选项放在单独的首部中，位于 IPv6 首部和传输层首部之间，这种组织方式有利于改进路由器在处理包含选项的数据包时的性能。

4. 支持自动配置

IPv6 协议内置支持通过地址自动配置方式使主机自动发现网络并获取 IPv6 地址，大大提高了内部网络的可管理性。使用自动配置，用户设备可以即插即用而无需手工配置或使用 DHCP 服务器。

5. 支持端到端安全

从 IPv4 到 IPv6 的最大变化是将安全作为 IPv6 所要求的一部分。IPv6 中支持为 IP 定义的安全目标：保密性、完整性、认证性。IPSec 是 IPv6 协议基本定义中的一部分，任何部署的节点都必须能够支持。IPv6 的每一个兼容实现必须至少支持 IPSec 协议和过程的一个最小标准子集。

6. 服务质量能力

IPv6 增加了一种新的能力，如果某些数据包属于特定的工作流，发送方要求对其给予特殊处理，则可对这些数据包加上流标签，例如，非默认服务质量通信业务或"实时"服务。转发路由器和目的节点都可根据此标签进行特殊处理。

7. 支持移动特性

IPv6 协议规定必须支持移动特性，任何 IPv6 节点都可以使用移动 IP 功能。移动 IPv6 使用邻居发现功能可直接实现外地网络的发现并得到转交地址，而不必使用外地代理。利用路由扩展首部和目的地址扩展首部，移动节点和对等节点之间可以直接通信，解决了移动 IPv4 的三角路由、源地址过滤问题，移动通信处理效率更高且对应用层透明。

13.1.3　IPv6 协议体系

IPv6 与 IPv4 一样遵循现有 4 层 TCP/IP 体系结构，网络层是整个 TCP/IP 体系结构的关键部分，IPv6 与 IPv4 的差别主要体现在网络层。IPv6 是基于 IPv6 网络层的协议，主要用于完成对接收到的 IPv6 数据包进行处理，对需要发送的 IPv6 数据包进行构造并递交底层发送，它包含的主要协议有 IPv6、ICMPv6、ND（邻居发现）和 MLD（多播侦听者发现），以及 IPv6 路由协议等，如图 13-1 所示。

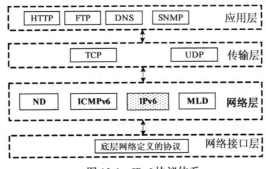

图 13-1　IPv6 协议体系

IPv6 协议体系主要包括以下协议。

- IPv6：IPv6 是无连接的、不可靠的数据报协议，主要负责在主机之间寻址和路由数据包。
- ICMPv6：使用 IPv6 通信的主机和路由器就可以报告错误并发送简单的响应消息。
- ND：用于确定邻居节点之间的关系，代替了 IPv4 中使用的 ARP、ICMP 等。ND 由主机使用，以便探索邻居路由器、地址、地址前缀，以及其他配置参数。
- MLD：为 IP 主机支持多播的方式定义了地址和主机扩展，对应于 IPv4 的 IGMP。

13.2　IPv6 寻址架构

IPv6 和 IPv4 之间最显著的区别是 IP 地址的长度从 32 位增加到 128 位，近乎无限的 IP 地址空间是部署 IPv6 网络最大的优势。IPv6 地址空间提供了灵活与结构清晰的分层，充分考虑了未来的增长。IPv6 寻址架构最早由 RFC 1884 规定，先后有更新版本 RFC 2372 和 RFC 3513，目前最新的版本的是 RFC 4291。下面依据 RFC 4291 文档介绍 IPv6 地址格式、地址类型以及地址分配。

13.2.1　IPv6 寻址概述

IPv6 地址是接口和接口组的长度为 128 位的标识符。与 IPv4 相比，IPv6 取消了广播地址类型，而以更丰富的多播地址代替，同时增加了任播地址类型。

1. 地址类型

Pv6 有以下 3 种地址类型。

- 单播（Unicast）地址：单一接口的标识符。发往单播地址的数据包被送给该地址标识的接口。对于有多个接口的节点，它的任何一个单播地址都可以用作该节点的标识符。
- 任播（Anycast）地址：又译为泛播地址，是一组接口（一般属于不同节点）的标识符。发往任播地址的数据包被送给该地址标识的接口之一（路由协议度量距离最近的）。任播地址不能用作源地址，而只能作为目的地址；任播地址不能指定给 IPv6 主机，只能指定给 IPv6 路由器。
- 多播（Multicast）地址：又译为组播地址，是一组接口（一般属于不同节点）的标识符。发往多播地址的数据包被送给该地址标识的所有接口。地址开始的 11111111 标识该地址为多播地址。

与 IPv4 不同，IPv6 中没有广播地址，其功能被多播地址所代替。IPv6 一个单接口可以指定任何类型的多个 IPv6 地址（单播、任播、多播）或范围。

2. 寻址模式

所有类型的 IPv6 地址都是分配给接口的，而不是分配给节点的。IPv6 单播地址指单一接口。由于每个接口都属于单一节点，任何节点的接口单播地址都可以用作该节点的标识符。要求所有接口至少有一个链路本地单播地址。单个接口也可以有多个任何类型（单播、任播和多播）或任何范围的 IPv6 地址。

不用作任何 IPv6 数据包的源或目的的接口，不需要范围大于链路范围的单播地址。这在某些情况对点对点接口较为方便。此寻址模式有一个例外：如果实现中将此多个物理接口当作在网络层上出现的一个接口，一个单播地址或一组单播地址可以分配给多个物理接口，这样做有利于多个物理接口上的负载均衡。

目前，在子网前缀与一条链路关联上，IPv6 继承了 IPv4 模式。多个子网前缀可以分配给同一链路。在 IPv6 网络中，网段也称作链路或子网。

13.2.2　IPv6 地址表示方法

IPv6 地址的文本表示有以下 3 种表示方法。注意要在 URL 中使用 IPv6 地址，应该用符号"["和"]"将其封闭起来。

1. 优先选用格式 x:x:x:x:x:x:x:x

IPv6 的 128 位地址分成 8 段，每段 16 位，每个 16 位段转换成 4 位十六进制数字，用冒号":"分隔，如 20DA:00D3:0000:2F3B:02AA:00FF:FE28:9C5A，这种表示又称为冒号十六进制格式。

可以删除每个段中的前导零以进一步简化 IPv6 地址表示，但每个信息块至少要有一位，如上述地址可简化为：20DA:D3:0:2F3B:2AA:FF:FE28:9C5A。

可见 x:x:x:x:x:x:x:x 格式中的"x"表示 1~4 个十六进制数字，注意不区分大小写。

2. 双冒号缩写格式

由于需要分配特定类型 IPv6 地址，地址中会包括 0 值的段，可以将被值为 0 的连续多个段缩写为双冒号"::"。例如，多播地址 FF02:0:0:0:0:0:0:2 可缩为 FF02::2。注意这种双冒号在一个地址中只能使用一次。

3. IPv4 兼容地址格式 x:x:x:x:x:x:d.d.d.d

IPv6 设计的时候考虑了对 IPv4 的兼容性，以利于网络升级。在混用 IPv4 节点和 IPv6 节点环境中，采用替代地址格式 x:x:x:x:x:x:d.d.d.d 更为方便，其中"x"是地址的 6 个高阶 16 位段的十六进制值，"d"是地址的 4 个低阶 8 位字节十进制值（标准的 IPv4 地址表示法），如 0:0:0:0:0:0:13.1.68.3，0:0:0:0:0:FFFF:129.144.52.38。可以采用双冒号缩写格式，这两个地址分别缩写为::13.1.68.3 和::FFFF:129.144.52.38。

13.2.3　IPv6 地址前缀与地址类型标识

1. 地址前缀（子网前缀）

IPv6 中不使用子网掩码，而使用前缀长度来表示网络地址空间。IPv6 前缀又称子网前缀，是地址的一部分，指出有固定值的地址位，或者属于网络标识符的地址位。

IPv6 前缀与 IPv4 的 CIDR（无类域间路由）表示法的表达方式一样，采用"IPv6 地址/前缀长度"的格式，前缀长度是一个十进制值，指定该地址中最左边的用于组成前缀的位数。IPv6 前缀所表示的地址数量为 2 的 n（n=128-前缀长度）次方个。例如，20DA:D3:0:2F3B::/60 是子网前缀，表示前缀为 60 位的地址空间，其后的 68 位可分配给网络中的主机，共有 2^{68} 个主机地址。

2. 地址类型标识（格式前缀）

IPv6 地址类型由地址的高阶位标识，主要地址类型标识（又称格式前缀）见表 13-1。

表 13-1　　　　　　　　　　　IPv6 地址类型标识

地址类型	二进制前缀	IPv6 符号表示法
未指定	00...0 （128 位）	::/128
环回	00...1 （128 位）	::1/128
多播	11111111	FF00::/8
链路本地单播	1111111010	FE80::/10
全球单播	其他的任何一种	

任播地址取自具有任何范围的单播地址空间，在句法上任播地址与单播地址难以区分。全球单播地址一般格式见 13.2.4 小节所述。一些特定目的全球单播地址子类型，包含了嵌入的 Pv4 地址（用于 IPv4 与 IPv6 互操作）。

13.2.4　IPv6 单播地址

每个接口上至少要有一个链路本地单播地址。地址空间应该尽量划分为层次，以保证聚合性，缩短路由表长度。IPv6 单播地址与 IPv4 单播地址一样可聚合，它是与任意比特长度的前缀聚合在一起的，类似 IPv4 的 CIDR 地址。在 IPv6 中的单播地址类型有：全球单播、站点本地单播（已过时）和链路本地单播。全球单播还有一些特定目的子类型，例如，嵌入 IPv4 地址的 IPv6地址。

任何 IPv6 单播地址都需要一个接口标识符。IPv4 地址由网络标识符和主机标识符两个部分组成，一个 IPv6 单播地址也可看成是由子网前缀和接口标识符（接口 ID）两个部分组成，如图 13-2 所示。

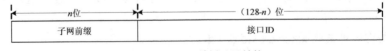

图 13-2　IPv6 单播地址结构

子网前缀用来标识网络部分，接口标识符则用来标识该网络上节点的接口。子网前缀由 IANA、ISP 和各组织分配。对于不同类型的单播地址，前缀部分还可进一步划分为几部分，分别标识不同的网络部分。

1. IPv6 接口标识符

IPv6 指定接口标识符遵从修改的 IEEE EUI-64 格式，为每一个接口指定一个全球唯一的 64 位接口标识符。

对于以太网来说，IPv6 接口标识符直接基于网卡的 48 位 MAC 地址得到，MAC 地址本身就是全球唯一的，前 24 位代表接口制造商的名称，后 24 位由制造商选择，确保自己制造网卡的唯一性。IPv6 按照 IEEE EUI-64 格式在 MAC 地址的这两部分之间插入两个字节，其十六进制值分别是 0xFF 和 0xFE（:FFFE:），从而生成唯一的 64 位数值作为以太网网卡的接口标识符。这样的接口标识符如图 13-3 所示，其中"c"是分配的制造商 ID 位，"1"是 universal/local 位的值（MAC 地址转换时需要将 universal/local 位的值由 0 改为 1），指出本地范围，"g"是 individual/group 位，"m"是选定的制造商扩展标识符位。

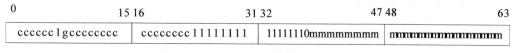

图 13-3　IPv6 接口标识符格式（二进制）

并非所有的接口都拥有这种内置的、全球唯一的标识符。例如，串行连接或者 IP 隧道的端点也必须在其环境中被唯一标识。这些接口可以拥有自己的标识符，这些标识符可以由随机数生成，也可以通过手工配置，还可以使用其他方法配置。

2. 全球单播地址

IPv6 全球单播地址一般格式如图 13-4 所示。

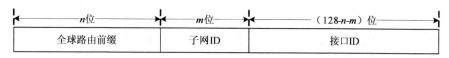

图 13-4　全球单播地址格式

全球路由前缀（Global Routing Prefix）是一个典型的等级结构值，该值分配给站点（一群子网或链路），子网 ID 是该站点内链路的标识符。

除了以二进制 000 开始的全球单播地址外，所有全球单播地址有一个 64 位的接口 ID 字段（即 $n+m=64$）。以二进制 000 开始的全球单播地址，在大小上或接口 ID 字段结构上没有这类限制。例如，具有嵌入的 IPv4 地址的 IPv6 地址就是一种以二进制 000 开始的全球单播地址。

3. 嵌入 IPv4 地址的 IPv6 地址

已经定义了以下两类携带 IPv4 地址的 IPv6 地址，它们均在地址的低阶 32 位中携带 IPv4 地址。

● IPv4 兼容的 IPv6 地址。

这种地址用于 IPv6 转换，格式如图 13-5 所示。

图 13-5　IPv4 兼容的 IPv6 地址格式

这种地址在低阶 32 位携带 IPv4 地址，前 96 位全为 0，主要用于一种自动隧道技术，目的地址为这种地址的数据包会被自动 IPv4 隧道封装（隧道的端点为自 IPv6 数据包中的 IPv4 地址），由于这种技术不能解决地址耗尽问题，已经逐渐被废弃。

- IPv4 映射的 IPv6 地址。

这个地址类型用于将 IPv4 节点的地址表示为 IPv6 地址，格式如图 13-6 所示。

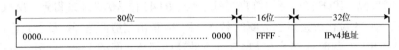

图 13-6　IPv4 映射的 IPv6 地址格式

这种地址高阶 80 位为全 0，中间 16 位为全 F，最后 32 位为 IPv4 地址。在支持双栈的 IPv6 节点上，IPv6 应用发送目的地址为这种地址的数据包时，实际上发出的数据包为 IPv4 数据包（目的地址是"IPv4 映射的 IPv6 地址"中的 IPv4 地址）。

4. 链路本地 IPv6 单播地址

链路本地 IPv6 单播地址用于单一链路，类似于 IPv4 私有地址。格式如图 13-7 所示。

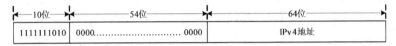

图 13-7　链路本地 IPv6 单播地址格式

链路本地地址被设计用于在单一链路上寻址，在诸如自动地址配置、邻居发现，或者在链路上没有路由器时使用。路由器必须不转发任何具有链路本地源地址或具有链路本地目的地址的分组到其他链路。

　　　站点本地 IPv6 单播地址的格式前缀为 1111111011，用于不需要全球前缀的站点内部寻址。现在已经过时了，新的实现必须将此格式前缀看作是全球单播地址。

13.2.5　IPv6 任播地址

IPv6 任播地址分配给多个接口，这些接口一般属于不同节点。发送到任播地址的数据包按照路由协议的测量距离路由到有该任播地址的最近的接口。

IPv6 任播地址有以下两个用途。

- 用来标识属于提供 Internet 服务的同一组织的一组路由器。这些地址可在 IPv6 路由首部中作为中间转发路由器，以使数据包能够通过特定一组路由器进行转发。
- 标识特定子网的一组路由器，数据包只要被其中一个路由器接收即可。

任播地址是根据单播地址空间分配的，使用任何已定义的单播地址格式。当单播地址分配给多于一个接口时，该单播地址转化为任播地址。分得该地址的节点必须被显式配置，以便知道该地址是任播地址。

其中有些任播地址是已经定义好的，如子网路由器（Subnet-Router）任播地址，格式如图 13-8 所示。

图 13-8　子网路由器任播地址格式

其中子网前缀（Subnet Prefix）用来标识特定链路。发送到子网路由器任播地址的数据包会被送到子网中的一个路由器。所有路由器都必须支持子网任播地址。这种地址可用于节点需要与一组路由器中的任何一个通信的场合。

13.2.6　IPv6 多播地址

1. IPv6 多播地址格式定义

IPv6 多播地址用来标识一组接口，一般这些接口属于不同的节点。一个节点可能属于 0 到多个多播组。发往多播地址的数据包被多播地址标识的所有接口接收。注意 IPv6 多播中不使用相当于 IPv4 的 TTL 的跳数限制（Hop Limit）字段。

多播地址格式如图 13-9 所示。

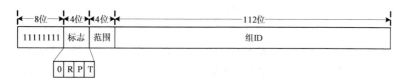

图 13-9　IPv6 多播地址格式

地址开始处的二进制 11111111 标识该地址是一个多播地址。

标志（Flgs）字段包括 4 个标志位。高阶标记被保留，并必须初始化为 0。T=0 表示由 IANA 分配的（公认）多播地址，T=1 表示非永久分配（临时或动态分配）的多播地址。

范围（Scop）是一个 4 位值，用于限制多播组的范围。具体的范围值定义见表 13-2。

表 13-2　IPv6 多播组的范围

范围值	多播组范围	说　明
0	保留	
1	接口本地范围	仅跨越节点上的单一接口，只在节点范围内有效，用于多播的环回发送
2	链路本地范围	跨越与对应单播范围相同的拓扑区域，只在链路范围有效
3	保留	
4	域本地范围	最小的范围，它必须从管理上配置，即不能自动地通过物理连接配置，或不能通过其他非多播相关配置实现
5	站点本地范围	力图跨越单一站点，只在一个网络内有效
6、7	未分配	可由管理者使用，以便定义增加的多播区域
8	组织本地范围	力图跨越属于单一组织的多个站点，只在组织内有效
9、A、B、C、D	未分配	可由管理者使用，以便定义增加的多播区域
E	全球范围	全球范围内有效
F	保留	

2. IPv6 预定义多播地址

IPv6 预定义了以下多播地址，作为永久分配即所谓"公认"的多播地址。

（1）保留的多播地址。

- FF00::~FF0F::（共 16 个地址）。

这些地址不能分配给任何多播组。

（2）所有节点的地址。

- FF01:0:0:0:0:0:0:1（接口本地）。
- FF02:0:0:0:0:0:0:1（链路本地）。

这些地址标识范围 1（接口本地）或范围 2（链路本地）内的所有 IPv6 节点组。

（3）所有路由器地址。

- FF01:0:0:0:0:0:0:2（接口本地）。
- FF02:0:0:0:0:0:0:2（链路本地）。
- FF05:0:0:0:0:0:0:2（站点本地）。

这些地址标识范围 1（接口本地）、范围 2（链路本地）或范围 5（站点本地）内的所有 IPv6 路由器组。

（4）被请求节点（Solicited-Node）的地址。

- FF02:0:0:0:0:1:FFXX:XXXX。

用在 IPv6 邻居发现协议中，取单播或任播地址的低阶 24 位，将这些位挂到前缀 FF02:0:0:0:0:1:FF00::/104 上，产生从 FF02:0:0:0:0:1:FF00:0000 到 FF02:0:0:0:0:1:FFFF:FFFF 范围内的多播地址。

13.2.7 特殊的 IPv6 地址

与 IPv4 类似，IPv6 也有两个比较特殊的 IPv6 地址。

1. 未指定的 IPv6 地址

0:0:0:0:0:0:0:0（::）是未指定地址，相当于 IPv4 未指定地址 0.0.0.0，只能作为尚未获得正式地址的主机的源地址，不能作为目的地址，不能分配给真实的网络接口。使用未指定地址的一个例子是正在初始化的主机还没有取得到它自己的地址之前，它发送的任何 IPv6 数据包中的源地址字段的内容就是这个地址。

2. IPv6 环回地址

0:0:0:0:0:0:0:1（::1）是环回地址，相当于 IPv4 中的 Localhost（127.0.0.1），节点用其发送返回给自己的 IPv6 数据包。它不能分配给任何物理接口。它被看作属于链路本地范围，可以被当作是虚拟接口的链路本地单播地址，该虚拟接口通向一个假想的链路，该链路和谁也不连通。以环回地址为目的地址的 IPv6 数据包决不能发送到单一节点以外，并且绝不能经由 IPv6 路由器转发。

13.2.8 IPv6 主机和路由器寻址

安装单个网络接口的 IPv4 主机，通常有一个指派给该接口的 IPv4 地址。而只有单个网络接口的 IPv6 主机通常有多个 IPv6 地址。一台 IPv6 主机可同时拥有以下几种单播地址。

- 用于每个接口的链路本地地址。
- 任何已经配置给节点接口的附加单播地址和任播地址。
- 用于环回接口的环回地址（::1）。

IPv6 主机通常在逻辑上是多主机的，因为它们至少两个用于接收数据包的地址。每个主机有一个用于本地链路通信的链路本地地址，以及一个可路由的全球单播地址。除上述地址外，每个 IPv6 主机还必须将下列地址作为自身的地址。

- 预定义的所有节点多播地址（FF01:0:0:0:0:0:0:1 和 FF02:0:0:0:0:0:0:1）。
- 每个分配的单播或任播地址对应的被请求节点（Solicited-Node）多播地址。
- 节点所属的所有其他组的多播地址。

IPv6 路由器在 IPv6 主机支持地址种类的基础上，还要加上下述地址。

- 所有接口的子网路由器（Subnet-Router）任播地址。
- 路由器配置的所有其他任播地址。
- 预定义的所有路由器多播地址（FF01:0:0:0:0:0:0:2、FF02:0:0:0:0:0:0:2 和 FF05:0:0:0:0:0:0:2）。

13.2.9　IPv6 地址分配

IPv6 地址中最重要的是全球单播地址，这里重点介绍全球单播地址的分配。

1. 全球单播地址格式的演变

1995 年发布的 RFC 1884 最早对 IPv6 全球单播地址的格式进行了定义，将它们分为两大类：基于供应商（Provider）的单播地址和基于地理位置的单播地址。后来 RFC 2373 取消了基于地理位置的地址格式，并以可聚合全球单播地址（Aggregatable Global Unicast Addresses）代替了基于供应商的地址，格式如图 13-10 所示。

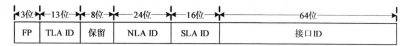

图 13-10　RFC 2373 规定的可聚合全球单播地址格式

其中 FP（Format Prefix）是格式前缀，固定为二进制 001；TLA ID（Top-Level Aggregation Identifier）为顶级聚合标识符；NLA ID（Next-Level Aggregation Identifier）为下一级聚合标识符；SLA ID（Site-Level Aggregation Identifier）为站点级聚合标识符，最后是 64 位接口标识符。这种地址格式能够将路由表长度限制在一个可接受的范围内，但是缺乏灵活性，同时如何分配 TLA ID 及 NLA ID 也是一个难点。

2003 年发布的 RFC 3513 重新定义了全球单播地址的格式，其结构参见图 13-4，这是目前使用的 IPv6 全球单播地址格式。其中，除了嵌入 IPv4 的 IPv6 地址外，其余所有的全球单播地址的接口标识符部分都固定为 64 位，即 $n+m=64$。RFC 3513 还规定 IANA 对 IPv6 全球单播地址的空间分配权限只局限于以二进制 001 开头的地址范围。

为进一步明确 IPv6 全球单播地址格式，RFC 3587 "IPv6 Global Unicast Address Format" 给出了新的格式，如图 13-11 所示。

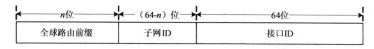

图 13-11　RFC 3587 规定的 IPv6 全球单播地址格式

RFC 3587 废除全球可聚集单播地址的格式前缀 001，但同时又指出只有格式前缀为 001 可供 IANA（Internet 数字分配机构）分配，其余全球单播地址空间（大约是 IPv6 地址空间的 85%）保留以备将来定义和使用，暂时不再由 IANA 分配。因此，由 IANA 代理、与 RFC 3177 "IAB/IESG Recommendations on IPv6 Address Allocations to Sites" 文档中的建议一致的 2000::/3 前缀的全球单播地址的格式如图 13-12 所示。RFC 4291 在废止 RFC 3513 时也认可这种格式。

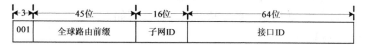

图 13-12　由 IANA 代理的 2000::/3 前缀的全球单播地址格式

2. 全球单播地址格式的分配

虽然新的 IPv6 地址格式已经发布，但目前没有相应的地址分配策略出台，地址分配仍沿用 RFC 3177 制定的分配方法。

ICANN 是负责全球 IPv6 地址分配的 Internet 域名与地址分配机构，它规定 IPv6 全球单播地址的分配分级进行。ICANN 先将部分 IPv6 地址分配给 RIR（区域性 Internet 权威机构），然后由这些 RIR 负责地区的 IPv6 地址分配。目前全球共有 5 个 RIR，分别是北美 Internet 地址分配机构（ARIN）、欧洲 IP 地址注册中心（RIPE NCC）、拉丁美洲及加勒比网络信息中心（LACNIC）、非洲网络信息中心（AFRINIC）和亚太地区网络信息中心（APNIC）。

根据由 ARIN、RIPE NCC 及 APNIC 共同起草的正式文件提出的建议，对 IPv6 全球单播地址的规划和管理方案应符合唯一性、可记录性、可聚合性、节约性、公平性、可扩展性等指导性原则。但是在实际运行过程中，RIR 分配 IP 地址遵循先到先得和按需分配的基本原则。

按照 IESG（Internet 工程指导小组）和 IAB（Internet 体系结构委员会）的建议，/48 地址分配给企业客户站点；/64 地址分配给子网（连接主机、终端设备的网络）；/128 地址分配给设备（具体的网络节点）。

3. IPv6 实验网络地址分配

6BONE 网络是全球范围的 IPv6 实验网络，使用子网前缀 3ffe:0000::/16。每个伪顶级聚合分配 3ffe:0800::/28 范围内的/28 前缀，最多支持 2048 个伪顶级聚合。处于末端的站点从上游提供者得到/48 前缀，每个站点内还可细分为多个/64 前缀。6BONE 网络按层次化结构分配地址，地址空间由 IANA 定义配，分配策略由 RFC 2921 定义。

13.3 IPv6 数据包格式

IPv6 将来自上层的数据封装为 IPv6 数据包（也可称 IPv6 数据报），然后被封装在数据链路层帧中再交付给物理链路传送。以太网帧为 IPv6 分配的以太类型（Ether Type）为 0x86DD。IPv6 数据包由固定不变格式的 40 字节首部、可选的扩展首部和有效载荷（Payload）部分组成，有效载荷也就是数据部分。IPv6 数据包格式由 RFC 2460 "Internet Protocol, Version 6 (IPv6) Specification" 规定。

13.3.1 IPv6 首部格式

为减少在目的节点和相关路由器上的处理时间，IPv6 首部进行了简化，将 IPv4 首部中的一些功能和选项放到扩展首部中处理，或者直接取消，主要有以下变动。

- 取消 6 个 IPv4 首部字段，分别是首部长度、服务类型（优先级）、标识、标志、分片偏移以及首部校验和。
- 修改 3 个 IPv4 首部字段，分别是总长度、协议、生存时间。
- 添加两个新的字段，分别是流量等级和流标签。

IPv6 首部格式如图 13-13 所示，各字段及其功能介绍如下。

1. 版本（Version）

版本字段与 IPv4 一样占 4 位，其值为 6。

0		15 16			31
版本	流量等级	流标签			
有效荷载长度		下一首部		跳数限制	
生存期		协议	首部校验和		
源地址					
目的地址					

图 13-13　IPv6 首部格式

2.　流量等级（Traffic Class）

流量等级字段占 8 位，由源节点或转发路由器用于标识和区分 IPv6 数据的不同类别或优先级。它类似于 IPv4 中的服务类型（TOS）字段，为数据包提供所谓的差分服务（Differentiated Services）。关于差分服务的内容请参加第 4 章有关内容。

3.　流标签（Flow Label）

该字段占 20 位，用于源节点标识那些需要 IPv6 路由器特殊处理的数据包的序列，以便在网络层进行区分。流标签可以更好地支持综合 QoS（服务质量），可以直接标识流。

转发路径上的路由器可以根据流标签来区分流并进行处理。由于流标签在 IPv6 首部中携带，转发路由器可以不必根据数据包内容来识别不同的流，目的节点也同样可以根据流标签识别流，同时由于流标签在首部中，使用 IPSec 封装后仍然可以根据流标签进行 QoS（服务质量）处理。不支持流标签字段功能的主机或路由器在产生一个数据包的时候将该字段设置为 0，在转发一个数据包的时候不改变该字段的值，在接收一个数据包的时候则忽略该字段。

4.　有效载荷长度（Payload Length）

该字段占 16 位，指定 IPv6 首部之后的数据包其余部分的长度，以字节为单位。当有效载荷大于 64K 字节时，将本字段的值设为 0，而实际的数据包长度将存放在逐跳（Hop-by-hop）选项中。任何扩展首部都将作为有效载荷的一部分被计算在内。

5.　下一首部（Next Header）

该字段是一个长度为 8 位的选择器，用来标识紧跟在 IPv6 首部后面的首部的类型。该字段定义的类型与 IPv4 中的协议字段相同。

在 IPv6 中，下一首部字段指明了随后的扩展首部、时间戳协议或其他协议，下一首部取值见表 13-3。为确定携带在 IPv6 数据包中的传输协议，节点必须检查这些首部中的每一个首部，直到遇到指明某一传输协议的下一首部字段值为止。为加速这一过程，扩展首部和选项首部安排下一个首部字段作为它们的第 1 个字段。

表 13-3　　　　　　　　　　　　　　　　　　下一首部值

下一首部值	首部类型	下一首部值	首部类型
0	保留（IPv4）	44	分片首部（IPv6）
0	逐跳选项（IPv6）	45	域内路由选择协议（IDRP）
1	ICMP（IPv4）	51	认证首部

下一首部值	首部类型	下一首部值	首部类型
2	IGMP（IPv4）	52	封装安全有效载荷
3	网关到网关协议	58	ICMPv6
4	IP 中的 IP（IPv4 封装）	59	无下一首部（IPv6）
5	流	60	目标选项首部（IPv6）
6	TCP	80	ISO CLNP
17	UDP	88	IGRP
29	ISO TP4	89	OSPF
43	路由首部（IPv6）	255	保留

6. 跳数限制（Hop Limit）

该字段用 8 位无符号整数表示，当被转发的数据包经过一个节点时，该字段的值将减 1，当减至 0 时，则丢弃该包。其作用类似于 IPv4 首部中的 TTL 字段。

7. 源地址（Source Address）

源地址字段长 128 位（16 字节），表示数据包发送方的地址。

8. 目的地址（Destination Address）

目的地址字段长 128 位，表示数据包接收方的地址。如果有路由选择首部，则该地址可能不是该数据包最终接收方的地址。

13.3.2 IPv6 扩展首部

扩展首部位于 IPv6 基本首部与上层协议（UDP、TCP 或 ICMP 等）首部之间。扩展首部是可选的，一个 IPv6 数据包可以没有扩展首部，或者有 1 个或多个扩展首部，每个扩展首部由前一首部中的下一首部字段标识，形成一种链式结构，如图 13-14 所示。这样可以更高效地处理扩展首部，而转发路由器只处理必须处理的选项首部，从而提高了转发效率。

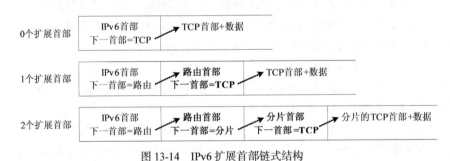

图 13-14　IPv6 扩展首部链式结构

除了逐跳选项（Hop-by-Hop Options）首部之外，扩展首部不在数据包的传送路径中的任何节点检测和处理，直到该数据包到达目的节点。对 IPv6 首部的下一首部字段的常规处理将是调用处理模块来处理第一个扩展首部，如果不存在扩展首部，就处理上层首部。每个扩展首部的内容和语义决定是否处理下一首部。因此，扩展首部必须严格按照它们在数据包中出现的次序来处理。这样，接收者就不能搜索整个包来寻找某个特定类型的首部，并且在处理所有前面的首部之前处理它。

当在同一个数据包中使用多个扩展首部时，建议按照以下顺序排列。

（1）IPv6 首部。

（2）逐条选项（Hop-by-Hop Options）首部。

（3）目的选项（Destination Options）首部。

（4）路由（Routing）首部。

（5）分片（Fragment）首部。

（6）认证（Authentication，AH）首部。

（7）封装安全载荷（Encapsulating Security Payload，ESP）首部。

（8）目的地址选项首部。

（9）上层协议首部。

除了目的地址选项首部最多出现两次（一次在路由首部前，一次在上层协议首部前）以外，每个扩展首部应当只出现一次。

1. 逐跳选项首部

该扩展首部用于传送必须由数据包传送路径中的每个节点检测的选项信息，由 IPv6 首部中下一首部字段值 0 来标识，格式如图 13-15 所示。

图 13-15　逐跳选项首部

扩展首部长度（Extended Header Length）字段是一个 8 位长的无符号整数，用于指示逐跳选项扩展首部的长度（以字节为单位），不包括开始的 8 字节。

选项部分是一个可变长度字段，包含一个或多个 TLV（类型+长度+值）编码的选项。目前定义了以下两个选项。

- 路由器警报选项

该选项让参与的路由器更密切地检查数据包中的重要信息，由 RFC 2711 定义。如果逐跳选项首部中没有该选项，路由器直接正常地转发该数据包。包含 RSVP（资源保留协议）指令的 IPv6 数据包必须在逐跳选项扩展首部中使用路由器警报选项。该选项格式如图 13-16 所示。

类型 值=5	长度 值=2	路由器警报选项值 长2字节

图 13-16　路由器警报选项

类型字段值为 5，表示选项类型；长度字段值为 2，表示选项数据长度；最后一个字段占 2 字节，是路由器警报选项值。目前可提供 3 种警报信息：选项值 020 表示数据包包含多播侦听者发现消息；021 表示数据包包含 RSVP 消息；022 表示包含活动网络消息。

- 超大数据包选项

该选项用于支持 RFC 2675 定义名为 Jumbogram 的专用服务 IPv6 数据包，其格式如图 13-17 所示。

类型字段值为 192，表示选项类型；长度字段值为 4，表示选项数据长度；最后一个字段占 4

字节，是超大数据包长度，指明包括逐跳选项扩展首部在内，IP 数据包中所包含的实际字节数，但不包括 IPv6 基本首部。4 字节可定义的最大长度为 $2^{32}-1$，这也是可支持的超大数据包的最大长度，这对主干网络和大容量网络链路传输大数据包很有用。而标准 IPv6 数据包首部有效载荷长度字段为 2 字节，仅支持数据包携带最大 64K 字节的数据。

类型 值=194	长度 值=4	超大数据包长度 长4字节

图 13-17　超大数据包选项

如果使用超大数据包选项，要求 IPv6 首部的 16 位有效载荷长度字段值必须为 0。如果数据包中有分片扩展首部，就不能同时使用超大数据包选项，因为使用该选项时不能对数据包进行分片。

2. 目的选项首部

目的选项用于携带只需由数据包的目的节点检测的可选信息，由其前一首部中下一首部字段值 60 来标识，格式与逐跳选项首部相同。

如果该选项出现在路由首部前面，此选项首部被目的节点和路由首部中指定的节点处理。如果该选项出现在上层协议首部前面（任何 ESP 选项后面）；则只能被目的节点处理。

这一扩展首部为未来的专用或基于标准的通信预留了空间。选项类型编号必须在 IANA 注册，并归档到专门的 RFC 文档中。

3. 路由首部

路由首部代替了 IPv4 中所实现的源路由，允许用户指定数据包的路径，即到达目的地沿途必须经过的路由器。它由其前一首部中下一首部字段值 43 来标识，格式如图 13-18 所示。

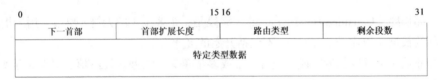

0	15 16		31
下一首部	首部扩展长度	路由类型	剩余段数
特定类型数据			

图 13-18　路由首部

该扩展首部有两个重要字段：路由类型（Routing Type）字段和剩余段数（Segments Left）字段，它们各占 1 字节。路由类型字段表示所使用的路由首部类型；而剩余段数字段表示剩余的路由分段的数量，也就是在到达最终的目的节点之前应当访问的、明确列出的中间节点的数量。特定类型数据则是一个可变长度字段，其格式由路由类型决定。

目前定义了路由类型为 0 的路由首部，格式如图 13-19 所示。

0	15 16		31
下一首部	首部扩展长度	路由类型=0	剩余段数
保留			
路由器地址 [1]			
路由器地址 [2]			
⋮			
路由器地址 [*n*]			

图 13-19　类型为 0 的路由首部

这种路由首部用于解决 IPv4 源路由的主要问题。只有列表中的路由器才处理路由首部，其他路由器则不必处理。列表中最多可以指定 256 个路由器。具体实现机制说明如下。

（1）源节点构造数据必须经过的路由器列表，并构造类型为 0 的路由首部，首部中包括路由器的列表、最终目的节点地址和剩余段数。

（2）源节点发送数据包时，将 IPv6 首部目的地址设置为路由首部列表中的第 1 个路由器地址。该数据包一直正常转发，当到达路由首部列表中的第 1 个路由器时，该路由器才检查路由首部，沿途的其他中间路由器都忽略其路由首部，数据包继续转发。

（3）数据包每到达列表中的一个路由器时，将被检查路由首部以确保剩余段数与地址列表一致。如果剩余段数值等于 0，则表示此路由器节点实际上是该数据包的最终目的地，将继续对数据包的其他部分进行处理。如果不是最终目的地，则以路由首部列表中的下一节点地址来替代 IPv6 首部中的目的地址。同时，节点将剩余段数字段值减 1，然后将数据包发往下一站。列表中的其他节点重复此过程，直到到达最终目的地。

4. 分片首部

IPv6 源节点使用分片首部发送超过路径 MTU（源和目的之间传输路径的 MTU）的数据包。与 IPv4 不同，IPv6 只允许源节点对数据包分片，传输路径中的路由器不能进行分片操作。分片首部由其前一首部中下一首部字段值 44 来标识，格式如图 13-20 所示。

图 13-20　分片首部

分片偏移字段与 IPv4 的片偏移值字段很相似，共 13 位，以 8 字节为单位，表示此分片开始位置（第 1 个字节）与原数据包（未分片）中可分片部分开始位置（第 1 个字节）之间的偏移量。

M 字段是一个标志位，表示是否还有后续分片。若值为 1，表示后面还有分片；若值为 0，则表示这是最后一个分片。

标识字段与 IPv4 的标识字段类似，但是长度为 32 位。源节点为每个被分片的 IPv6 数据包都分配一个 32 位的标识符，用来唯一标识生存期内从源地址发送到目的地址的数据包。

IPv6 基本首部和在发往目的节点的途中必须由路由器处理的扩展首部是不允许进行分片的，如路由首部、逐跳选项首部。

IPv6 规范建议所有节点都执行路径 MTU 发现机制，并只允许由源节点进行分片。在发送任意长度的数据包之前，必须检查由源节点到目的节点的路径，计算出可以无须分片而发送的最大长度的数据。如果要发送超出此长度的包，就必须由源节点进行分片。

5. 认证首部（AH）

认证首部用于 IPSec，提供数据源认证和数据完整性检查。它由其前一首部中下一首部字段值 51 来标识，定义与 IPv4 中相同，格式及其说明请参见第 12 章的有关内容。

6. 封装安全载荷（ESP）首部

ESP 首部用于 IPSec，提供数据源认证、数据完整检查和机密保障。它由其前一首部中下一首部字段值 50 来标识，定义与 IPv4 中相同，格式及其说明请参见第 12 章的有关内容。

7. 无下一首部（No Next Header）

IPv6 首部或扩展首部的下一首部字段的值为 59 时，表示这个首部后面已没有其他首部了。

如果 IPv6 首部中的有效载荷字段表明最后一个首部（下一首部字段为 59 的首部）后面还有其他的字节，那么这些字节将被忽略，并且在传输过程中保持不变。

13.3.3　验证分析 IPv6 数据包格式

可使用协议分析工具抓取 IPv6 数据包，来验证分析其格式。

1. 配置简单的 IPv6 网络

IPv6 作为前沿技术还没有普及，可自己组建一个简单测试网络来进行实验。这里示范配置一个使用链路本地地址的单一子网，这是最简单的 IPv6 网络，只需要一个网段或子网，至少有两个主机安装有 IPv6 协议栈，不需要路由器。例中两个网络节点（主机 A 和主机 B）可以运行 Windows Server 2003 或 Windows XP，或者更高版本的 Windows 操作系统。

在主机 A 和主机 B 上分别安装 IPv6 协议。打开本地连接的属性设置对话框，通过添加网络协议安装即可。安装 IPv6 协议后，将为每个网络接口自动配置一个唯一的链路本地地址，其前缀是 FE80::/64，接口标识符为 64 位，派生自网络接口的 48 位 MAC 地址。可以使用 ipconfig /all 命令来查看网络连接配置，下面是一台主机的网络连接配置情况，仅列出本地连接部分。

```
Ethernet adapter 本地连接：

    Connection-specific DNS Suffix  . :
    Description . . . . . . . . . . . : VMware Accelerated AMD PCNet Adapter
    Physical Address. . . . . . . . . : 00-0C-29-8C-24-F2
    DHCP Enabled. . . . . . . . . . . : No
    IP Address. . . . . . . . . . . . : 192.168.0.10
    Subnet Mask . . . . . . . . . . . : 255.255.255.0
    IP Address. . . . . . . . . . . . : fe80::20c:29ff:fe8c:24f2%4
    Default Gateway . . . . . . . . . :
    DNS Servers . . . . . . . . . . . : fec0:0:0:ffff::1%1
                                        fec0:0:0:ffff::2%1
                                        fec0:0:0:ffff::3%1
```

其中第 2 个 "IP Address" 指示的就是链路本地地址，这里值为：fe80::20c:29ff:fe8c:24f2。后面跟了一个参数%4，"4" 为区域 ID（ZoneID）。在指定链路本地目标地址时，可以指定区域 ID，以便使通信的区域（特定作用域的网络区域）成为特定的区域。用于指定附带地址的区域 ID 的表示法是：地址%区域 ID。

除了自动配置链路本地地址的实际接口（"本地连接"）之外，还可自动配置 6to4 隧道操作伪接口（6to4 Pseudo-Interface）和自动隧道操作伪接口（Automatic Tunneling Pseudo-Interface），当然每个网络接口自动拥有环回伪接口（Loopback Pseudo-Interface）。

接下来开始测试两个主机之间的连接。从另一台主机上使用命令 ping 来测试到上述主机的连通性，例中命令为 ping fe80::20c:29ff:fe8c:24f2%5。执行结果正常就证明两台主机通过 IPv6 协议可以通信。

2. 捕获 IPv6 流量进行分析

这里使用 Wireshark 软件抓取 IPv6 数据包，可以使用 ping 来进行主机之间的通信，参照上例。时间延长一点，还可以抓到邻居发现协议数据包（后面将介绍）。抓到 IPv6 数据包之后，可以使用过滤器筛选出 ICMPv6 协议数据包。本例捕获的部分相关数据包列表如图 13-21 所示。

打开其中某个 ICMPv6 协议数据包，展开 "Internet Protocol version 6" 节点，结果如图 13-22 所示。这里显示的就是 IPv6 数据包首部，可对照前述字段说明来分析验证。

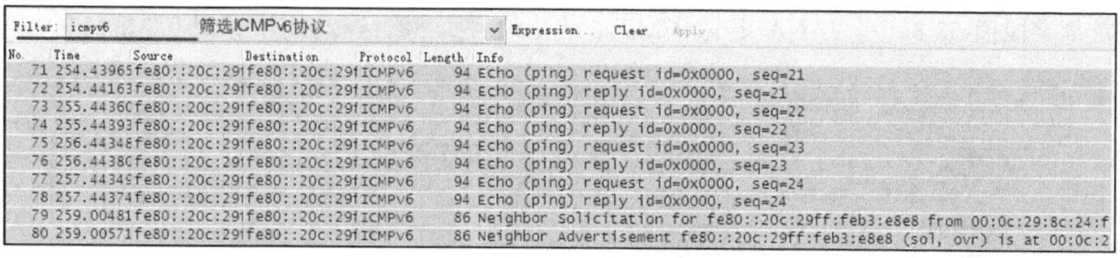

图 13-21　IPv6 数据包列表

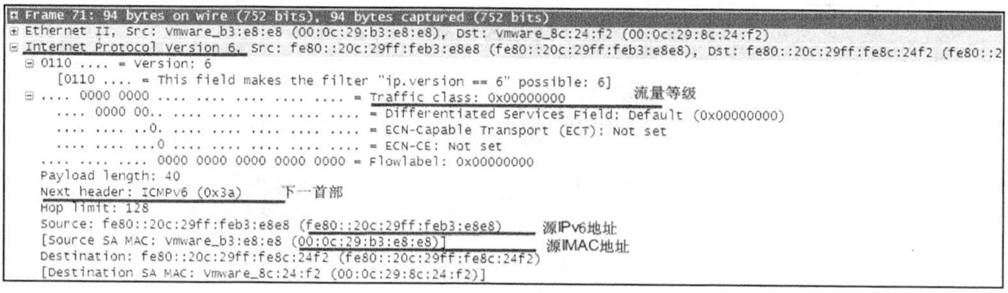

图 13-22　IPv6 数据包解码分析

这里流量等级没有设置，下一首部指向 ICMPv6，说明没有扩展首部，IPv6 数据包封装的是 ICMPv6 报文。源 IPv6 地址与源 MAC 地址存在对应关系，其中的接口标识符来源于 MAC 地址。

13.4　ICMPv6 协议

ICMP 在 IPv6 定义中重新修订为 ICMPv6，主要用于报告 IPv6 节点数据包处理过程中的错误消息，完成一些网络诊断功能。规范 ICMPv6 协议的最新标准是 RFC 4443 "Internet Control Message Protocol (ICMPv6) for the Internet Protocol Version 6 (IPv6) Specification"。它是 IPv6 体系的一个组成部分，是基础协议，每个 IPv6 节点必须无条件执行标准规定的所有报文和行为。

13.4.1　ICMPv6 概述

1. ICMPv6 体系

与 ICMPv4 相比，ICMPv6 删除了一些不再使用的过时报文类型，定义了其他一些新的功能与报文，合并了 ICMP、IGMP（Internet Group Management Protocol，Internet 组管理协议）与 ARP 等多个协议的功能。在 IPv6 体系中，IGMP 已被多播侦听者发现（Multicast Listener Discovery，MLD）协议所取代，ARP 已被邻居发现协议（Neighbor Discovery，ND）所取代，这两个协议可看作是 ICMPv6 的子协议，但是并不在 RFC 4443 文档中定义，而是由其他 RFC 文档单独定义，后面两节将进一步讲解。另外，由于很少使用，RARP 已经从 IPv6 中取消了。

如图 13-23 所示，与 ICMPv4 一样，ICMPv6 与 IPv6 协议都位于网络层，但是 ICMPv6 的位置比 IPv6 协议略高一些。注意由于部分协议合并，ICMPv6 所在的网络层已经简化了。

2. ICMPv6 报文封装与格式

ICMPv6 报文需要封装在 IPv6 数据包的有效载荷（数据部分）进行传输，封装格式如图 13-24 所示。IPv6 首部和 0 个或多个 IPv6 扩展首部位于每个 ICMPv6 报文之前。ICMPv6 首部由其前面下一首部字段值 58 标识。IANA 定义 ICMPv6 的协议号为 58，这与用于标识 ICMPv4 的值不同。

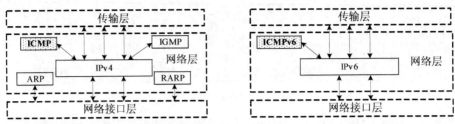

图 13-23　位于网络层的 ICMPv4 与 ICMPv6

图 13-24　ICMPv6 报文封装

ICMPv6 报文的通用格式如图 13-25 所示。

图 13-25　ICMPv6 报文通用格式

ICMPv6 的类型字段为 8 位，用来表示报文的类型，如果最高有效位是 0（即值的范围是 0～127），则表示一个差错报文；如果是 1，则是一个信息报文。代码字段同样为 8 位，其内容取决于报文类型，用来区分某一类型的多条报文。校验和用来检测 ICMP 报文和 IPv6 数据包的错误。报文体的内容取决于报文类型。

注意 ICMPv6 的校验和是一个 16 位的二进制补码，计算报文类型字段开始的整个 ICMPv6 报文以及 IPv6 首部的伪首部（Pseudo-Header）。伪首部中的下一首部字段值为 58。

3. ICMPv6 报文类型

ICMPv6 报文主要划分为两种：差错报文（Error Messages）与信息报文（Informational Messages）。差错报文用于报告 IPv6 数据包在传输过程中出现的错误。信息报文用于提供网络诊断功能和附加的主机功能。基本的 ICMPv6 报文类型见表 13-4。

表 13-4　　　　　　　　　　　　　　　ICMPv6 报文类型

大　　类	类型代码	说　　明
差错报文	1	目的地不可达（Destination Unreachable）
	2	数据包过大（Packet Too Big）
	3	超时（Time Exceeded）
	4	参数问题（Parameter Problem）
信息报文	128	回送请求（Echo Request）
	129	回送应答（Echo Reply）

报文消息类型值 100、101、200 和 201 保留用于私有试验，不作为一般应用；127 和 255 保留用于将来扩展类型值范围。

13.4.2　ICMPv6 差错报文

下面简单介绍一下 ICMPv6 差错报文。

1. 目的地不可达报文

该报文用于报告导致数据包不能到达目的节点和目的端口的原因。类型字段值为 1，代码字段值给出对应的原因。

- 代码 0：没有到达目的地的路由。
- 代码 1：管理上禁止与目的地通信。
- 代码 2：超出源地址范围。
- 代码 3：地址不可达。
- 代码 4：端口不可达。
- 代码 5：源地址失效的进出策略。
- 代码 6：拒绝路由到目的地。

该报文应当由路由器生成，或者由源节点内 IPv6 层生成，用于响应除拥塞原因以外的、不能被交付到其目的地址的数据包。

2. 数据包过大报文

此报文必须由路由器发送，用于响应不能转发的数据包，因为该数据包大于出口链路 MTU。数据包过大报文格式如图 13-26 所示。

0		15 16		31
类型	代码		校验和	
MTU				
尽可能多地调用数据包，ICMPv6数据包不超过最小 IPv6 MTU				

图 13-26　数据包过大报文格式

类型字段值为 2，代码字段由发起者设置为 0，被接收者忽略。MTU 字段值是下一跳链路的 MTU。此报文中的信息是路径 MTU 发现过程的一部分。

3. 超时报文

当路由器接收到一个数据包时，发现数据包的跳数限制字段值为 0 或 1，路由器将丢弃该包，并且向发送该包的源节点发送超时报文，报告出错。超时报文的类型字段值为 3，代码值为 0，表示传送过程中超过了跳数的限制值；代码值为 1，表示分片重组超时。

4. 参数问题报文

如果处理数据包的 IPv6 节点发现 IPv6 首部或扩展首部中字段有问题，造成它不能完成对数据包的处理，它就必须抛弃该数据包，同时应当产生参数问题报文并将该报文传送给数据包的源节点，指出问题的类型和位置。

此报文的类型字段值为 4，代码字段指出问题类型，共有 3 种。

- 代码 0：表示遇到出错的首部字段。
- 代码 1：表示遇到不能识别的下一首部类型。

- 代码 2：表示遇到不能识别的 IPv6 选项指示器（Pointer）。

还有一个指示器字段用于指出出错的位置——调用数据包内的字节偏移。

13.4.3　ICMPv6 信息报文

ICMPv6 信息报文比较简单，有回送请求与回送应答两种，它们与 ICMPv4 对应的报文非常相似。

ICMPv6 的回送请求报文的类型字段值为 128；代码字段设置为 0；标识符字段与序列号字段用于在回送请求报文与回送应答报文之间建立对应关系。数据字段是诊断的内容。

当节点收到一个回送请求报文时，会发送一个回送应答报文，结构与回送请求报文相同，类型字段值为 129，数据字段来自调用回送请求报文的数据。

可以捕获 ICMPv6 信息报文流量来进一步验证分析。参见 13.3.3 小节的实验，分别展开图 13-21 中序号为 71 和 72 的两个数据包进行分析，结果如图 13-27 和图 13-28 所示，一个展示的是回送请求报文，另一个展示的是回送应答报文。

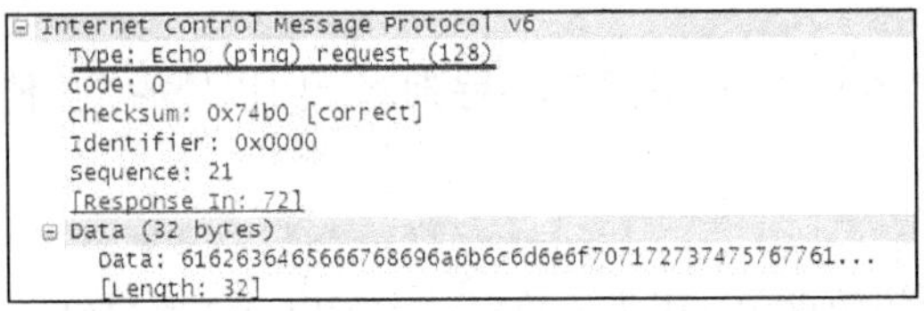

图 13-27　ICMPv6 回送请求报文

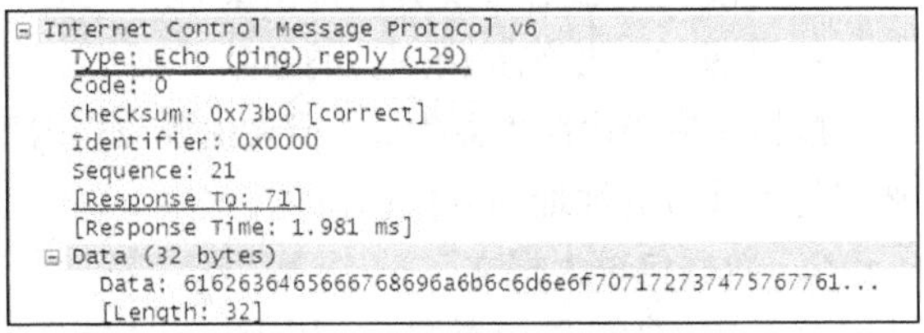

图 13-28　ICMPv6 回送应答报文

13.5　IPv6 邻居发现协议

IPv6 邻居发现协议（Neighbour Discovery Protocol，ND）用于确定邻居节点之间的关系，获得邻居链路层地址，验证和维护邻居的可达性，发现邻居路由器。这里的邻居是指在同一链路上的 IPv6 节点，每个节点都必须加入与其单播和任播地址对应的多播组。规范 ND 协议的最新的 RFC 文档是 RFC 4861 "Neighbor Discovery for IP version 6 (IPv6)"。IPv6 邻居发现协议取代了 IPv4 中所使用的 ARP 和 ICMP 协议，是 ARP、ICMP 路由器发现和 ICMP 重定向的组合。其中无状态地址自动配置是 IPv6 的新增功能。

邻居发现协议定义了 5 个不同的 ICMP 报文类型：路由器请求（Router Solicitation）、路由器通告（Router Advertisement）、邻居请求（Neighbor Solicitation）、邻居通告（Neighbor Advertisements）和重定向报文（Redirect message）。这些报文由 NG 报文首部和 NG 报文选项组成，封装在 IPv6 数据包中传输。为防止来自链路外的基于邻居发现的网络攻击，相应 IPv6 数据包首部中的跳数限制字段设置为 255。

邻居发现协议可以实现的功能包括路由器发现、前缀发现、参数发现、地址自动配置、地址解析、下一跳确定、相邻节点不可达检测、重复地址检查和重定向。接下来分类介绍这些功能的实现。

13.5.1　邻居发现

邻居发现功能与 IPv4 中的 ARP 功能类似，用于将 IPv6 地址解析为链路层地址，如以太网的

MAC 地址。邻居发现由邻居请求和邻居通告机制实现，需要交换一对 ICMPv6 请求、应答报文，如图 13-29 所示。

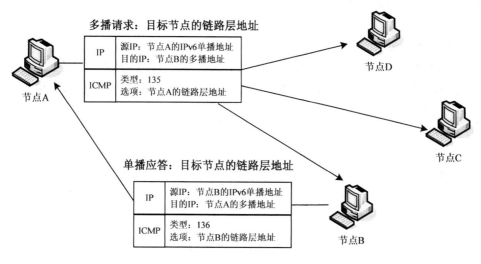

图 13-29　IPv6 邻居发现机制

1. 邻居发现机制

当一个节点需要得到同一本地链路上另外一个节点的链路本地地址时，就会发送 ICMPv6 类型为 135 的邻居请求报文，要求目标节点返回自己的链路层地址以完成地址解析。此报文类似于 IPv4 中的 ARP 请求报文，不过使用多播地址（目标节点的最后 24 位）而不使用广播，只有被请求的目标节点的最后 24 位与此多播地址相同时才会收到此报文，减少了广播风暴的可能。

收到邻居请求报文后，目标节点通过在本地链路上发送 ICMPv6 类型为 136 的邻居通告报文进行响应。收到邻居通告后，源节点和目的节点就可以进行通信。

IPv6 邻居发现只要一次报文交互就可以互相获悉对方的链路层地址，而 IPv4 的 ARP 实现此功能需要两次报文交互，因此 IPv6 邻居发现的效率比较高。另外，IPv6 邻居发现是在 IP 层实现的，理论上可以支持各种传输介质，这也是针对 IPv4 中 ARP 的改进。

2. 邻居请求报文

邻居请求报文主要功能如下。

- 请求目标节点返回自己的链路层地址；
- 用于确定是否不止一个节点已经分配了相同的单播地址；
- 用来在邻居的链路层地址已知时验证邻居的可达性。

ICMPv6 邻居请求报文格式如图 13-30 所示。

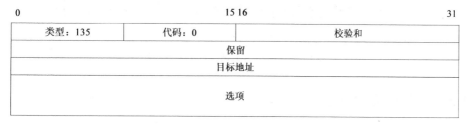

图 13-30　ICMPv6 邻居请求报文格式

其中目标地址（Target Address）不能是多播地址。为发送邻居请求报文，源节点必须首先知道目标节点的 IPv6 地址。源节点使用目标节点的 IPv6 地址的最后 24 位形成相应的多播地址。

可能的选项是源链路层地址，即发送者的链路层地址。当源 IP 地址是未指定地址时不包括此选项。

3. 邻居通告报文

邻居通告报文用于回应邻居请求报文，返回对方要查询的链路层地址。另外，当一个节点的本地链路上的链路层地址改变时也会主动发送邻居通告报文。ICMPv6 邻居通告报文格式如图 13-31 所示。

图 13-31　ICMPv6 邻居通告报文格式

其中 R 字段是路由器标志，当值为 1 时，表示发送者是路由器。R 由路由不可达检测（Neighbor Unreachability Detection）使用，用于检测改变为主机的路由器。

S 字段是请求标志。当值为 1 时，指出通告被发送以响应来自目的地址的邻居请求。S 用作路由不可达检测的可达性确认。在多播通告和非请求单播通告中它不能设置为 1。

O 字段是替代标志。当值为 1 时，指出通告应当替代现存的缓存条目并更新缓存的链路层地址；否则通告将不更新缓存的链路层地址，尽管通告将更新现存的邻居缓存（Neighbor Cache）条目。

应答邻居请求时，目标地址复制自邻居请求报文中的目标地址。对于非邻居请求，邻居通告中的目标地址是其链路层地址已经改变的地址。

可能的选项是目标链路层地址，即目标节点（通告发送者）的链路层地址。

4. 验证分析邻居发现报文

可以很容易地捕获邻居发现报文流量来进一步验证分析。参见 13.3.3 节的实验，分别展开图 13-21 中序号为 79 和 80 的两个数据包进行分析，结果如图 13-32 和图 13-33 所示，一个展示的是邻居请求报文，另一个展示的是邻居通告报文。

图 13-32　IPv6 邻居请求报文解码分析

13.5.2　路由器发现

路由器发现用来定位邻居路由器，同时获得与地址自动配置有关的前缀和配置参数，由路由器请求和路由器通告机制实现，需要交换一对 ICMPv6 请求、应答报文。

```
⊟ Internet Control Message Protocol v6
    Type: Neighbor Advertisement (136)
    Code: 0
    Checksum: 0x909e [correct]
  ⊟ Flags: 0x60000000
      0... .... .... .... .... .... .... .... = Router: Not set
      .1.. .... .... .... .... .... .... .... = Solicited: Set
      ..1. .... .... .... .... .... .... .... = Override: Set
      ...0 0000 0000 0000 0000 0000 0000 0000 = Reserved: 0
    Target Address: fe80::20c:29ff:feb3:e8e8 (fe80::20c:29ff:feb3:e8e8)
  ⊟ ICMPv6 Option (Target link-layer address : 00:0c:29:b3:e8:e8)
      Type: Target link-layer address (2)
      Length: 1 (8 bytes)
      Link-layer address: vmware_b3:e8:e8 (00:0c:29:b3:e8:e8)
```

图 13-33　IPv6 邻居通告报文解码分析

1. 路由器发现机制

路由器发现机制如图 13-34 所示。

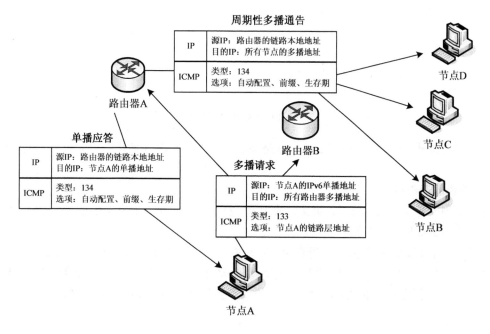

图 13-34　ICMPv6 路由器发现机制

当主机没有配置单播地址（如系统刚启动）时，就会发送 ICMPv6 类型为 133 的路由器请求报文迅速进行自动配置，而不必等待 IPv6 路由器的周期性路由器通告报文。路由器请求报文中的源地址通常为未指定的 IPv6 地址（0::0），如果主机已经配置了一个单播地址，则此接口的单播地址可作为源地址；目的地址是所有路由器多播地址（FF02::2），作用域为本地链路。

在本地链路上收到 IPv6 节点的路由器请求报文后，路由器会发送 ICMPv6 类型为 134 的路由器通告报文，目的地址是发送路由器请求报文节点的 IPv6 单播地址。

在具有多播能力的链路上，每个 IPv6 路由器的配置接口会周期性地发送 ICMPv6 类型为 134 的路由器通告报文（目的地址是所有节点的链路本地多播地址 FF02 ::10），宣告自己的存在，主机收到这些路由器通告报文后，建立默认路由器列表。

路由器通告报文包含用于在连接（on-link）确定和自动地址配置的前缀列表；与前缀关联的

标志规定特定前缀的用途。主机使用已通告的在连接（on-link）前缀去建立和维护一个列表，该列表用于确定数据包的目的地何时是在连接或超出路由器范围。

路由器通告及其每个前缀标记允许路由器通知主机如何执行地址自动配置，例如，路由器能够规定主机是应当使用 DHCPv6，还是无状态自动地址配置。

路由器通告报文也包含 Internet 参数，例如，主机在发出的数据包中使用的跳数限制，以及可选的链路参数，如链路 MTU。这有利于关键参数的集中管理，这些关键参数能够在路由器上设置并自动传播给所有连接的主机。

本地链路上的 IPv6 节点接收路由器通告报文，并用其中的信息得到更新的默认路由器、前缀列表以及其他配置。

2. 路由器请求报文

主机发送路由器请求报文的目的是督促路由器尽快生成路由器通告。ICMPv6 路由器请求报文格式如图 13-35 所示。

0	15 16	31
类型：133	代码：0	校验和
保留		
选项		

图 13-35　ICMPv6 路由器请求报文格式

其中的选项是源链路层地址，即发送者的链路层地址。如果源 IP 地址是未指定地址，不能包括此选项。

3. 路由器通告报文

路由器周期地发出路由器通告报文，或因响应路由器请求报文而发送该报文。ICMPv6 路由器通告报文格式如图 13-36 所示。

M 字段是管理地址配置标志。当值为 1 时，指出地址可通过 DHCPv6 协议获得。

O 字段是其他配置标志。当值为 1 时，指出其他配置信息（如 DNS 相关信息）可通过 DHCPv6 获得。注意，M 标志和 O 标志都不为 1 时，说明没有信息可通过 DHCPv6 获得。

0	15 16	31
类型：134	代码：0	校验和
当前跳数限制 M O 保留		路由器生存期
可到达时间		
重传计时器		
选项		

图 13-36　ICMPv6 路由器通告报文

路由器生存期（Router Lifetime）是一个 16 位无符号整数，表示与默认路由器关联的生存期，以秒为单位，最大值为 18.2 小时。值为 0 表示路由器不是默认路由器，并且不应当出现在默认路由器列表中。该字段仅适用于作为默认路由器的路由器应用，对包括在其他报文字段或选项中的信息不适用。

可到达时间（Reachable Time）是一个 32 位无符号整数，在收到可达性确认后，节点假定该邻居是可到达的。此时间以毫秒计。此值为 0 意味着没有由此路由器作出规定。

重传计时器（Retrans Timer）也是 32 位无符号整数，表示重新发送路由器请求报文的间隔时间，单位是毫秒。此值为 0 意味着没有由此路由器作出规定。

可能的选项有 3 个：源链路层地址表示发出路由器通告的接口的链路层地址；MTU 指示在可变 MTU 的链路上发送；前缀信息（Prefix Information）规定前缀是在连接（on-link），还是用于地址自动配置。

13.5.3　重定向

主机所在的网络可能与多个路由器相连，主机在发送信息时也要根据其路由表来选择下一跳路由器，为解决主机路由表的更新问题，提供了重定向机制。与 IPv4 类似，IPv6 路由器发送重定向报文的目的仅限于把报文重新路由到更合适的路由器。收到重定向报文的节点随后会将后续报文发送到更合适的路由器。路由器只针对单播流发送重定向报文，重定向报文只发给引起重定向的报文的源节点（主机），并被处理。

路由器发送重定向报文通知主机在前往目的地的路径上有一个更合适的第一跳节点。主机能够被重定向到更合适的第一跳路由器，也能够由重定向通知目的地实际上是一个邻居，这通过设置 ICMP 目标地址与 ICMP 目的地址相同来实现。重定向报文格式如图 13-37 所示。

0	15 16	31
类型：137	代码：0	校验和
目标地址		
目的地址		
选项		

图 13-37　ICMPv6 重定向报文

目标地址（Target Address）是一个 IP 地址，它是针对 ICMP 目的地址的更合适的第一跳。当目标是实际通信端点时，即目的地是邻居，该字段必须包括与 ICMP 目的地址字段相同的值。其他情况下，目标是更合适的第一跳路由器，并且目标地址必须是该路由器的链路本地地址，以便主机能够唯一地识别路由器。

目的地址（Destination Address）是重定向到目标的目的地的 IP 地址。

可能的选项有两个，一个是目标链路层地址；另一个是重定向首部（Redirected Header），尽可能多地触发重定向报文的发送，不要让重定向报文超过 IPv6 中规定的最小 MTU。

13.5.4　IPv6 无状态地址自动配置

IP 地址自动配置支持主机通过查询其他节点来获取 IP 配置参数，这是一种即插即用的机制。IPv6 支持两种自动配置方法：无状态地址自动配置（Stateless Address Autoconfiguration）和有状态地址自动配置。使用路由器通告报文可以通知主机如何进行地址自动配置，例如，路由器可以指定主机是使用有状态（DHCPv6）地址配置还是无状态地址自动配置进行地址配置。无状态地址自动配置是 IPv6 的新增功能，在介绍这些功能之前，先来看一下有状态地址自动配置。

1. 有状态地址自动配置与 DHCPv6

DHCP 被视为"有状态"方法的原因在于 DHCP 服务器必须维护其可用地址池的状态、允许的客户端，以及一组其他参数。

针对 IPv6 的 DHCPv6 由 RFC 3315 "Dynamic Host Configuration Protocol for IPv6 (DHCPv6)" 定义。它与 IPv4 下的 DHCPv4 十分相似，都依赖于专用服务器来保存有关主机及其 IP 地址和其他配置参数的数据库，主机以客户端方式连接到 DHC 服务器上获取设置自己的 IP 地址或其他配置信息。

除长度和地址本身的格式不同之外，DHCPv6 与 DHCPv4 有一些显著的差别。

IPv6 节点无需 DHCP 就能够得到一个可在本地发挥功能的地址。DHCPv6 客户端都是全功能主机，并能够使用多播请求主动搜索服务器。例如，DHCPv6 客户端能够发现它们的 DHCPv6 服务器是否在本地链路上。

所有 IPv6 节点都必须支持认证（IPv6 认证扩展首部），DHCPv6 服务器和路由器都能够被配置为以认证形式发送它们的公告，这样能够支持节点在确认重新配置信息时具备更高的机密性。

DHCPv6 使用专门的多播地址。DHCP 报文结构和专门内容方面也有一些变化。

自动配置的 IPv6 节点必须侦听其地址的更新。使用 DHCPv6 配置的节点，必须侦听 UDP 端口，以便获取新的重新配置信息。使用无状态自动配置的节点侦听路由器通告。

2. 无状态地址自动配置

支持多播的网络节点可以进行无状态自动配置。邻居发现协议支持通过路由器通告报文提供主机加入网络链路时所需的最少配置信息。这些信息包括本地链路的前缀、路由器自身的地址等，提供标志指示自动配置类型为无状态。

主机收到路由器通告报文后，使用其中的前缀信息和本地接口标识符自动形成 IPv6 地址，同时还可以根据其中的默认路由器信息设置默认路由器。

使用无状态地址配置可以使 IPv6 节点很容易完成地址重新编址，降低了网络重新部署的复杂性。进行重新编址时，路由器通告报文中既包括旧的前缀，也包括新的前缀。旧前缀的生存期减少，促使节点使用新的前缀，同时保证现有连接可以继续使用旧的前缀。在此期间，节点同时具有新旧两个单播地址。当旧的前缀不再使用时，路由器只通告新的前缀。

无状态地址自动配置能够单独使用，也可以与有状态地址自动配置方法一起使用。例如，本地链路上的路由器能够被配置为提供指向 DHCPv6 服务器的指针。尽管自动配置主要用于主机而不是路由器，但是，链路上的所有接口，包括在任何所连路由器上的接口都必须在初始化时至少执行一次重复地址检查。

13.6 多播侦听者发现（MLD）协议

多播侦听者发现（Multicast Listener Discovery）简称 MLD，是 IPv6 路由器所使用的一种协议，用于在支持多播的 IPv6 路由器与其直连网段上的多播组成员之间交换成员状态信息。它是 ICMPv6 的一个子协议，使用 ICMPv6 报文类型。IPv6 中必须支持 MLD。

13.6.1 MLD 概述

1. MLD 简介

多播侦听者（Multicast Listener）是指那些希望接收多播数据的主机节点。MLD 的目的是使每个 IPv6 路由器发现在其直连链路上的多播侦听者的存在，并且进行组成员关系的收集和维护，然后将这些信息提供给路由器所使用的多播路由协议，以确保多播数据转发到存在 IPv6 多播侦听者的所有链路上。

MLD 是一个非对称的协议，IPv6 多播组成员（主机或路由器）和 IPv6 多播路由器的协议行为是不同的。

 　所谓多播组，是指在特定多播地址上侦听的一组主机。多播组成员数量是动态的，且数量没有限制，允许主机在任何时候加入或离开组。多播组可以跨越子网，成员可以扩展到多个网段（如果连接路由器支持多播通信和组成员信息的转发）。非多播组成员主机可以向多播组发送 MLD 报文。

如果路由器在同一网络上有不止一个接口，它只需在其中一个接口上运行此协议。另一方面，对侦听者来说，则必须在所有接口运行此协议以便上层协议从接口接收所需要的多播数据。

2．MLD 报文类型

MLD 的路由器使用 IPv6 链路本地单播地址作为源地址发送 MLD 报文。MLD 使用 ICMPv6 报文类型。所有的 MLD 报文被限制在本地链路上，跳数设置为 1。MLD 有以下 3 种报文类型。

- 多播侦听者查询（Multicast Listener Query）：由多播路由器发送以查询链路中的组成员。查询可以是普遍查询（General Query），用于请求所有组的成员；也可以是特定查询（Multicast-Address-Specific Query）用于请求特定组的成员。
- 多播侦听者报告（Multicast Listener Report）：当主机加入多播组时发送，或者在响应 MLD 多播侦听器查询时由路由器发送。也就是说它报告的是组成员关系。
- 多播侦听者完成（Multicast Listener Done）：当主机离开主机组，并且可能是该组在网段上的最后一名成员时由主机发送。

3．MLD 版本

到目前为止，MLD 有两个版本：MLDv1 和 MLDv2。MLDv1 源于 IPv4 的 IGMPv2，由 RFC 2710 "Multicast Listener Discovery (MLD) for IPv6"（IPv6 的多播侦听者发现）定义。MLDv2 源于 IPv4 的 IGMPv3，是 MLDv1 的升级版本，由 RFC 3810 "Multicast Listener Discovery Version 2 (MLDv2) for IPv6"定义。

MLDv2 原理与 MLDv1 基本相同，能够与 MLDv1 互操作。MLDv2 新增了几个特性，如针对 IPv6 多播源的过滤模式，按每条直连链路上的多播地址保持 IPv6 多播组的状态。下面以 MLDv1 为例进行讲解。

13.6.2　多播侦听者发现机制

MLD 主要支持多播的 IPv6 路由器和网段上的多播组成员之间交换成员状态信息。多播组中的主机成员由单独的成员主机报告，成员状态由多播路由器周期性地进行轮询。MLD 主要基于查询/响应机制完成对 IPv6 多播组成员的管理，主要是组成员的加入或离开。

1．查询器选举机制

对于每一个相连的链路，路由器可以充当两种角色中的一个：查询器或非查询器。每一个链路上通常只有一个查询器。当一个网段内有多台 IPv6 多播路由器时，由于它们都能从主机那里收到多播侦听者报告报文，这就需要有一个选举机制来确定究竟由哪一台路由器作为 MLD 查询器。具体过程描述如下。

（1）所有 MLD 路由器在初始时都以查询器的角色开始，并向本地网段内的所有主机和路由器发送 MLD 普遍查询报文（目的地址为 FF02::1），以查询直连链路上有哪些 IPv6 多播地址存在侦听者。

（2）本地网段中的其他 MLD 路由器在收到该报文后，将报文的源 IPv6 地址与自己的接口地址作比较。通过比较，IPv6 地址最小的路由器将成为查询器，其他路由器则成为非查询器。

（3）所有非查询器上都会启动一个定时器，在定时器超时之前，如果收到了来自查询器的 MLD 查询报文，则重置该定时器；否则，认为原查询器失效，并重新发起查询器选举过程。

2. **加入 IPv6 多播组机制**

如图 13-38 所示，假设节点 A 希望收到发往 IPv6 多播组 G1 的 IPv6 多播数据，节点 B 与节点 C 希望收到发往 IPv6 多播组 G2 的 IPv6 多播数据，这些节点就需要加入 IPv6 多播组。为此，MLD 查询器（假设由路由器 B 充当）维护 IPv6 多播组成员关系的基本过程如下。

（1）节点会主动向要加入的 IPv6 多播组发送多播侦听者报告报文以声明加入，而不必等待 MLD 查询器发来的 MLD 查询报文。

（2）MLD 查询器周期性地以多播方式向本地网段内的所有主机和路由器发送普遍查询报文（目的地址为 FF02::1）。

（3）在收到该查询报文后，节点 A 首先以多播方式向多播组 G1 发送多播侦听者报告报文以宣告它属于组 G1。与此同时，关注组 G2 的节点 B 和节点 C 中的一个（假定是 B）首先以多播方式向组 G2 发送多播侦听者报告报文以宣告其属于组 G2。到底是谁发送，取决于谁的延迟定时器先超时。

由于本地网段中的所有主机都能收到节点 B 发往组 G2 的报告报文，因此当节点 C 收到该报告报文后，将不再发送同样针对组 G2 的报告报文，因为 MLD 路由器（路由器 A 和路由器 B）已经知道本地网段中有对组 G2 感兴趣的主机了，这样有助于减少本地网段的信息流量。

（4）经过以上查询和响应的过程，MLD 路由器了解到本地网段中有组 G1 和组 G2 的成员，通过 IPv6 多播路由协议生成（*，G1）和（*，G2）多播转发项作为 IPv6 多播数据的转发依据，其中的 "*" 代表任意多播源。

（5）当由 IPv6 多播源发往组 G1 或 G2 的 IPv6 多播数据经过多播路由到达 MLD 路由器时，由于 MLD 路由器上存在（*，G1）和（*，G2）多播转发项，于是将该 IPv6 多播数据转发到本地网段，接收者主机便能收到该 IPv6 多播数据了。

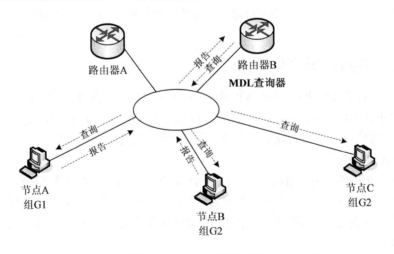

图 13-38　MLD 查询与响应

3. 离开 IPv6 多播组机制

当一个节点要离开某 IPv6 多播组时，需要经历以下过程。

（1）该节点向本地网段内的所有 IPv6 多播路由器（目的地址为 FF02::2）发送多播侦听者完成报文，表示要离开。

（2）当 MDL 查询器收到该报文后，向该节点所声明要离开的那个 IPv6 多播组发送特定查询报文（目的地址字段和组地址字段均填充为所要查询的 IPv6 多播组地址）。

（3）如果该网段内还有该 IPv6 多播组的其他成员，则这些成员在收到特定查询报文后，会在该报文中所设定的最大响应时间（Maximum Response Delay）内发送多播侦听者报告报文。

（4）如果在最大响应时间内收到了该 IPv6 多播组其他成员发送的多播侦听者报告报文，查询器就会继续维护该 IPv6 多播组的成员关系；否则，查询器将认为该网段内已无该 IPv6 多播组的成员，于是不再维护这个 IPv6 多播组的成员关系。

13.6.3　MLD 报文格式

MLD 是 ICMPv6 的一个子协议，其报文类型是 ICMPv6 报文的子系列，在 IPv6 数据包中，MLD 报文也是通过下一首部值 58 来识别。所有 MLD 报文发送时使用 IPv6 本地链路源地址，跳数限制值为 1，并且在逐跳选项首部中存在 IPv6 路由器告警选项（RTR-ALERT）。因为路由器要认证其本身不感兴趣的多播地址的 MLD 报文，必须使用路由器告警选项。MLD 报文封装在 IPv6 数据包中，该 IPv6 数据包由 IPv6 首部、逐跳选项扩展首部和 MLD 报文组成。

MLD 报文的格式如图 13-39 所示。

图 13-39　MLD 报文格式

主要字段说明如下。

1. 类型（Type）

前面介绍过，MLD 报文共有 3 种，多播侦听者查询、多播侦听者报告和多播侦听者完成的类型值分别是 130、131 和 132。

2. 代码（Code）与校验和（Checksum）

代码字段在发送时设置为 1；接收时忽略。

校验和字段存储的是标准的 ICMPv6 校验和，覆盖所有 MLD 报文以及 IPv6 首部中的伪首部。

3. 最大响应延迟（Maximum Response Delay）

最大响应延迟值只在多播侦听者查询报文中有意义，它指定了发送响应报文的最大允许延迟时间，单位为毫秒。在其他报文中，发送时设置为 0，接收时忽略。

4. 多播地址（Multicast Address）

在多播侦听者查询报文中，当发送普遍查询时，多播地址值设为 0；当发送特定查询时，设为特定的 IPv6 多播地址。在多播侦听者报告或完成报文中，多播地址值分别设为报文发送者要侦听或者停止侦听的特定 IPv6 多播地址。

13.7　IPv6 路径 MTU 发现协议

　　IPv4 也定义了路径 MTU 发现协议，不过是可选支持的。在 IPv4 中，路由器能够对数据包进行分片，以便确保没有比链路允许的最大传输单元（MTU）更大的数据包被传送到该链路上。IPv6 改变了这种处理方式，为简化数据包处理流程，提高处理效率，限定 IPv6 路由器不处理分片，分片只在源节点需要时进行。这就要求发送方在发送数据包之前检查发送方与目的地之间的路径最大传输单元（PMTU），并依据检查结果相应地调整数据包的长度。因此 IPv6 的路径 MTU 发现协议是必须实现的，该协议具体由 RFC 1981 "Path MTU Discovery for IP version 6" 定义。

　　每一个网段或链路都有自己的 MTU，它是能够在链路或网段上传输的最大数据包的长度。IPv6 使用路径 MTU 发现得到所选路径（源和目的节点之间路径）的最小 MUT，让源节点负责将数据包按照该 MTU 进行正确地分片。源节点在发送数据包之前进行路径 MTU 发现处理。如图13-40 所示，如果路由器发现 IPv6 数据包长度大于下一跳的 MTU，那么路由器就丢弃该数据包。如果这个数据包来自单播地址，那么路由器就向源节点发送一条 ICMPv6 的"数据包太大"报文，该报文引发源节点使用正确的分片长度进行分片后，再重新传输。

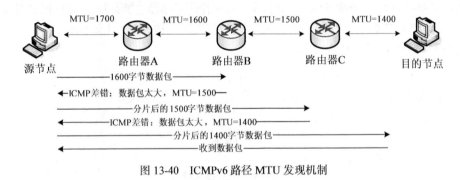

图 13-40　ICMPv6 路径 MTU 发现机制

　　路径 MTU 发现协议使 IPv6 节点处理数据时能够动态发现并调整以适合给定数据路径上的 MTU 变化。这样可以减轻路由器的负载，并提高整体的吞吐量。

　　IPv6 为 Internet 链路指定了最小 MTU 为 1280 字节，推荐最小值为 1500 字节。IPv6 基本首部支持的最大数据包长度是 64000 字节，更大的数据包需要通过逐跳选项扩展首部处理。

13.8　IPv6 路由

　　IPv6 路由与 IPv4 路由类似。路由是 IPv6 的主要功能，通过在网络层上使用 IPv6，IPv6 数据包可以在每个主机上进行交换和处理。每个发送主机上的 IPv6 层服务，检查每个数据包的目标地址，将此地址与本地维护的路由表进行比较，然后确定下一步的转发操作。IPv6 路由器被连接到能够互相转发数据包的两个或多个 IPv6 网络段上。

　　IPv6 网段也称作链路或子网，通过 IPv6 路由器进行连接，IPv6 路由器是将 IPv6 数据包从一个网络段传递到另一个网络段的设备。IPv6 路由器提供将两个或多个物理上相互分离的 IPv6 网段连接起来的主要方法。IPv6 路由器具有以下两个基本特征。

- 充当物理多宿主主机，用两个或多个网络接口连接每个物理分隔的网段的网络主机；
- 为其他 IPv6 主机提供数据包转发。即在网络之间转发基于 IPv6 的通信。

IPv6 路由器可以通过使用各种硬件和软件产品来实现。IPv6 在设计上很大程度就是解决 IPv4 由于 Internet 极度爆炸性增长所遇到的路由问题。IPv6 从设计基础上就把路由效率和吞吐量作为重点目标。可聚合的全球单播地址的结构本质上将 CIDR 的优点构建在 IPv6 协议的原生地址空间中。IPv6 首部、可选首部以及将它们结合起来构成 IPv6 数据包的方式都在设计上考虑了优化路由器性能问题。很多类似于 IPv4 的相同路由方法，比如 RIP、BGP-4 以及 OSPF 都能够仅仅做些许的修改就过渡到 IPv6 上。从很多方面来说，对这些协议最重要的升级是 128 位 IPv6 地址的规定。

IPv6 支持各种单播路由协议。IPv6 单播路由协议实现和 IPv4 类似，有些是在原有协议上做了简单扩展，如 BGP4+；有些则完全是新的版本，如 RIPng、OSPFv3。BGP4+利用 BGP 的多协议扩展属性来达到在 IPv6 网络中应用的目的，BGP4 协议原有的报文机制和路由机制并没有改变。RIPng 是下一代 RIP 协议，是对原来的 IPv4 网络中 RIP-2 协议的扩展。与 OSPFv2 相比，OSPFv3 除了提供对 IPv6 的支持外，还充分考虑了协议的网络无关性以及可扩展性。

IPv6 提供了丰富的多播协议支持，包括 MLDv1 Snooping、MLDv1、PIM-SM、PIM-DM。

13.9　IPv6 名称解析

在 IPv6 环境中运行的 DNS 称为 DNSv6。DNSv6 虽然能够继承 DNS 的基本机制，但是，现实要求 DNSv6 必须运行在异构的 IPv4 和 IPv6 混合环境中，而且 IPv6 主机和接口能够拥有多个地址，这就使得名称解析更加复杂。巨大的 IPv6 地址空间也使得在解析 IPv6 名称查找时比 IPv4 中查找时分层更加重要。

原有的 DNS 由于地址查询只返回 32 位的 IPv4 地址，因此不能直接支持 IPv6，必须做部分扩展。DNSv6 是在 DNS 基础上针对 IPv6 的扩展，最早由 RFC 1886 定义，后来几经修改和完善，目前 RFC 3596 "DNS Extensions to Support IP Version 6" 是最新的规范。

IPv6 地址在 DNS 中正向解析表示为 AAAA 记录（所谓 4A 记录，而 IPv4 表示为 A 记录）。当节点需要得到另外一个节点的地址时，就会发送 AAAA 记录请求到 DNS 服务器，请求以另外一个节点的主机名对应的地址。AAAA 记录只保留一个 IPv6 地址。如果一个节点有多个地址，则要和多条记录对应。

反向解析使用 PRT 记录，与 IPv4 中的指针记录类似，此记录把主机名映射为 IPv6 地址。IPv6 顶级域的地址是 ip6.arpa，用新的、名称为 ip6.arpa 反向层次树取代了原来的、用于反向解析和用在 DNS PTR 记录中 in-addr.arpa 树。

2008 年 ICANN/IANA 为服务于 IPv6 地址的 4 个根服务器添加 AAAA 记录，两组独立的 IPv6 主机将开始服务于全世界，IPv6 的解析无需依赖任何 IPv4 的基础设施。

13.10　IPv4 到 IPv6 的过渡

在 IPv6 成为主流协议之前，很长一段时间将是 IPv4 与 IPv6 共存的过渡阶段，为此必须提供

IPv4 到 IPv6 的平滑过渡技术，解决 IPv4 和 IPv6 的互通问题。目前解决过渡问题的主要技术方案有 3 种：双协议栈、隧道技术和协议转换技术。前两种方案由 RFC 4213 规定。协议转换技术目前发展很快，最新的是 NAT64 和 IVI。

13.10.1　双协议栈

双协议栈简称双栈，是 IPv4 向 IPv6 过渡的一种有效的技术。IPv6/IPv4 双协议栈如图 13-41 所示。采用该技术的节点上同时运行 IPv4 和 IPv6 两套协议栈。

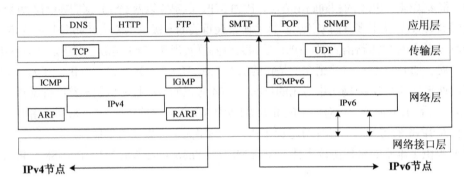

图 13-41　IPv6/IPv4 双协议栈

双栈是使 IPv6 节点保持与纯 IPv4 节点兼容最直接的方式，针对的对象是通信端节点（主机、路由器）。双栈可以在单一的设备上实现，也可以是一个双栈骨干网。对于双栈骨干网，其中的所有设备必须同时支持 IPv4/IPv6 协议栈，连接双栈网络的接口必须同时配置 IPv4 地址和 IPv6 地址。

网络中的节点同时支持 IPv4 和 IPv6 协议栈。源节点根据目的节点的不同选用不同的协议栈，若目的地址为 IPv4 地址，则使用 IPv4 协议；若目的地址为 IPv4 兼容的 IPv6 地址，则同样使用 IPv4 协议，区别仅在于 IPv6 封装在 IPv4 中；若目的地址是一个非 IPv4 兼容的 IPv6 地址，则使用 IPv6 协议；若使用域名作为目的地址，则先从 DNS 服务器得到相应的 IPv4 或 IPv6 地址，然后根据地址情况进行相应的处理。网络设备根据数据包的协议类型选择不同的协议栈进行处理和转发。

双栈网络不需要特殊配置，业务开展非常方便，对于 IPv6 的试验应用非常有利，是目前开展 IPv6 网络试验的重点之一。双栈技术是 IPv4 向 IPv6 过渡的基础，所有其他过渡技术都以此为基础。

13.10.2　隧道技术

隧道（Tunnel）技术是指一种协议封装到另外一种协议中的技术。IPv6 穿越 IPv4 隧道技术提供了一种使用现存 IPv4 路由基础设施携带 IPv6 流量的方法，利用现有 IPv4 网络为分离的 IPv6 网络提供互联。将 IPv6 数据包封装在 IPv4 数据包中（加上 IPv4 首部），通过 IPv4 网络进行传输，从而使 IPv6 数据包穿越 IPv4 网络，如图 13-42 所示。

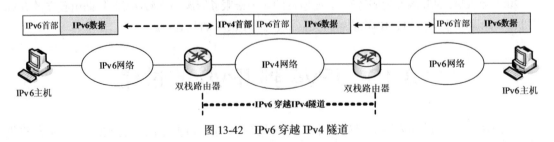

图 13-42　IPv6 穿越 IPv4 隧道

　　源 IPv6 网络的边缘设备（隧道的源端设备，双栈路由器）收到 IPv6 网络的 IPv6 数据包后，将 IPv6 数据包封装在 IPv4 数据包中，成为一个 IPv4 数据包，在 IPv4 网络中传输到目的 IPv6 网络的边缘设备。该设备解封装去掉外部 IPv4 首部，恢复原来的 IPv6 报文，再进行 IPv6 转发。

　　这种技术的优点是不用把所有的设备都升级为双栈，只要求 IPv4/IPv6 网络的边缘设备实现双栈和隧道功能。除隧道两端节点外，其他节点不需要支持双协议栈。这样可以最大限度地利用现有的 IPv4 网络资源。

　　IPv6 穿越 IPv4 隧道可以建立在主机–主机、主机–路由器、路由器–主机、路由器–路由器之间。隧道的终点可能是 IPv6 数据包的最终目的地，也可能需要进一步转发。根据隧道终点的 IPv4 地址的获取方式不同，隧道可分为配置隧道与自动隧道两种隧道。

1. 配置隧道

　　如果 IPv6 穿越 IPv4 隧道的终点地址不能从 IPv6 报文的目的地址中自动获取，需要进行手工配置，这样的隧道即为"配置隧道"。配置隧道又有以下两种技术方案。

- IPv6 手动隧道

　　手动隧道是点到点之间的链路，一条链路就是一个单独的隧道，主要用于边缘路由器–边缘路由器或主机–边缘路由器之间定期安全通信的稳定连接，可实现与远端 IPv6 网络的连接。

- GRE 隧道

　　使用标准的 GRE 协议可对 IPv6 数据包进行封装，使 IPv6 数据包能通过隧道穿越 IPv4 网络。与 IPv6 手动隧道相同，GRE 隧道也是点到点之间的链路，每条链路都是一条单独的隧道。

2. 自动隧道

　　如果隧道的接口地址采用嵌入 Pv4 地址的特殊 IPv6 地址形式，可以从 IPv6 数据包的目的地址中自动获取隧道终点的 IPv4 地址，这样的隧道称为自动隧道。下面列举 3 种常用的自动隧道技术。

- IPv4 兼容 IPv6 自动隧道。

　　这种隧道是点到多点的链路。隧道两端采用 IPv4 兼容 IPv6 地址，其格式为 0:0:0:0:0:0:a.b.c.d/96，其中 a.b.c.d 是 IPv4 地址。通过嵌入的 IPv4 地址可以自动确定隧道的终点，使 IPv6 隧道的建立非常方便。但由于它仍依赖于 IPv4 地址，在使用时有一定的局限性。

- 6to4 隧道。

　　6to4 隧道是点到多点的自动隧道，主要用于将多个隔离的 IPv6 网络通过 IPv4 网络连接到 IPv6 网络。6to4 隧道通过在 IPv6 数据包的目的地址中嵌入 IPv4 地址，来实现自动获取隧道终点的 IPv4 地址。

　　6to4 隧道采用特殊的 6to4 地址，其格式为 2002:abcd:efgh:子网号::接口 ID/64，其中 2002 表示固定的 IPv6 地址前缀，abcd:efgh 表示该 6to4 隧道对应的 32 位全球唯一的 IPv4 源地址，用 16 进制表示（如 1.1.1.1 可以表示为 0101:0101）。2002:abcd:efgh 之后的部分唯一标识了一个主机在 6to4 网络内的位置。通过这个嵌入的 IPv4 地址可以自动确定隧道的终点，使隧道的建立非常方便。

- ISATAP 隧道。

　　这种隧道主要用于在 IPv4 网络中 IPv6 路由器·IPv6 路由器、IPv6 主机·IPv6 路由器的连接。它是点到点的自动隧道技术，通过在 IPv6 数据包的目的地址中嵌入的 IPv4 地址，可以自动获取隧道的终点。使用 ISATAP 隧道时，IPv6 报文的目的地址和隧道接口的 IPv6 地址都要采用特殊的 ISATAP 地址，格式为 Prefix(64bit):0:5EFE:ip-address。其中 64 位的 Prefix（前缀）为任何合法的 IPv6 单播地址前缀，ip-address 为 32 位 IPv4 源地址，形式为 a.b.c.d 或者 abcd:efgh，且该 IPv4 地址不要求全球唯一。通过这个嵌入的 IPv4 地址就可以自动建立隧道，完成 IPv6 报文的传送。

13.10.3　协议转换技术

隧道技术不能实现 IPv4 主机与 IPv6 主机的直接通信，而协议转换技术则可解决这个问题。协议转换技术是由 IPv4 的 NAT 技术发展而来的。根据 IPv6 地址空间与 IPv4 地址空间映射的不同方法，可分为有状态协议转换和无状态协议转换两种类型。有状态协议转换是通过建立映射表的方案，将任意 IPv6 地址与任意 IPv4 地址之间建立映射关系；而无状态协议转换则是通过将 IPv4 地址嵌入到 IPv6 地址中，实现无状态地址转换。无状态协议转换仅能访问具有特定格式 IPv6 地址的主机，而有状态协议转换则能够访问任意地址格式的 IPv6 主机。

协议转换目前发展很快，早期的 IPv4/IPv6 协议转换技术标准由 RFC 2765 和 RFC 2766 定义，前者规定的是无状态转换（SIIT），只适用于子网范畴，不实用；后者为有状态转换（NAT-PT），在可扩展性等方面存在问题，已被 RFC 4966 文档归类为历史性技术标准。现在比较有代表性的协议转换技术是 NAT64 和 IVI。

NAT64 旨在替代 NAT-PT 的有状态协议转换技术，在网关中记录了 IPv4 地址加端口与 IPv6 地址的映射表会话状态，是网络层的协议转换技术。NAT64 能够支持纯 IPv6 主机与纯 IPv4 主机的直接通信，接入网络可以为纯 IPv6 网络，无需更改主机端设备，并且其 IPv6 地址格式不受限。

IVI 是无状态协议转换技术。它是一个特定前缀和无状态地址映射的方案，这种地址映射和转换机制是通过一个连接 IPv4 和 IPv6 网络的 IVI 网关来实现的。它使用了 NAT-PT 中的 SIIT 技术，这种无状态转换是在 IVI 网关中实现的。它在 IPv4 到 IPv6 的映射和 IPv6 到 IPv4 的映射是无状态的，通过这种翻译技术，IPv6 用户可以透明地访问 IPv4 网，IPv4 用户可以有条件地访问 IPv6 网。

13.11　习　　题

1. 与 IPv4 相比，IPv6 主要有哪些改进？
2. IPv6 地址分为哪几种类型？
3. 简述全球单播地址与链路本地单播地址。
4. IPv6 首部针对 IPv4 首部做了哪些改进？
5. 简述 IPv6 扩展首部。
6. 简述 ICMPv6 对 ICMPv4 的改进。
7. 简述 IPv6 邻居发现协议的功用。
8. 简述 IPv6 邻居发现机制。
9. 简述 IPv6 无状态地址自动配置。
10. 简述多播侦听者发现协议的功用与机制。
11. 简述 IPv6 路径 MTU 发现机制。
12. 简述 IPv6 名称解析。
13. IPv4 过渡到 IPv6 有哪几种方案？
14. 使用 Wireshark 工具抓取 IPv6 数据包，验证分析 IPv6 数据包格式。